W0259185

Bernhard J. Güntert

Managementorientierte Informations- und Kennzahlensysteme für Krankenhäuser

Analyse und Konzepte

Mit 98 Abbildungen

Springer-Verlag Berlin Heidelberg New York
London Paris Tokyo Hong Kong

Dr. Bernhard J. Güntert

Interdisziplinäres Forschungszentrum
für die Gesundheit
Rorschacherstrasse 103c
9007 St. Gallen, Schweiz

CIP-Titelaufnahme der Deutschen Bibliothek
Güntert, Bernhard J.: Managementorientierte Informations- und Kennzahlensysteme für Krankenhäuser : Analyse und Konzepte / Bernhard J. Güntert. – Berlin ; Heidelberg ; New York ; London ; Paris ; Tokyo ; Hong Kong : Springer, 1990
Zugl.: St. Gallen, Hochsch., Diss.

Dissertation an der Hochschule St. Gallen für Wirtschafts-, Rechts- und Sozialwissenschaften zur Erlangung der Würde eines Doktors der Wirtschaftswissenschaften.

ISBN-13: 978-3-540-51212-7 e-ISBN-13: 978-3-642-87406-2
DOI: 10.1007/ 978-3-642-87406-2

für Magdalena

Vorwort und Dank

Der Begriff Management ist im Bereich des Gesundheitswesens noch nicht sehr gebräuchlich. Ökonomisches Kalkül und Effektivitätsüberlegungen im Zusammenhang mit der Gesundheitsversorgung werden nicht immer akzeptiert. Die Führung der Einrichtungen des Gesundheitswesens wird noch häufig als ein reaktives Verwalten gesehen. Dies hat zu einem Steuerungsdefizit in den Gesundheitsinstitutionen geführt. Sie rücken damit immer mehr in den Mittelpunkt der Kritik, denn die veränderten Umweltbedingungen, Personalknappheit, rasante technologische Entwicklungen usw. verlangen nach einer aktiven und prospektiven Führung. Eine solche erfordert aber entsprechend aufbereitete Informationen. Daß moderne Managementvorstellungen nicht zum Nachteil von sozialen Überlegungen eingesetzt werden müssen, vielmehr für das Überleben der Gesundheitsinstitutionen notwendig sind, haben die Anwendungen des – von Prof. Dr. Hans Ulrich maßgeblich beeinflußten – St. Galler Managementmodells gezeigt. Mit diesem Buch wird versucht, ausgehend vom St. Galler-Modell einen Beitrag an die Schließung des heutigen Informations- und Steuerungsdefizites im Bereich der Krankenhausführung zu leisten.

Diese Arbeit, die an der Hochschule St. Gallen als Dissertation eingereicht wurde, wäre ohne die Unterstützung meiner akademischen Lehrer und meiner Freunde und Bekannten nicht möglich gewesen. Ihnen allen bin ich zu Dank verpflichtet.

Den Herren Professoren Dr. Dres. h. c. Hans Ulrich und Dr. Peter Gomez danke ich für die Übernahme des Referates, die fruchtbare Zusammenarbeit und ihre Gesprächsbereitschaft. Der Schweizerische Nationalfonds ermöglichte mir im Rahmen des NFP-8 eine gründliche Einarbeit in die Problematik des Gesundheitswesens, die Hochschule St. Gallen mit einem Nachwuchsstipendium eine Vertiefung in den USA. Auch dafür sei Dank. Danken möchte ich auch den Professoren Paul Cone und Hal Phillips in Loma Linda (CA) für die Diskussionen beim Vergleich der Führungsphilosophien in privatwirtschaftlichen und staatlich organisierten Gesundheitssystemen. Unser USA-Aufenthalt wurde zudem stark von Rev. Joe Matthews (†) geprägt. Ihm danke ich für seine Vorlesungen in Ethik und Autoreparatur. Weiter möchte ich meinen Kollegen(innen) Marianne Hofer, Dieter Hartfelder, Gilbert Probst und Markus Sagmeister, aber auch Jim Bishop, Kathy Hewlett und Greg Monett, sowie unzähligen weiteren Freunden und Bekannten für die Diskussionsbereitschaft, die vielen Hinweise für meine Arbeit und ihre Rücksicht, wenn das gesellschaftliche Leben phasenweise etwas gelitten hat, danken. Ebenfalls danken möchte ich für das Interesse, die vielfältige Hilfe und die Nachsicht meiner Mitarbeiter am IFZ.

Besonderer Dank gebührt auch meinen Eltern. In tiefer Schuld aber stehe ich bei meiner Frau. Ohne die riesige Unterstützung, den großen Verzicht und die Toleranz von Magdalena wäre dieses Werk nicht möglich gewesen. Ihr widme ich diese Arbeit.

St. Gallen, im Dezember 1989 Bernhard J. Güntert

Inhaltsverzeichnis

Teil II: Management, Führungsinformation und Kennzahlen

Teil III: Informations- und Kennzahlensysteme im Bereich des Krankenhausmanagements

1 Einführung und Problemstellung

Gesundheit ist ein zentraler Aspekt im menschlichen Leben. Fragen um Medizin und um das System der Gesundheitsversorgung lösen häufig ein starkes persönliches und gesellschaftliches Engagement aus. Jedermann fühlt sich aufgrund eigener Erfahrungen zur Kritik kompetent. Heute scheint die Medizin, welche lange Zeit grosse Erfolge verzeichnen konnte und kaum in Zweifel gezogen wurde, immer mehr an Grenzen zu stossen. Verschiedene Morbiditätsentwicklungen weisen eine nur noch schwach sinkende, z.T. sogar steigende Tendenz auf. Dem stehen anhaltend und überdurchschnittlich steigende Gesundheitskosten gegenüber. Es erstaunt daher kaum, dass in den letzten Jahren die Gesundheitssysteme immer mehr ins Kreuzfeuer öffentlicher Kritik geraten sind.

Die Kritik am Gesundheitswesen zielt in verschiedene Richtungen. Einerseits wird das naturwissenschaftlich orientierte Medizinsystem angegriffen, welches wichtige psychische und soziale Aspekte der heutigen Krankheitsbilder vernachlässigen und die Patienten einer inhumanen Apparatemedizin aussetzen soll (vgl. Abschnitt 1.11). Andererseits werden die enormen Kosten, welche mit der spezialisierten, ressourcenintensiven Medizin und dem differenzierten Versorgungs- und Finanzierungssystem verbunden sind, in Frage gestellt (vgl. Abschnitt 1.12). Ungleichgewichte im Versorgungssystem, in der Ressourcennutzung und die Kostensteigerung lassen überdies das Management auf verschiedenen Ebenen des Gesundheitswesens ins Zentrum der Kritik rücken (vgl. Abschnitt 1.13).

Alle drei Kritikpunkte treffen den Bereich der stationären Akutversorgung. Die heutigen Krankenhäuser sind - allen voran die Universitätskliniken - die eigentlichen Motoren der medizinischen Entwicklung. Durch ihre Ausbildungsfunktion tragen sie auch entscheidend zur Spezialisierung und Technisierung der Medizin im ambulanten Versorgungsbereich bei. Der Krankenhaussektor weist zudem den stärksten Kostenzuwachs aller Institutionen des Gesundheitswesens auf. Immer wieder werden gravierende Planungs-, Organisations- und Führungsprobleme aus diesem Bereich bekannt und lassen die Frage nach geeigneten Managementinstrumenten für Spitäler [1] laut werden. Seit einigen Jahren setzt sich nun die Managementlehre intensiver mit Fragen der Krankenhausführung aus-

---

[1] Der Begriff "Spital" wird dem schweizerischen Sprachgebrauch folgend synonym zu Krankenhaus, d.h. für Einrichtungen der stationären Akutversorgung gebraucht.

einander. Allerdings ist das Problem der Führungsinformationen noch weitgehend ungelöst und bedarf einer weiteren Vertiefung (vgl. Abschnitt 1.2).

1.1 Das Krankenhaus im Kreuzfeuer der Kritik

1.1.1 Kritikpunkt: Medizinsystem

Verschiedene Morbiditäts- und Mortalitätsentwicklungen zeigen, dass viele Krankheiten mit Hilfe der naturwissenschaftlichen Medizin weitgehend zum Verschwinden gebracht oder doch erfolgreich eingeschränkt werden konnten (vgl. Abb. 1-1). Der Grund für diesen Erfolg liegt sicher in den typischen Krankheits-

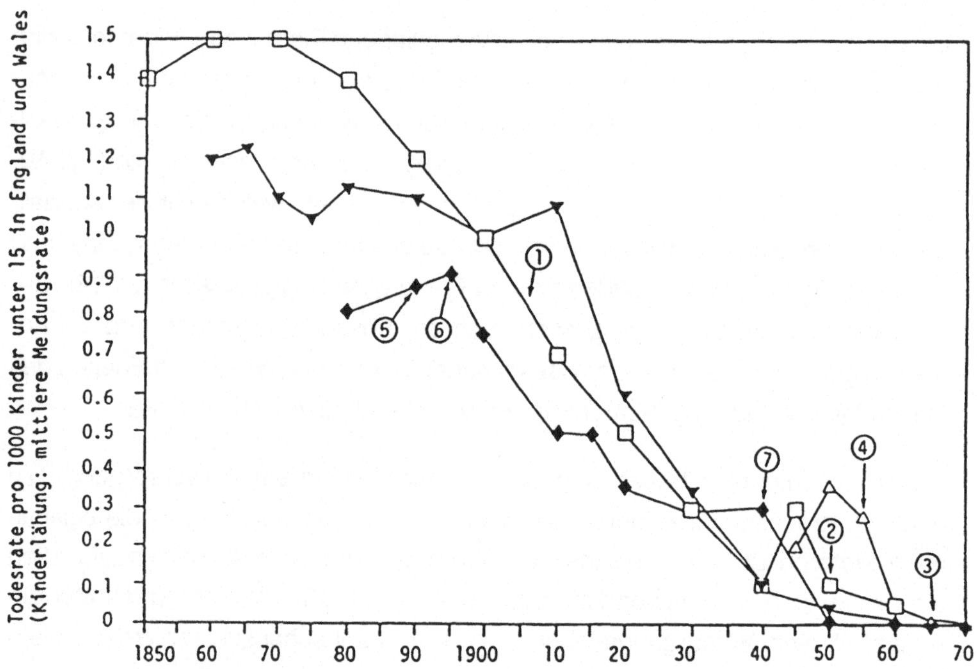

Abb. 1-1. Veränderungen von Morbiditäten aufgrund medizinischer Massnahmen (Kinderlähmung und Diphterie) und ohne Medizin (Keuchhusten und Masern) (Quelle: Mc Keown T. (Bedeutung)

□ Keuchhusten:	1 Identifikation des verursachenden Organismus
	2 Impfung allgemein erhältlich
▼ Masern:	3 Beginn der Impfung
△ Kinderlähmung:	4 Impfung
◆ Diphterie:	5 Identifikation des verursachenden Organismus
	6 erstmalige Anwendung von Antitoxin
	7 Beginn der nationalen Impfkampagne

bildern des neunzehnten und des frühen zwanzigsten Jahrhunderts, die weitgehend durch Infektionskrankheiten wie Diphterie, Masern, Influenza, Kindbettfieber usw. geprägt waren. Charakteristisch für all diese Krankheiten ist, dass sie durch relativ einfache Ursachen hervorgerufen und von Individuum auf Individuum übertragen werden. Mit dem Ursache-/Wirkungsdenken der naturwissenschaftlich-orientierten Medizin konnte man diese Krankheiten erfolgreich bekämpfen. Kennt man nämlich Ursache und Uebertragungsmechanismen und gelingt es, diese zu unterbrechen, können Infektionen relativ leicht verhindert oder geheilt werden. Der Mensch als Ganzes tritt dabei in den Hintergrund, wichtig sind nur die mikro-biologischen Aspekte der Krankheit.[2] Allerdings haben nicht nur die Medizin, sondern auch Veränderungen in der gesellschaftlichen Lebensweise, wie z.B. Verbesserung der allgemeinen Hygiene, Aenderung der Ernährungsgewohnheiten, Arbeitsschutzmassnahmen usw.[3] zur Einschränkung der Infektionskrankheiten beigetragen.

In diesem Jahrhundert sind jedoch an die Stelle der Infektionskrankheiten vermehrt psychosomatische und chronisch-degenerative Zivilisationskrankheiten getreten.[4] Praktisch alle diese Beschwerden, wie Herz- und Gefässerkrankungen, Krebs, Diabetes, Krankheiten der Nerven, der Sinnes- oder Verdauungsorgane sind auch Folgen des gesellschaftlichen Wohlstandes, des übertriebenen Konsums und der Umweltprobleme. Ihre Ursachen liegen somit teilweise in der individuellen und der gesellschaftlichen Lebensweise begründet und können nicht mehr auf eine einfache Kausa zurückgeführt werden. Die heutige Ueberalterung der Gesellschaft verstärkt deren Wirkung noch. Der meist langsame Verlauf der Zivilisationskrankheiten hat nämlich zur Folge, dass sie z.T. erst mit zunehmendem Alter manifest werden. Dies führt bei älteren Menschen häufig zu Polypathie. Sie leiden gleichzeitig an mehreren Krankheiten, verfügen aber nur noch über beschränkte Regenerationsfähigkeit. Die Krankheitsbekämpfung wird dadurch schwieriger, langwieriger und teurer. Die kausalen Methoden der Medizin versagen bei diesen "neuen Morbiditäten" [5] vermehrt oder müssen sich mit Teilerfolgen zufriedengeben. Zur Behandlung dieser Krankheiten wäre ein breites, multidisziplinäres Hilfeleistungsmodell erforderlich. Ein derartiges medizinisches Paradigma müsste getragen sein "von einem anthropologischen Denken und Handeln, welches - über das reduzierte Modelldenken der Naturwissen-

---

2 Vgl. dazu u.a. Sporken P. (Die Sorge) 49 ff

3 Vgl. u.a. Mc Keown T. (Medizin) 135 ff

4 Vgl. u.a. Selby P. (Health) 3 ff; Sporken P. (Sorge) 50 ff; Blohmke M. (Krankheiten) 13 ff

5 Kocher G./Rentchnick P. (Medizin) 62

schaften hinaus - wieder die Um- und Mitwelt des Menschen, mit ihren physikalischen, technischen, aber auch psychosozialen Aspekten berücksichtigt. Im Zeitalter der Chronischkranken darf das ärztliche Handeln nicht krankheits- sondern muss krankenorientiert sein und einen neuen Umgang mit dem Patienten und neue Wege seiner Begleitung suchen. Damit rückt nicht nur die Gesundheit wieder in den Mittelpunkt der Heilkunst, sondern auch das gewaltige Uebergangsfeld zwischen "gesund" und "krank". Die Medizin der Zukunft dürfte sich vermutlich im Vorfeld der Krankheiten abspielen." [6] Der Arzt müsste den Patienten mit seiner Umwelt als Ganzes erfassen, die verschiedenen Krankheitsursachen und ihre Interdependenzen aufspüren und mit therapeutischen Massnahmen auf verschiedenen Ebenen gleichzeitig einsetzen. Von einem derartigen ärztlichen Paradigma [7] sind wir heute jedoch noch weit entfernt. Es widerspricht auch weitgehend der heutigen Tendenz nach fachlicher Spezialisierung und dem Einsatz medizintechnischer Methoden.

Diese unbefriedigende Situation hat zu tiefgreifender Kritik am Medizinsystem geführt. Einer ihrer wichtigsten Exponenten war sicher Ivan Illich.[8] Seine Vorwürfe der klinischen, sozialen und kulturellen latrogenesis sind in ihren Ansätzen sicher berechtigt. "Häretisch" an ihr ist aber, dass sie auf den Nutzen, den die so kritisierte Medizin zweifellos auch stiftet, nicht eingeht.[9] Mit seinen radikal formulierten Thesen hat Illich jedoch zu einer Relativierung des bisherigen Selbstbewusstseins der Medizin beigetragen. Die Forderung nach einem Paradigmawechsel der Medizin, d.h. nach der Aufgabe der rein naturwissenschaftlichen Heiltechnik zugunsten einer ganzheitlichen Heilkunde,[10] wird heute zunehmend von verschiedensten Seiten gestellt. Erste Anzeichen eines Paradigmawechsels sind - obwohl Spezialisierung und Technisierung noch immer zunehmen - bereits zu beobachten. Psychosomatik, neuere Ansätze der Psychotherapie (Systemtherapie) und der medizinischen Aufklärung, Lebensreformbewegungen und das Wiedererstarken der Naturheilkunde und der Homöopathie sind sichere Anzeichen dafür.

Vertreter der naturwissenschaftlich orientierten Schulmedizin lassen die Kritik am bestehenden Medizinsystem häufig nicht gelten. Sie gehen von der Auffassung

---

6 Schipperges H. (Begriff) 28

7 Vgl. u.a. Schipperges H. (Arzt) 85

8 Illich I. (Nemesis) und (Grenzen); aber auch Hackethal J. (Sprechstunde) ; u.a.

9 Schaefer H. (Plädoyer) 38 ff; Navarro V. (Industrialismus) 79 ff; Kocher G./Rentchnick P. (Medizin) 152 ff

10 Schipperges H. (Arzt) 221 ff

aus, dass durch vermehrte Anstrengungen im Bereich der Grundlagenforschung "erfolgreiche, einfache und kostengünstige Behandlungen der heute noch unverstandenen chronischen Krankheiten zu erwarten sind." [11] Auch glauben sie, dass das heutige Medizinsystem offen genug sei, um neue Ansätze integrieren und entsprechende Problemlösungen entwickeln und anbieten zu können.

Die bisherigen Erfolge der naturwissenschaftlichen Medizin haben bewirkt, dass sich Arzt, Patient und Gesellschaft weitgehend an den medizinisch-technischen Möglichkeiten orientieren. Dabei scheint - betrachtet man etwa die Intensivmedizin oder die Transplantationschirurgie - vieles technisch machbar und die Methoden werden, einer absoluten Gesundheitsdefinition folgend (vgl. Abschnitt 2.11), wenn immer möglich eingesetzt. Arzt und Krankenhaus nehmen dabei eine Macht über Leben und Tod für sich in Anspruch, die sie vorher nicht hatten. Diese ist - wie medizin-ethische Diskussionen zeigen - höchst umstritten [12] und gibt immer häufiger Anlass zu Kritik.

Die Kritik an der naturwissenschaftlich orientierten Apparatemedizin trifft den Bereich der Krankenhausversorgung stark, insbesondere die hochspezialisierten und -technisierten Spitäler der Zentrums- und Maximalversorgung. Im Gegensatz zur bi-personellen Beziehung, welche im Bereich der ambulanten Gesundheitsversorgung noch vorherrscht, finden wir im Krankenhaus, bedingt durch die fachliche Arbeitsteilung und hierarchisch differenzierten Strukturen, eine vielfältige, multipersonelle Gruppenbeziehung. Diese ist bei zunehmender Krankenhausgrösse durch eine abnehmende Beziehungsdichte zwischen Arzt, bzw. Pflegedienstmitarbeiter und dem Patienten gekennzeichnet.

Die starke Differenzierung der diagnostischen und therapeutischen Funktionen führt zudem dazu, dass viele Arbeitsvollzüge und Leistungen standardisiert in spezialisierten Einheiten erbracht werden. Das Krankenhaus nimmt somit teilweise industriebetriebliche Züge an. Diese werden für den Patienten noch durch die meist baulich nüchterne Sachlichkeit und Funktionalität betont. Damit besteht aber ein offensichtlicher Widerspruch zwischen den moralisch-ethischen Ansprüchen, sowie den Funktionsbestimmungen gesundheitlicher Dienstleistungen und den Organisationsformen, in denen sie erbracht werden.[13]

---

[11] Geiser M. (Sackgasse) 1901

[12] Vgl. u.a. Vaux K. (Live); Darr K. (Ethics)

[13] Göpel E. (Humanisierung) 19; Lüth P. (Medizin) 104 ff; Rohde J.J. (Krankenhausumbau) 204 ff; Hofer M. (patientenbezogene Organisation) 271 ff

In den nächsten Jahren dürfte der Ruf nach einem neuen Paradigma das Medizinsystem noch stark beeinflussen und sich vermehrt auch in den Bereich der stationären Versorgung hinein auswirken. Heute schon wird gefordert, dass sich das Krankenhaus "aus der Fessel der rein stationären kurativen Versorgung befreit und zur Basis einer umfassenden Gesundheitsfürsorge und Krankenversorgung wird. In ihm sollen auch Präventiv- und Rehabilitierungsmedizin integriert sein und so betrieben werden, wie es deren gesundheits- und sozialpolitischer Bedeutung entspricht." [14] Seelsorge, Sozialdienste und medizinisch-pflegerische Beratung werden eine grössere Bedeutung erhalten. Dadurch wird sich die Funktion des Krankenhauses verändern und es dürfte sich längerfristig zu einem "Gesundheitszentrum" mit zunehmend ambulanten und sozialen Aufgaben im Umfeld des Patienten entwickeln.[15] Anzeichen dafür sind die Zunahme der Ambulatorien, und der Versuch, z.B. Tageskliniken und psychosomatische Leistungen zu integrieren.

Die Tendenz zur Ausweitung des Krankheitsbegriffes (vgl. Abschnitt 2.11) vom blossen Organdefekt zur psychosozialen Devianz wird zu einer beträchtlichen Ausweitung des Betroffenenkollektivs führen. Dieses neue, grössere Betroffenenkollektiv wird ein "Recht auf Gesundheit", bzw. auf Leistungen des Gesundheitssystems ableiten. Dies bedeutet, dass der Anspruch auch bezüglich teurer medizinisch-technischer Leistungen geltend gemacht wird, selbst wenn diese bei den "neuen Morbiditäten" wenig effektiv sein können. Dies dürfte zu einem weiteren Kostenanstieg im Gesundheitswesen führen, der weitere Kritik am System auslösen wird.

1.1.2 Kritikpunkt: Kostenentwicklung

Die zweite Stossrichtung der Kritik am Gesundheitswesen und am Krankenhaus zielt auf die anhaltende und überdurchschnittliche Kostensteigerung und die damit verbundene zunehmende finanzielle Belastung des Einzelnen, der Sozialversicherungseinrichtungen und der öffentlichen Hand. Tatsächlich zeigen Kostenentwicklungen der letzten Jahre, dass das Gesundheitswesen einen wirtschaftlich immer bedeutenderen Stellenwert einnimmt und einen wachsenden Anteil am Bruttosozialprodukt beansprucht. Vergleicht man die Entwicklung der Gesundheitskosten mit denjenigen anderer volkswirtschaftlicher Grössen, wie

[14] Rohde J.J. (Krankenhausumbau) 204

[15] Göpel E. (Gesundheitszentrum) 127 ff

z.B. dem Bruttosozialprodukt, den Löhnen oder den Konsumentenpreisen, so zeigt sich in der Tat ein überdurchschnittliches Wachstum (vgl. Abb. 1-2). Da gleichzeitig aber die Lebenserwartung nicht oder kaum mehr steigt und sich die Morbidität eher verschlechtert, kann man von einem abnehmenden Grenznutzen der Medizin [16] und des Gesundheitswesens sprechen.

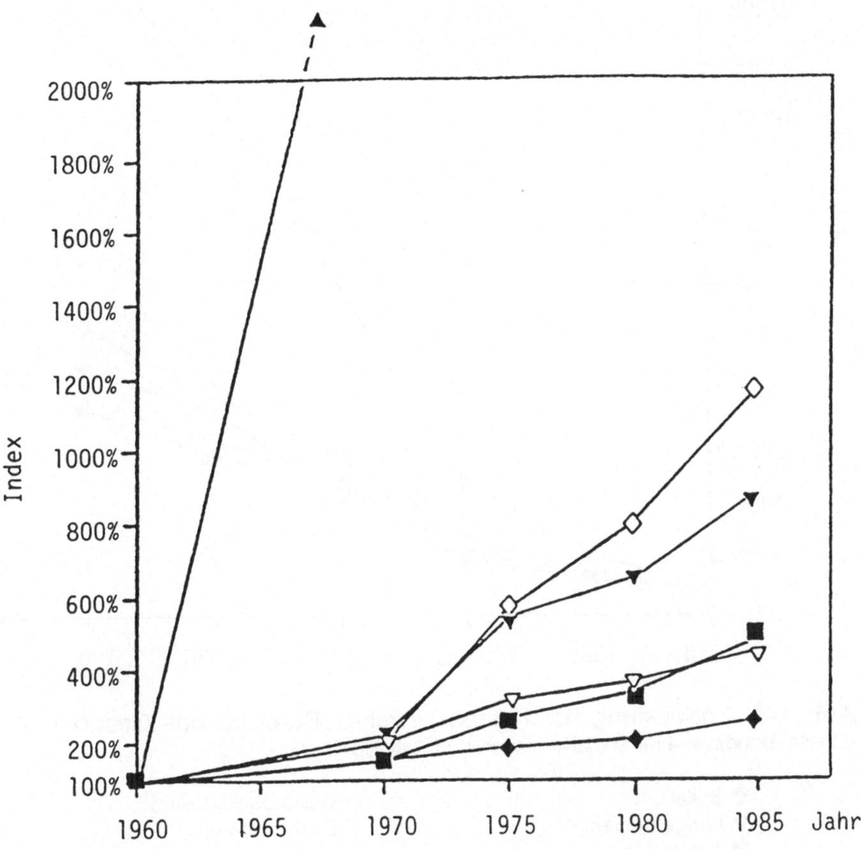

Abb. 1-2. Entwicklung der Gesundheitskosten im Vergleich mit anderen volkswirtschaftlichen Grössen (Quelle: Bundesamt für Statistik (Jahrbücher))

Allerdings ist das Gesundheitswesen nicht der einzige gesellschaftliche Aufgabenbereich mit progressiven Steigerungsraten. Die Ausgaben der öffentlichen

[16] Vgl. u.a. Kocher G./Rentchnick P. (Medizin) 61; von Grebmer K. (Kosten-/Nutzen- Analyse) 14 f; Kocher G. (Grenznutzen) 37 ff

Hand und der Privaten für Unterricht und Forschung sowie für Umweltschutz wuchsen ebenfalls überdurchschnittlich.

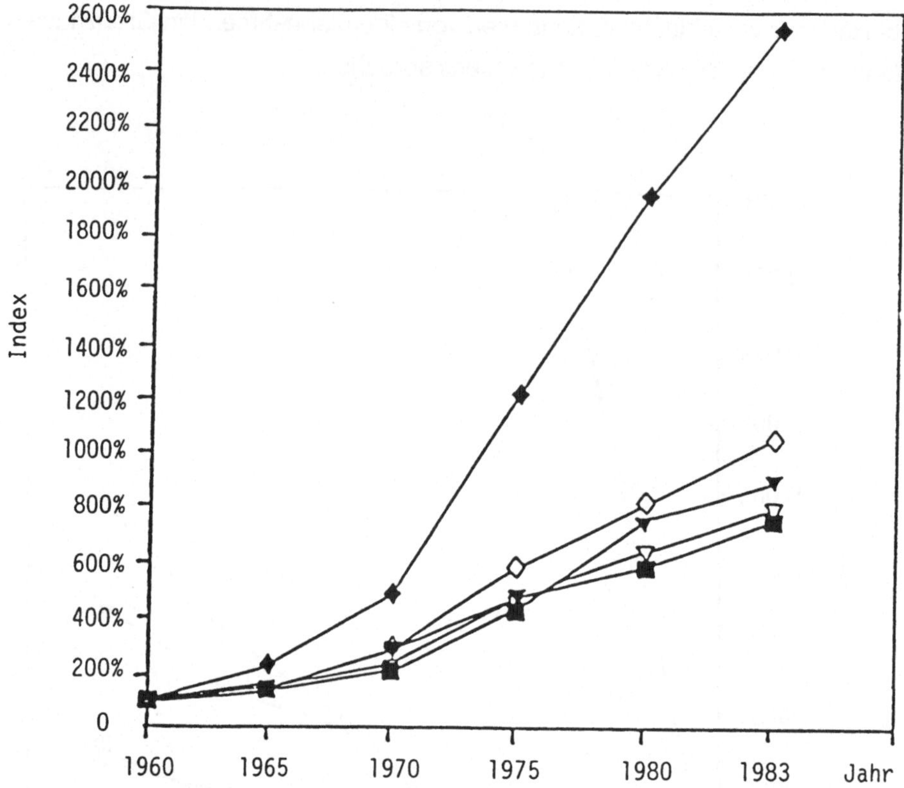

Abb. 1-3. Entwicklung der Kosten einzelner Bereiche des Gesundheitswesens (Quelle: Bundesamt für Sozialversicherung (Statistik))

Nicht alle Bereiche des Gesundheitswesens haben sich kostenmässig im selben Masse entwickelt. Eine weit überproportionale Wachstumsrate weisen vor allem die Behandlungskosten für die stationäre Versorgung auf (vgl. Abb. 1-3). Diese Kosten haben sich seit 1960 mehr als verzwanzigfacht, während die Aufwandsteigerungen für ambulante Behandlung und Arzneimittelversorgung nur wenig über der Entwicklung des Bruttosozialproduktes liegen.

Die Gründe für den enormen Kostenanstieg im Krankenhaus sind vielschichtig. Sicher ist, dass die durch die naturwissenschaftliche Medizin bedingte Spezialisierung und Technisierung im Krankenhaus auch kostenmässig eine Dynamik gebracht haben. Die organisatorische Verselbständigung von neuen Spezialgebieten in Kliniken bzw. Abteilungen hatte zur Folge, dass diese relativ autonom wurden und mit eigenen Personal- und Sachressourcen ausgerüstet werden mussten. Diese Mittel müssen einerseits dem täglichen Betrieb genügen, enthalten andererseits aber Reserven für Notfälle und Krisensituationen. Die feste Zuteilung von Ressourcen auf spezialisierte Einheiten erschwert die gemeinsame Nutzung, und es müssen zusätzliche Kapazitäten aufgebaut, unterhalten und finanziert werden. Dies führt sowohl zu einem starken Wachstum der Investitionskosten,[17] als auch der Betriebskosten.

Da der Personalaufwand rund 73% (1985) der reinen Krankenhaus-Betriebskosten darstellt, muss der Grund für die Kostensteigerung wohl am ehesten in diesem Bereich zu suchen sein. Tatsächlich haben sich im Personalbereich durch Zunahme des medizinisch-technischen Personals und durch das weitgehende Verschwinden von Ordensleuten im Pflegedienst wichtige kostenwirksame Umwälzungen abgespielt. Die Krankenhäuser sind heute gezwungen, auf dem Arbeitsmarkt mit Wirtschaft und Staat zu konkurrenzieren und mussten Arbeitsbedingungen und Entlöhnung den Verhältnissen der Wirtschaft anpassen. In der Folge stiegen die Personalaufwendungen seit 1960 um rund das zweiundzwanzigfache.[18]

Die zunehmende Differenzierung der diagnostischen, therapeutischen und pflegerischen Verfahren im Krankenhaus führte auch zu einem steigenden Verbrauch von Sachmitteln des medizinischen Bedarfes. Allerdings ist der Anteil der Sachkosten an den Betriebskosten der Krankenhäuser aufgrund der überproportionalen Steigerung der Personalaufwendungen relativ konstant geblieben. Eine Analyse der Kostensteigerung unter Berücksichtigung der Krankenhausgrösse zeigt, dass die hochtechnisierten Universitäts- und Zentrumsspitäler mit deutlichem Abstand an der Spitze der Kostenentwicklung liegen (vgl. Abb. 1-4). Ein Zusammenhang zwischen Spezialisierung und Technisierung der Krankenhausmedizin und der Kostensteigerung ist - selbst unter Berücksichtigung der höheren Aufwendungen für Lehre, Forschung und Ausbildung - nicht von der Hand zu weisen.

---

[17] Allgemeingültige Aussagen über die Entwicklung der Investitionskosten in den Krankenhäusern der Schweiz lassen sich kaum machen, werden doch diese Kosten erst seit 1986 regelmässig in der erweiterten VESKA-Kostenrechnung erfasst. Vgl. Kuster A. (VESKA-Kostenrechnung) 27 f ; Tschan W. (Investitionspolitik) 30 ff

[18] VESKA (Krankenhausstatistik)

Bei dieser Betrachtung muss allerdings mitberücksichtigt werden, dass Leistungsauftrag und Leistungsangebot eines Grosskrankenhauses viel umfassender sind, als in Einrichtungen der Grundversorgung. Innerhalb des stationären Versorgungsbereiches übernehmen die Universitätsspitäler die Funktion der Maximalversorgung (vgl. Abschnitt 2.3), d.h. dass sie letztlich alle medizinisch problematischen, und damit auch kostenintensiven Fälle übernehmen müssen. Es wäre daher verfehlt, nur die Universitäts- und Zentrumskrankenhäuser für die Kostensteigerung verantwortlich zu machen. Diese muss vielmehr als Problem des gesamten Gesundheitssystems gesehen werden.

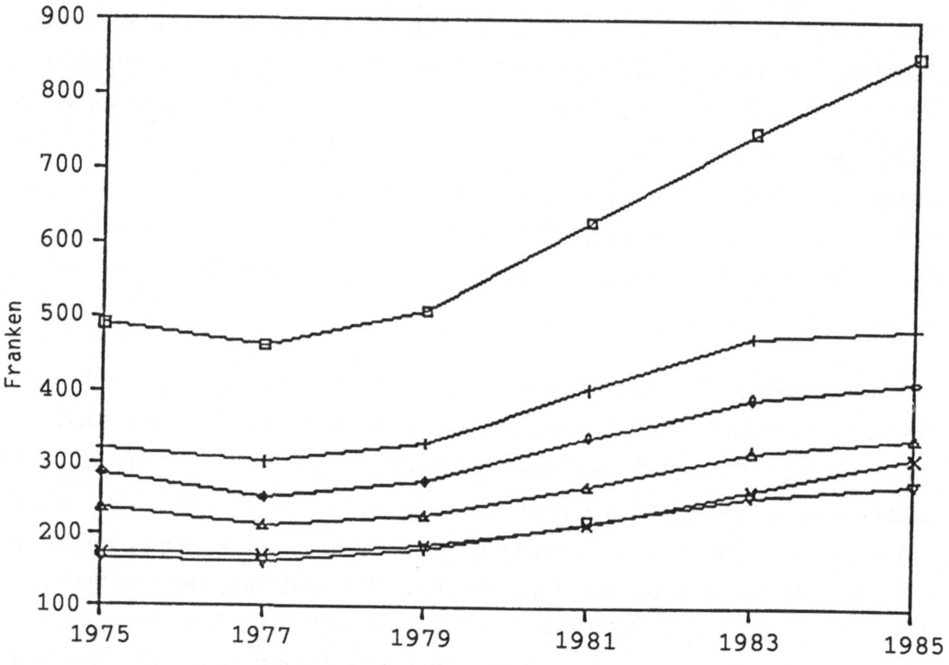

Abb. 1-4. Wachstum der Betriebskosten (Kosten pro Pflegetag) in Abhängigkeit der Krankenhausgrösse (Quelle: IFZ; VESKA (Statistik))

□ Universitätsspitäler
+ Akutspitäler über 500 Betten
◇ Akutspitäler, 250-499 Betten
△ Akutspitäler, 125-249 Betten
× Akutspitäler, 75-124 Betten
▽ Akutspitäler, unter 75 Betten

Im Gegensatz zur Industrie hat die Technik in der Medizin und im Krankenhaus kaum zu Rationalisierungen geführt. Meist führt die Medizintechnik zu besserer Diagnose- und Therapiesicherheit, nicht aber zu einer Kostensenkung. Grund für die beschränkten Rationalisierungsmöglichkeiten ist das der medizinischen Leistungserstellung zugrunde liegende "uno-actu-Prinzip".[19] Dieses verlangt die gleichzeitige Anwesenheit von Patient und Leistungserbringer (Arzt, Pflegepersonal usw.), und verunmöglicht somit eine Produktion auf "Lager" mit einer späteren Leistungsdistribution. Im Krankenhaus müssen vielmehr jederzeit Kapazitäten bereitstehen, die Spitzenbelastungen genügen, in Leerzeiten aber auch zu unterhalten sind.

Bei aller Kritik darf jedoch nicht vergessen werden, dass Technisierung und Spezialisierung der Medizin weitgehend im Einklang mit der gesellschaftlichen Entwicklung erfolgten. Sie führten nicht nur zu höheren Kosten, sondern auch zu einer Ausweitung und Verbesserung des Leistungsangebotes. Diese qualitative Entwicklung der Krankenhausleistungen und die Veränderung des "Patientengutes" (Altersstruktur und Krankheitsprofil) muss bei der Beurteilung der Kostensteigerung angemessen berücksichtigt werden.

Während langer Zeit stellte die Steigerung der Gesundheitskosten kaum ein ernsthaftes Problem dar. Die wirtschaftliche Entwicklung ermöglichte es, einen grossen Teil der überdurchschnittlich steigenden Gesundheitskosten durch reale Wachstumsgewinne abzudecken. Seit 1974 ist jedoch das Bruttosozialprodukt - bedingt durch Energiekrise und anschliessende Rezession und der nur langsamen wirtschaftlichen Erholung - real nur noch wenig angestiegen. Die Wachstumstendenz der Gesundheitskosten hingegen blieb praktisch ungebrochen. Ende der siebziger Jahre zeigte sich klar, dass die Gesundheitsaufwendungen nur noch auf Kosten anderer gesellschaftlicher Bereiche, bzw. beim Einzelnen durch Konsumverzicht, gedeckt werden konnten. In der daraufhin einsetzenden öffentlichen Diskussion wurde neben dem abnehmenden Grenznutzen der Medizin immer mehr auch das bestehende Finanzierungssystem kritisiert. Dieses liefert weder für den Patienten noch für den Arzt, das Krankenhaus oder die Krankenversicherung Sparanreize [20] und verunmöglicht wegen des ausgebauten Pauschalisierungs- und Tarifsystems eine leistungsgerechte Entschädigung weitgehend. Erfahrungen haben gezeigt, dass staatliche Massnahmen langfristig nur erfolgreich sein können, wenn der Staat gleichzeitig die medizinische Leistungserstellung und die Allokation übernimmt (z.B. NHS in Grossbritannien) oder aber die Leistungen für die ganze Bevölkerung gesamthaft "einkauft" (z.B. System in Kanada). Ein derartiges System lässt sich im Rahmen der schweizeri-

---

[19] Herder-Dorneich P. (Wachstum) 30 ff

[20] Hauser H. (Kostenentwicklung) 212 f ; Sommer J. (Kostenkontrolle) 3 f

schen Sozialstruktur jedoch kaum verwirklichen. Daher sehen immer mehr Experten eine Lösung des Problems in der Schaffung marktwirtschaftlicher, sich selbst regulierender Strukturen. So sollen beispielsweise durch alternative Versicherungssysteme den Patienten Wahlmöglichkeiten geboten und den Institutionen eine grössere finanzielle Eigenverantwortung gegeben werden. Derartige Lösungen stellen natürlich auch an das Krankenhausmanagement neue Anforderungen und verlangen nach neuen, führungsorientierten Informations- und Kennziffernsystemen.

1.1.3 Kritikpunkt: Krankenhausmanagement

Zunehmende Spezialisierung und Technisierung der Medizin, steigende Komplexität der Krankenhäuser, Ueberkapazitäten in der stationären Akutversorgung, Kapazitätsmangel in der Langzeitversorgung, Mangel an Pflegepersonal, Aerzteüberfluss, ungleichmässige Personalbelastung, geringe Auslastungsziffern teurer medizinischer Einrichtungen, grosse Personalfluktuationen, wenig patientenfreundliche Arbeitsabläufe, steigende Kosten der Krankenhäuser usw. lassen immer mehr das Management der stationären Versorgung auf den verschiedenen Ebenen in den Mittelpunkt der Kritik rücken. Tatsächlich scheinen die Konzepte und Methoden des Krankenhaus-, bzw. des Krankenhaussystem-Managements der raschen medizinischen Entwicklung, dem Wandel des Krankenhauses zu einem hochdifferenzierten und komplex-vernetzten System, sowie den strukturellen Rahmenbedingungen des Versorgungs- und Finanzierungssystems nicht gerecht zu werden.

Der ökonomische Druck der Marktsituation zwang die Industrie und den privaten Dienstleistungssektor schon immer, geeignete Managementmodelle und -methoden anzuwenden. Die Betriebswissenschaft setzte sich daher schon früh mit dem Problem der Führung in diesen Bereichen auseinander und entwickelte unzählige Konzepte und Instrumente. Verglichen mit dieser Fülle und ihrer z.T. sehr erfolgreichen Adaption an die konkrete Situation der Praxis in den verschiedensten Branchen, finden wir - obwohl einige Ansätze bestehen [21] - noch relativ wenig fundierte Modelle zur Krankenhausführung.

---

[21] Im deutschen Sprachraum vor allem Eichhorn S. (Krankenhausbetriebslehre) ; Adam D. (Krankenhausmanagement); Axtner W. (Krankenhausmanagement); Weber H. (Management-System) ; bedeutend mehr Literatur dazu findet man im englischen Sprachraum.

Lange Zeit wurde die Notwendigkeit einer Auseinandersetzung mit Fragen des Managements im Gesundheitswesen nicht anerkannt. Die Gründe dafür sind vielfältig. Einerseits entwickelte sich die Medizin erst in den letzten 30 Jahren derartig rasch. Vorher war nur eine langsame Verselbständigung medizinischer Subspezialitäten und damit eine langsame Komplexitätssteigerung im Krankenhaus zu beobachten. Auch betrachtete in der Vergangenheit ein grosser Teil der Mitarbeiter ihre Arbeit weniger als Job, sondern als Berufung, war stark sozial motiviert und stellte weniger Ansprüche an die Arbeitssituation und die Führung als heute. Zudem herrschte eine gewisse Zurückhaltung vor dem Einsatz "harter" Managementmethoden im Krankenhausbereich, welcher in unserem Sozialsystem in erster Linie humanitäre und soziale, nicht finanzielle Ziele verfolgen sollte. Die Kostensteigerung wurde zu einem grossen Teil von realem Wirtschaftswachstum überdeckt und fiel somit weniger ins Gewicht. Hinzu kommt, dass die meisten Krankenhäuser als öffentliche Betriebe eine gemeinwirtschaftliche und bedarfswirtschaftliche Ausrichtung [22] verfolgen sollten und stark fremddeterminiert sind. Die Krankenhausträger, politische Gremien, medizinische Fachgesellschaften und Berufsorganisationen beeinflussen das Leistungsangebot in einem starken Masse. Managementmodelle, die auf Gewinnmaximierung, bzw. auf eine angemessene Gewinnerzielung hin ausgerichtet sind, werden daher den vielfältigen Anforderungen der Krankenhausführung und der mehrdimensionalen gesellschaftlichen Zwecksetzung des Spitals kaum gerecht.

Die Besonderheit der Führungssituation im Krankenhaus ist nicht nur durch das mehrdimensionale Zielsystem, sondern auch durch die besondere Bedeutung der sozialen Dimension und die ausgeprägte Professionalisierung gekennzeichnet.

Primärer Zweck unserer öffentlichen, aber auch eines grossen Teils der privaten Krankenhäuser in der Schweiz ist es nicht, Gewinn oder eine angemessene Kapitalverzinsung zu erzielen, sondern die Bevölkerung einer mehr oder weniger definierten Region mit medizinischen Leistungen zu versorgen. Krankenhäuser sollten sich somit eher bedarfs-, als gewinnorientiert verhalten. Diese Art von Zielsetzung ist naturgemäss mehrdimensional und lässt sich nicht ohne weiteres operationalisieren und kontrollieren. Damit fehlen aber wichtige Voraussetzungen für den Einsatz von Managementmethoden aus der Wirtschaft.

---

[22] Thiemeyer T. (Betriebe) S. 25 ff; McLaughlin C. (non profit) 14 ff und 92 ff

Die Zielfindung auf der strategischen Führungsebene müsste mittels Kosten-Nutzen-Analyse, welche direkte und indirekte, quantitative und qualitative Kosten in der medizinischen, der sozialen und der ökonomischen Analysedimension beinhaltet,[23] erfolgen. Das entsprechende Instrumentarium ist jedoch erst in Ansätzen und für die Analyse eng abgrenzbarer Problembereiche entwickelt. Die Zielsetzung auf dieser Ebene ist somit noch sehr mangelhaft. Anstelle einer zielorientierten Führung findet man daher meist eine ressourcen- und ausgabenorientierte Einflussnahme der übergeordneten Krankenhausträger.

Auf operativen Führungsstufen hingegen können durchaus Konzepte des operativen Managements angewendet werden.[24] Krankenhäuser sind ihrer Trägerschaft, den Patienten und der Oeffentlichkeit gegenüber zu einer effektiven und effizienten Leistungserstellung verpflichtet. Die Probleme liegen auf dieser Ebene somit ähnlich wie in anderen Wirtschaftszweigen. Allerdings muss die besondere Bedeutung der sozialen Dimension angemessen berücksichtigt werden.

Im Gegensatz zu anderen Unternehmungen beinhaltet die soziale Dimension im Krankenhaus nicht nur den Mitarbeiter, die Marktpartner und die Oeffentlichkeit. Das eigentliche "Werkstück", der Patient, ist ebenfalls ein humanes Wesen und verlangt besondere Beachtung. Aus dieser Situation erwachsen für die Gestaltung der Prozesse der Leistungserstellung und der Organisationsstruktur wichtige soziale Rahmenbedingungen.

Das Gewicht der sozialen Dimension wird durch die Professionalisierung im Krankenhaus noch verstärkt. Die verschiedenen im Krankenhaus tätigen Berufsgruppen haben häufig ein ausgeprägtes Eigenleben entwickelt, folgen unterschiedlichen Verhaltenskriterien und handeln weitgehend autonom. Das Krankenhausmanagement als solches ist zudem eine noch relativ junge Disziplin, von den anderen Professionen im Krankenhaus noch nicht unbedingt voll anerkannt und medizinischen und/oder politischen Entscheidungen meist untergeordnet.[25] Die Dominanz der übergeordneten politischen Ebene erschwert die Definition und Verfolgung langfristig gültiger Zielsetzungen zusätzlich. Um eine Verbesserung der Führungssituation zu erreichen, müssen sich die Krankenhauskader in Zukunft vermehrt mit der politischen Ebene auseinandersetzen und Einfluss auf die Gesundheitspolitik ausüben.

---

[23] Bapst L. (Kosten-/Nutzen-Analyse) S. 11 ff

[24] Vgl. u.a. Nelson C. (Operations Management)

[25] Trent W. (Unique Aspects)

Die weitgehende Autonomie und Dominanz der medizinischen und pflegerischen Professionen im Krankenhaus erschweren die Führung ebenfalls. Die Spezialisierung der Medizin hat zu einer Dezentralisation der Leistungserstellung im Krankenhaus geführt. Die verschiedenen Professionen konzentrieren sich auf ihre Teilaufgabe und verhalten sich entsprechend, ohne dem Ganzen grosse Bedeutung zuzumessen. Um doch noch eine gewisse Koordination im System zu erreichen, wurde meist eine bürokratische Organisations- und Kontrollstruktur geschaffen, die den Vorstellungen der Professionen jedoch kaum entgegenkommt und von diesen vielfach abgelehnt wird.

1.2 Die Notwendigkeit von Informations- und Kennziffernsystemen für das Krankenhausmanagement

Die wachsende Kritik am Medizinsystem, an der Kostensteigerung und am Management der Gesundheitsinstitutionen zwingt die Verantwortlichen auf den verschiedenen Ebenen des Gesundheitswesens, nach Verbesserungen der Effektivität und der Effizienz des Systems zu suchen. Dabei genügt es nicht, einseitig die Qualität der medizinischen und pflegerischen Leistungen zu steigern - ein Ansatz der häufig von den medizinischen Professionen verfolgt wird. Um echte Verbesserungen im System zu erreichen, müssen die Probleme der Leistungserstellung umfassend, d.h. sowohl unter medizinisch-pflegerischen, wie auch unter sozialen und ökonomischen Gesichtspunkten angegangen werden. Um dies zu ermöglichen, sind eine systemische Betrachtungsweise und vielfältige Informationen notwendig, die heute den Führungskräften noch kaum zur Verfügung stehen.

Nach dem offensichtlichen Versagen der strikten bürokratischen Führungs- und Kontrollmechanismen, welche zu einem eher inaktiven, bzw. reaktiven Krankenhausmanagement [26] geführt hat, wird heute die Forderung nach einer angepassten Uebertragung von Managementmodellen der Wirtschaft, d.h. einer aktiven oder besser noch interaktiven Führung, [27] laut. Diese Forderungen basieren teilweise auf den Erfahrungen erfolgreicher "nonprofit"-Krankenhäuser in den USA und in Europa, sowie auf dem Wissen, dass mit Hilfe von Anreizsystemen das Verhalten aller Beteiligten gezielter und schneller beeinflusst werden kann, als

---

26 Ackoff R. (Corporate future) 53 ff

27 Ackoff R. (Corporate future) 59 ff

durch bürokratische Steuerung. Voraussetzung für eine wirksame Anwendung derartiger Managementmodelle sind jedoch:

- ein der Komplexität und den Besonderheiten des Krankenhauses gerecht werdendes, d.h. entsprechend erweitertes und angepasstes Managementkonzept
- ein gewisser unternehmerischer Spielraum für die Krankenhausleitung
- ein Finanzierungssystem, welches gesellschaftlich und ökonomisch orientiertes Verhalten fördert
- ein breites Engagement für Führungsfragen der Kader auf den verschiedenen Systemebenen der verschiedenen Professionen und
- ein entsprechend ausgebautes, umfassendes und flexibles Informations- und Kennzahlensystem, welches die Informationsbedürfnisse der Führungskräfte sowohl bezüglich quantitativer und qualitativer sowie interner (institutionsbezogener) und externer (umweltbezogener) Informationen befriedigt.

Im Rahmen dieser Arbeit wird auf diese Punkte näher eingegangen. Dabei wird auf den Vorstellungen des systemorientierten Managements [28] basiert. Das Krankenhaus wird als Teil eines umfassenden Gesundheitsversorgungssystems in einer dynamischen Umwelt gesehen, welches medizinische, soziale und wirtschaftliche Ziele verfolgen muss. Auf diesem Hintergrund wird die Notwendigkeit und Wichtigkeit von Führungsinformationen deutlich. Gleichzeitig wird aber auch klar, dass nicht ein umfassendes, allen Situationen gerecht werdendes Informationssystem geschaffen werden kann. Es gilt jedoch, eine umfassende Heuristik mit methodischen Handlungsanweisungen [29] zu erarbeiten, mit deren Hilfe die Suche und Auswahl der im Managementprozess benötigten Informationen und Kennzahlen vereinfacht, unterstützt und gesichert werden kann.

In Teil I "Grundlagen" wird die Rolle des Krankenhauses in der Gesellschaft, seiner Umwelt, seiner Stellung im Rahmen des Gesundheitsversorgungssystems und seine Entwicklung zur heutigen Struktur kurz beschrieben (vgl. Kapitel 2). Dabei zeigt sich, dass die Institution Krankenhaus entscheidend von der Umwelt beeinflusst wird. Dies nicht nur aufgrund der direkten Abhängigkeit von der medizinischen Entwicklung, der demographischen Bevölkerungsstruktur und der

---

28 vgl. u.a. Ulrich H. (Unternehmungspolitik); ders. (Management); Ulrich H./Güntert B./Hofer M. (Management-Ausbildung)

29 von Bülow I. (Systemmethodik) 27 ff

1. Einführung und Problemstellung

Teil I: Grundlagen

2. Das Krankenhaus im System der Gesundheitsversorgung

3. Entwicklung und Praxis des Krankenhausmanagements

Teil II: Management, Führungsinformation und Kennzahlen

4. Grundvorstellungen zum Krankenhausmanagement

5. Informationen und Kennzahlen im Managementprozess

Teil III: Informations- und Kennzahlensysteme im Bereich des Krankenhausmanagements

6. Informations- und Kennzahlensysteme in schweizerischen Krankenhäusern

7. Informations- und Kennzahlensysteme im deutschen Sprachraum

8. Informations- und Kennzahlensysteme im englischen Sprachraum

9. DRG - Ausgangspunkt zu echten Führungsinformationen

Teil IV: Konzeption eines umfassenden managementorientierten Krankenhausinformations- und Kennzahlensystem

10. Anforderungen an ein managementorientiertes Informations- und Kennzahlensystem

11. Struktur und Inhalt eines Informations- und Kennzahlenmodells für das Krankenhausmanagement

12. Problemorientierte Auswahl von Informationen und Kennzahlen zur Lösung von Managementaufgaben

Morbidität, bzw. Mortalität, oder der verschiedenen Beschaffungsmärkte. Eine grosse Bedeutung hat auch die Abhängigkeit vom politischen System, prägt doch dieses das ganze System der sozialen Sicherung. Zudem ist der Staat, bzw. der Krankenhausträger rechtlich und organisatorisch wohl ausgegliedert und muss bei einer institutionellen Betrachtung zur Umwelt geschlagen werden. Er bestimmt jedoch weitgehend die langfristigen Zielsetzungen und damit die strategische Ausrichtung der öffentlichen Krankenhäuser. Die Analyse des heutigen Krankenhausmanagements (vgl. Kapitel 3) zeigt jedoch, dass sich die Führung nur sehr am Rande mit dem Problem der Umwelt, sei sie über-, unter- oder nebengeordnet, auseinandersetzt. In den heutigen Informations- und Kennzahlensystemen werden denn auch kaum systematisch Umweltdaten gesammelt und verarbeitet.

Ebenfalls diskutiert werden Fragen des Finanzierungssystems, des unternehmerischen Spielraums und der Wahrnehmung von Führungsaufgaben auf den verschiedenen Stufen und in den verschiedenen Professionen, sowie der Entwicklung und der heutigen Situation im Bereich der Krankenhausführung (vgl. Kapitel 3.2). Diese Analyse zeigt, dass heute die öffentlichen Krankenhäuser - bedingt durch die ausgeprägten bürokratischen Kontrollmechanismen der übergeordneten Ebene - zu einem eher reaktiven oder inaktiven Management neigen. Die Steuerung der Ressourcen durch die übergeordnete Behörde und die bürokratische Kontrolle schränkt den unternehmerischen Spielraum der Krankenhäuser stark ein. Auch das Finanzierungssystem fördert gesellschaftlich-orientiertes, effizientes Verhalten nicht. Ein breites Engagement für Führungsfragen kann somit nicht erwartet werden und ist in der Praxis auch wenig zu finden.

Als Grundlage für die folgenden Ueberlegungen zu führungsorientierten Informations- und Kennzahlensystemen für Krankenhäuser wird ein umfassendes Managementkonzept vorgestellt (vgl. Kapitel 4). Wie die praktische Erfahrung gezeigt hat, wird dieses Konzept der Komplexität und den Besonderheiten des Krankenhauses gerecht. Im Gegensatz zum vorherrschenden bürokratischen Ansatz erlaubt es aktives, bzw. interaktives Management des Krankenhauses, wird doch versucht, die heutige ausgabenorientierte Systemsteuerung durch eine zielorientierte Führung abzulösen. Das Managementkonzept schafft die dazu notwendigen Voraussetzungen, indem es die Umwelt des Krankenhauses, die übergeordneten Ebenen (Krankenhausträger und Staat), sowie die untergeordneten Bereiche der Leistungserstellung in die Betrachtung einbezieht und ein integrierendes Vorgehen erlaubt.

Aufbauend auf diesen Vorstellungen zum Management wird in Kapitel 5 die Bedeutung der Informationen und Kennzahlen im Führungsprozess diskutiert. Besonderes Gewicht wird dabei auf Kennzahlen und Kennzahlensysteme gelegt (vgl. Kapitel 5.3), die sich in der allgemeinen Betriebswirtschaftslehre bewährt haben.

Auf die konkrete Situation der Informations- und Kennzahlensysteme im Krankenhausbereich wird in Teil III eingegangen. Schweizerische Lösungen werden in Kapitel 6, Vorschläge aus dem übrigen deutschen Sprachraum in Kapital 7, englische und amerikanische Lösungen in Kapitel 8 und die diagnosebezogenen Informationssysteme (DRG) in Kapitel 9 diskutiert.

Aufgrund der Vorstellungen zur Führung und zur Managementinformation in Teil II und der Erfahrungen mit realisierten und theoretischen Modellen in Teil III wird in Kapitel 10 ein umfassender Anforderungskatalog an ein Krankenhaus-Informations- und Kennzahlensystem abgeleitet. Diese Forderungen werden aus Sicht der kybernetischen Systemlenkung, des Konzeptes zum Krankenhausmanagement und dem Wesen der Kennzahlen begründet. Resultat ist ein mehrdimensional strukturiertes Informationssystem, welches sowohl krankenhausinterne wie auch Umweltdaten in qualitativer, quantitativer und geldwertmässiger Hinsicht, sowie vergangenheits-, gegenwarts- und zukunftsbezogen beinhaltet. Die Struktur und der Inhalt dieses Informationssystems wird in Kapitel 11 diskutiert.

Aufgrund der hier vertretenen Führungsauffassung und der Vorstellung, dass sich das Krankenhaus in einer vieldimensionalen und dynamischen Umwelt behaupten muss, wird nicht ein starres Informations- und Kennzahlensystem vorgeschlagen. Vielmehr wird versucht, eine Heuristik zu erarbeiten, die es erlaubt, die Beschaffung häufig benötigter Informationen zu standardisieren, im Einzelfall notwendige Zusatzinformationen einfach zu erheben und in Entscheidungsunterlagen zu verarbeiten. Für die Selektion der situativ richtigen Managementinformationen wird eine systemische Heuristik vorgeschlagen, die in Kapitel 12 anhand von Beispielen diskutiert wird.

TEIL I: Grundlagen

2 Das Krankenhaus im System der Gesundheitsversorgung

2.1 Gesundheit und Krankheit

Gesundheit ist die wichtigste Grundlage für die Selbstentfaltung des Individuums und für die Entfaltung seiner gesellschaftlichen Aktivitäten. Gesundheit ist aber auch Voraussetzung für die materielle Existenzsicherung des Menschen. Es ist somit nicht weiter verwunderlich, wenn in Meinungsumfragen die Gesundheit immer als wichtigster "Wert des Lebens" genannt wird, dies meist vor Werten wie "Familienleben", "Liebe" und "materielle Sicherheit".[1] Die Ergebnisse dieser Untersuchungen zeigen, dass der Begriff Gesundheit in einem Sinne verstanden wird, der weit über die rein biologischen Aspekte hinausgeht. Der biologische Gesundheitsbegriff nämlich "schliesst (nur) in sich ein, dass ein Mensch gesund ist, wenn im biologischen Organismus die Teilstrukturen und Teilfunktionen in einem einzigen sinnvoll funktionierenden Ganzen aufeinander abgestimmt und integriert sind" [2], d.h. dass die regulativen Möglichkeiten des Körpers ausreichen, um Störungen zu beseitigen. Von Krankheit im biologischen Sinn spricht man, wenn diese Integrität gestört ist.

Gesundheit in einem umfassenderen Sinn beinhaltet jedoch nicht bloss die Abwesenheit physischer Krankheit, sondern schliesst die wesentlichen zur menschlichen Existenz gehörenden psychischen und sozialen Aspekte mit ein. Diese Auffassung teilt auch die Weltgesundheitsorganisation (WHO). Sie hat versucht, den Gesundheitsbegriff zu objektivieren und definiert Gesundheit positiv als: "... Zustand des vollständigen körperlichen, geistigen und sozialen Wohlbefindens und nicht nur als Freisein von Krankheit und Gebrechen".[3] Auffallend bei dieser

---

1 Vgl. u.a. die bei Kocher G./Rentchnick P. (Medizin) 109 ff zitierten Untersuchungsergebnisse; sowie Schweizerische Volksbank (Hrsg.) (Lebensqualität) 16 f; Schären R. (Ernährungsgesundheit) 35 ff. Dass die hohe Wertschätzung der Gesundheit unabhängig von Kultur und Wohlstand ist, zeigt Basler Versicherungsgruppe (Hrsg.) (Interview), die mehr als 60 Nationen auf allen Kontinenten einschliesst.

2 Sporken P. (Sorge) 38

3 World Health Organization (First Ten Years), "Health is a state of complete physical, mental and societal well-being, and not merely the absence of disease or infirmity."

Definition ist die Ausweitung des Gesundheitsbegriffes und die scharfe Trennung zwischen Gesundheit und Krankheit, die beide als absolute Grössen gesehen werden. Damit wird eine maximale Zustandsgrösse formuliert, welche verbunden mit egalitaristischen Grundwerten der Gesellschaft jede noch so expansive Gesundheitspolitik, deren Ziel der "gesunde Mensch in einer gesunden Gesellschaft" ist [4], legitimiert. Unter dem bestehenden medizinischen Paradigma kann dies zu einer, den psychologischen Charakteristiken der Patienten wenig gerecht werdenden inhumanen Apparatemedizin führen.[5] Eine derartige absolute Abgrenzung von Gesundheit und Krankheit ist nicht realistisch, ein physisch, psychisch und sozial leidensfreier Zustand muss Utopie bleiben. Ebenso stark wie Gesundheit sind auch Krankheit und Gebrechen mit dem Leben verbunden. Dies liegt in der Natur des menschlichen Lebenszyklus, aber auch in der subjektiven Empfindung von Gesundheitsstörungen. Gesundheit und Krankheit lassen sich somit nicht unabhängig voneinander begreifen. Sie überschneiden sich und existieren gleichzeitig nebeneinander. Gesundheit ist wohl ein Gegenbegriff zu Krankheit, bedeutet aber mehr als nur das Fehlen von Krankheit. Gesundheit und Krankheit sind beides Prozesse, die ein breites Spektrum beinhalten. Es gibt Zwischenbereiche, in denen nicht eindeutig von gesund oder krank gesprochen werden kann, Bereiche, in welche die Prozesse der Erkrankung und Genesung fallen.[6]

Um realistisch zu sein, müsste der Gesundheitsbegriff die Begrenztheit der individuellen Situation und der Person des Patienten beinhalten. Gesundheit und Krankheit sollten als breites Spektrum, d.h. als Verhältnisgrössen, gesehen werden. Eine solche Definition muss bei der individuellen Lebensfähigkeit und den sozialen Lebensmöglichkeiten ansetzen. Gesundheit kann dann etwa definiert werden als "die Kraft zu begrenztem und beanspruchtem Leben" [7] oder spezieller: "Gesundheit ist die Fähigkeit des Menschen, sich in der jeweiligen Lebenssituation zu bewähren und die private, berufliche und politische Umwelt mitzugestalten; sie umfasst den Menschen in seinen biologischen, intellektuellen, ethischen und emotionalen Aspekten."[8]

---

4 Ringeling H. (Gesundheit) 2326; von Wartburg W. (Gleichheit) 22 ff

5 Vgl. u.a. Buser M. (Humanität) 58; Henry-Dunant-Institut (Humanisierung); Gante-Raedler K./ Raedler J. (Krankenhaus) 51 ff

6 von Engelhardt D. (Normalität) 53 ff

7 Ringeling H. (Gesundheitsbegriff) 1871; ähnlich auch Pauli H. (Begriffe) 226

8 Ringeling H. (Gesundheit) 2327

Die Vielfalt bestehender Gesundheitsbegriffe und Interpretationen zeigt die fehlende Objektivierbarkeit und Operationalität des Begriffes "Gesundheit" und damit das "Dilemma der Definitionsschwierigkeiten".[9] Dies äussert sich etwa in den oft sehr vagen Zielsetzungen der staatlichen Gesundheits- und Sozialpolitik, der einzelnen Krankenhäuser und ambulanten Institutionen, aber auch in der Zielproblematik bei gesundheitsökonomischen und medizin-kritischen Diskussionen. Selbst der Gesetzgeber hat bei der Schaffung des heute in der Schweiz noch gültigen Krankenversicherungsgesetzes [10] auf eine genaue Definition des Begriffes "Krankheit", d.h. des versicherten Ereignisses, verzichtet. Aber auch im Bereich der privaten Krankenversicherung fehlt meist eine entsprechende Definition.[11] Als Krankheit wird versicherungstechnisch daher der Arztbesuch des Versicherten gesehen. Damit wird es dem Individuum, nicht etwa der medizinischen Lehre oder dem gesellschaftlichen Konsens überlassen, im konkreten Fall zu entscheiden, welcher Zustand als krank anerkannt wird.

Bei der Diskussion um die Begriffe "Krankheit" und "Gesundheit" handelt es sich keineswegs um wertlose Spielereien. Ihre Interpretation durch Einzelne und der gesellschaftliche Konsens darüber, was als gesund oder krank angesehen wird, ist - wie die folgenden Ueberlegungen noch zeigen werden - für die Krankenhausführung von grosser Bedeutung,beeinflussen sie doch die Zwecksetzung, das Zielsystem, die Strukturen und Prozesse sowie die Nachfrage ganz entscheidend.

2.2 Das System der Gesundheitssicherung

Das einzelne Individuum ist vielfach nicht in der Lage, die Verantwortung für sein Leben und seine Gesundheit selbständig zu übernehmen. Einerseits übersteigen Vermeiden, Beheben und Lindern von körperlichen, geistigen oder sozialen Indispositionen aufgrund von Krankheit, Unfall oder Altern rasch die physischen, psychischen und materiellen Kräfte des Einzelnen. Andererseits haben wir es auch nie mit einem isoliert existierenden, sondern immer mit einem in seiner so-

---

9 Schipperges H. (Gesundheit) 61

10 Bundesgesetz über die Krankenversicherung (KUVG) vom 13. Juni 1911; auch im Vorschlag zum neuen Kranken- und Mutterschaftsversicherungsgesetz, welches im November 1987 vom Schweizer Volk abgelehnt wurde, hat man auf eine klare Definition des Krankheitsbegriffes verzichtet.

11 Vgl. Bucher P. (Krankenversicherung) 81 f

zialen Umwelt lebenden Menschen zu tun. Diese Umwelt übt einen ständig grösser werdenden Einfluss auf die Gesundheit des Individuums aus. Die Gesellschaft muss daher einen Teil der Verantwortung für die Gesundheit übernehmen. Zudem liegt es auch im Interesse der Gesellschaft selbst, die Gesundheit ihrer Individuen möglichst zu erhalten oder wiederherzustellen. Krankheiten belasten nämlich die Gesellschaft, indem sie personelle und materielle Mittel binden. Das Ausmass der sozialen Kosten von Krankheiten ist heute jedoch erst unzureichend bekannt [12] und wird bei Analysen und Entscheidungsprozessen im Gesundheitswesen noch häufig ausser acht gelassen. Krankheiten können zudem auch eine direkte Gefahr für die Gesellschaft selbst darstellen (neuestes Beispiel: AIDS).

In jedem Fall ist der Kranke seinen gesunden Mitmenschen gegenüber benachteiligt. Er kann seine Rolle in der Gesellschaft nicht oder nur noch beschränkt wahrnehmen und seine Bedürfnisse nur bedingt befriedigen. Um diese Benachteiligung der Kranken zu mildern und sich vor den negativen Folgen der Krankheiten zu schützen wurden schon früh solidarische Strukturen und Mechanismen zur Sicher- und Wiederherstellung der Gesundheit geschaffen. Die Entwicklung dieser Institutionen ist eng mit der Geschichte der Medizin und jener des Krankenhauses verknüpft. Zum besseren Verständnis der Probleme im Gesundheits- und Krankenhauswesen soll im folgenden kurz auf die historische Entwicklung dieser Bereiche eingegangen werden.

2.2.1 Entwicklung der Medizin und des Krankenhauses

In der Frühzeit des Menschen wurden die Ursachen von Erkrankungen oft dämonischen und spirituellen Kräften oder göttlicher Strafe für unmoralisches Verhalten zugeschrieben.[13] Die Behandlungspraktiken bestanden meist in (Heil-) Ritualen. Dabei stand weniger das kranke Individuum, als vielmehr die soziale und kulturelle Umwelt des Patienten und das gesellschaftliche Unterbewusstsein im Vordergrund.

In der griechischen Medizin wuchs dann die Ueberzeugung, dass Erkrankungen nicht durch übernatürliche Kräfte verursacht werden, sondern dass es sich um

---

[12] In der Schweiz liegen nur für wenige Krankheiten Ergebnisse einer gesellschaftlichen Kosten-Nutzen-Analyse vor, vgl. etwa Leu R./ Lutz R. (Alkoholkonsum).

[13] Fischer-Homberger E. (Geschichte) 7 ff; Capra F. (Wendezeit) 342 ff

natürliche Phänomene handelt, die man erforschen und durch therapeutische Massnahmen, sowie eine vernünftige Lebensweise beeinflussen kann. Nach dieser Auffassung erfordert Gesundheit ein Gleichgewicht zwischen Umwelt, Lebensführung und verschiedenen anderen Komponenten der menschlichen Natur. Heilkunde und Lebenskunde waren eins und bemühten sich, beim Individuum ein entsprechendes Gleichgewicht zu erwirken.

Die Römer suchten mehr nach den kausalen Ursachen der Erkrankung.[14] Medizin wurde als wissenschaftliche Disziplin betrieben, die auf naturwissenschaftlichen Ansätzen beruhte und Vorbeugung, Diagnose und Therapie von Krankheiten umfasste. In diese Zeit fällt auch die Einrichtung erster spitalähnlicher Institutionen, sog. Valetudinarien, für Soldaten und Sklaven. Diese Institutionen verfolgten den Zweck, durch Heilung der Patienten die Kampf-, bzw. die Arbeitskraft zu erhalten.

Schon früh wurden zum Schutze der Gesellschaft Institutionen gegründet, welche Kranke, Gebrechliche, Arme, Irre und zum Teil auch Kriminelle aufnahmen und verwahrten. Eine der frühesten Einrichtung in diesem Sinne dürfe das im vierten Jahrhundert hauptsächlich für die Aufnahme Aussätziger errichtete Hospital von Cesarea (Kleinasien) gewesen sein. Dieses Hospital gilt als Vorbild für die zahlreichen Klostergründungen nach dem Konzil in Aachen (817), als den Klöstern die Pflege der Kranken zur Pflicht gemacht wurde.[15] Diese christlich-religiösen Hospitäler waren keine Heilanstalten im heutigen Sinn, sondern ein Zufluchtsort für die Elenden und daher eher eine Institution der Versorgung und Isolierung. Immer aber waren diese Hospitäler eng mit der Kirche verbunden, der Altar stand meist auch baulich im Zentrum. Ebenso hat die Lebensweise der Mönche die Strukturen der Hospitäler stark beeinflusst. Dies wirkt sich bis heute aus, wie aus den Anforderungen und Erwartungen, die an den Pflegedienst gestellt werden, ersichtlich ist.[16]

Die weitere Entwicklung der Medizin muss parallel mit jener der Naturwissenschaften, speziell der Biologie, gesehen werden. Aufgrund der auf Empirie beruhenden Geisteshaltung wurde begonnen, den menschlichen Körper wissenschaftlich zu analysieren. Damit entwickelte sich ein neues, wichtiges Merkmal

[14] Fischer-Homberger E. (Geschichte) 16 ff; Verbrugh H. (Medizin) 26 ff

[15] Vgl. u.a. Dörpinghaus G. (Entwicklung) 19 ff; Jetter D. (Hospital-Geschichte) 4 ff

[16] Lanz R. (Spitalführung) 38

[17] Vgl. u.a. Verbrugh H. (Medizin) 35 ff; Fischer-Homberger E. (Geschichte) 42 ff

der medizinischen Wissenschaft, die Handhabung des Experimentes.[17] Man versuchte, die Natur "auf die Folter" zu spannen, um ihr so Geheimnisse zu entlocken. Die neuen Erkenntnisse führten zur Verwerfung der z.T. Jahrhunderte alten Dogmen über den Menschen und seinen Körper. Der anfängliche Versuch, das neue Wissen mit den kirchlichen Lehrsätzen in Einklang zu bringen, scheiterte rasch am Ungenügen der scholastischen Vorstellungen. Allerdings dauerte es noch lange, bis sich Medizin und Naturwissenschaften gegen die vorherrschende Theologie durchzusetzen vermochten.

Die Kirche verlor aber auch als Folge der Reformation und der zunehmenden Säkularisierung - verbunden mit der Aufhebung zahlreicher Klöster und dem Rückgang an Ordensleuten - im Bereich der stationären Versorgung immer mehr an Bedeutung. Vom Bürgertum getragene philanthropisch-säkularisierte Hospitäler traten an ihre Stelle. Gleichzeitig nahm die Tragfähigkeit der primären Sozialstrukturen aufgrund neuer städtischer Siedlungsformen, der wachsenden gesellschaftlichen Differenzierung durch Handwerk und Handel und später durch die einsetzende Industrialisierung und der damit verbundenen Schrumpfung der Familiengrösse zunehmend ab. Das bestehende Netz kirchlicher und privater Institutionen der Gesundheitsversorgung wurde überstrapaziert, der Bedarf an weiteren gesellschaftlichen Einrichtungen stieg an, und es wurden entsprechende Forderungen an die Städte und den Staat gestellt. Immer mehr Städte engagierten sich in der Folge und bauten und betrieben Hospitäler. Diese Aufgabe blieb denn auch bis auf den heutigen Tag bei der öffentlichen Hand. Die ehemals enge Beziehung zwischen Gesundheitsversorgung und Kirche ist einer engen Beziehung zum Staate gewichen.

Allerdings hat sich nicht nur die Art der Trägerschaft im Laufe der Zeit verändert. Ein Wechsel ist auch in den vom Krankenhaus wahrgenommenen Funktionen zu beobachten. Die ersten erfolgreichen Anwendungen medizinischer Heilmethoden im bis anhin eher fürsorglichen Hospital führten dazu, dass der Gedanke von Heilung und Linderung zu einem integrierten Bestandteil des Krankenhauses wurde. Mit der Entdeckung des Blutkreislaufes wurde die Medizin immer mehr physikalisch und chemisch begründet, und die mechanistische Betrachtungsweise blieb nicht ohne weiteren Einfluss auf ihre Methoden. Krankheit galt als Fehlfunktion biologischer Mechanismen, die immer mehr aus der Sicht der Zell- und später der Molekularbiologie untersucht wurden. Durch die damit verbundene Konzentration auf immer kleinere Teile des Körpers verlor die Medizin den Patienten als Ganzes und als Teil seiner Umwelt aus den Augen. Diese Entwicklung entsprach ganz dem damals dominierenden kartesischen Weltbild.[18] Folge dieser Auffassung war die schwerwiegende Abtrennung der psychischen von der somatischen Medizin, die heute noch die Struktur des Gesundheitswesens prägt.

Das Vordringen der Medizin in das Hospital bewirkte, dass im 18. Jahrhundert die ursprünglich gemeinsam mit den Kranken untergebrachten Armen, Irren, Passanten und Kriminellen ausgesondert und an spezielle Häuser überwiesen wurden.[19] Damit machte man erstmals einen Unterschied zwischen einem Hospital (für Arme, Unheilbare und Passanten), dem Krankenhaus (für Heilbare und Behandlungsfähige) und dem Gefängnis (für Kriminelle).

Bis dahin hatten sich Kranke soweit wie möglich zu Hause pflegen und behandeln lassen, denn die Hospitäler galten als Mittelding zwischen Armenhaus, Pesthaus und Altersheim in Verbindung mit Krankenpflege.[20] Die zunehmende Technisierung der Medizin verunmöglichte eine adäquate Heimbehandlung jedoch mehr und mehr. Entscheidend beeinflusste auch die Entstehung der Sozialversicherungseinrichtungen, auf welche die Behandlungskosten zu einem grossen Teil überwälzt werden konnten, diesen Prozess. Dadurch wurden die wirtschaftlichen Schranken auch für die Aermsten weitgehend abgebaut und das Krankenhaus entwickelte sich zu einer Einrichtung für alle. Chirurg, Arzt und Hebamme wurden zu einem festen, heute nicht mehr wegzudenkenden Bestandteil dieser Institution. Daneben kannte man aber bis um das Jahr 1800 keine weiteren Spitalberufe. Eigentliches Pflegepersonal im heutigen Sinne gab es kaum. Ordensschwestern halfen zwar und pflegten die Patienten, waren jedoch kaum ausgebildet.

In der Schweiz kam die Umwandlung von Hospitälern in Krankenhäuser mit der Gründung der Universität und dem Bau des Kantonsspitals Zürich (1836) in Gang.[21] Damit begann eine rasante Entwicklung. Das damalige einfache Hospital entwickelte sich zu einer differenzierten und hochkomplexen Institution, wie es das heutige Krankenhaus darstellt. Massgeblich beeinflusst war diese Entwicklung durch die Etablierung eines fachlich geschulten Pflegedienstes, vor allem aber durch Entwicklungen innerhalb der Medizin. Konsequenz davon war eine Differenzierung in verschiedene medizinische Spezialitäten. Als Illustration dazu soll die entsprechende Differenzierung der drei klassischen medizinischen

[18] Sommers F. (Dualism) zitiert in: Capra F. (Wendezeit) 58

[19] Vgl. u.a. Foucault M. (Klinik) 170 ff

[20] Dezsy J. (Report) 61 f

[21] Jetter D. (Krankenhaus-Geschichte) 36 f

Disziplinen Innere Medizin, Chirurgie und Frauenheilkunde im Inselspital Bern dienen (vgl. Abb. 2-1).

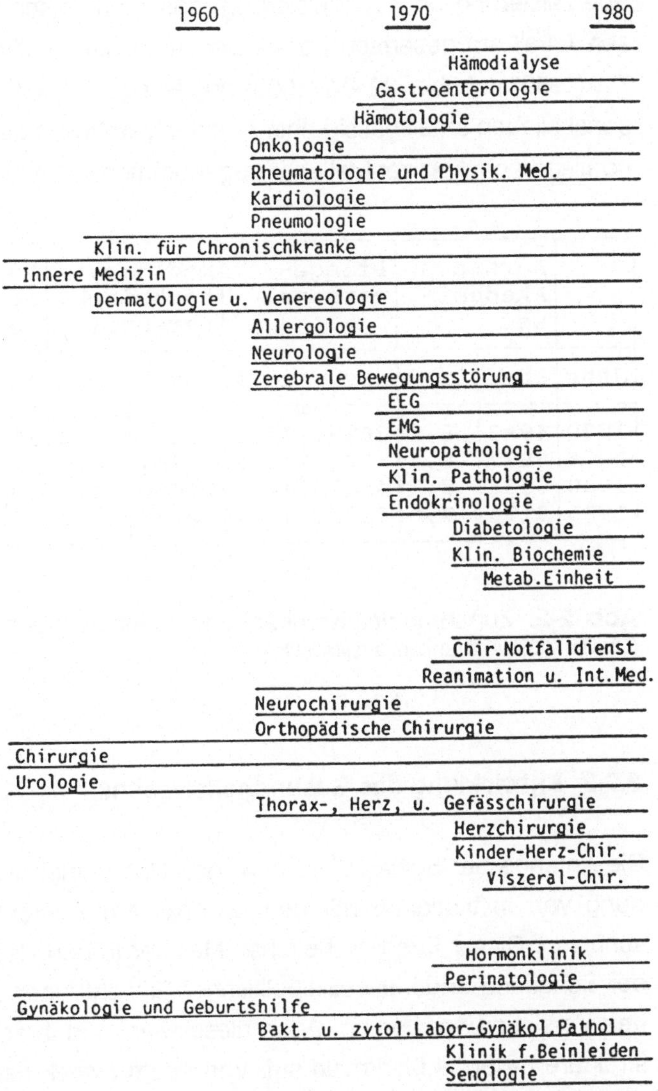

1960 1970 1980

Hämodialyse
Gastroenterologie
Hämotologie
Onkologie
Rheumatologie und Physik. Med.
Kardiologie
Pneumologie
Klin. für Chronischkranke
Innere Medizin
Dermatologie u. Venereologie
Allergologie
Neurologie
Zerebrale Bewegungsstörung
EEG
EMG
Neuropathologie
Klin. Pathologie
Endokrinologie
Diabetologie
Klin. Biochemie
Metab.Einheit

Chir.Notfalldienst
Reanimation u. Int.Med.
Neurochirurgie
Orthopädische Chirurgie
Chirurgie
Urologie
Thorax-, Herz, u. Gefässchirurgie
Herzchirurgie
Kinder-Herz-Chir.
Viszeral-Chir.

Hormonklinik
Perinatologie
Gynäkologie und Geburtshilfe
Bakt. u. zytol.Labor-Gynäkol.Pathol.
Klinik f.Beinleiden
Senologie

Abb. 2-1. Entwicklung der medizinischen Spezialisierung am Beispiel des Universitäts- und Inselspital in Bern (Quelle: Gessner U./Huwiler B./Horisberger B. (Wandlung) 42)

Die Spezialisierung beschränkte sich allerdings nicht auf die drei klassischen therapeutischen Disziplinen. Sie führte auch in den diagnostischen Bereichen (Radio-Diagnostik, Labor usw.) zu neuen Strukturen. Dies erforderte eine Erhöhung des Personalbestandes. In den vier Berufskategorien ärztlicher Dienst, Pflegedienst, medizinisch-technisches Personal und Verwaltungs- und Oekonomiepersonal sind in der Folge die absoluten Zahlen der Beschäftigten stark angestiegen. Die bedeutendste Zunahme verzeichnete, bedingt durch die überaus starke Spezialisierung und Technisierung, das medizinisch-technische Personal. Dessen Anteil am gesamten Personalbestand der Akutkrankenhäuser ist von rund 7% (1950) auf über 22,4% (1986) angestiegen. Aerztlicher Dienst und Pflegepersonal blieben anteilmässig eher konstant, während das Verwaltungs- und Oekonomiepersonal prozentual eher abgenommen haben.

	Aerzte u. Akademiker		Pflege-personal		medizin.-technisch. Personal		Verwaltung und Oekonomie		Total
Jahr	abs.	in %	abs.	in %	abs.	in %	abs.	in %	abs.
1970	4983	8,0	26235	42,3	9167	14,8	21185	34,2	62030
1975	6877	8,1	35752	42,2	15767	18,6	25877	30,6	84662
1980	8332	8,1	45270	44,1	19466	18,9	29661	28,9	102757
1985	9194	7,8	52782	44,9	22745	19,3	32837	27,9	117558

Abb. 2-2. Zunahme des Krankenhauspersonals (nach Personalkategorie)
(Quelle: VESKA (Krankenhausstatistik))

2.2.2 Entwicklung des Gesundheitswesens

Die Anfänge der Sozialpolitik, bzw. des Gesundheitswesens lagen in der Gründung von Institutionen mit dem Zweck, Arme, Kranke und Gebrechliche zu schützen. Dieser fürsorgliche Charakter der frühen Hospitäler stand auch hinter der Schaffung anderer sozialpolitischer Einrichtungen wie z.B. den verschiedenen Versicherungswerken. Auch diese wiesen in ihrer Anfangsphase vor allem strukturerhaltende Merkmale auf. Von ihrem Zweck her waren sie ganz auf den Ausgleich der durch die Industrialisierung entstandenen sozialen Schäden ausgerichtet. Dies kann mit der Umschreibung der Ziele der Bismark'schen Sozialpolitik illustriert werden: "Dass der Staat sich in höherem Masse als bisher seiner hilfsbedürftigen Mitglieder annehme, ist nicht bloss eine Pflicht der Humanität und des Christentums, von welcher die staatlichen Einrichtungen durchdrungen sein sollen, sondern auch eine Aufgabe staatserhaltender Politik, welche das Ziel zu verfolgen hat, auch in den besitzlosen Klassen der Bevölkerung, welche zugleich die zahlreichsten und am wenigsten unterrichteten sind, die Anschauung zu pflegen, dass der Staat nicht bloss eine notwendige, sondern auch eine wohltätige Einrichtung sei."[22] Auf dieser Auffassung basierte die Schaffung der Kranken-(1883), Unfall-(1884) und Invalidenversicherung (1889) in Deutschland. Bismarck konnte durch dieses systematische Engagement des Staates erfolgreich umstürzlerische Tendenzen gegen die Monarchie zu unterlaufen.[23]

Wie in anderen Ländern ist auch in der Schweiz die Krankenversicherung der älteste Zweig der Sozialen Sicherung. Auf privater Basis versuchten schon früh Hilfsvereine auf Gegenseitigkeit und unzählige Kassen die wirtschaftlichen Folgen von Krankheit zu lindern. 1890 schaltete sich dann der Bund mit der Verfassungsbestimmung über die Kranken- und Unfallversicherung (BV. Art. 34 bis) in diesen Bereich ein. Bis zur Annahme des Bundesgesetzes [24] bedurfte es allerdings noch verschiedener Anläufe. Die Einführung erfolgte erst zwanzig Jahre später. Die heutige Struktur der Krankenversicherung widerspiegelt noch immer die institutionale Vielfalt der Anfangszeit.[25]

Schon die ursprüngliche, systemerhaltende Sozialpolitik war geeignet, erste Impulse für eine Aenderung des wirtschaftlichen und gesellschaftlichen Lebens zu geben. Sie bewirkte, dass die Furcht vor der materiellen Existenzbedrohung durch die Industrie abnahm, und dass das Individuum einen neuen Freiraum erhielt. Dadurch barg sie systemverändernde Ansätze in sich. Mit zunehmendem Ausbau der Sozialen Sicherung verlor die Sozialpolitik denn auch immer mehr die Rolle einer Dienerin der Wirtschaft. Sie trat vielmehr gleichberechtigt neben andere Politiken und setzte selbstbewusst eigene Ziele. Man muss daher heute eher von einer systemgestaltenden Sozialpolitik sprechen.[26]

Der Wandel im Selbstverständnis der Sozialpolitik wirkt sich auch auf das Krankenhaus aus. Direkt wird der Einfluss durch das starke Engagement der Kantone und Kommunen im Bereiche der Krankenhausträgerschaft, der -planung und der -finanzierung ersichtlich, tragen diese doch rund 50% der laufenden und meist die gesamten Investitionskosten der Krankenhäuser. Die indirekte Wirkung über die Krankenversicherung ist ebenfalls von Bedeutung. Ursprünglich zur Siche-

---

22 Reichsdrucksache 1882, Nr. 19, S.13; zitiert nach Peters H. (Geschichte) 51

23 Brück G. (Sozialpolitik) 27 ff

24 Bundesgesetz über die Kranken- und Unfallversicherung, vom 13.6.1911 (KUVG). Die gesetzliche Grundlage über die Unfallversicherung wurde revidiert und 1979 in einem eigenständigen Gesetz verankert. Die Bemühungen um die Revision des Kranken- und Mutterschaftsversicherungsgesetzes sind hingegen bisher noch nicht geglückt.

25 Saxer A. (Soziale Sicherung) 116 ff und 269 ff; Erni T. (Entwicklung) 8 ff; ein detaillierter historischer Abriss zur Entwicklung der sozialen Sicherung liefert Sommer J. (Ringen)

26 Vgl. Brück G. (Sozialpolitik) 31 f; Preller L. (Ortung) 135 ff

rung der ärmsten 10% der arbeitenden Bevölkerung konzipiert, deckt sie heute in der Schweiz jedoch rund 97% der Gesamtbevölkerung [27] und trägt mit 36,5 % den grössten Anteil der Kosten des Gesundheitswesens.[28] Mit dieser Monopolstellung beherrscht die öffentliche Krankenversicherung den Finanzierungsmechanismus zur Abgeltung der Krankenhausleistungen und bestimmt somit weitgehend das Verhalten der Krankenhäuser in wirtschaftlicher Hinsicht.

Der Abbau wirtschaftlicher und sozialer Schranken durch sozialpolitische Massnahmen wirkte sich auch auf die Nachfrage nach Gesundheitsleistungen aus. Diese sind sowohl im ambulanten, wie auch im stationären Bereich stark gestiegen. Für diese Entwicklungen sind neben sozio-ökonomischen auch sozio-demographische und sozio-medizinische Faktoren mitverantwortlich.[29]

Die Analyse sozio-ökonomischer Faktoren zeigt, dass bildungsmässig und materiell privilegierte Gesellschaftsschichten mehr Leistungen des Gesundheitswesens nachfragen.[30] Grund dafür dürfte sein, dass diese Bevölkerungssegmente der Medizin gegenüber offener und aufgeschlossener sind. Untere Schichten hingegen sind trotz höherer Morbidität häufig fatalistischer eingestellt und leben weniger gesundheitsbewusst. Ein weiterer Faktor für die erhöhte Nachfrage ist sicher der hohe Versicherungsgrad der Bevölkerung. Damit fallen finanzielle Hemmnisse weitgehend weg und der Zugang zum Arzt und zum Krankenhaus ist offen. Verbesserungen im Ausbildungssystem, in der wirtschaftlichen Situation und im Krankenversicherungssystem, aber auch im medizinischen Angebot dürften in den nächsten Jahren einen weiteren Anstieg der Nachfrage nach Gesundheitsleistungen bewirken.

Die sozio-demographischen Faktoren zeigen, dass die Nachfrage nach Gesundheitsleistungen nicht linear mit der Bevölkerung wächst. Sie ist von mehreren demographischen Faktoren abhängig. So trägt vor allem die Ueberalterung der Bevölkerung massgeblich zur Nachfragesteigerung bei. Aufgrund der Multimorbidität und der verringerten Regenerations- und Rehabilitationsfähigkeit bei älteren Patienten ist die Zahl der zu erbringenden Einzelleistungen gestiegen, und es muss auch mit einem neuerlichen Ansteigen der Aufenthaltsdauern im Krankenhaus gerechnet werden. Die Geschlechtsstruktur ist ebenfalls nachfragewirksam. Frauen über 14 Jahren beanspruchen normalerweise zwischen 30% und 60%

[27] Bundesamt für Sozialversicherung (Statistik) S.V

[28] Gygi P./Frei A. (Gesundheitswesen 1986) 84

[29] Koch G. (Entwicklungsanalyse) 107

[30] Centonze-Kraut E. (Bedarfsermittlung) 49 ff

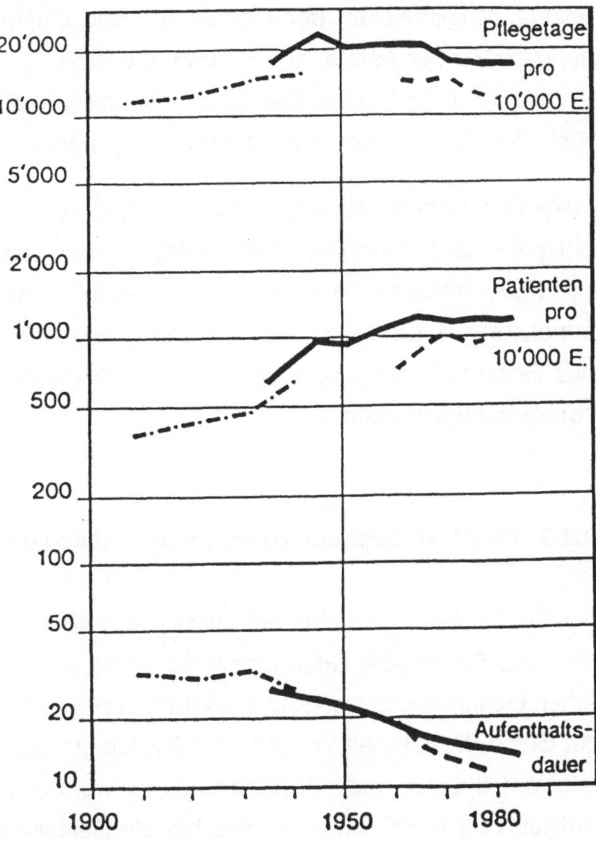

Abb. 2-3. Entwicklung der Nachfrage nach Krankenhausleistungen (Quelle: Gessner U./Huwiler B./Horisberger B. (Wandlung) 74, modifiziert)

————————	gesamtschweizerische Angaben
—·—·—·—·—	Stadt St. Gallen
– – – – – –	Kanton St. Gallen

mehr Leistungen als Männer.[31] Nachfragesteigernd wirkt auch die zunehmende Urbanisierung. Städtische Bevölkerungen weisen i.d.R. eine höhere Morbiditätsrate auf als jene ländlicher Gegenden.[32] Dies kann teilweise auf schlechtere Lebensbedingungen mit mehr psychosomatischen Krankheitsbildern zurückgeführt werden. Allerdings wirkt auch das bessere Angebot an Gesundheitsleistungen in urbanen Gebieten nachfragefördernd.

Unter sozio-medizinischen Faktoren versteht man die von der Medizin selbst induzierte Nachfrage. Diese "iatrogene" Nachfrage wird vor allem durch das bestehende Angebot, d.h. Anzahl Aerzte, Spezialisierungsgrad und räumliche Ver-

[31] Koch G. (Entwicklungsanalyse) 113 ff; Schmidt H. et al. (Datenanalyse)

[32] Vgl. Morbiditätsstatistiken, u.a. Escher M./Beyerle E. (Statistiken)

teilung, Möglichkeiten der ambulanten und stationären Versorgung, Ueberweisungspraxis der Aerzte, sowie durch die Stellung des Arztes als Nachfrager und Anbieter in einem ausgelöst. Von Bedeutung sind dabei die verbesserten Möglichkeiten Krankheiten zu erkennen und zu behandeln.

Insgesamt haben, wie Abb. 2-3 verdeutlicht, die sozio-ökonomischen, -demographischen und -medizinischen Faktoren eine beachtliche Nachfragesteigerung von Krankenhausleistungen bewirkt. Dies führte seinerseits wieder zu Angebotsanpassungen. Dieser zirkuläre Prozess wirkt sich natürlich auch auf die Kosten des Gesamt-Systems aus und sollte in der Krankenhausführung entsprechend berücksichtigt werden.

2.2.3 Funktion des modernen Gesundheitswesens in der Gesellschaft

Obwohl heute die auf eine naturwissenschaftliche Heiltechnik hin orientierte Medizin das System der Gesundheitssicherung weitgehend prägt, werden im öffentlichen Gesundheitswesen noch weitere Funktionen wahrgenommen. Die Maxime der Gesundheitserhaltung der ursprünglich umfassenderen Heilkunde der Sozialreformer des 18. und 19. Jahrhunderts, welche auch das individuelle und das Umweltverhalten beinhaltete, wird bei der Gestaltung des heutigen Gesundheitswesens wieder aufgenommen und den Möglichkeiten entsprechend weiterentwickelt. Von Wartburg unterscheidet drei Hauptfunktionen des Gesundheitssystems [33], nämlich (vgl. auch Abb. 2-4):

- Gesundheitsschutz
- Gesundheitsförderung
- Gesundheitsversorgung.

Davon ausgehend, dass die menschliche Gesundheit einerseits immer stärker durch die Umwelt, andererseits aber auch durch individuelles Verhalten und biologische Voraussetzungen bestimmt wird, richten sich die Massnahmen des Gesundheitsschutzes in erster Linie gegen Gesundheitsbeeinträchtigungen von aussen. Beim <u>Gesundheitsschutz</u> handelt es sich somit vor allem um:

- Massnahmen zur Bekämpfung ansteckender und weitverbreiteter Krankheiten (z.B. Impfzwang, Quarantäne oder indirekt etwa um Subventionierung von Präventivuntersuchungen usw.).

---

33 Nach von Wartburg W. (Gesundheitsrecht) 5.11, 7.11 und 9.11; eine ähnliche Gliederung finden wir bei Schipperges H. (Begriff), 30. Er unterscheidet: Bewahrung, Bildung und Behandlung der Krankheit.

- Massnahmen zum Schutz von Gesundheitsbeeinträchtigungen durch Nahrung, Wasser, Luft und schädigende Immissionen, speziell etwa am Arbeitsplatz (z.B. gesetzgeberische Bestimmungen und Kontrollen von Lebensmitteln und Gebrauchsgegenständen oder die Verordnung über Strahlenschutz [34]).

Die Kompetenzen zum Erlass solcher Schutzmassnahmen und zu deren Durchsetzung liegen in der Regel beim Staat, können jedoch delegiert werden.

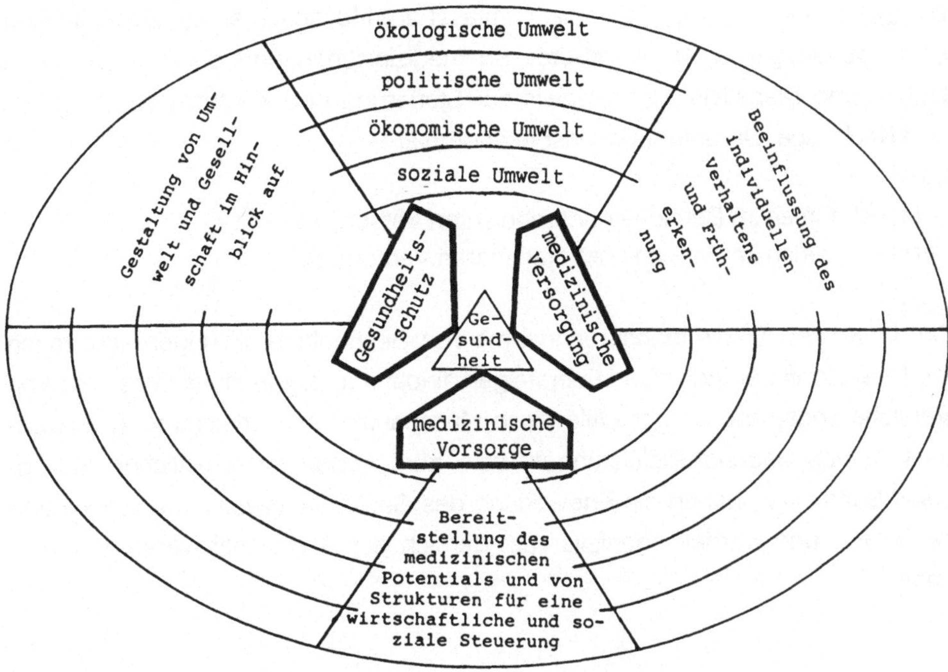

Abb. 2-4. Hauptfunktionen des Gesundheitswesens (B. Güntert/G. Probst (Sensitivität) 187)

Unter dem Begriff der <u>Gesundheitsförderung</u> wird jede Art der Beeinflussung des menschlichen Verhaltens mit dem Ziel, eine gesundheitsbewusste Lebensweise des Individuums zu erreichen, verstanden. Darunter fallen somit alle:

- Massnahmen der Gesundheitserziehung, wie Aufklärung über Gesundheitsrisiken und medizinische Zusammenhänge, Anleitungen zu sportlicher Betätigung und gesunder Ernährung, Beratung von Risikopopulationen usw.

34 BG vom 8.12.1905 betreffend Verkehr mit Lebensmitteln und Gebrauchsgegenständen; Verordnung über den Strahlenschutz vom 30.6.1976.

- Massnahmen zur Verhütung nicht ansteckender Krankheiten (z.B. Kropfprophylaxe durch Kochsalzjodierung, Kariesprophylaxe durch Fluorierung des Trinkwassers usw.).
- Massnahmen zur Früherkennung von Krankheiten im Interesse einer rechtzeitigen Inanspruchnahme der medizinischen Versorgung (z.B. Schirmbildkontrollen, schulärztliche und schulzahnärztliche Dienste usw.).

Auch in diesem Bereich ist der Staat massgeblich tätig.

Die Gesundheitsversorgung endlich umfasst alle Massnahmen zur Bereitstellung eines bedarfsgerechten Angebotes an medizinischen und paramedizinischen Gütern und Dienstleistungen, sowie zur Steuerung und Kontrolle von Angebot und Nachfrage. Darunter fallen insbesondere alle:

- Massnahmen im Bereiche der ambulanten Versorgung
- Massnahmen im Bereiche der stationären Versorgung

Da die Kosten für die Inanspruchnahme von Gesundheitsleistungen sehr rasch die Finanzkraft der Individuen übersteigen, findet man heute ein dichtes Netz von Versicherungseinrichtungen. Alle diese Massnahmen zur Erleichterung des Zutritts zu den Gesundheitsleistungen, bzw. zum Abbau wirtschaftlicher und sozialer Schranken, haben die Entwicklung des Gesundheitswesens entscheidend beeinflusst und werden ebenfalls zum Bereich der Gesundheitsversorgung gezählt.

2.3 Das System der Gesundheitsversorgung

2.3.1 Struktur und Aufgabe des Systems der Gesundheitsversorgung

Im Gegensatz zu den Funktionsbereichen Gesundheitsschutz und Gesundheitsförderung, bei denen Massnahmen der primären und sekundären Prävention im Vordergrund stehen, wird der Bereich der Gesundheitsversorgung durch das Angebot kurativ-medizinischer Leistungen charakterisiert. Entsprechend dem Selbstverständnis der Medizin erhält die medizinische Leistungserstellung und damit der Bereich der Gesundheitsversorgung gegenüber Schutz und Förderung ein besonders starkes Gewicht. Eine Vielzahl von Institutionen mit unterschiedlichem Leistungsangebot und Aufgaben sind in diesem Bereich tätig.

Das Leistungsspektrum innerhalb der Gesundheitsversorgung kann in drei Hauptgruppen unterteilt werden, nämlich in:[35]

- diagnostische Leistungen
- therapeutische Leistungen
- pflegerische Leistungen

Da der Zustand des Patienten, bzw. seine soziale Situation häufig eine ambulante Leistungserstellung verunmöglicht, wird eine stationäre Versorgung notwendig. Somit kommt die Funktion der Beherbergung als wichtigste sekundäre Aufgabe noch hinzu. Wie sich die Institutionen der Gesundheitsversorgung schwerpunktmässig in diese Funktionen aufteilen, zeigt Abbildung 2-5.

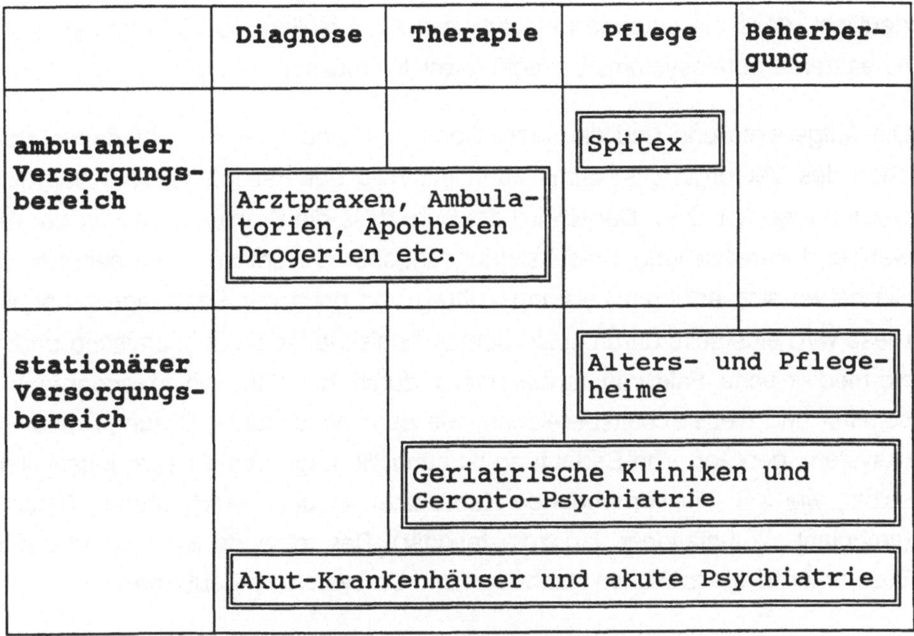

Abb. 2-5. Arbeitsteilung im Bereich der Gesundheitsversorgung

[35] Häufig wird auch die Arzneimittelversorgung als eigenständiger Funktionsbereich genannt, vgl. u.a. Nord D. (Modell Schweiz). Im folgenden wird jedoch auf diese Unterscheidung verzichtet, unterstützt doch die Arzneimittelversorgung immer Diagnose, Therapie oder Pflege.

In der Praxis lassen sich allerdings die verschiedenen Institutionen nicht so eindeutig auf die Erfüllung bestimmter Funktionen festlegen.[36] Beispielsweise können praktizierende Aerzte als Beleg- oder Konsiliarärzte in Spitälern und Kliniken auch stationäre Leistungen anbieten. Da die teuren diagnostischen und therapeutischen Einrichtungen sowie das spezialisierte Personal in den Krankenhäusern durch die stationären Patienten allein oft nicht ausgelastet werden können, ist eine zusätzliche Leistungserstellung für ambulante Patienten sinnvoll. Dies entspricht auch der gesellschaftlichen Forderung nach wirtschaftlichem Einsatz hochstehender Apparatemedizin. Zudem haben in den letzten Jahren viele praktizierende Aerzte gewisse Serviceleistungen, wie z.B. Bereitschaftsdienste, Haus- und Nachtbesuche usw., abgebaut. Die Patienten sehen sich daher in dringlichen Fällen vermehrt gezwungen, direkt Ambulatorien oder Notfallstationen der Krankenhäuser aufzusuchen und sich dort ambulant behandeln zu lassen. Die Verwischung der Grenzen bei der Erfüllung der verschiedenen Funktionen verdeutlicht, dass die einzelnen Institutionen nicht isoliert, sondern immer als Teil eines Versorgungssystems betrachtet werden müssen.

Die Aufgabenteilung und die Interaktionen zwischen den verschiedenen Bereichen des Versorgungssystems kann mit Hilfe der Patientenströme dargestellt werden (vgl. Abb 2-6). Dabei wird deutlich, dass die Krankenhäuser in der Auswahl und Bereitstellung ihres Leistungsangebotes nicht autonom sein können. Sie haben sich an ihren Leistungsauftrag und nach der Nachfrage zu richten. Diese wird einerseits durch sozio-demographische, sozio-ökonomische und sozio-medizinische Faktoren, andererseits durch die Situation in anderen Wirtschafts- und Gesellschaftsbereichen, wie dem Wirtschafts-, Bildungs- und Politiksystem, geprägt. Von Bedeutung ist auch die Lage des Versorgungssystems selbst, wie z.B. die vorhandenen Kapazitäten in den verschiedenen Sektoren (ambulant, akut-stationär, langzeit-stationär). Das folgende Strukturbild soll die Zusammenhänge zwischen Nachfrage und Umsystem verdeutlichen.

Mit diesem vereinfachten Modell des Patientenflusses im System der Gesundheitsversorgung können wichtige Abhängigkeiten des Akutspitals dargestellt werden. So wird es massgeblich durch das Bevölkerungsvolumen und dessen demographischen Aufbau, das Versicherungssystem sowie durch die vorhandenen Kapazitäten im Bereich der ambulanten und Langzeitversorgung beeinflusst. Verfügt beispielsweise die ambulante Versorgung einer Region nur über ungenügende Kapazitäten oder weist sie keine vertikale Differenzierung (Allgemein- und

[36] Haarmann M. (Steuerungsprobleme) 2 ff

Spezialärzte) auf, werden Patienten rascher in ein Krankenhaus überwiesen oder suchen dort selbst um Leistungen nach. Bei fehlender oder kapazitätsmässig unzureichender Langzeitversorgung können Patienten nur schwer an geriatrische Kliniken und Pflegeheime überwiesen werden und verbleiben im Krankenhaus.

Lange Jahre wurde im schweizerischen Gesundheitswesen die stationäre Akutversorgung ausgebaut und modernisiert, während man die Langzeitversorgung eher vernachlässigte. Folge davon ist, dass in den Akutspitälern, vor allem in den Kliniken der Inneren Medizin, heute der Anteil an Langzeitpatienten recht hoch ist. Diese Patienten verursachen ungleich höhere Kosten als bei entsprechender Behandlung und Pflege in Langzeitspitälern.[37] Gegenwärtig werden die Kapazitäten in den Bereichen der ambulanten und der Langzeitversorgung ausgebaut. Bestehende Ueberkapazitäten im Bereich der Akutkrankenhäuser dürften in Zukunft dadurch noch offensichtlicher werden. Eine prospektive Koordination und Integration des Krankenhauses in das Versorgungssystem wird daher zu einer Hauptaufgabe der Krankenhausführung. Neben den Interessen der Patienten gilt es dabei immer auch gesellschaftliche Interessen, wie die Forderungen nach einem möglichst effektiven Einsatz des knappen Personals und nach Wirtschaftlichkeit zu berücksichtigen.

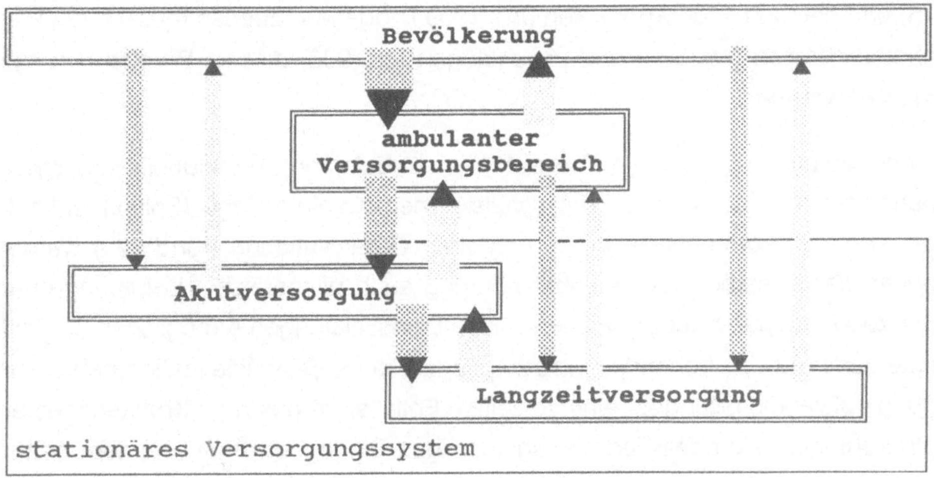

Abb. 2-6. Patientenströme im Bereich der Gesundheitsversorgung

[37] Vgl. u.a. Wälti (Patient) 3 f; Wanner J. (Aufgabenverlagerung) 903 ff

2.3.2 Ambulante Gesundheitsversorgung in der Schweiz

In der Schweiz sichern heute 9299 (1986) frei praktizierende Aerzte (inkl. den ca 1000 Spital- und Bezirksärzten mit freier Praxis), sowie Ambulatorien und Notfalldienste der Krankenhäuser die ambulante medizinische Versorgung.[38] Ihnen kommt im Gesundheitswesen eine Schlüsselrolle zu, bestimmen doch sie weitgehend über Angebot und Nachfrage der Leistungen im ambulanten Bereich, sowie über den Eintritt des Patienten in das stationäre Versorgungssystem. Trotz dieser besonderen Stellung fehlen Kontrollmechanismen und Anreize zu einem gesellschaftsorientierten Verhalten weitgehend. Das heutige Vergütungssystem beispielsweise, in welchem die Aerzte nach den erbrachten und verrechneten Einzelleistungen honoriert werden, bietet keine Sparanreize und fördert die Beachtung der Effektivität wenig.

Neben den praktizierenden Aerzten sind dem ambulanten Versorgungsbereich weitere Leistungsersteller zuzurechnen. So gehören die rund 3100 Zahnärzte, 100 Dentisten und 750 zahntechnischen Labors dazu, ebenso mehrere hundert Naturheilärzte, die in der Schweiz jedoch nur in wenigen Kantonen, nach Bestehen einer kantonalen Prüfung, zugelassen sind. Zum ambulanten Sektor gehören im weiteren auch die praxisberechtigten Chiropraktoren (rund 120), die fast 1600 selbständigen Physiotherapeuten, die medizinisch-analytischen Labors (ca. 15) und die rund 1330 Apotheken und 1200 Drogerien. Ebenso müssen die Psychotherapeuten (ca. 500) und Psychologen (ca. 200) diesem Bereich hinzugerechnet werden.

Einen wichtigen Auftrag im Bereich der ambulanten Gesundheitsversorgung nehmen die Organisationen der spitalexternen Krankenpflege (Spitex) wahr. In diesen meist kommunalen oder kirchlichen Organisationen (rund 620) werden neben der selbständigen Haushaltsführung auch pflegerische, betreuende und beratende Aufgaben übernommen. Diese Dienstleistungen ermöglichen es, Patienten ambulant zu behandeln und zu pflegen, ohne dass eine stationäre Versorgung notwendig oder aber eine vorzeitige Entlassung aus dem Krankenhaus ermöglicht wird. Damit stellen sie ein wichtiges Bindeglied zwischen dem ambulanten und dem stationären Versorgungsbereich dar.

[38] Vgl. dazu ausführlich: Güntert B./Hofer M. (Institutionen) 31 ff

2.3.3 Stationäre Gesundheitsversorgung in der Schweiz

Charakteristisch für die Institutionen des stationären Versorgungsbereiches ist, dass die Patienten stationär, d.h. über vierundzwanzig Stunden und mehr an Ort und Stelle, behandelt, gepflegt und beherbergt werden.[39] Die Beherbergungsfunktion ist somit, im Unterschied zur ambulanten Gesundheitsversorgung, ein integraler Funktionsbereich des stationären Sektors.

Im heutigen System der stationären Versorgung finden wir ein differenziertes Netz von Institutionen vor, welches sich nach verschiedenen Kriterien gliedern lässt.

Die Vereinigung Schweizerischer Krankenanstalten (VESKA) unterteilt beispielsweise die Krankenhäuser nach Grösse (Anzahl Betten), nach Art der behandelten Patienten und nach Aufenthaltsdauer.[40] Weitere Einteilungskriterien wären etwa die Rechtsform, das Arztsystem, das Versorgungsniveau, oder die Anzahl selbständiger medizinischer Fachdisziplinen. In der jährlichen VESKA-Statistik sind rund 680 Krankenhäuser erfasst. Andere Erhebungen erfassen rund 410 Krankenhäuser in der Schweiz. Schätzungen gehen dahin, dass in ca. 1000 Institutionen stationäre medizinische Versorgung angeboten wird. In dieser Zahl enthalten sind z.B. auch Alters- und Pflegeheime, die in Zusammenarbeit mit praktizierenden Aerzten eine allerdings meist beschränkte medizinische Behandlung anbieten. Nicht enthalten sind jedoch die reinen Alters- und Pflegeheime, die sich auf die Funktionsbereiche Pflege und Beherbergung beschränken.

2.3.3.1 Funktionale Differenzierung

In den Krankenhäusern zur langfristigen Behandlung körperlich Kranker stehen Pflege und Beherbergung im Vordergrund. Dies manifestiert sich schon in der meist längeren durchschnittlichen Aufenthaltsdauer der Patienten, wie wir sie etwa in Heilstätten (1986: 34,3 Tage) [41], vor allem aber in Krankenheimen (552,6 Tage), Geriatrischen Kliniken (95,5 Tage) und Alters- und Pflegeheimen (766,0 Tage) finden. Die Abgrenzung zwischen Langzeit- und Akutspitälern, d.h. der

[39] Vgl. u.a. die Definition in: Schweizerisches Krankenhausinstitut (Terminologie)

[40] VESKA (Statistik) 2

[41] VESKA (Statistik 1987) 11

Krankenhäuser zur kurzfristigen Behandlung körperlich Kranker, basiert auf einer durchschnittlichen Aufenthaltsdauer von dreissig Tagen.[42] Zu den Akutspitälern werden Universitätskliniken (durchschnittliche Aufenthaltsdauer 1986: 13,2 Tage), Krankenhäuser der Zentrums-, der Regional- und der lokalen Versorgung (14,8), Frauen- (10,0 Tage) und Kinderspitäler (10,3 Tage), sowie Rheuma- (24,4 Tage) und andere Spezialkliniken (17,2 Tage) gezählt. Ziel dieser Einrichtungen ist die Heilung der Patienten. Diagnostik und Therapie stehen im modernen Krankenhaus daher im Vordergrund und beanspruchen mehr personelle, sachliche und räumliche Ressourcen als Pflege und Beherbergung.[43]

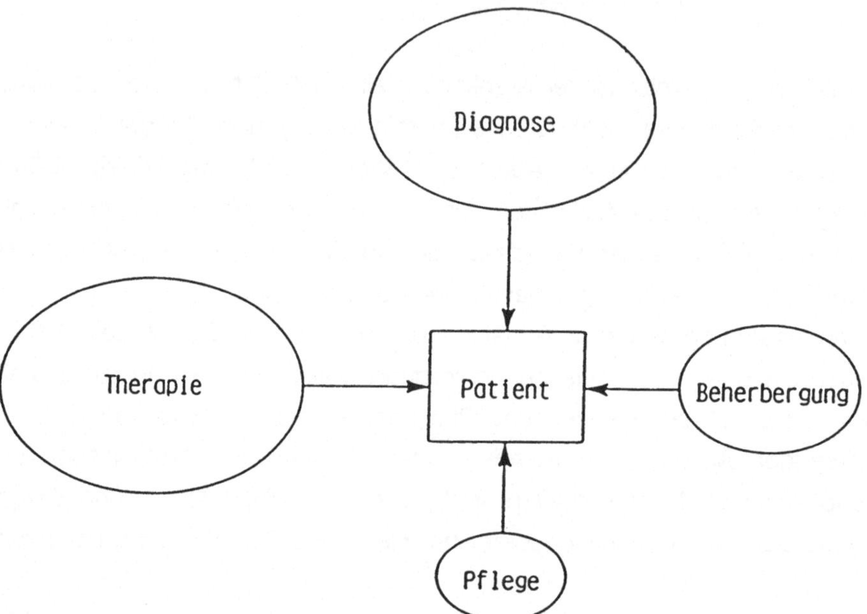

Abb. 2-7. Funktionsschwerpunkte im Akutkrankenhaus

Ein Heilungserfolg wird nur in Verbindung mit einer fachgerechten und menschlichen Pflege, sowie einer patientengerechten Beherbergung möglich. Im Sinne einer umfassenden Hilfeleistung an den Patienten kommen daher weitere Funktionen wie Seelsorge und soziale Fürsorge hinzu. Daneben müssen im Interesse der Ueberlebensfähigkeit des Versorgungssystems auch Aufgaben im Bereich der Lehre und Forschung wahrgenommen werden.

---

[42] Mangels anderer Kriterien wird die Aufenthaltsdauer von dreissig Tagen für die Abgrenzung verwendet, obwohl dies nicht medizinisch begründet ist, (Vgl. Schweizerisches Krankenhausinstitut (Terminologie).

[43] Wanner J. (Aufgabenverlagerung) 902

2.3.3.2 Horizontale und vertikale Strukturierung in der stationären Akutversorgung

Eine Koordination der Krankenhäuser ist nicht nur mit dem vorgelagerten ambulanten Sektor, bzw. dem nachgelagerten Bereich der Langzeitversorgung notwendig. Ebenso wichtig ist die Integration und Koordination innerhalb des differenzierten Bereiches der Akutversorgung selbst. Neben der bereits erwähnten fachlichen Gliederung der Akutkrankenhäuser in Allgemein-, Frauen- und Kinderspitäler, sowie Rheuma- und Spezialkliniken müssen nämlich noch mehrere Versorgungsstufen unterschieden werden.

Die Kantone, in der Schweiz Hauptträger des Systems der stationären Akutversorgung, streben über eine entsprechende Gesetzgebung und/oder finanzielle Steuerungsmechanismen eine ausgeglichene stationäre Versorgung für alle Einwohner an. Dies bedingt einerseits eine regionale Differenzierung der Spitäler, damit Krankenhausleistungen für alle Bewohner eines Kantons gleichermassen gut, schnell und sicher zu erreichen sind. Der Regionalisierung entgegenlaufend ist aber die aus Effektivitäts- und Effizienzgründen notwendige Konzentration vor allem hochspezialisierter und aufwendiger Dienstleistungen. In diesem Zusammenhang muss berücksichtigt werden, dass die Qualität hochtechnisierter diagnostischer und therapeutischer Massnahmen i.d.R. mit dem Leistungsumfang, d.h. der Routine, zunimmt, und ein grösseres Volumen auch eine wirtschaftlichere Nutzung der medizinischen Einrichtungen gewährleistet. Zur Krankenhaussystemgestaltung müssen daher verschiedene Strukturierungsprinzipien befolgt werden. Eichhorn schlägt dabei folgende Reihenfolge vor:[44]

1. Medizinisches Strukturierungsprinzip: Zentralisierung der Fachbehandlung soweit wie nötig, Dezentralisierung der allgemeinen Behandlung soweit wie möglich.
2. Soziales Strukturierungsprinzip: Dezentralisierung des Bettenangebotes soweit wie möglich.
3. Wirtschaftliches Strukturierungsprinzip: Zentralisierung der Fachbehandlung soweit wie möglich, Dezentralisierung der allgemeinen Behandlung soweit wie nötig.

Da die ersten beiden Prinzipien vorwiegend Patienteninteressen ausdrücken, und das dritte eher von allgemeinem gesellschaftlichem Interesse ist, können zwischen ihnen Konflikte entstehen, die durch politische Entscheidungsfindung

---

[44] Eichhorn S. (Krankenhaus I) 96 ff

gelöst werden müssen. In den meisten Gesundheitssystemen geschieht dies durch eine horizontale und vertikale Strukturierung des Krankenhaussystems.

Grundgedanke der horizontalen Strukturierung, d.h. der Regionalisierung, sollte primär die patientennahe Leistungserstellung sein. Dabei müssten natürlich immer auch medizinische und wirtschaftliche Ueberlegungen eine Rolle spielen. Nach Möglichkeit sollten daher auch kostenoptimale Krankenhausgrössen angestrebt werden.[45]

Primäres Strukturierungskriterium der vertikalen Differenzierung des Krankenhaussystems ist die ärztlich-/pflegerische Effektivität. Kennzeichnend dafür ist eine Aufteilung der Krankenhäuser in verschiedene medizinische Versorgungsstufen mit unterschiedlicher Spezialisierung und Technisierung. Die vertikale Strukturierung des stationären Akutbereiches führt zur Bildung verschiedener Versorgungsstufen. In der Regel kann man deren vier unterscheiden:[46]

- Grundversorgung: Patientennahe Allgemeinversorgung leichter Fälle in den drei medizinischen Grunddisziplinen Innere Medizin, Chirurgie und Gynäkologie/Geburtshilfe. Dabei kann es durchaus vorkommen, dass nicht jede Disziplin von einem vollamtlichen Arzt betreut wird. Auch sind Organisation und Leistungsfähigkeit von Hilfsdisziplinen wie Anästhesiologie, Radiologie, Labor usw. im konkreten Fall verschieden.
- Schwerpunkt-, bzw. erweiterte Grundversorgung: Allgemeine Versorgung leichterer und mittelschwerer Fälle in den drei Grunddisziplinen. Dazu können bereits medizinische Spezialdisziplinen wie Pädiatrie, Augenheilkunde, Intensivmedizin und Geriatrie, sowie fest integrierte Hilfsdisziplinen, wie Anästhesiologie, Radiologie, physikalische Therapie, Pathologie usw. kommen, diese z.T. allerdings als konsiliare Dienste.
- Zentrumsversorgung: Allgemeine und spezielle Versorgung leichter bis schwerer Fälle in den drei Grunddisziplinen, wobei diese häufig in mehrere Subspezialitäten aufgeteilt sind, sei es nach der Behandlungsmethode oder mehr als interdisziplinäre, problemorientierte Spezialisierung. Zusätzlich finden wir auch aufwendige medizin-technische Dienste und Einrichtungen, wie Strahlendiagnostik und -therapie, Computertomographie, Labormedizin und Apotheken.
- Maximalversorgung: Allgemeine und spezielle Versorgung leichter bis schwerster Fälle in den drei Grunddisziplinen und ihren hochspezialisierten Subdisziplinen (vgl. Abb. 2-1), sowie hochspezialisierte und hochtechnisierte diagnostische und therapeutische Spezialdisziplinen und Dienstleistungen.

---

45 Vgl. u.a. Benzoni E./Gasser W. (Krankenhausgrösse)

46 Vgl. dazu u.a. Aarg. Gesundheitsdepartement (Hrsg.) (Gesundheitswesen) 69 ff; Benzoni E./Gasser W. (Krankenhausgrösse) 109 f; Eichhorn S. (Krankenhaus I) 98 ff; Staatskanzlei St. Gallen (Hrsg.) (Spitalplanung 1986); Bundesminister für Arbeit und Sozialordnung (Hrsg.) (Versorgungssystem) 75 ff; u.a. nur drei Versorgungsstufen kennen die Kantone Bern und Waadt; Locher H. (Erfahrungen) 31; Kleiber Ch. (Model)

Die Logik der vertikalen Strukturierung des Krankenhaussystems wird in der Praxis durchbrochen. Da das stationäre Versorgungssystem meist auf historisch gewachsenen Strukturen und örtlichen Gegebenheiten basiert und ein Produkt politischer Interessendurchsetzung, nicht rationaler Entscheidungsfindung ist, findet man selten eindeutig definierte Versorgungsstufenkonzepte.

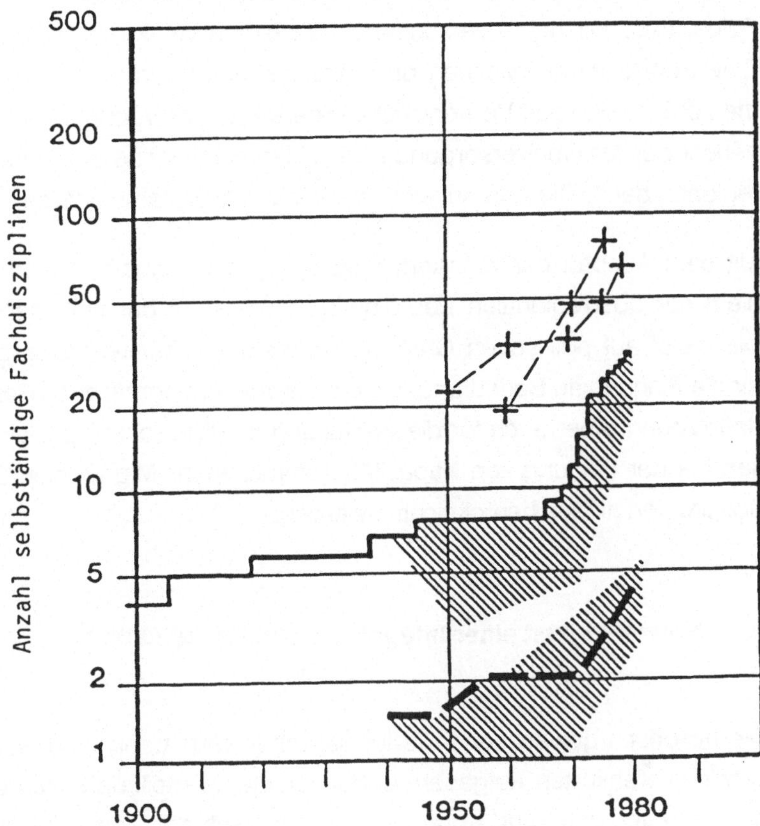

Abb. 2-8. Entwicklung der medizinischen Spezialisierung auf verschiedenen Versorgungsstufen (Quelle: Gessner U./Huwiler B./Horisberger B. (Wandlung) 46)
+ + + + Universitätsspitäler ——— Kantonsspital St. Gallen
— — — — Regionalspitäler des Kantons St. Gallen

Das Leistungsangebot und die personelle und infrastrukturelle Ausrüstung der vier Versorgungsniveaus unterliegen einem ständigen Wandel. Einerseits zeigt sich dies in der zunehmenden Spezialisierung, ausgedrückt durch die wachsende Zahl selbständiger Kliniken und Institute. Wie in Abb. 2-8 dargestellt ist, erfasst die Entwicklung der Universitätskrankenhäuser mit einer gewissen zeitlichen Verzögerung und in etwas abgeschwächter Form auch Zentrums- und Regionalkrankenhäuser. Andererseits findet auch eine rasche Diffusion der Medizintechnologie in Krankenhäusern unterer Versorgungsstufen statt. Beispielsweise gehören heute Ultraschallgeräte bereits in den Bereich der Grundversorgung. Computertomographie ist noch eher Teil der Zentrumsversorgung. Dies dürfte sich jedoch bereits in nächster Zukunft ändern.

Der weitgehend föderalistische Aufbau des Gesundheitswesens in der Schweiz mit der Zuständigkeit der Kantone im Bereich der stationären Versorgung hat zur Folge, dass wir heute verschiedene Varianten vertikaler Differenzierung finden. Eine Koordination zwischen den verschiedenen kantonalen Versorgungssystemen drängt sich auf. Vornehmlich kleinere Kantone verfügen nicht über Krankenhäuser der Maximalversorgung und stellen somit keine autonome Versorgungsregionen dar.[47] Sie sind auf eine interkantonale Zusammenarbeit angewiesen.

Mit dem Ausbau der Krankenversicherungsdeckungen verstärkt sich das Problem der überregionalen Koordination im System der stationären Versorgung. Die meist auf politischen Grenzen beruhenden Krankenhausregionen verlieren für die Planung an Bedeutung, dies vor allem in geografischen Randgebieten und Sattelzonen. Aber auch für die Gestaltung medizinischer Spezialdisziplinen müssen bei der Planung von Kapazitäten immer mehr Migrationen über die eigene Spitalregion hinaus berücksichtigt werden.

2.4 Notwendigkeit einer Integration und Koordination

Die historisch gewachsenen föderalistischen Strukturen mit der oft starren, gesetzlich verankerten Aufgaben- und Kompetenzverteilung laufen den Bestrebungen der Integration und Koordination im Bereich der Gesundheitsversorgung oft entgegen. Dadurch können sich sowohl für den Patienten, wie auch für die Gesellschaft schwerwiegende Nachteile ergeben. Zu nennen sind vor allem:[48]

- Medizinisch-pflegerisch unbegründete Wiederholungen von Untersuchungen und Behandlungen, vor allem bei Uebertritten vom ambulanten in den stationären Versorgungsbereich, aber auch nach Ueberweisungen zwischen Krankenhäusern oder Kliniken.

[47] Definition nach Benzoni E./Gasser W. (Krankenhausgrösse) 109

[48] Vgl. u.a. Eichhorn S. (Krankenhaus I) 120 ff

- Paralleler Aufbau von personellen, apparativen und bettenmässigen Kapazitäten auf verschiedenen Versorgungsstufen, d.h. nicht optimale Allokation der zur Verfügung stehenden Ressourcen.
- Medizinisch-pflegerisch unnötige, aber auch unwirtschaftliche Aufsplitterung von Diagnose und Therapie. Sowohl unter dem Gesichtspunkt der Qualitätssicherung, wie auch der Wirtschaftlichkeit diagnostischer und therapeutischer Massnahmen ist ein gewisses Leistungsvolumen notwendig.
- Verfolgung von suboptimalen Teilzielen innerhalb der verschiedenen Versorgungsbereiche (ambulant, akut-stationär und langzeit-stationär), Versorgungsstufen und Institutionen.

Diese Nachteile wirken sich negativ auf die Effizienz- und Effektivität des stationären Versorgungsbereiches aus. Durch eine verbesserte Integration der verschiedenen Institutionen in das Versorgungssystem und eine bessere Koordination untereinander sollte es möglich sein, Wirksamkeit und Wirtschaftlichkeit der gesamten Gesundheitsversorgung und der einzelnen Institution zu steigern. Vor allem ist denkbar, dass durch eine bessere Nutzung vorhandener Möglichkeiten des ambulanten Sektors und des Bereiches der Langzeitversorgung die kostspielige stationäre Akutversorgung entlastet werden könnte. Auch die Vermeidung diagnostischer Doppeluntersuchungen und die Koordination der therapeutischen Massnahmen innerhalb der Institutionen würden Patient und Gesellschaft entlasten [49] und zu einer ökonomisch besseren Nutzung personeller und apparativer Einrichtungen führen.

[49] Wille E. (Effizienz) 19 ff

3 Entwicklung und Praxis des Krankenhausmanagements

Die Entwicklungen im Gesundheits- und Krankenhauswesen zeigen, dass sich beide von relativ einfachen, fürsorglichen Systemen zu äusserst komplexen, differenzierten und verschachtelten Strukturen mit grosser wirtschaftlicher Bedeutung gewandelt haben. Damit sind auch die Anforderungen an die Führung, die Führungsmodelle und die Führungsinformationen gestiegen.Im folgenden soll ein kurzer Abriss über die Entwicklung und den heutigen Stand sowie über mögliche künftige Entwicklungen des Krankenhausmanagements versucht werden. Im nächsten Kapitel wird dann ein umfassendes Management-Modell vorgestellt, welches als Grundlage für die Beurteilung bestehender und die Erarbeitung eines umfassenden Informations- und Kennzahlensystems dienen wird.

3.1 Historische Entwicklung des Krankenhausmanagements aus organisatorischer und ökonomischer Sicht

Die Entwicklung der Krankenhausführung und der Informationsproblematik kann mittels zweier Kriterien beurteilt werden, nämlich anhand:[1]

- der Verfügbarkeit von Ressourcen und
- der Informationskomplexität.

"Ressourcenverfügbarkeit" ist ein Sammelbegriff für die Menge und Struktur von verfügbarem Material, Personal und Kapital, sowie für den Einfluss von Kunden, Konkurrenz, Staat und Gewerkschaften auf die Verfügbarkeit der Ressourcen. Die Grösse "Informationskomplexität" ist ein Mass für die Verhaltensalternativen des Marktes, der Kunden und der Technologie, sowie für die Produktevielfalt und den Grad der gesetzlichen Regulierungen.

Mit Hilfe der beiden Kriterien lassen sich, in Anlehnung an neuere organisationstheoretische Erkenntnisse, Einflüsse der Umwelt, insbesondere der ökonomischen Marktstruktur auf die Organisation zeigen. Davon können dann Anforderungen an die Organisationsstruktur, den Führungsstil, die Informationsverarbeitung und -distribution, sowie an die einzuschlagenden Strategien ableiten. Die

[1] Lawrence P./Dyer D. (Industry) 296 ff

beiden Kriterien lassen sich ausgedrückt als organisatorische Differenzierung und Koordinations- und Integrationsmechanismus, bzw. als Informationsbedarf und Informationsverarbeitungskapazität in einer Matrix abtragen. Darin können in der verschiedenartige Institutionen positioniert und verglichen, bzw. ihre Entwicklungen im Zeitablauf dargestellt werden (vgl. Abb. 3-1).

Die Abb. 3-1 verdeutlicht diesen Prozess für amerikanische Krankenhäuser. Die Entwicklung in Europa und in der Schweiz verlief zum Teil etwas unterschiedlich, der Tendenz nach jedoch ähnlich. Grössere Abweichungen in der Entwicklung der Krankenhäuser finden wir erst in den letzten Jahren, als in den USA marktwirtschaftliche Elemente in das Gesundheitssystem eingebaut wurden, wie z.B. im Versicherungssystem die Health Maintenance Organizations (HMO, d.h. Gesundheitskassen) und im Finanzierungssystem die prospektive Entschädigung auf der Basis von diagnosebezogenen Fallkostenpauschalen (Diagnosis Related Groups, DRG).

Die mittelalterlichen Hospitäler (a) wiesen, da sie vor allem der Versorgung und Verwahrung ihrer Insassen dienten, keine fachliche Differenzierung auf. Eine relativ einfache personelle und bauliche Infrastruktur genügte für den Betrieb. Die internen Integrations- und Koordinationsaufgaben waren bescheiden, die Institutionen gut überschaubar. Eine Integration in ein ausgebautes Gesundheitsversorgungssystem erübrigte sich, da ein solches kaum bestand. Diese Institutionen standen zudem weitgehend ausserhalb wirtschaftlicher Ueberlegungen. In der vorliegenden Matrixabbildung können sie daher in Feld 9 positioniert werden.

Aufgrund der Säkularisierung der Krankenhäuser und der Etablierung der Pflege als selbständige Funktion im frühen 17. Jahrhundert wurde die formale Trennung der Hospitalorganisation in einen Pflege- und einen Verwaltungsbereich vollzogen (b). Diese Trennung ist für die Krankenhausführung heute noch charakteristisch. Obwohl die Integration nach aussen eine relativ geringe Bedeutung hatte, stieg die externe Einflussnahme auf Mittel und Leistungserstellung. Mit der wachsenden Grösse und der Integration der Pflegefunktion wuchs auch die Leistungsvielfalt. Damit stiegen die Anforderungen an das Informationsverarbeitungspotential sowie an die internen Koordinations- und Integrationsmechanismen (Feld 8).

Der Einzug der ärztlichen Kunst in das Hospital im 18. Jahrhundert brachte eine weitere Differenzierung der Institution (c). Die Hospitalführung wurde meist einem vereidigten Stadtarzt übertragen und blieb damit ausserhalb der geführten Insti-

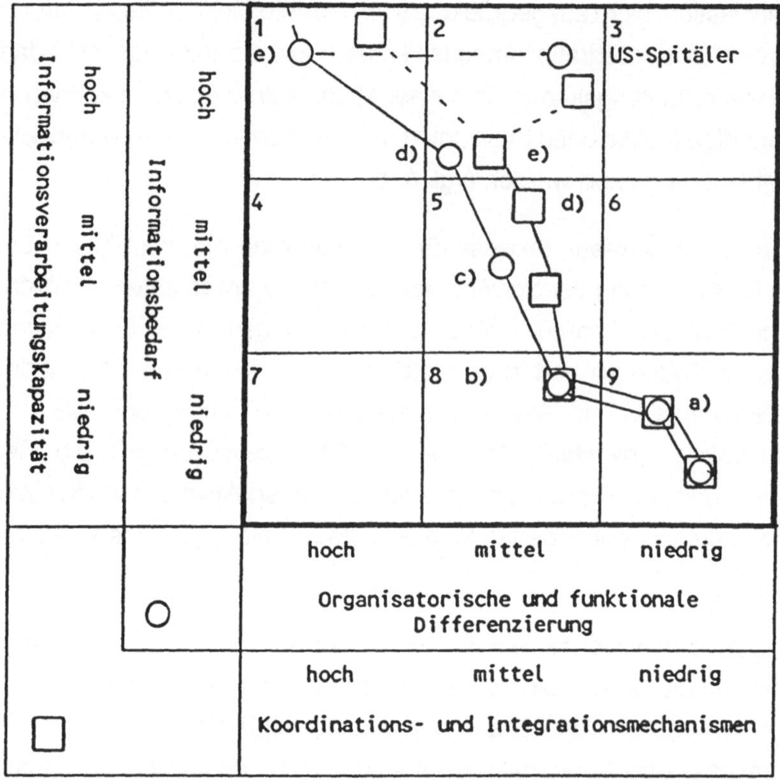

Abb. 3-1. Entwicklung des Krankenhauses unter organisatorischen und ökonomischen Gesichtspunkten (Lawrence P./Dyer D. (Industry) 116) [2]

tution. Mit dieser Lösung wurde die bis in die fünfziger Jahre dieses Jahrhunderts bestehende Vorherrschaft des Arztes in der Krankenhausführung begründet. Durch den Beizug der Aerzte ist die Differenzierung des Systems wohl gestiegen, der geringen Spezialisierung wegen allerdings noch ohne grossen Einfluss auf den Informationsbedarf und die internen Koordinationsmechanismen der Krankenhausführung. In dieser Phase wuchs der Einfluss von Staat und Krankenhausträger auf die Ressourcenbereitstellung und die Leistungserstellung, und erste finanzielle Probleme traten auf (Feld 5).

[2] Auf der Diagonalen von links oben nach rechts unten finden sich typische Ausprägungen der Organisationsstruktur (Feld 1: organisch bis 9: mechanistisch). Auf der Diagonalen von links unten nach rechts oben befinden sich die ökonomischen Ausprägungen (7: Monopol, 5: Oligopol und 3: Wettbewerb)

Im 19. Jahrhundert erst wurden die ärztlichen Funktionen Diagnose und Therapie zu integrativen Bestandteilen der Spitäler (d). Dies hatte die funktionale Aufgliederung der bis dahin polyvalenten Versorgungsinstitution zur Folge. Damit begann auch die rasante Entwicklung des relativ einfachen und überschaubaren Hospitals zum heutigen hochdifferenzierten und komplexen Krankenhaus. Die Differenzierung des Spitals bezüglich Infrastruktur und Personal nahm zu, grössere Investitionen wurden notwendig, die Betriebskosten stiegen an, und die Führung der Institution wurde immer schwieriger. Schon 1830 zeichneten sich finanzielle Probleme ab, und grosse Defizite deuteten auf "kollabierende Strukturen", aufgrund der "parasitären Aufpfropfung der ärztlichen Funktion auf die überalterten caritativen Hospitalstrukturen" [3], hin. Bereits zeichnete sich ab, dass die Integrations- und Koordinationsmechanismen, sowie die Informationsverarbeitung der Krankenhausführung der steigenden Komplexität nicht mehr gerecht wurden (Feld 2/5).

Der Chefarzt übernahm i.d.R. neben der medizinischen Verantwortung auch die Funktion des administrativen Krankenhausdirektors. Ihm wurde jedoch, da die administrativen Aufgaben immer mehr Zeit und Wissen beanspruchten, schon bald ein Verwalter zur Seite gestellt. Diese hierarchische Strukturierung der Krankenhausführung mit den wichtigsten betrieblichen Entscheidungskompetenzen beim ärztlichen Direktor, wurde in der Schweiz erst in den vierziger Jahren dieses Jahrhunderts durchbrochen, als in einigen grossen Krankenhäusern (z.B. Bürgerspital Basel, Kantonsspital Zürich [4]) das Amt des Krankenhausdirektors einem Nichtarzt übertragen wurde. In kleineren Spitälern blieben die auf den Arzt ausgerichteten hierarchischen Strukturen länger erhalten. Heute sind jedoch auch sie i.d.R. Strukturen gewichen, die auf den korrelativen Funktionsbereichen (ärztlicher Dienst, Pflegedienst und Verwaltung) und kollektive Entscheidungsfindung aufbauen.[5]

Durch den Ausbau des Versicherungsnetzes und die Neuinterpretierung des Begriffes "Gesundheit" durch die Gesellschaft, entglitt der Krankenhausbereich einer wirtschaftlichen Betrachtung erneut. Politische Interessen, nicht wirtschaftliche Ueberlegungen, prägen die Ressourcenallokation weitgehend, und die immer raschere Spezialisierung der Krankenhausmedizin hat die Bedürfnisse nach

---

3 Jetter D. (Krankenhaus-Geschichte) 4 f

4 Hüssy P. (Krankenhaus) 50 f

5 Schipperges H. (Wandel) 157 ff

internen und externen Informationen im Krankenhaus stark ansteigen lassen (Feld 1/2).

3.2 Krankenhausmanagement heute

Eine umfassende Analyse und abschliessende Beurteilung des aktuellen Standes der Spitalführung ist nur schwer möglich. Es liegen auch kaum Untersuchungen vor.[6] Kennzeichnend für das heutige Krankenhausmanagement ist jedoch, dass die Führungsverantwortung auf verschiedenen Systemebenen anfällt. Ein weiteres Charakteristikum ist, dass das Management stark von den strukturellen und rechtlichen Rahmenbedingungen des Gesundheitsversorgungssystems geprägt ist. Ausgehend von den Ueberlegungen von Lawrence und Dyer zur organisatorischen Komplexität und zur ökonomischen Marktstruktur soll im folgenden die heutige Ausgestaltung der Krankenhausführung beurteilt werden.

3.2.1 Gesamtführung, Planung und Disposition

In aller Regel übernehmen die Krankenhausträger und übergeordnete Behörden verschiedene wichtige Führungsaufgaben selbst. Darunter fallen vor allem Ziel- und Zwecksetzung des Krankenhauses, längerfristige Planung im Rahmen einer kantonalen Krankenhausplanung und die Ressourcenallokation bis auf Klinik-, bzw. Institutsstufe im Rahmen des Budgetprozesses. Sie nehmen somit vor allem Aufgaben der Gesamtführung insbesondere durch die Ressourcenbestimmung wahr und bestimmen die längerfristige Planung weitgehend. Dabei stützen sie sich einerseits auf Grundlagen der kantonalen Gesetzgebung, andererseits aber auch auf die finanzielle Abhängigkeit der Krankenhäuser von der öffentlichen Hand ab.[7]

Eine Mehrjahresplanung innerhalb der Krankenhäuser, welche die Umsetzung des Konzepts der Gesamtführung in Jahrespläne und Budgets sicherstellt, fehlt meist. Man findet wohl mehrjährige Projektpläne für grössere Bau- oder Investitionsvorhaben, kaum jedoch eine allgemeine Mehrjahresplanung. Allerdings hat sich gezeigt, dass die neueren Entwicklungen im Finanzierungssystem (z.B. Glo-

---
6 Vgl. u.a. Rossels H./Schmidt B. (Betriebssteuerung); sowie HCP (Aufgabenkatalog)
7 Wienke U. (Krankenhausplanung)

balbudgets, verbunden mit konkreten, leistungsbezogenen Zielvorgaben) die Einführung von Planungssystemen in den Krankenhäusern fördert (vgl. dazu Abschnitt 3.3).

Die andauernde, progressive Kostensteigerung im Bereich der stationären Versorgung zeigt das Ungenügen der Masseinheit "Geld" zur Verhaltensbeeinflussung. Statt nach ergänzenden, leistungs- und qualitätsbezogenen Beurteilungs- und Bewertungskriterien zu suchen und das Budgetierungsverfahren von Grund auf zu überdenken und als effektives Instrument zur Umsetzung von Planungsentscheidungen zu gestalten, wurde lange Zeit hindurch versucht, der Kostensteigerung durch immer rigorosere und detailliertere Budgetvorschriften zu begegnen. So wurde z.B. der Budgetprozess durch zusätzliche Beratungsrunden erweitert, die einzelnen Budgetposten feiner aufgegliedert und die Uebertragbarkeit nicht ausgeschöpfter Kredite eingeschränkt.[8] Dieser bürokratische und reduktionistische Ansatz folgt der technokratischen Auffassung, dass durch eine Zerlegung der Krankenhaustätigkeiten in einzelne Komponenten und deren detaillierte Kontrolle das Verhalten des Gesamtspitals beherrscht werden kann. Diese Mechanismen der übergeordneten Systeme bewirken auch im Krankenhaus selbst einen bürokratischen Führungsstil. Dieser wird jedoch weder der Komplexität der Institution Krankenhaus als Ganzes, noch jener einzelner Subsysteme gerecht. Vielmehr wird die benötigte Varietät, um kurzfristig auf Umwelt- und Systemveränderungen reagieren zu können, vernichtet. Es erstaunt daher nicht, dass die für den medizinischen Vollzug Verantwortlichen den bürokratischen Kontroll- und mechanistischen Dispositionssystemen wenig positiv gegenüberstehen.

Die weitverbreitete Anwendung bürokratischer Mechanismen steht im Widerspruch zu den von Lawrence und Dyer beobachteten Systemeigenschaften. Ihre Untersuchung bei Institutionen mit einer derart hohen Informationskomplexität und relativ geringer Ressourcenknappheit hat ergeben, dass nicht bürokratische, sondern vor allem gruppenorientierte Führungsmechanismen, d.h. relativ demokratische Entscheidungsfindungen, notwendig wären.[9] Es muss jedoch bemerkt werden, dass mit den bürokratischen Kontrollmechanismen auf der übergeordneten Ebene (politische Auseinandersetzung) und im Krankenhaus selbst sowie

---

8 Vgl. u.a. Müller E. (Budgetierung)

9 Lawrence P./Dyer D. (Industry) 270 ff. In ihrer Untersuchung unterscheiden sie zwischen "clan, market, and bureaucratic human resource practices", wobei "clan mechanisms" vor allem bei Institutionen mit den Ausprägungen der Felder 1, 2, 4, und 5; "market mechanisms" in 2, 3, 5 und 6; und "bureaucratic mechanisms" in 4, 5, 6, 7, 8 und 9 vorkommen.

durch die Interessenvertretung durch Gruppen (z.B. Professionen), die heutigen Strukturen gewisse Aehnlichkeiten mit jener einer "professional bureaucracy" [10] aufweisen.

3.2.2 Krankenhausinformations- und Kontrollsysteme

Die steigende Komplexität der Krankenhäuser macht den vermehrten Einsatz formalisierter Lenkungs- und Informationssysteme zur Unterstützung der Führung notwendig. Wie eine Analyse heutiger Informationssysteme in schweizerischen Krankenhäusern allerdings zeigt [11], müssen meist zwei voneinander völlig getrennte Systeme unterschieden werden, eines für medizinisch-pflegerische und eines für administrative Fragestellungen. Diese Situation entspricht kaum der von Lawrence und Dyer geforderten internen Vernetzung von Informations- und Führungssystemen [12] und macht sich auch im Managementprozess negativ bemerkbar.

Medizinische Informationssysteme wurden meist streng aus dem Blickwinkel der ärztlichen Tätigkeit entwickelt und bezwecken, dem Arzt während des ganzen Behandlungsablaufes Kenntnisse über den Patienten, die diagnostischen, therapeutischen und pflegerischen Massnahmen und deren Ergebnisse zu vermitteln. Medizinische Informationssysteme umfassen meist folgende Komponenten:[13]

- Aufnahme und Auswertung der persönlichen, der Anamnese-, der Diagnose-, der Labordaten usw.
- Erfassung der erbrachten Leistungen aus medizinischer Sicht.
- Krankenblattführung und -auswertung
- Speicherung der patienten- und fallbezogenen Daten
- Forschungsdaten

Mit der Spezialisierung der Medizin und der damit verbundenen Arbeitsteilung haben die Informationsbedürfnisse der Aerzte ständig zugenommen und erfordern Kommunikationssysteme über die einzelne Klinik hinaus. Dem steht heute jedoch gegenüber, dass die meisten medizinisch-pflegerischen Informationssy-

---

[10] Mintzberg H. (Structuring) 348 ff

[11] Güntert B./Probst G. (Lupe) und (Informationssystem)

[12] Lawrence P./Dyer D. (Industry) 320 ff

[13] Rossels H./Schmidt B. (Betriebssteuerung) 763

steme klinik- bzw. institutsinterne Entwicklungen sind und die Daten z.T. nach eigenen Kriterien erfasst und abgespeichert werden. Informationen können daher nur beschränkt ausgetauscht und verglichen werden. In vielen Krankenhäusern und zum Teil in medizinischen Fachgesellschaften werden heute jedoch Anstrengungen unternommen, um medizinische Informationssysteme zu standardisieren und zu computerisieren.

Die administrativen Krankenhausinformationssysteme sind geprägt von den bürokratischen Budget- und Kontrollmechanismen der übergeordneten Ebene. Die Kontrolle beschränkt sich weitestgehend auf die wirtschaftliche Dimension der Krankenhaustätigkeit. Voraussetzung dafür ist ein traditionell aufgebautes Rechnungswesen mit einer Kostenarten- und Kostenstellenrechnung. Die Kostenstellenrechnung, welche in der Schweiz meist erst in grösseren Krankenhäusern realisiert wurde, basiert auf dem Kostenrechnungsmodell der VESKA. Dabei werden allerdings die Kosten nicht auf die eigentlichen Kostenträger (erbrachte Leistungen, bzw. behandelte Patienten) umgelegt, sondern bloss für die Hauptkostenstellen und Stellen der Kostenträger (Kliniken und Abteilungen, Ambulatorien) erfasst.[14] Die effektiven Kosten der erbrachten Leistungen oder Leistungsgruppen bzw. die durch die Behandlung bestimmter Diagnosen und Diagnosegruppen verursachten Kosten können somit nicht ermittelt werden. Mit dem vorliegenden Konzept der Vollkostenrechnung wird zwar eine nachträgliche, grobe Beurteilung der Kostenentwicklung der verschiedenen Hauptkostenstellen möglich. Da jedoch meist, mit Ausnahme von erbrachten Pflegetagen und Anzahl Patienten, ein Bezug zu Leistungsdaten fehlt, kann die Wirtschaftlichkeit des Verhaltens kaum bewertet werden. Zudem ergeben sich aus der Vollkostenrechnung keine Informationen bezüglich zukünftiger kostenauslösender Entscheidungen. Sie ist daher als Grundlage für Managemententscheidungen nur beschränkt nutzbar. Damit verliert die Kostenrechnung als Führungsinstrument an Bedeutung. Eine Verbesserung könnte durch Einführung von Fallgruppen, wie sie in amerikanischen Spitälern seit einigen Jahren üblich sind, erreicht werden.[15] Dies würde jedoch eine Vernetzung medizinischer mit administrativen Informationssystemen voraussetzen. Damit könnten neben besseren Kostendaten auch wichtige Planungsinformationen gewonnen werden.

---

14 VESKA (Kostenrechnung) 25

15 Vgl. u.a. Neumann B. (Financial management) 169 ff; Fetter R. et al (diagnostic specific cost) 141 ff

Die Einführung EDV-unterstützter Informationssysteme im administrativen Bereich der Krankenhäuser erfolgte in der Schweiz in den frühen sechziger Jahren aus den Bemühungen, die anfallende Massendatenverarbeitung wie Patienten- und Personalabrechnungen zu automatisieren. Ein weiterer Ausbau des Systems erfolgte mit der Einführung der VESKA-Kostenrechnung in den frühen siebziger Jahren. Die Erfassung und Verarbeitung der dazu benötigten Daten war in grösseren Krankenhäusern ohne EDV nicht mehr möglich. Nach verschiedenen Entwicklungsstufen mit punktuellen Lösungen werden heute für die administrativen Belange verschiedene integrierte Lösungen angeboten, welche folgende Komponenten aufweisen:[16]

- Patientenadministration
- Leistungserfassung
- Fakturierung und Debitorenbuchhaltung
- Lohnbuchhaltung
- Lagerbewirtschaftung
- VESKA-Kostenrechnung
- Betriebsstatistik

Je nach System erfüllen die Module unterschiedliche Anspruchs- und Leistungsniveaus und sind mehr oder weniger gut miteinander verknüpf- und ausbaubar. Sie unterscheiden sich auch bezüglich Art und Ebene der Datenerfassung und Auswertung (Krankenhaus-, Klinik- oder Stationsebene). Auf jeden Fall aber sind die administrativen Informationssysteme primär auf die Bedürfnisse des Rechnungswesens und der Auskunftspflicht gegenüber der vorgesetzten Behörde und des Krankenhausträgers ausgerichtet. Dazu wird eine Vielzahl interner, geldwertmässiger Daten vergangenheitsorientiert erfasst und ausgewertet. Die für ein prospektives Management benötigten zukunftsorientierten und externen Daten fehlen hingegen. Heute werden diesbezüglich jedoch Anstrengungen mit formalisierten Planungs- und Dispositionssystemen unternommen, dies vor allem in Bereichen wie Personal- und Bettendisposition sowie der Ressourcenbewirtschaftung.

Ein Ausbau der Krankenhausinformationssysteme im Hinblick auf eine verbesserte Unterstützung der Führung verlangt die Vernetzung medizinischer mit administrativen Daten, wie dies verschiedentlich gefordert wird [17] und in amerikanischen Krankenhäusern z.T. bereits üblich ist. Mit den meisten heute in der

---

16 Vgl. u.a. Unterlagen zu ASKIS DC (IBM); DIOHIS (Fides/DEC); BIHS (Burroughs); SALUS (Sesco/HP)

17 Vgl. u.a. Eichhorn S. et al. (Konzeption)

Schweiz gebräuchlichen Systemen ist dies jedoch kaum realisierbar.[18] Zudem stossen solche Anstrengungen vor allem bei ärztlichen Kreisen auf Widerstand, da die Vertraulichkeit der Patientendaten nicht gewährleistet scheint.

3.2.3 Organisation und Struktur des Krankenhauses

Die meisten Krankenhäuser in der Schweiz sind, mit Ausnahme jener mit Belegarztsystem, in fachlich selbständige Kliniken und Institute gegliedert. Das Mass der Verselbständigung dieser Subsysteme ist unterschiedlich und hängt vom Grad der Spezialisierung, dem Versorgungsniveau, dem Patientenvolumen innerhalb der verschiedenen medizinischen Disziplinen und den Vorgaben der übergeordneten Ebene ab. Wie aus Abb. 2-1 ersichtlich ist, findet man üblicherweise eine erste Zweiteilung in die Bereiche innere Medizin und Chirurgie. Als nächste selbständige Disziplin etablierte sich meist die Geburtshilfe und Gynäkologie. Diese Dreiteilung ist bei kleinen Krankenhäusern noch immer das vorherrschende Strukturierungsprinzip. Grössere Institutionen haben sich im Laufe der Zeit in weitere, spezialisiertere Subdisziplinen aufgegliedert. Einer starken Spezialisierung und Differenzierung wurde, um die Nachteile der Dezentralisierung zu mildern, in der Praxis häufig durch eine organisatorische Zusammenfassung von Kliniken und Instituten in sogenannte Departemente, begegnet.

Die Kliniks- und Institutsleitung ist in der Regel für das alltägliche Betriebsgeschehen verantwortlich, d.h. für die Erbringung angemessener medizinischer und pflegerischer Leistungen, für deren Qualität, sowie für die Einhaltung des Budgets. Den verantwortlichen Aerzten stehen dabei Kaderkräfte des Pflegepersonals (Kliniken), bzw. des medizin-technischen Personals (Institute) zur Seite. In ihren Aufgabenbereich fallen vorwiegend die Verantwortung für die pflegerische, bzw. medizintechnische Leistungserbringung und die täglich anfallenden organisatorischen, planerischen und dispositiven Aufgaben. Die Kliniken und Institute sind meist in Abteilungen und/oder Stationen unterteilt. In diesen untersten operationellen Einheiten steht die unmittelbare Patientenbetreuung im Vordergrund.

Die Leistungserstellung der Kliniken wird durch verschiedene spezialisierte diagnostische und therapeutische Dienste, z.B. Labor, Radiologie und physikalische Therapie, unterstützt. In kleineren Krankenhäusern sind diese Dienstleistungen

---

[18] Eine Ausnahme in der Schweiz ist u.a. das Kantonsspital Genf mit dem selbstentwickelten und seit 1978 eingesetzten Informationssystem "Diogene"

organisatorisch nicht verselbständigt, sondern formal einer Klinik unterstellt. In grösseren Krankenhäusern hingegen bilden die Institute selbständige Einheiten, die organisatorisch den Kliniken gleichgestellt sind. Ebenfalls gleichbehandelt wird häufig der Verwaltungsbereich. Damit weisen die Krankenhäuser meist Strukturen auf, die auf den Grundsätzen der einfachen Stab-/Linien-Organisation aufbauen. Daneben wurden auch verschiedentlich Modelle mit zweidimensionaler Organisationsform realisiert, mit den medizinischen Fachbereichen, d.h. Kliniken und Instituten in der einen und der Verwaltung, der Pflegedienstleitung und den gemeinsamen Diensten in der zweiten Dimension.[19]

Diese Organisationsstrukturen, die in etwa Mintzbergs "simple structure" entspricht [20], weichen von der in der Untersuchung von Lawrence und Dyer gefundenen Idealstruktur für Systeme mit komplexen Ausprägungen ab. Institutionen mit dieser hohen informationellen Komplexität und Ressourcendichte sollten idealerweise die Struktur einer "adhocracy" aufweisen.[21] Darunter wird eine flexibel vernetzte Organisationsstruktur mit den Kliniken in der einen (operating core), den Instituten in der zweiten (support staff) und der Administration und den übrigen gemeinsamen Diensten (technostructure) in der dritten Dimension verstanden. Solche Strukturen wurden in einigen wenigen amerikanischen Krankenhäusern realisiert.[22]

Ueber die interne Organisationsstruktur wird jedoch vielfach nicht im Krankenhaus selbst entschieden. Sie wird z.T. durch den Krankenhausträger vorgegeben, bzw. muss zumindest von diesem genehmigt werden. Dadurch, dass die Krankenhausträger die selbständigen Fachrichtungen vorgeben und auch über die Besetzung der obersten Kaderstellen im medizinischen, pflegerischen und administrativen Bereich bestimmen, legen sie das Leistungsangebot des Krankenhauses in seinen Grundzügen fest und beeinflussen auch die interne Führung massgeblich. Die Form der obersten Krankenhausleitung ist ebenfalls meist vorgegeben. Häufig findet man Kollektivorgane nach berufsständischer Gliederung, meist das sogenannte "Dreibein", d.h. mit Vertretern der ärztlichen (meist im Rotationsprinzip), pflegerischen und administrativen Dienste. Diese Struktur der Leistungsorganisation entspricht der Beobachtung von Lawrence und Dyer, die bei Institutionen mit den Charakteristiken des Krankenhauses sehr häufig eine

---

19 Vgl. u.a. Bisig R. (Leitungsorganisation)

20 Mintzberg H. (Structuring) 305 ff

21 Lawrence P./Dyer D. (Industry) 320 ff, vgl. auch Toffler A. (Future Shock) und Mintzberg H. (Structuring) 431 ff

22 Mintzberg H. (Structuring)

Dominanz der Professionen (professional domination) festgestellt haben.[23] Praktisch nie vertreten ist bis heute die zahlenmässig bedeutungsvolle, aber heterogen zusammengesetzte Gruppe des medizin-technischen Personals.

3.2.4 Führungsmethoden und -instrumente

Ein weiterer Aspekt in der Beurteilung des Standes der Krankenhausführung ist die Analyse realisierter formaler Führungsinstrumente.[24] Diese können sowohl den Prozess der Problemlösung und Entscheidungsfindung, wie auch die direkte Mitarbeiterführung unterstützen. In Wirtschaftsunternehmen wurden eine Vielzahl von Managementinstrumenten entwickelt. Verschiedene dieser Instrumente wurden auf die spezielle Situation im Krankenhaus übertragen. Trotz dieser Anstrengungen meinen allerdings verschiedene Autoren, dass noch immer versucht werde, mit Methoden der "Meisterwirtschaft" die hochkomplexe Institution Krankenhaus zu managen.[25]

Wie eine Untersuchung über die Führungssituation und die Managementausbildung im Bereich der Akutkrankenhäuser in der Schweiz gezeigt hat [26], sind in allen untersuchten Spitälern Instrumente wie Budgets und Jahresplanung, sowie Organigramme bekannt und formalisiert. Weniger verbreitet sind mitarbeiterbezogene Instrumente wie Funktionendiagramme, Karriere- und Curriculumsplanung, Leistungsbewertung und periodische, individuelle Zielsetzungen. Hingegen sind selbst in kleineren Krankenhäusern Stellenbeschreibungen und Formen von Qualifikationssystemen verbreitet. Bei Entlöhnungssystemen wird meist dasjenige des Krankenhausträgers übernommen. Bei den krankenhausbezogenen Führungsinstrumenten kennen nur wenige grössere Spitäler formalisierte Systeme der Mehrjahresplanung. Die meisten Krankenhäuser begnügen sich mit Jahresplanungen im Rahmen des Budgets. Ebenfalls erst in Ansätzen und meist auf Teilbereiche beschränkt, findet man dispositive Systeme. Zunehmend finden diese jedoch Eingang in der Lagerbewirtschaftung, Personaleinsatzplanung, Optimierung der Infrastrukturnutzung und im Patientenmanagement.

---

23 Lawrence P./Dyer D. (Industry) 329 ff

24 Einen Ueberblick über die verschiedenen Führungsinstrumente und deren inneren Zusammenhang vermittelt Malik F. (Management) 25

25 Adam D. (Krankenhausmanagement) 11

26 HCP (Aufgabenkatalog) 12 ff; vgl. auch Rossels H./Schmidt B. (Betriebssteuerung)

Mit Sicherheit kann festgehalten werden, dass bezüglich des Einsatzes von Führungsinstrumenten im Krankenhaus noch ein Rückstand besteht. Verschiedentlich weisen die Führungsinstrumente im Krankenhaus bürokratische Merkmale auf und unterstützen die in der Adhocracy geforderte Flexibilität nicht. Daraus entstehen häufig Probleme für die Prozesse der Leistungserstellung, aber auch für die Mitarbeiter selbst. Folge davon ist nicht selten eine dauernde Ueberforderung der Mitarbeiter infolge völlig verschiedenartiger Anforderungen von Seiten der Patienten einerseits und der übergeordneten Behörde, bzw. der Verwaltung als deren verlängerter Arm, andererseits. Die Untersuchung von Lawrence und Dyer haben diese These bestätigt [27] und ergaben für Organisationen mit den Charakteristiken eines Krankenhauses überdurchschnittliche Ueberforderungen der Mitarbeiter. Die überaus hohe Fluktuationsrate beim Krankenhauspersonal und die Probleme bezüglich Arbeitszufriedenheit sind ebenfalls ein Indiz dafür.

3.3 Neuere Tendenzen in der Krankenhausführung

Die Ueberbetonung des Kontrollaspektes im Krankenhausmanagement ist eine unmittelbare Folge des starken Einflusses der übergeordneten Ebene, bzw. des Staates auf das Krankenhausmanagement. Die Budgetorientierung der staatlichen Institutionen [28] führte auch im Krankenhaus zu entsprechenden Kontrollmechanismen. Die Kontrollorientierung der Führung wirkt sich auch auf die Organisationsstruktur der Krankenhäuser aus, da diese ihrerseits ihre interne Kontrollaufgabe verstärkt.[29]

Die starke finanzielle Beteiligung der öffentlichen Hand hat zudem bewirkt, dass verschiedene Führungsentscheidungen aus dem Krankenhaus ausgegliedert und von der übergeordneten Ebene übernommen wurden. Im Extremfall kommen dabei dem Krankenhausträger die Kompetenzen für alle Führungsentscheidungen zu, während die Spitalleitung nur noch über Durchführungskompetenzen verfügt. Dadurch, dass meist bloss Aufgaben mit genauen Ausführungsanweisungen an die verschiedenen Führungsstufen, nicht aber Entscheidungskompetenzen delegiert werden, entwickelte sich in weiten Bereichen der stationären Krankenversorgung ein bürokratischer und reaktiver Führungsstil. Die Frage der

---

27 Lawrence P./Dyer D. (Industry) 308 ff

28 Drucker P. (Management) 224 ff

29 Adam D. (Krankenhausmanagement) 52 f

betrieblichen und ökonomischen Zweckmässigkeit von Entscheidungen auf allen Ebenen und in allen Bereichen wurde dagegen verdrängt.

Die anhaltende, überdurchschnittliche Kostensteigerung im Bereich der stationären Versorgung und die zunehmende Kritik an der Institution Krankenhaus zeigen, dass die reaktiven, bzw. inaktiven [30] bürokratischen Führungsmethoden mit ihren reduktionistischen Kontrollmechanismen und der ungleichen Verteilung der Führungsaufgaben und -kompetenzen auf die verschiedenen Ebenen nicht geeignet sind, die heutigen Probleme der Krankenhausführung zu lösen. Seit längerer Zeit werden daher massive Strukturveränderungen gefordert, um die Effizienz und Effektivität der Krankenhäuser wieder in den Griff zu bekommen.[31] Dabei werden zwei grundlegend verschiedene Strategien vorgeschlagen.[32] Einerseits wird auf das ökonomisch günstige Gesundheitssystem in Grossbritannien hingewiesen und eine umfassende Verstaatlichung gefordert. Dabei geht es weniger um eine Verschärfung bürokratischer Kontrollen. Vielmehr müsste der Staat selbst die medizinischen Leistungen erbringen oder aber die privatwirtschaftlich erbrachten Leistungen für die Bevölkerung gesamthaft einkaufen. Andrerseits wird die Schaffung echter Marktstrukturen im Gesundheitswesen und damit die Möglichkeit einer Selbstregulierung durch Marktkräfte gefordert.

Die bis heute in der Schweiz realisierten Lösungsansätze folgen nur beschränkt der Forderung nach umfassenden Veränderungen der Versorgungs- und Finanzierungssysteme. Die Anstrengungen gehen vielmehr dahin, den Krankenhäusern innerhalb gewisser Rahmenbedingungen mehr Kompetenzen für die Gestaltung, Lenkung und Entwicklung der internen Prozesse und Strukturen zu verschaffen. Damit streben sie den "Uebergang von der Obrigkeits- und Eingriffsverwaltung zur Lenkungsverwaltung" [33] an. Bei allen Lösungsvorschlägen geht es um die Integration von Selbstlenkungsmechanismen in das System der Gesundheitsversorgung.

In mehreren Kantonen der Schweiz wurden bereits Lösungen realisiert, die in diese Richtung zielen. Im Kanton Waadt beispielsweise wurde 1978 ein Gesetz über die Planung und Finanzierung der Gesundheitseinrichtungen erlassen, welches vorsieht, dass die Krankenhäuser über Globalbudgets finanziert werden,

---

30 Ackoff R. (Corporate future) 53 ff

31 Vgl. u.a. Sommer J. (Kostenkontrolle) 370 ff; Kocher G. (Medizin) 75 ff; Hauser H. (Kostenentwicklung) 253 ff

32 Vgl. u.a. Güntert B. (Gesundheitsökonomie)

33 Axtner W. (Krankenhausmanagement) 15

deren Höhe sich an der gesellschaftlichen Zwecksetzung an das Krankenhaus orientiert.[34] Die Budgets werden entsprechend den spezifischen Aufgaben und medizinischen Disziplinen des einzelnen Krankenhauses festgelegt und sind unterteilt in eines für die fixen Kosten (ca. 85%) und eines für die variablen Kosten (ca. 15%). Die Aufgaben ihrerseits werden vom Kanton, dem Aerzte- und dem Krankenkassenverband, sowie der Vereinigung der Privatspitäler für jedes einzelne Krankenhaus bestimmt (Leistungsauftrag). Werden die Budgets nicht eingehalten und resultieren Defizite, so können diese vom Kanton übernommen werden. In nicht begründeten Fällen kann dieser die Deckung jedoch auch ablehnen, so dass die Krankenhäuser an Gemeinden oder andere Kostenträger gelangen müssen. Die Investitionskosten für Gebäude und Einrichtungen werden vom Kanton übernommen, welcher dadurch ein wichtiges Instrument zur Integration des Krankenhauses in das Versorgungssystem in den Händen behält. Eine ähnliche Lösung wird seit 1982 im Kanton Bern verfolgt.[35] Das Budgetsystem wurde insofern abgeändert, als die Gesamtdefizite jedes einzelnen Krankenhauses limitiert wurden. Abweichungen vom Budget müssen begründet werden. Auch Veränderungen der Stellenpläne, sowie Anschaffungen, bzw. Miete oder Leasing von Apparaturen und Einrichtungen unterliegen einer Bewilligungspflicht durch den Kanton. Ein etwas anderer Weg wurde im Kanton Tessin eingeschlagen, als 1983 eine kantonale Krankenhausbetriebsgesellschaft gegründet wurde.[36] Diese Spitalgesellschaft hat weitreichende Kompetenzen bezüglich Planung und Koordination. Alle vier Jahre muss sie einen Krankenhausplan erarbeiten, in dem Struktur, Funktion, Grösse und Ausrüstung der einzelnen Spitäler und ihrer Abteilungen festgelegt werden. Sie stellt auch die jährlichen Budgets, Bilanzen und Tarife auf und ratifiziert Ernennungen von Kaderkräften sowie krankenhausinterne Reglemente. Die Spitalgesellschaft finanziert die Investitionen gemäss Krankenhausplan, sowie den nicht gedeckten Anteil des Betriebsaufwandes. Dieses Defizit wird zwischen Kanton und Gemeinden aufgeteilt und darf einen bestimmten Prozentsatz der Steuererträge nicht überschreiten.

In all diesen Modellen wurde der bürokratische Budgetprozess vereinfacht. Die Krankenhäuser erhalten innerhalb eines vorgegebenen Rahmens mehr oder weniger Autonomie und damit verbunden auch mehr Eigenverantwortung. Der erbrachte Pflegetag als Leistungsmassstab hat an Bedeutung verloren. Prospektive Leistungsziele (Versorgungsauftrag) werden massgebend. Damit steigen die

34 Heusser R. (Waadtländer Modell); Kleiber C. (Canton de Vaud) 44 ff

35 Locher H. (Planification) 119 ff und (Erfahrung) 31 ff

36 Zweifel P. / Pedroni G. (Spitalfinanzierung) 43 ff

Anforderungen an das Management und die Führungsorgane auf den verschiedenen Ebenen. Der Einsatz entsprechender Führungsinstrumente wird unumgänglich. Die Kantone und die Spitäler dürfen sich bei solchen Lösungen nicht mehr auf den Aspekt der Kontrolle beschränken, sondern müssen aktiv und zukunftsgerichtet planen. Obwohl es noch verfrüht ist, die Wirksamkeit der realisierten Modelle abschliessend zu beurteilen, kann man annehmen, dass weitere Kantone in naher Zukunft mitziehen werden.

Andere Lösungsansätze, wie die Schaffung von Marktstrukturen durch Einführung von Gesundheitskassen (HMO), welche sowohl die ambulante und stationäre Versorgung wie auch das Versicherungssystem in sich vereinigen, oder Fallkostenpauschalen als Finanzierungsgrundlage werden zur Zeit ebenfalls diskutiert. Auch Lawrence und Dyer schlagen Massnahmen zur Veränderung der Krankenhausumwelt, insbesondere der bestehenden Markt- und Wettbewerbssituation vor. Sie sehen die Notwendigkeit der Realisierung von Selbstlenkungsmechanismen, um die Effizienz und Effektivität des Systems über die Marktkräfte zu verbessern und der Dominanz der Professionen eine Kunden-, bzw. Patientenorientierung entgegenzusetzen.[37] Die Forderungen nach Verbesserung der Marktmechanismen zielen alle in diese Richtung. Forderungen nach einer grundlegenden Verstaatlichung des Gesundheitswesens sind demgegenüber in jüngster Zeit eher verstummt. Man sucht heute offensichtlich das Problem eher durch mehr Eigenverantwortung und marktmässige Regulierung der verschiedenen Institutionen zu lösen.

Neben Veränderungen der Marktstrukturen und einem neuen Verhältnis zwischen Krankenhaus und Trägerschaft, bzw. Staat, werden in Zukunft die Krankenhausführung beeinflussen. Spezialisierung und Technisierung der naturwissenschaftlich-orientierten Medizin werden weiter zunehmen. Um die Effizienz und Effektivität der Krankenhäuser dennoch zu verbessern, muss den Nachteilen der starken Aufsplitterung der Institution infolge der Spezialisierung mittels organisatorischer und kommunikativer Massnahmen begegnet werden. Neben einer Neudefinition der organisatorischen Einheiten müssen vor allem integrierte und entscheidungsorientierte Informationssysteme gefördert werden.[38] Diese sollen die Zusammenarbeit unter den verschiedenen Kliniken und Instituten im Interesse der Patientenversorgung vereinfachen und fördern. Lawrence und Dyer

---

37 Lawrence P. / Dyer D. (Industry) 288; Bezüglich der Gestaltung der ökonomischen Umwelt fordern sie:"Increase competition, choice of service, competitive pricing, certificate of need"

38 Vgl. u.a. Eichhorn S./Hartwig R./Schmidt-Rettig B. (Konzeption) 23 ff

sehen in derartigen Bemühungen auch eine Möglichkeit, die heutige Vorherrschaft der Technik im Krankenhaus [39] etwas abzuschwächen und anstelle der Dominanz der Professionen und einer "Technical Leadership" wieder vermehrt zu einer allen Anspruchsträgern gerecht werdenden allgemeinen Führung zu gelangen.

Auch die steigenden Ansprüche von Patienten und Arbeitnehmern, sowie die zu erwartende Knappheit in verschiedenen Personalkategorien werden Einfluss auf das Krankenhausmanagement haben. Die zunehmend kritische Haltung der Arbeitnehmer und die mit einem für soziale Berufe noch ungewohnten Selbstbewusstsein aufgestellten Forderungen [40] nach angemessenem Einkommen bei möglichst geregelter Freizeit, nach ungestörter beruflicher Tätigkeit zugunsten der Patienten ohne finanzielle und sachliche Beschränkungen, sowie nach vermehrter Mitsprache erfordert einen neuen Führungsstil und den Einsatz verbesserter Planungs- und Führungsinstrumente. Die reaktive Krankenhausführung muss einem interaktiven [41], d.h. einem partizipativen (dies sowohl vertikal zwischen den verschiedenen Fachbereichen im Krankenhaus, wie auch horizontal zwischen den verschiedenen Systemebenen), kontinuierlichen und ganzheitlichen Führungsstil weichen. D.h. dass die internen Strukturen und Prozesse überdacht werden müssen. Lawrence und Dyer sehen folgende Lösung:[42]

- Reduktion der Differenzierung des Systems
- Reduzierung des Einflusses der Spezialisten
- Verbesserung der Integration und Koordination der verschiedenen Bereiche
- Verstärkung des Gewichts der Kontrolle und des allgemeinen Managements
- Definition der Aufgaben und Beziehungen
- Schaffung von Anreizsystemen zur Unterstützung eines zielgerichteten Verhaltens

Dies bedingt den Einsatz neuer makro- und zukunftsorientierter Managementmodelle und -methoden im Krankenhaus [43] und macht die Erarbeitung von führungsrelevanten Informationen notwendig. Es wird auch deutlich, dass das Kran-

---

39 Lawrence P./Dyer D. (Industry) zeigen, dass einerseits die Strukturen eines Systems mit den Charakteristiken eines Krankenhauses sehr stark durch das Vorhandensein der Technologien geprägt sind ("Intensive or Dispersed Site Technologies") 326 f; andrerseits aber auch die Führung selbst ("Research and Technical Leadership") 272 f

40 Vgl. u.a. Eichhorn S. (Ansprüche) 6 f

41 Ackoff R. (Corporate future) 61 ff

42 Lawrence P./Dyer D. (Industry) 279 schlagen vor: "Reduce differentiation, trim back on specialists, increase integration, increase weight of control and general management,define roles and relationships, reward for performance priorities".

43 Dyllick T. (Instabilität) 61 ff; Güntert B. (Spital) 15 ff

kenhaus nicht isoliert betrachtet werden darf, sondern immer in seinem Umfeld gesehen werden muss. Interne Massnahmen allein dürften wohl eine Verbesserung der Effizienz und Effektivität bringen, entfalten jedoch ihre Wirkung erst dann richtig, wenn sie auf das Umsystem abgestimmt sind und Verhaltensanreize bieten.

TEIL II: Management, Führungsinformation und Kennzahlen

Übersicht

Die Diskussion um die Stellung des Krankenhauses im System der Gesundheitsversorgung und seiner Entwicklung (Kapitel 2) hat die vielfältigen Vernetzungen mit der Umwelt und die grosse Dynamik des ganzen Systems gezeigt. Die daraus resultierende Komplexität stellt grosse Anforderungen an die Führung der Krankenhäuser und an ihre Integration und Koordination mit dem Umsystem. Die Analyse der Entwicklung des Krankenhausmanagements (Kapitel 3) hat aber gezeigt, dass die heute angewendeten Führungsmodelle und -methoden und die verwendeten Informationssysteme den Anforderungen meist nicht genügen.

Für eine erfolgreiche Krankenhausführung ist ein Managementkonzept notwendig, welches den vielfältigen Umwelteinflüssen, den gesellschaftlichen und sozialpolitischen Vernetzungen, sowie der Forderung nach Effizienz und Effektivität der Leistungserstellung gerecht wird. Bevor nun weiter auf führungsorientierte Informations- und Kennzahlensysteme für Krankenhäuser eingegangen wird (Kapitel 5), müssen einige grundlegende Ueberlegungen zum Management allgemein, sowie zu einem umfassenden, integrierten Führungskonzept für das Krankenhaus gemacht werden (Kapitel 4). Erst auf dieser Basis lassen sich konkrete Informationsbedürfnisse und Forderungen an Informationssysteme ableiten und entsprechende Systeme gestalten.

4 Grundvorstellungen zum Krankenhausmanagement

4.1 Was heisst Management?

Ueber den Inhalt der Begriffe "Management" und "Führung" bestehen unterschiedliche Auffassungen.[1] Den Definitionen ist jedoch gemeinsam, dass sie darunter den Prozess der Führung von zweckorientierten, sozialen Systemen [2] verstehen. Dieser Prozess wird dann aber unter verschiedenen funktionalen (Managementaufgaben, -funktionen und -techniken) bzw. institutionalen (Managementstellen, -personen) Gesichtspunkten betrachtet.

Der Begriff "Management" wird im folgenden nicht auf privatwirtschaftliche Unternehmungen beschränkt. Er wird auch nicht mit dem Ziel der Gewinnmaximierung gleichgesetzt. Der Objektbereich umfasst vielmehr alle zweckgerichteten Institutionen der menschlichen Gesellschaft, d.h. "von Menschen geschaffenen Gebilden, in denen Menschen zusammenwirken, um in der Gesellschaft Funktionen zu erfüllen",[3] damit natürlich auch Krankenhäuser. Gerade sie sind typische soziale Institutionen, die in der Absicht geschaffen wurden, gesellschaftliche Funktionen zu erfüllen. Für die Existenz der Krankenhäuser ist somit weniger die Erfüllung der Bedürfnisse von Kapitalgebern und Mitarbeitern entscheidend, als vor allem die Erfüllung gesellschaftlicher Zwecke in einer für ihre Umwelt akzeptierbaren Art und Weise.

Gesellschaftliche Institutionen müssen als offene, umweltverbundene Systeme verstanden werden. Grundlegend für die Bewältigung von Managementaufgaben ist das Verstehen der gesellschaftlichen Zusammenhänge und die Beantwortung der Frage nach dem Zweck der Institution. Aus dieser Vorstellung der Aussen- und Zweckorientierung einer Institution ergibt sich, dass es die Krankenhausführung immer mit zwei miteinander verkoppelten Systemen zu tun hat. Im Managementprozess gilt es nun beide Systeme, die Institution selbst und deren Umwelt zweck- und zielgerichtet zu beeinflussen.[4]

---

1 Im folgenden werden die Begriffe "Führung" und "Management" synonym verwendet. Für detailliertere Definitionen vgl. u.a. die Zusammenstellung in: Staehle W.(Management) 32 ff; und Malik F. (Strategie) 48 ff

2 Vgl. Ulrich H. u.a. (Funktion) 136 ff

3 Ulrich H. (Funktion) 134

4 Vgl. u.a. Ulrich H./Güntert B./Hofer M. (Management-Ausbildung) 34 ff

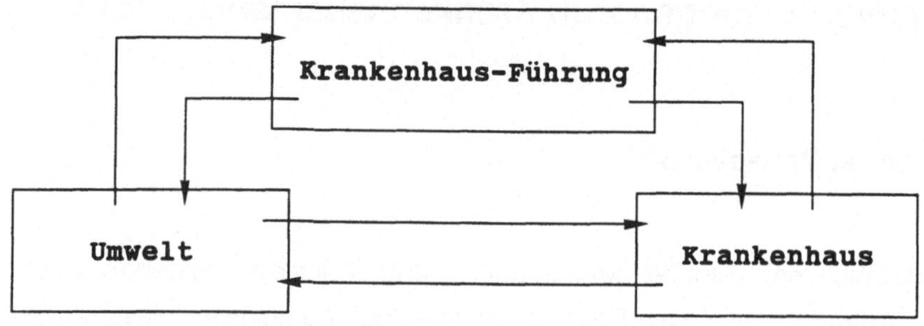

Abb. 4-1. Management, Institution und Umwelt

Im folgenden werden einige Aspekte der Führung, welche grosse Auswirkungen auf den Managementprozess und damit auf das Informations- und Kennzahlensystem haben, vertieft dargestellt.

4.1.1 Komplexitätsbewältigung

Komplexität bedeutet, dass ein System eine sehr grosse Anzahl unterschiedlicher Zustände annehmen kann, sich also häufig anders verhält, als der "gesunde Menschenverstand" erwarten lässt. Die hohe Komplexität der sozialen Wirklichkeit, die durch humane Systeme [5] gebildet wird, bewirkt, dass - selbst wenn scheinbar alles vernünftig geplant war - immer wieder Unvorhergesehenes und Ungewolltes geschieht.

Zur Beurteilung der Komplexität im Sinne der Kybernetik müssen vor allem zwei Begriffe herangezogen werden: Kompliziertheit und Dynamik.[6] Ein System erscheint komplex, wenn es kompliziert und dynamisch ist, d.h. aus vielen Komponenten und Beziehungen zusammengesetzt ist, die sich rasch verändern. Komplexität in diesem Sinne kann quantifiziert und mit Hilfe der Varietät gemessen werden. Unter der Varietät versteht man die Anzahl der verschiedenen Zu-

[5] Ulrich H. (Wissenschaft) 5 ff, Ulrich unterscheidet drei Systemebenen: eine materielle mit toten, bzw. physikalischen Systemen, eine biologische mit lebendigen Systemen und eine kulturelle mit humanen Systemen.

[6] Vgl. ausführlich: Probst G. (Gesetzeshypothesen) 137 ff

stände, die ein System einnehmen kann. Sie ist somit die Funktion des Verhaltens der Systemkomponenten, ihrer Beziehungen und deren Veränderbarkeit.[7]

Das heutige Krankenhaus präsentiert sich mit seinen vielen Komponenten und dem dichten Beziehungsgefüge als ein äusserst differenziertes und kompliziertes Gebilde. Die Analyse des Leistungsangebotes, der Ressourcenstruktur und der Nachfrage belegen, dass sich das Krankenhaus immer rascher und dynamischer entwickelt. Durch die Spezialisierung ist die Komplexität des Akutkrankenhauses stark gestiegen und sie dürfte auch in Zukunft noch weiter zunehmen.

Management bedeutet, dass man nicht beliebige Systemzustände akzeptiert, sondern ein bestimmtes, zweckgerichtetes Verhalten erzeugen will. Dazu ist es jedoch notwendig, die Verhaltensmöglichkeiten des Systems - so z.B. die Spezialisierung - zu beschränken oder in bestimmte Richtungen zu lenken. Viele der Führungstätigkeiten können tatsächlich als Massnahmen zur Reduktion der Komplexität in der Institution interpretiert werden. Planung, Budgetierung, Regelungen von Arbeitsabläufen, Organisationspläne, Führungsrichtlinien usw. haben den Zweck, bestimmte Verhaltensweisen vorzuschreiben bzw. zu fördern und andere auszuschliessen.

Betrachtet man jedoch die Managementproblematik vom Institution-Umwelt-Modell aus (vgl. Abb. 4-1), so zeigt sich, dass der internen Varietätsreduktion durch die Anwendung von restriktiven Managementinstrumenten Grenzen gesetzt sind. Je dynamischer und komplizierter die Umwelt ist, in welche die Institution eingebettet ist, umsomehr Eigenvarietät ist nötig, um die Wechselwirkung verarbeiten und nutzen zu können.[8] Je einschränkender die Verhaltensvorschriften sind, um so grösser ist die Gefahr, dass sich die Institutionen den wechselnden Anforderungen und Gegebenheiten der Umwelt nicht anpassen können. Um solche Anpassungsschwierigkeiten zu vermeiden, gehört es daher zu den Managementaufgaben, in einzelnen Bereichen oder temporär in der ganzen Institution die Varietät zu erhöhen. Dazu wurden in der modernen Managementtheorie verschiedene Konzepte und Methoden entwickelt.[9]

---

7 Für die Bemessung der Varietät vgl. u.a. Ashby R.W. (Variety) 95 ff; Malik F. (Strategie) 186 ff

8 Vgl. dazu das Varietätsgesetz von R.W. Ashby (Variety) 85 ff

9 Z.B. das ganze Konzept des Organizational Development, vgl. u.a. Gebert D. (Organisationsentwicklung); Sievers B. (Problem); Blake R./Mouton J./Lux E. (Wechsel); der Ansatz des lebensfähigen Systems, vgl. Beer S. u.a. (Brain); aber auch Peters T./Waterman R. (Excellence) 89 ff

Management sollte daher als Vorgang der Komplexitätsbewältigung betrachtet werden, wobei je nach Situation Massnahmen der Varietätsreduktion oder der Varietätsgenerierung einzusetzen sind. Dies kann natürlich zu Konflikten führen. Aus kurzfristigen Effizienzüberlegungen scheinen straffe und durchgreifende Regelungen notwendig, während langfristig eher auf mehr Flexibilität mit weniger exakte Freiräume schaffenden Regeln tendiert werden sollte.[10]

4.1.2 Integration und Koordination nach aussen und innen

Oberste Maxime gesellschaftlicher Institutionen sollte es sein, den von aussen an sie gesetzten Zweck zu erfüllen. Aufgabe des Managements ist es somit, die beiden miteinander verkoppelten Systeme Institution und Umwelt (vgl. Abb. 4-1) in ihrem Verhalten so zu beeinflussen, dass eine Zweckerreichung möglich wird. Dies erfordert einerseits die Integration und Koordination der Systemkomponenten und deren Teilaktivitäten zu einem sinnvollen Ganzen, andererseits auch eine Integration und Koordination der Institution in seiner Umwelt.

Im Falle des Krankenhausmanagements erhält die Integration und Koordination nach aussen eine besondere Bedeutung. Die meisten öffentlichen Krankenhäuser sind Teil eines grösseren Gesundheitsversorgungssystems und sollten in diesem Rahmen im Interesse des Patienten und der Gesellschaft bestimmte Aufgaben erfüllen. Das Spital ist aber nicht nur Teil übergeordneter Systemebenen, es kann sie auch durch eigene Handlungen mitbeeinflussen. Bei der Integration und Koordination des Krankenhauses geht es vor allem darum, dem Anspruch der Bevölkerung auf medizinische Leistungen, sowie den gegenseitigen Abhängigkeiten der Subsysteme des Gesundheitswesens Rechnung zu tragen. Konkret heisst dies, dass die Spitalführung den Bedarf der Region nach Krankenhausleistungen, differenziert nach Fachbereichen, Fachdisziplinen und Fachbehandlungen, ermitteln muss, um dann, aufgrund der regionalen Streuung der Spitäler und der Verteilung des Gesamtangebotes der Krankenhausleistungen, das notwendige eigene Leistungspotential zu bestimmen.[11] Aufgrund dieser Erkenntnisse muss ein Modellrahmen entwickelt werden, der das Krankenhaus als Teil einer fortlaufenden Hierarchie begreift und auch die über das Spital hinaus-

---

[10] Probst G. (Gesetzeshypothesen) 340

[11] Vgl. auch Eichhorn S. (Systemplanung) 43 ff und 58 ff

gehenden Wirklichkeitsebenen erfasst,[12] d.h. die Integration und Koordination des Krankenhauses nach aussen speziell berücksichtigt.

Management darf sich jedoch nicht nur mit der Institution als Ganzes, sowie seiner Integration und Koordination in der Umwelt beschäftigen. Es muss sich auch den internen Systemebenen zuwenden. Aufgabe der Koordination und Integration nach innen ist es, das Verhalten und die Aktivitäten der verschiedenen Systemkomponenten im Hinblick auf eine ganzheitliche Patientenversorgung zu beeinflussen. Dies ist im Krankenhaus von grosser Bedeutung, spielen sich doch die eigentlichen Tätigkeiten in den mehr oder weniger selbständigen Kliniken und Instituten ab. Alle Entscheide über Behandlungen der Patienten werden auf diesen Ebenen getroffen. Mangelhafte Koordination kann sich nachteilig auf die Patienten auswirken. Die Kostenfolgen wirken sich dann auf der Ebene des Gesamtspitals aus. Daher müssen auch Anträge der verschiedenen Kliniken und Institute für medizin-technische Investitionen oder für Stellen in medizinischer, technischer, organisatorischer und finanzieller Hinsicht miteinander koordiniert werden.[13]

Die Koordination des Verhaltens der einzelnen Komponenten zu einem Ganzen soll nicht nachträglich durch Korrektur bereits erfolgter Entscheidungen, sondern vorbeugend, im Sinne einer prospektiven Krankenhausführung, geschehen. Im Gegensatz zur Integration und Koordination nach aussen wurden in der Managementtheorie für die interne Führung eine Fülle von Methoden und Konzepten entwickelt, die z.T. aber auf "geschlossenen" Systemmodellen beruhen.[14]

4.1.3 Management als Gestalten, Lenken und Entwickeln

Management wird vielfach funktional als Entscheiden, Organisieren, Planen, Kontrollieren, Führen usw. definiert.[15] Da solche Tätigkeitslisten nie vollständig sein können und auch nicht die reale Welt des Führens umfassen [16], wird in Anlehnung an Ulrich Management abstrakt und zusammenfassend als Gestalten,

---

[12] Dyllick T. (Makro-Ansatz) 19 f; Ackoff R. (Corporate Future) 65 ff

[13] Eichhorn S. (Systemplanung) 24 ff

[14] Vgl. dazu die Ausführungen bei Dyllick T. (Makro-Ansatz) 11 f und die dort zitierte Literatur.

[15] Vgl. u.a. Staehle W. (Management) 32 ff

[16] Mintzberg H. (Work) 100 ff

Lenken und Entwickeln zweckorientierter, gesellschaftlicher Systeme verstanden.[17]

Die Aufgabe des Gestaltens besteht darin, personelle und materielle Ressourcen aus der Umwelt auszuwählen und zu Komponenten eines handlungsfähigen Systems zu machen. Gestalten als Managementfunktion bedeutet daher das gedankliche Entwerfen eines Modells der Institution, in dessen Rahmen sich die Aktivitäten zur Zweckerreichung abspielen sollen. Solche Entwürfe werden auch als "Gestaltungsmodelle" bezeichnet.[18] Durch das Gestalten verlieren die Komponenten des Systems ihre autonome Handlungsfreiheit. Mit Hilfe organisatorischer Massnahmen wie Zuordnung von Aufgaben, Kompetenzen und Verantwortung, Gruppierung, hierarchische Einordnung, Zuweisung personeller und materieller Ressourcen, Kontrolle usw. werden sie eingeschränkt. Die grosse Schwierigkeit bei der Entwicklung von Gestaltungsmodellen für gesellschaftliche Institutionen hängt mit der Komplexität und der Vernetztheit zusammen, welche diese Systeme und ihre Umwelt aufweisen. Im Gegensatz zum Konstrukteur einer Maschine haben es Entwerfer sozialer Systeme mit Menschen zu tun, die selbst lebensfähige Systeme mit hoher Verhaltensvarietät sind und einen Selbstwert besitzen. Diese humane Dimension erhält im Krankenhaus eine besondere Bedeutung, finden wir doch den Menschen nicht nur als Mitarbeiter, sondern auch im eigentlichen "Bearbeitungsobjekt", dem Patienten.

Unter Lenkung verstehen wir die Zielbestimmung und das Festlegen, Auslösen und Kontrollieren zielgerichteter Aktivitäten.[19] Lenken ist eine notwendige Funktion, um den Zweck der Institution durch konkrete Handlungen erfüllen zu können. Da diese Handlungen nicht durch das System als solches, sondern durch seine Komponenten erbracht werden, ist das Objekt des Lenkens letztlich der einzelne Mitarbeiter und sein Zusammenspiel mit den materiellen Ressourcen.

Grundlegend für die Lenkung humaner Systeme ist die Vorstellung eines sich selbst lenkenden Systems. Damit ist gemeint, dass nicht jede Aktivität durch direktes Einwirken auf einzelne Mitarbeiter ausgelöst werden kann. Die Aktivitäten ergeben sich vielmehr aus dem Zusammenspiel der Komponenten im Rahmen der Systemstruktur, d.h. aufgrund indirekter Einwirkungen auf der Metaebene.[20] Beispiele für "Selbstlenkungsmechanismen" finden wir auch im Krankenhaus. So

---

[17] Vgl. Ulrich H. (Funktion) 136

[18] Ulrich H. (Management) 114

[19] Ulrich H. (Funktion) 138

[20] Malik F. (Strategie) 57 ff; Probst G. (Selbstorganisation) 76 ff

haben sich im Laufe der Zeit in den ärztlichen und pflegerischen Bereichen verschiedene Regeln und Verhaltensmuster gebildet. Diese werden durch das Aus- und Weiterbildungssystem ständig weitergegeben und beeinflussen das Verhalten der Berufsangehörigen entscheidend. Mittels Standardisierung und Automatisierung von Planungs-, Steuerungs- und Kontrollaufgaben wird versucht, Lenkungssysteme zu entwickeln, welche eine Zusammenarbeit zwischen den verschiedenen Krankenhausfunktionen und Berufsgruppen ermöglichen, ohne dass alle Details und Zuständigkeiten im Einzelfall festgelegt werden müssen.

Bezieht man die Dimension der Zeit mit ein, wird deutlich, dass sich komplexe gesellschaftliche Institutionen nicht in einem Male aufgrund eines im voraus erstellten Planes "machen" lassen und sich danach nicht mehr verändern. Wie die obigen Analysen des Gesundheits- und Krankenhauswesens gezeigt haben, unterliegen auch diese Systeme im Zeitablauf grossen Veränderungen. Dies führt zur Auffassung, dass Lenken und Gestalten gesellschaftlicher Institutionen als Aktivitäten im Rahmen eines langfristigen und nie vollendeten Entwicklungsprozesses aufgefasst werden müssen.[21]

Dieser Entwicklungsprozess kann nicht einfach sich selbst überlassen, sondern muss, um die kontinuierliche Erfüllung des gesellschaftlichen Zweckes sicherzustellen, bewusst gestaltet und gelenkt werden. Diese "gelenkte Entwicklung" erfolgt von zwei Ebenen aus. Einerseits müssen aufgrund der bisherigen Entwicklung und der aktuellen Situation von Krankenhaus und Umwelt konzeptionelle Vorstellungen über das Spital, andererseits - aufgrund solcher Konzepte - kontinuierliche Lenkungsmassnahmen erarbeitet werden. Die Vorstellung des sich selbst lenkenden Systems ist wichtig, dürfen doch Gestaltungs-und Lenkungsmassnahmen nicht einfach von übergeordneten Instanzen vorgegeben werden. Um effektiv zu sein, müssen sie mit den Beteiligten erarbeitet und realisiert werden.

Gestalten, Lenken und Entwickeln mit dem Ziel, die Komplexität zu bewältigen und das System in die Umwelt zu integrieren und zu koordinieren, sind äusserst schwierige Managementaufgaben. Die hochkomplexen gesellschaftlichen Institutionen reagieren auf Eingriffe vielfach unplanmässig und intuitionswidrig. Dies vor allem dann, wenn die getroffenen Massnahmen der Komplexität des Systems nicht gerecht werden. Je mehr die Eingriffe auf reduktionistischen und konstruktivistischen Modellen beruhen, desto weniger ist eine wirksame Integration und

---

[21] Ulrich H. (Funktion) 143; vgl. auch Malik F./Probst G. (Evolution)

Koordination mit den über- und untergeordneten Systemebenen möglich. Gestaltungs-, Lenkungs- und Entwicklungskonzepte der Krankenhausführung müssen daher sowohl die differenzierten Strukturen, die vielfältigen Ressourcen, die komplexen Prozesse, Vernetzungen, Rückkoppelungen, Steuermechanismen usw. beinhalten, als auch die unvollkommene Informationslage, die Möglichkeit von Grenzwertüberschreitungen, Umkippeffekten und Selbstorganisationstendenzen, [22] sowie die über- und untergeordneten Systemebenen [23] berücksichtigen. Das im folgenden vorgestellte Managementkonzept versucht, diesen Anforderungen zu genügen.

4.2 Ein Rahmenkonzept für das Krankenhausmanagement

Fehlerhafte Gestaltung oder Lenkung von Systemen sind die häufigsten Ursachen für Managementfehler. In einem derart arbeitsteiligen, aussenorientierten und fremddeterminierten System, wie es das öffentliche Akutkrankenhaus heute darstellt, sind umfassende konzeptionelle Vorstellungen über die Führung unumgänglich. Im folgenden soll ein der Komplexität und der Situation des Krankenhauses gerecht werdendes Management-Konzept vorgestellt werden.[24] Auf diesem beruhen auch die weiteren Ueberlegungen zu einem Informations- und Kennziffernsystemen für die Krankenhausführung.

4.2.1 Grundstruktur des Rahmenkonzeptes

Das hier vorgelegte Rahmenkonzept basiert auf den Vorstellungen des systemorientierten Managements. Ausgangspunkt ist das offene, mit einer vielschichtigen Umwelt verbundene System, bzw. Krankenhaus. Primäre Aufgabe des Managements ist es, das Krankenhaus unter Berücksichtigung seiner Umwelt-

---

22 Vgl. u.a. Vester F. (Neuland); Forrester J.W. (Verhalten); Roberts E. (System Dynamics); Gall J. (List); Probst G./Güntert B. (Sensitivität)

23 Vgl. u.a. Ackoff R. (Corporate future); Dyllick T. (Instabilität); Ulrich H. (Funktion)

24 Diese Ausführungen basieren weitgehend auf den im Rahmen des NFP-8-Programmes entwickelten Ueberlegungen; vgl. dazu u.a. Ulrich H./Güntert B./Hofer M. (Management-Ausbildung) 43 ff und (Management-Kurs); Güntert B./ Hofer M. (Rahmenkonzept)

verflechtungen so zu gestalten, zu lenken und zu entwickeln, dass es den gesellschaftlichen Zweck langfristig wirksam und wirtschaftlich erreichen kann. Dazu sind eine Vielzahl konkreter Entscheidungen und Massnahmen zur Komplexitätsbewältigung und zur Integration und Koordination notwendig. Das Rahmenkonzept soll gewährleisten, dass diese Einzelentscheidungen im Gesamtzusammenhang getroffen werden und nicht im Nachhinein koordiniert werden müssen. Ein sekundärer Aufgabenbereich betrifft die Führungstätigkeit als solche. Dabei geht es um die Verwendung von Managementkonzepten, -methoden und -instrumenten, die eine effektive und effiziente Krankenhausführung gewährleisten.

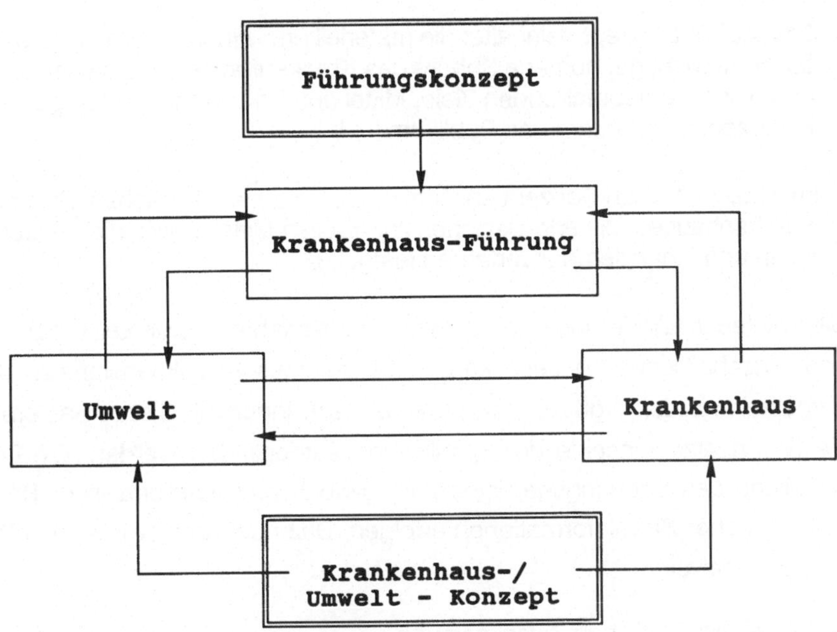

Abb. 4-2. Grundvorstellung des Rahmenkonzeptes

Grundsätzlich umfasst das Rahmenkonzept einer integrierten Krankenhausführung somit zwei Komponenten, nämlich: (Abb. 4-2)

- das Krankenhaus/Umwelt-Konzept, welches sich auf die Ausgestaltung des Krankenhauses selbst und seine Integration in, bzw. Koordination mit seiner Umwelt, bezieht und
- das Führungskonzept, welches die Ausgestaltung des Managements des Krankenhauses abdeckt.

4.2.2 Das Krankenhaus/Umwelt-Konzept

Das Krankenhaus/Umwelt-Konzept umfasst alle grundsätzlichen Führungsentscheide, die für eine zukunftsgerichtete Gestaltung und Lenkung des Spitals notwendig sind. Diese Entscheidungen müssen sich, um realistisch zu sein, einerseits auf die Ziele, andererseits aber auch auf die einzusetzenden Mittel und Verfahren beziehen. Das ganze Konzept wird in drei Teilkonzepte unterteilt:

- Im Leistungskonzept werden, in Abstimmung mit dem umliegenden Versorgungssystem, das anzustrebende Leistungsangebot und -volumen, sowie die erforderliche materielle und personelle Ausstattung des Krankenhauses und die anzuwendenden Verfahren zur Leistungserstellung bestimmt.

- Das soziale Konzept beinhaltet die materiell und wirtschaftlich nicht fassbare, äusserst wichtige, humane Sphäre des Krankenhauses und seiner Umwelt und hält die entsprechenden Ziele, Mittel und Verhaltensnormen gegenüber Patienten, Mitarbeitern und Publikum fest.

- Im wirtschaftlichen Konzept endlich werden die wirtschaftlichen Ziele des Krankenhauses, die erforderlichen finanziellen Mittel, sowie die Wirtschaftlichkeits- und Finanzierungsverfahren festgelegt.

Die zweifache Gliederung in Ziele, Mittel und Verfahren sowie Leistungs-, soziales und wirtschaftliches Konzept, kann mit Hilfe eines zweidimensionalen Schemas dargestellt werden (vgl. Abb. 4-3, unterer Teil). Innerhalb dieses Rasters können die Grundsatzentscheide der Spitalleitung aufgegliedert werden. Die inhaltliche Auffüllung des Ordnungsgerüstes kann jedoch erst aufgrund einer Beurteilung verschiedener Basisinformationen erfolgen. Dazu gehören (vgl. Abb. 4-3, oberer Teil) die Analyse:

- der gesellschaftlichen Zwecksetzung
- der Wertvorstellungen der Führungskräfte
- der spitalrelevanten Umwelt
- der Entwicklung und aktuellen Situation des Krankenhauses selbst

4.2.3 Analyse der Zwecksetzung

Aufgabe des Gesundheitswesens ist es, sowohl die Gesundheit zu schützen und zu fördern, als auch Krankheiten zu heilen und Leiden zu lindern. In diesem Rahmen erfüllt das Krankenhaus bestimmte, von der Gesellschaft vorgegebene oder erwartete Aufgaben. Es kann demnach seine Ziele, Mittel und Verfahren im sozialen, wirtschaftlichen und Leistungsbereich nicht autonom bestimmen. Die Analyse der Zwecksetzung ist somit für die Krankenhausführung von besonderer Bedeutung und bildet eine wichtige Grundlage für Führungsentscheidungen.

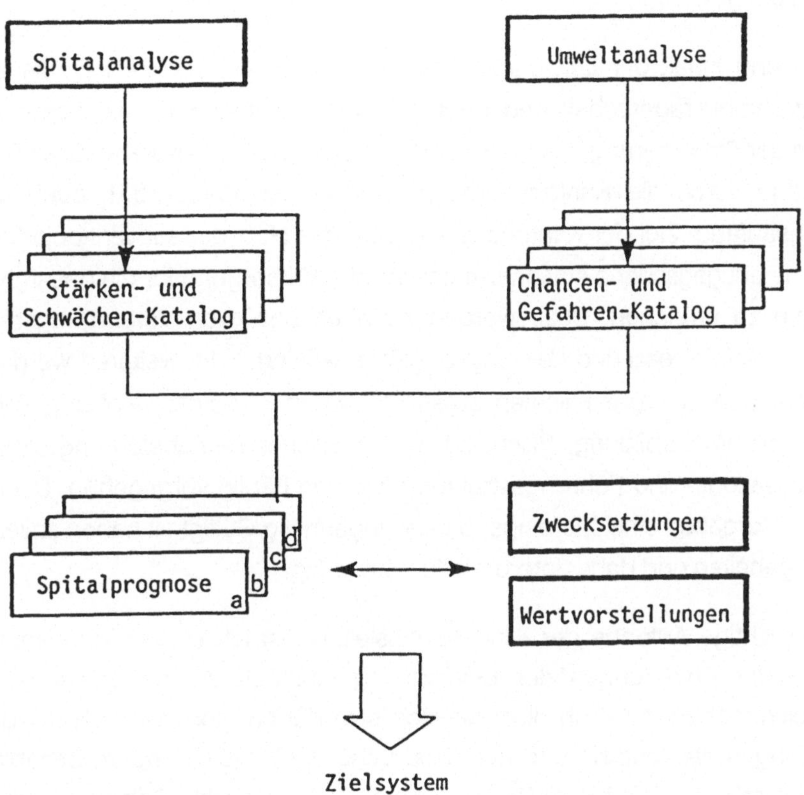

	Leistungskonzept	wirtschaftliches Konzept	soziales Konzept
Ziele			
Mittel Potential			
Verfahren Strategien			

Abb. 4-3. Schema zur Erarbeitung des Krankenhaus-/Umwelt-Konzeptes

Der Zweck der Krankenhäuser ergibt sich zum einen aus der kantonalen oder kommunalen Gesetzgebung (z.B. Gesundheits- oder Spitalgesetze, Spitalorganisationsverordnungen oder -dekrete) den Betriebsreglementen und der kantonalen Krankenhausplanungen (Leistungsauftrag). Zum andern müssen aber auch die konkreten Bedürfnisse und Erwartungen der Bevölkerung und des umliegenden Versorgungssystems (z.B. der praktizierenden Aerzte) erfasst und berücksichtigt werden.

Form und Inhalt der Leistungsaufträge sind sehr unterschiedlich. Sie sind abhängig von Trägerschaft und Rechtsform des Krankenhauses, sowie von der Form der Finanzierung. Da in der Schweiz die meisten Krankenhäuser finanzielle Beiträge durch die Kantone erhalten, bestimmen diese i.d.R. auch den Leistungsauftrag. Ziel der Kantone ist es, über das Netz der subventionierten Spitäler eine ausgeglichene stationär-medizinische Versorgung für die gesamte Bevölkerung zu erreichen. Dazu werden Auflagen bezüglich Versorgungsregionen, Versorgungsniveau und Leistungsangebot definiert.[25] Im weiteren werden meist verschiedene weitere Pflichten auferlegt, wie z.B. Aufnahmepflicht, Pflicht der Aus- und Weiterbildung, Pflicht zu wirtschaftlicher Betriebsführung. Aber auch Organisations- und Führungsstrukturen werden häufig vorgegeben. Die meisten dieser Vorgaben sind allerdings, da sie längerfristig Gültigkeit haben sollen, allgemein gehalten und daher interpretationsbedürftig.

Eine wichtige Aufgabe der Krankenhausleitung ist es, den Leistungsauftrag im Lichte der Erwartungen der Bevölkerung inhaltlich zu interpretieren. Da die Zweckvorgaben inhaltlich nicht statisch sein dürfen, sondern sich mit den Entwicklungen der Medizin und der Ansprüche der Bevölkerung im Zeitablauf verändern müssen, sind Begriffe wie Grund-, Schwerpunkt-, Zentrums- und Maximalversorgung, sowie die Positionierung des Krankenhauses im Gesundheitsversorgungssystem ständig zu überprüfen, inhaltlich neu zu interpretieren und anzupassen.

4.2.4 Klärung der Wertvorstellungen

Da bei der Erarbeitung des Krankenhaus-/Umweltkonzeptes mehrere Personen mit unterschiedlichen Interessen zusammenwirken müssen, entstehen häufig

[25] Vgl. z.B. Leistungsauftrag des Kantonsspitals Baden: Kanton Aargau, Dekret über die Organisation der Kantonsspitäler vom 13. 6. 1978, Art 2.2

Probleme der Harmonisierung der subjektiven Wertvorstellungen. Werthaltungen erfüllen die Funktion von Massstäben und Entscheidungsregeln, ohne die keine Problemlösungen möglich sind. Zur Entwicklung des langfristig gültigen Krankenhauskonzeptes ist es notwendig, innerhalb der Leitungsgruppe eine Einigung auf gemeinsame, krankenhausbezogene Werthaltungen zu erzielen. Diese können von den im Privatleben verfolgten Werten differieren. Sie sind jedoch wie diese von vererbten und erworbenen Grundeinstellungen, die den Betroffenen meist nicht voll bewusst sind, geprägt. Aus diesem Grund ist es zweckmässig, bevor über inhaltliche Aspekte in Bezug auf Zielsetzungen des Krankenhauskonzeptes diskutiert wird, die bestehenden Unterschiede in den Werturteilen zu erfassen. Dazu können Hilfsmittel wie Wertvorstellungsprofile oder Fragebogen dienen.[26] Werden Differenzen in den Werthaltungen nicht offengelegt, gelingt es oft nicht, Meinungsverschiedenheiten bei der Erarbeitung des Zielsystems zu lösen und tragfähige Kompromisse zu finden.

4.2.5 Umweltanalyse

Neben den Zwecksetzungen beeinflussen weitere Umweltgrössen das Geschehen im Krankenhaus. Wie aus Abb. 4-4 ersichtlich ist, lässt sich die Umwelt des Krankenhauses in eine ganze Reihe von Anspruchsträgern und Sphären unterteilen. Diese Aufteilung drängt sich auf, da verschiedene Ansprüche an das Krankenhaus von klar identifizierbaren Institutionen und Interessengruppen (Anspruchsträgern) ausgehen. Bei anderen Einflüssen hingegen handelt es sich um viel allgemeinere, faktische und geistige Entwicklungen in Wirtschaft und Gesellschaft (Umweltsphären).

Bei der Erfassung der Umweltfaktoren geht es darum, zukünftige Entwicklungen in einer sich ändernden Umwelt abzuschätzen und diese auf ihre Bedeutung für das eigene Krankenhaus zu beurteilen. Vielfach stehen dafür nur ungenügend gesicherte Informationen zur Verfügung. Gerade in der heutigen Zeit des Umbruchs und der verstärkten Bemühungen, die Kostensteigerung im stationären Sektor einzudämmen, muss sich das einzelne Krankenhaus Gedanken über die zukünftige Entwicklung machen. Ziel muss es dabei sein, die für die Entwicklung

---

[26] Beispiele dazu in: Ulrich H./Güntert B./Hofer M. (Management-Kurs) Das Spital/Umwelt-Konzept I, 4 ff; vgl. auch Probst G./Güntert B. (Werte)

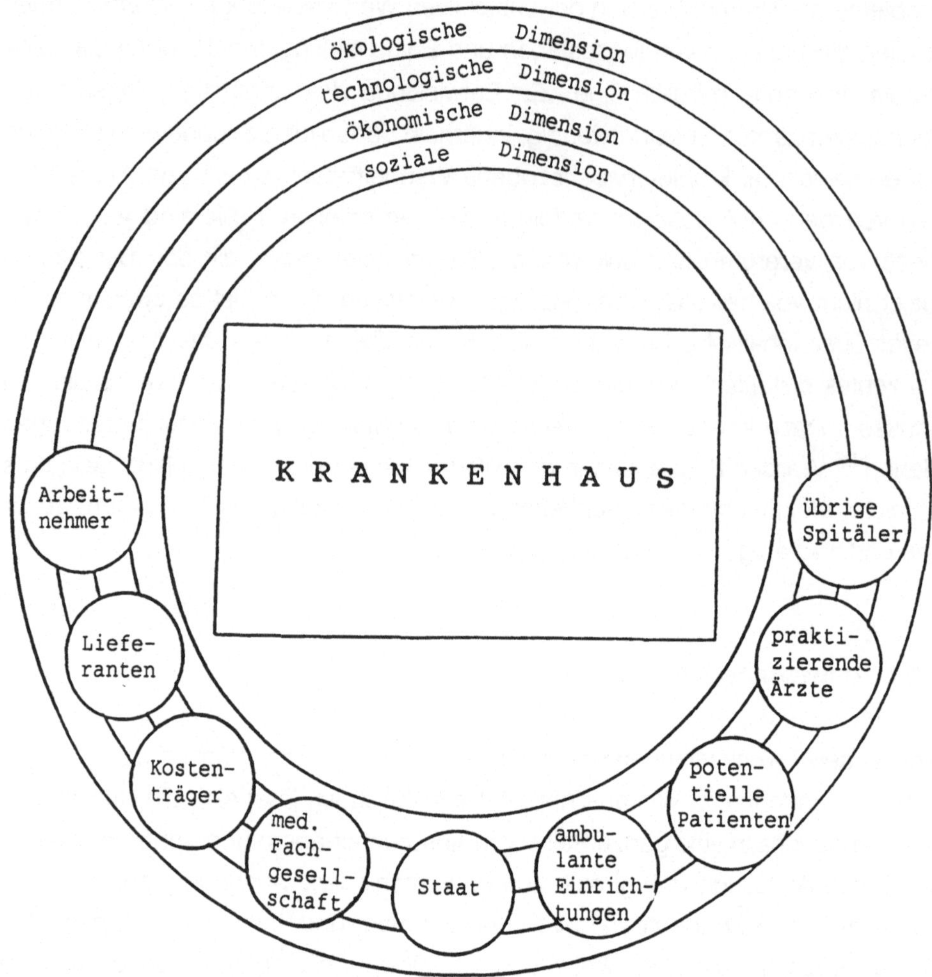

Abb. 4-4. Grundschema für die Umweltanalyse

des Krankenhauses relevanten Faktoren zu erkennen und die Konsequenzen für das Krankenhaus abzuschätzen.

Zur Umweltanalyse müssen für die einzelnen Umweltdimensionen Checklists [27] entwickelt werden, um die Vielfalt der Faktoren zu erfassen. Die soziale Dimension umfasst beispielsweise demographische und epidemiologische Grössen, Veränderungen der Morbidität und Mortalität sowie politische, kulturelle und soziale Entwicklungstendenzen.

Daneben ist das Krankenhaus auch abhängig von den Grössen der ökonomischen Dimension, d.h. dem allgemeinen Wirtschaftswachstum, der Konjunkturentwicklung, der Wirtschaftsstruktur, der Staatsfinanzen usw. Die dritte Umweltdimension umfasst alle technologischen und medizin-technischen Aspekte, welche die Struktur der Spitäler in einem immer stärkeren Masse bestimmen. Die Bedeutung der ökologischen Umweltsphäre beeinflusst das Krankenhaus immer mehr. Heute wird gefordert, mit Ressourcen sparsam umzugehen, diese möglichst einer Wiederverwendung zuzuführen und Verschmutzungen der Umwelt zu vermeiden. Die entsprechende Gesetzgebung (z.B. Strahlenschutz, Abwasserreinigung) beeinflusst auch die Prozesse im Krankenhaus recht stark.

Neben den vier Umweltsphären [28] müssen auch die Institutionen und Organisationen, die mit dem Krankenhaus in direktem Kontakt stehen und konkrete Ansprüche geltend machen, analysiert werden.[29] Es handelt sich dabei vornehmlich um potentielle und effektive Patienten, zuweisende Aerzte, andere Krankenhäuser und ambulante Einrichtungen der betreffenden Versorgungsregion, medizinische Fachgesellschaften, Staat, Spitalträger, Kranken- und Unfallversicherungen, Lieferanten und Arbeitnehmer. Die von diesen Gruppen und Institutionen gestellten Forderungen sind sehr verschieden und im Hinblick auf ihre Auswirkungen auf das Zielsystem auch unterschiedlich zu gewichten.

Die Erkenntnisse aus der Umweltanalyse müssen zusammengefasst und im Rahmen einer Chancen/Gefahren-Analyse auf ihre Wirkung auf das Krankenhaus hin bewertet werden. Massstab für die Bewertung der Chancen und Gefahren muss dabei die Frage nach der Erfüllung der Zwecksetzung sein, nicht die Frage des finanziellen Erfolges wie in den Institutionen der Wirtschaft.

---

27 Beispiele dazu in Ulrich H./Güntert B./Hofer M. (Management-Kurs) Das Spital/Umwelt-Konzept I, 19 ff

28 Eine ähnliche Gliederung findet sich bei Hildebrand R. (Einführung) 57 ff. Er unterscheidet eine soziale, eine materielle, eine kommunikative und eine wertmässige Dimension.

29 Vgl. auch Hildebrand R. (Einführung) 14 ff

4.2.6 Krankenhausanalyse

Aufgabe der Analyse des eigenen Krankenhauses ist es, sich einen Ueberblick über die bisherigen Entwicklungen und den gegenwärtigen Zustand des Spitals zu verschaffen. Diese Informationen bilden die Grundlage für eine objektive Beurteilung der Ausgangslage in einer sogenannten Stärken/Schwächen-Analyse. Das Problem der Krankenhausanalyse besteht nun darin, dass meist sehr viele Informationen vorliegen, diese jedoch kaum den Bedürfnissen des Managements entsprechend aufbereitet vorliegen.

Die Abb.4-5 zeigt einen Grobraster für die Erfassung der Krankenhausdaten. Die Gliederung ist auf die Unterstützung von Führungsentscheidungen in leistungsmässiger, finanzwirtschaftlicher und sozialer Hinsicht ausgerichtet. Dazu werden aber Informationen notwendig über:

- Die Qualität und Quantität der erbrachten Leistungen und der eingesetzten personellen und sachlichen Ressourcen.
- die geldwertmässige Entwicklung und die eingesetzten finanziellen Mittel.
- die verschiedenen patienten-, mitarbeiter- und gesellschaftsbezogenen Fragestellungen
- die bestehenden Führungssysteme und Organisationsstrukturen, die Führungsmethodik, sowie das Mitarbeiterpotential.

Je nach zu untersuchender Institution muss dieser Raster den individuellen Informationsbedürfnissen angepasst werden. In seiner allgemeinen Form garantiert er jedoch, dass keine wesentlichen Informationskategorien vergessen werden. Er bildet auch die Grundlage für die Stärken- und Schwächen-Analyse des aktuellen Standes und der Entwicklung des Krankenhauses.

Für Führungsentscheidungen hilfreich wäre auch eine Verknüpfung der verschiedenen Leistungs-, Ressourcen- und Wirtschaftlichkeitsdaten mit den Patientendiagnosen, bzw. mit Diagnosegruppen.[30] Davon ist man heute in der Schweiz allerdings noch weit entfernt. Einerseits fehlen sinnvolle Patientenkriterien. Andererseits wirkt auch die Tatsache erschwerend, dass man in vielen Krankenhäusern noch getrennte Informationssysteme für den medizinischen und den administrativen Bereich vorfindet.

[30] Fetter R. (DRGs)

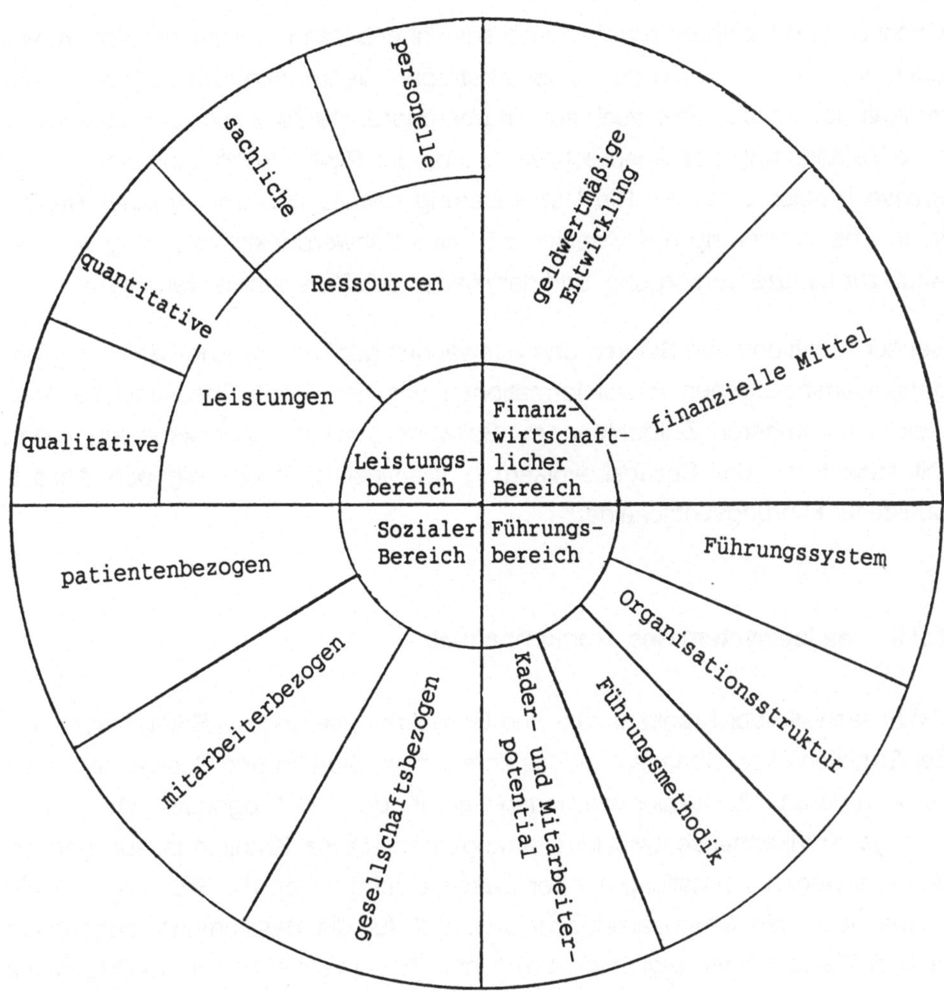

Abb. 4-5. Grundschema für die Krankenhausanalyse

4.2.7 Beurteilung der Ausgangslage

Die Ergebnisse der Zweck-, Umwelt- und Krankenhausanalyse müssen in einem nächsten Schritt miteinander in Beziehung gesetzt werden. Damit erst kann die Ausgangslage für die Entwicklung des Spitals bzw. einzelner Kliniken dargestellt werden. Geeignete Instrumente dazu sind sogenannte Chancen-Gefahren-Profile für die Umweltanalyse und Stärken-/Schwächen-Profile für die Krankenhausanalyse.

Chancen und Gefahren ergeben sich sowohl aus den Umweltdimensionen, wie auch aus dem Verhalten der Anspruchsträger. Sie können sich auf die Zielsetzungen des Spitals, aber auch auf die übergeordnete Zwecksetzung auswirken. Eine Veränderung des Anspruchsverhaltens der Bevölkerung kann Spitäler vor grosse Probleme stellen. Die Ueberalterung der Bevölkerung in einer Region kann eine Aenderung des Zwecks, z.B. eine Schwerpunktverlagerung von der Akut- zur Langzeitversorgung, und damit auch des Zielsystems, verlangen.

Bei der Ermittlung von Stärken und Schwächen geht es um eine Bewertung der gegenwartsbezogenen Basisinformationen aus der Krankenhausanalyse. Vergleiche mit früheren Zeitpunkten, mit Sollwerten, mit den Zwecksetzungen und mit Indikatoren der Bezugsbevölkerung (Servicepopulation) ergeben Ansatzpunkte für Führungsentscheide.

4.2.8 Das Zielsystem des Krankenhauses

Die Ergebnisse der Krankenhaus- und Umweltanalyse und die Erkenntnisse aus der Ermittlung von Chancen und Gefahren, bzw. Stärken und Schwächen müssen nun derart miteinander verbunden werden, dass sie Prognosen über die zukünftige Krankenhausentwicklung ermöglichen. Diese Krankenhausprognosen und ihre Gegenüberstellung mit der Zwecksetzung bilden die Grundlage für die Suche nach den Grundsatzentscheiden, d.h. für die Bestimmung längerfristig gültiger Zielsetzungen (vgl. Abb. 4-3). Unter Zielen verstehen wir, im Gegensatz zum Zweck, die vom System selbst angestrebten Verhaltensweisen oder Zustände.[31] Voraussetzung für die Tauglichkeit des Zielsystems als Verhaltensmaxime ist, dass die Ziele realistisch und operational formuliert sind, d.h. dass sie erreichbar, durchsetzbar und kontrollierbar sind. Zudem müssen sie konsistent, aktuell und vollständig sein und sich sachlich und zeitlich mit anderen Zielen in einer harmonischen Beziehung befinden. Die Ziele müssen somit in den Dimensionen Qualität, Quantität, Zeit und Raum definier- und messbar sein.[32]

Ein umfassendes, mehrstufiges Zielsystem ist Voraussetzung für die Krankenhausführung. Erst ein solches Zielsystem erlaubt eine Umsetzung der Zwecksetzung in konkrete Handlungen, die Nachprüfung rationalen Handelns, die Delegation von Mittelentscheidungen auf eine Mehrzahl von Mitarbeitern und die

---

[31] Ulrich H. (Unternehmung) 114

[32] Adam D. (Krankenhausmanagement) 38 ff

Vorgabe von Bezugspunkt und Massstab für das betriebliche Handeln (Wirksamkeits- und Wirtschaftlichkeitsprinzip).[33]

In vielen Krankenhäusern fehlen heute jedoch umfassende, konsistente Zielsysteme. Dies kann einerseits auf das Entschädigungssystem der öffentlichen Dienstleistungsbetriebe zurückgeführt werden. In diesen Systemen - dazu gehört auch die Mehrzahl der Krankenhäuser - steht nicht das Erreichen von Zielen im Vordergrund, sondern die Erhaltung oder Erhöhung des Budgets.[34] Andrerseits fehlt bei den beteiligten Professionen (Aerzte und Pflegepersonal) häufig auch die Bereitschaft, aufgrund einer umfassenden Analyse der relevanten Tatbestände und Zusammenhänge gemeinsam Ziele zu bestimmen, gemeinsam zu entscheiden und zu handeln (Problem der professionellen Sozialisation).[35]

Im folgenden wird ein Konzept für ein umfassendes Krankenhaus-Zielsystem vorgeschlagen. Die Aufgliederung des Zielsystems in drei Teilkonzepte soll es ermöglichen, leistungsmässige, soziale und wirtschaftliche Ziele gleichgewichtig zu bestimmen und gegeneinander abzuwägen.[36]

Das Leistungskonzept muss die künftig zu erbringenden Leistungen des Krankenhauses aufzeigen. Dabei geht es primär um die medizinisch-pflegerischen Leistungen, aber auch um diejenigen der übrigen Bereiche, wie z.B. medizinisch-technische Bereiche, Cafeteria, Reinigung usw.

Die Leistungsziele müssen für die einzelnen Kliniken und Institute konkretisiert werden. Dazu müssen sie u.a. folgende Punkte beinhalten:

- Verhalten gegenüber Patienten
- anzustrebende zukünftige Servicepopulation,
- zu behandelnde Krankheiten
- qualitatives, diagnostisches und therapeutisches Leistungsangebot

Bei der Bestimmung der Potentiale geht es nicht um eine detaillierte Bedarfsplanung, sondern um eine Schätzung der zukünftig benötigten Mittel, wobei der

---

[33] Eichhorn S. (Krankenhaus II) 34

[34] Drucker P. (Management-Praxis) 224

[35] Siegrist J. (Lehrbuch) 228 f

[36] Ein im Grunde ähnliches, aber stark hierarchisch gegliedertes Zielsystem findet sich bei Eichhorn S. (Krankenhaus II) 24 ff. Er unterscheidet: Haupt- und Oberziele (Deckung des Bedarfs der Bevölkerung, bedarfswirtschaftlich-gemeinnützig ausgerichtete Betätigung) und Nebenziele (wie Ausbildung, Forschung). Die Oberziele werden in sogenannten Zwischenzielen (Leistungserstellungs-, Bedarfsdeckungs-, Angebotswirtschafts-, Finanzwirtschafts-, Personalwirtschafts- und Autonomie- und Integrationsziel) konkretisiert.

technologische Wandel und seine Auswirkungen auf die Mitarbeiterqualifikationen berücksichtigt werden muss. Das Leistungspotential kann dazu generell aufgeteilt werden in:

- personelle Mittel
- räumliche Mittel
- technische (apparative) Mittel
- Verbrauchsgüter

Mit der Festlegung der Strategien werden die grundsätzlichen Vorgehensweisen zur Erreichung der Leistungsziele und zur Beschaffung der Mittel bestimmt.

Innerhalb des sozialen Konzeptes können zwei verschiedene Problemkreise unterschieden werden, nämlich die Einordnung des Krankenhauses in die Gesellschaft und sein Verhalten gegenüber den Mitarbeitern. Man kann somit zwischen einem externen und einem internen Sozialkonzept unterscheiden. Im externen sozialen Konzept geht es um die Bestimmung von Zielen und Verhaltensnormen, welche die Befriedigung von gesellschaftlichen Bedürfnissen, die weder im Leistungs- noch im finanzwirtschaftlichen Konzept erfasst sind, bezwecken. Darunter fallen z.B. Aufklärung der Bevölkerung in Gesundheitsfragen und Wahrnehmung von Ausbildungsfunktionen. Beim internen sozialen Konzept geht es um Anerkennung, Schutz und Förderung des Selbstwertes der Mitarbeiter. Die Realisierung dieser Ziele erfordert meist finanzielle und personelle Mittel, die im Rahmen der Potentialbestimmung bereitgestellt werden müssen.

Im Gegensatz zum Leistungs- und zum sozialen Konzept befasst sich das wirtschaftliche Konzept mit den geldwertmässigen Aspekten des Krankenhauses und deren Auswirkungen. Auch Krankenhäuser sind - unabhängig von ihrer Rechtsform und ihrer Autonomie - Bestandteil der Geldtauschwirtschaft. Sie müssen über genügend finanzielle Mittel verfügen, um sich die zur Leistungserstellung notwendigen personellen und materiellen Mittel beschaffen zu können. Die wirtschaftlichen Ziele beinhalten somit Vorstellungen bezüglich der Liquidität des anzustrebenden finanziellen Erfolgs und der wünschenswerten Wirtschaftlichkeit, d.h. des Verhältnisses zwischen eingesetzten und erzeugten finanziellen Werten.

4.3 Das Führungskonzept

Aufgabe der obersten Krankenhausleitung ist es, aufgrund der Umwelt- und Krankenhausanalysen ein längerfristig gültiges Zielsystem für das Krankenhaus als Ganzes und für die verschiedenen Führungsebenen zu entwickeln. Dabei bleiben einige Aspekte des Managements noch ausgeklammert, wie z.B. die Organisations- und Führungsstruktur, Führungsstil, Führungsinstrumente, Mitarbeiterentwicklung usw. Um diese Managementaspekte umfassend darstellen und koordinieren zu können, ist ebenfalls ein gedankliches Rahmenkonzept notwendig.Im folgenden wird ein derartiges Führungskonzept vorgeschlagen, welches aus vier, sich gegenseitig bedingenden Komponenten aufgebaut ist. (Abb. 4-6)

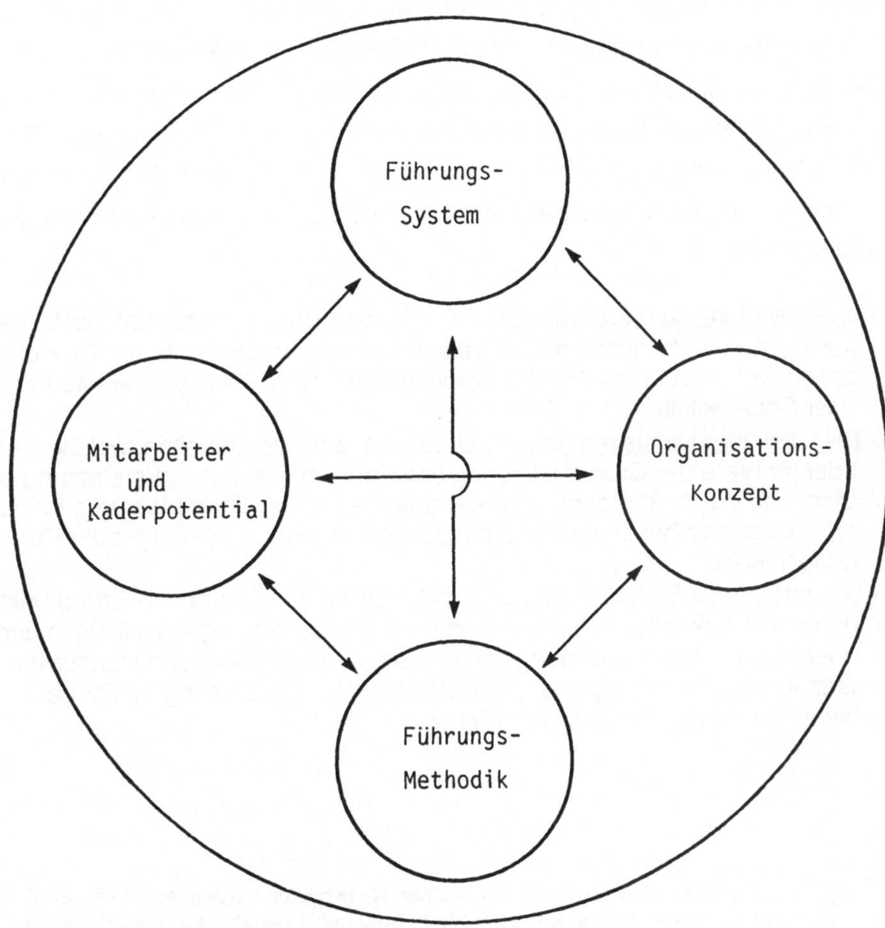

Abb. 4-6. Komponenten des Führungskonzeptes

4.3.1 Organisationssysteme

Eine erste Komponente des Führungskonzeptes stellt das Organisationssystem dar. Dieses legt die organisatorische Struktur des Krankenhauses aufbau- und ablaufmässig fest. Jedes soziale System muss über eine relativ stabile Grundstruktur verfügen, damit aus der Vielzahl von Komponenten eine Ganzheit entsteht, die sich zweckgerichtet verhalten kann. Dies gilt insbesondere für das Krankenhaus, wird es doch häufig als eine der komplexesten Organisationsformen charakterisiert.[37]

Formalen Organisationsstrukturen, wie wir sie etwa aus Organigrammen kennen, legen in erster Linie die Aufgabengliederung und die Leitungshierarchie fest. Für die Bestimmung dieser formalen Struktur ist von der Frage auszugehen, aus welchen Komponenten das Spital bestehen soll. Es geht dabei um die Differenzierung oder Aufgliederung der medizinisch-pflegerischen Leistungsbereiche in Subsysteme, denen eine relativ hohe Selbständigkeit zugestanden wird, d.h. um den Grad der Spezialisierung des Spitals. Je nach Versorgungsstufe und Grösse des Krankenhauses finden wir unterschiedlich starke Differenzierungen. Bei starker Aufgliederung stellt sich das Problem der Integration der verschiedenen Komponenten in grössere Bereiche. Grundsätzlich lassen sich davon drei Arten unterscheiden:[38]

- operative Einheiten (operating core), d.h. die grossen, organisatorisch relativ autonomen Teilbereiche des Krankenhauses, in welchen alle vier Grundfunktionen (vgl. Abschnitt 2.33.1) erbracht werden, z.B. Chirurgische, Medizinische oder Frauenklinik.
- Dienstleistungseinheiten (techno structure), d.h. alle Einheiten, welche eine oder mehrere der Grundfunktionen unterstützen, wie z.B. Unterstützung der Diagnose durch Röntgendiagnostik oder Labor, der Therapie durch Radiotherapie oder Apotheke, der Beherbergungsfunktion durch Küche oder Reinigungsdienst.
- unterstützende Einheiten (support staff), die keine eigentlichen Grundfunktionen des Krankenhauses wahrnehmen, aber die Leistungserstellung in den operativen und Dienstleistungseinrichtungen durch meist administrative Unterstützung erst ermöglichen, wie z.B. Verwaltungsabteilungen, Pflegedienstleitung und Technischer Dienst.

---

37 Vgl. Hildebrand R. (Einführung) 76 ff; Axtner W. (Krankenhausmanagement) 21 ff; Rakich J./Longest B./Darr K. (Health-Services) 218 ff; Rowland H./Rowland B. (Handbook) 140 ff

38 Mintzberg H. (Structuring) 19 ff

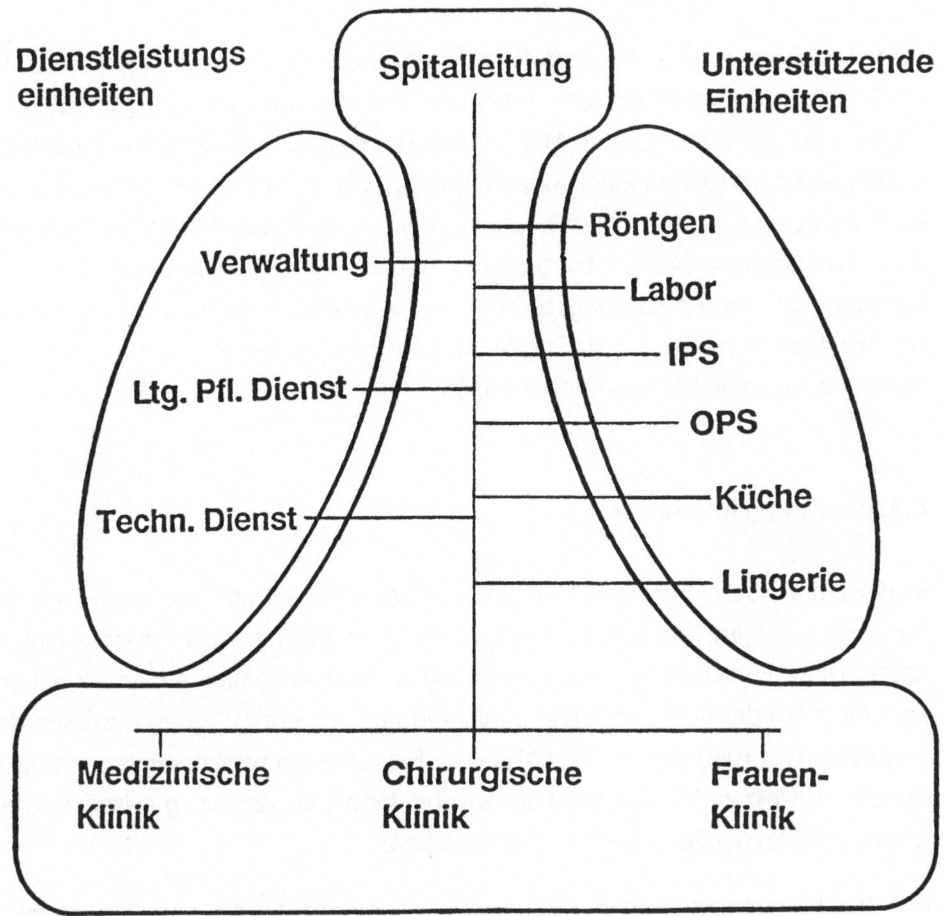

Abb. 4-7. Elemente einer Organisationsstruktur eines Krankenhauses

Eine derartige funktionale Betrachtungsweise der Struktur führt zu einer patientenorientierten, dreidimensionalen Organisationsform. Das Primat liegt dabei auf den Bettenabteilungen, während medizinische und pflegerische Spezialdienste sowie die Beherbergungsdienstleistungen auf der zweiten Dimension und die administrativen und standardisierenden Unterstützungsfunktionen auf der dritten Dimension folgen. Diese Struktur ermöglicht, trotz Professionalisierung und Spezialisierung eine projekt-, bzw. patientenorientierte Zusammenarbeit der verschiedenen Einheiten, indem sie die Voraussetzungen für standardisierte Arbeitsflüsse, informale Information und Kommunikation, sowie für flexible, temporäre Arbeitsfelder schafft.[39] (vgl. Abb. 4-7)

In den meisten Krankenhäusern findet man heute jedoch (vgl. Abschnitt 3.23) noch einfache Linienstrukturen, in grösseren Krankenhäusern gelegentlich auch Matrixorganisationen. Bei den Matrixstrukturen werden auf der einen Dimension meist alle medizinischen Einheiten, unabhängig ob es sich um operative oder um Dienstleistungseinheiten handelt, abgetragen. Auf der zweiten Dimension sind die Leitungsorgane (Aerzte, Pflegedienst, Verwaltung), sowie alle administrativen Versorgungs- und Entsorgungseinheiten zusammengefasst.[40] Damit werden sie der heutigen komplexen Leistungserstellung im Krankenhaus kaum mehr gerecht und sind eine häufige Konfliktursache.

4.3.2 Führungsmethodik

In diesem Teilbereich des Führungskonzeptes geht es um die Frage, wie die Führungskräfte im Krankenhaus ihre Führungsfunktionen methodisch ausüben sollen. Unter Führungsmethoden verstehen wir Verfahren die den Zweck haben, das Verhalten der Führungskräfte in Richtung auf ein erfolgreiches Bewirken der angestrebten Ergebnisse zu beeinflussen. Führungsmethoden setzen demnach bei den einzelnen Führungskräften an und tendieren darauf, gewisse Verhaltensnormen im ganzen Kader zu standardisieren.

Bei den Führungstätigkeiten müssen sach- und menschenbezogene Aspekte unterschieden werden. Einerseits sind Probleme gedanklich zu lösen, andererseits müssen Mitarbeiter angeleitet und kontrolliert werden. Dies führt zu zwei grundsätzlichen Arten von Führungsmethoden, nämlich zu den:

- Problemlösungs- und Entscheidungsmethoden und den
- Methoden der Mitarbeiterführung.

Problemlösung kann als gedanklicher Informationsverarbeitungsprozess aufgefasst werden. Entscheidungsmethoden bestehen aus einer Reihe von Problemlösungsschritten, die gedanklich zurückgelegt werden. Ihr Zweck ist es, den "gesunden Menschenverstand", der für die Lösung von Alltagsproblemen durch-

[39] Neuhauser D. (Hospital) 122

[40] Vgl. u.a. Bisig R. (Leitungsorganisation) 177 f

aus genügt, bei komplexen und institutionsbezogenen Fragestellungen zu unterstützen.[41]

Bei der Methodik der Mitarbeiterführung geht es hingegen nicht um Entscheidungsfindung, sondern um deren Umsetzung in Aktivitäten, d.h. um die Erreichung eines ziel- und zweckgerichteten Verhaltens bei den Mitarbeitern. Dabei gilt es, sachlich-organisatorische und sozio-psychologische Aspekte zu berücksichtigen. Dies führt zu zwei Dimensionen, die im Führungsstil berücksichtigt werden sollen. Mitarbeiterführung muss einerseits leistungsorientiert sein, d.h. es soll ein klares, in sich konsistentes Zielsystem mit operationalen und realisierbaren Zielsetzungen bestehen. Andererseits sollte Mitarbeiterführung partizipativ und kooperativ sein, d.h. den Mitarbeiter in den Führungsprozess miteinbeziehen und ihm auch anspruchsvolle Aufgaben zur selbständigen Lösung übertragen.[42] In der Praxis wird dazu ein situationsgerechtes Führen verlangt, welches nicht stur irgendwelchen Regeln folgt, sondern der konkreten Führungssituation und dem Wissen, Können und Wollen des Mitarbeiters gerecht wird.[43]

4.3.3 Mitarbeiter- und Kaderpotential

Die dritte Komponente des Führungssystems, das personelle Potential, befasst sich mit der Frage, wie dem Krankenhaus das zur Zweckerreichung notwendige Mitarbeiter- und Führungskräftepotential verschafft und erhalten werden kann.[44] Diese Komponente gewann in jüngster Zeit stark an Bedeutung. Auf dem Arbeitsmarkt zeichnen sich - vor allem beim Pflegepersonal und in spezialisierten Berufen - immer stärker Lücken ab. Quantitativ geht es darum, die Zahl der in Zukunft benötigten Mitarbeiter und Führungskräfte aller Berufsgruppen und Kategorien zu bestimmen. Von grosser Wichtigkeit sind die qualitativen Anforderungen, die an Mitarbeiter und Kader gestellt werden. Vor allem im Krankenhaus ist dies von grösster Bedeutung, müssen doch verschiedenste Berufe miteinander koordiniert werden. Eine weitere wichtige Aufgabe in diesem Zusammenhang ist die Entwicklung von Zielen und Richtlinen für die kontinuierliche Weiterbildung der Kaderkräfte und Mitarbeiter. Denn nur eine permanente Wei-

41 Ulrich H. (Unternehmungspolitik) 213 ff; Brauchlin E. (Brevier) 22 ff

42 Blake R./Mouton J./Lux E. (Wechsel)

43 Hersey P. (Führen); Blanchard K. et al. (Führungsstile)

44 Ulrich H. (Unternehmungspolitik) 221 f

terbildung garantiert, dass die Mitarbeiter den Qualitätsanforderungen auch über die Zeit hinweg genügen.

4.3.4 Führungssysteme

Das dreistufige Führungssystem (vgl. Abb. 4-8) bildet die Grundlage für die weiteren Ueberlegungen der Krankenhausführung. In den drei Teilsystemen - Disposition, Planung und Krankenhauskonzept - werden Entscheidungen mit unterschiedlicher Bedeutung und Wirkungsdauer getroffen und umgesetzt.

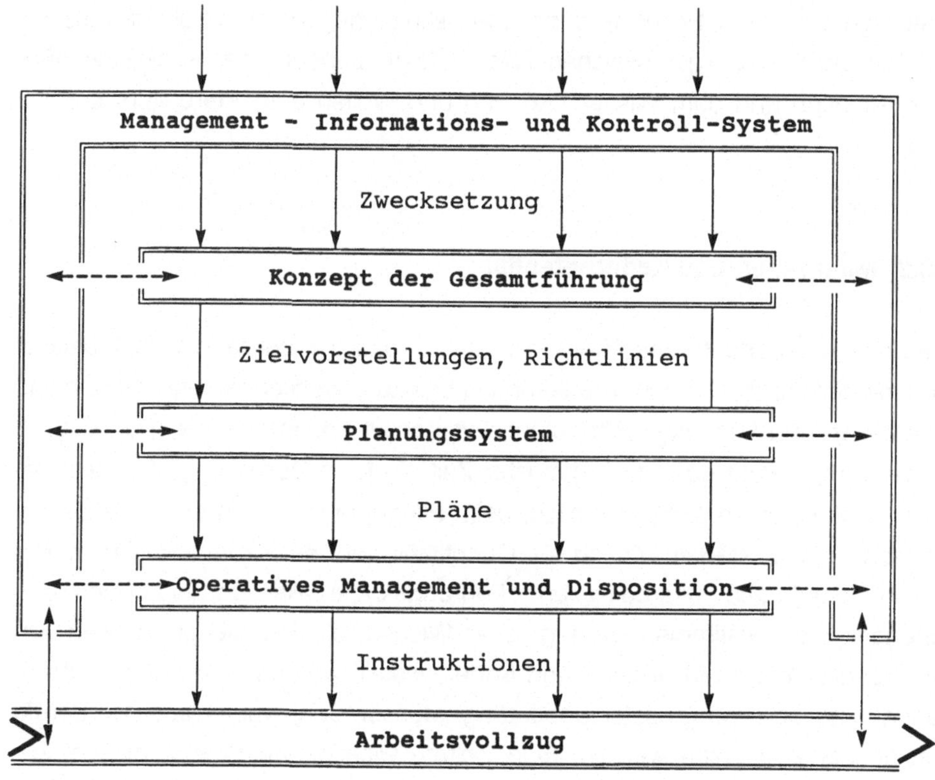

Abb. 4-8. Das dreistufige Führungssystem

In den ausführenden bzw. operationellen Systemen findet der unmittelbare Arbeitsvollzug statt. Aufgabe des Krankenhausmanagements ist es, diese Systeme, z.B. Bettenstationen, Operationssäle, Küche, Wäscherei usw. mit den notwendigen personellen und sachlichen Mitteln auszustatten und sie so zu gestalten, dass der Arbeitsvollzug störungsfrei und effizient erfolgen kann.

Je besser die operationellen Bereiche strukturiert sind, umso weniger braucht man lenkend einzugreifen. Dies ist vor allem in grossen und differenzierten Krankenhäusern von Bedeutung, da viele Menschen an einem bestimmten Prozess beteiligt sind und aufeinander abgestimmt werden müssen.

Die unterste Stufe des Führungssystems bezeichnen wir als Dispositionssystem. Hier wird über den täglichen Arbeitsvollzug bestimmt, d.h. es wird über den Einsatz der personellen und sachlichen Kapazitäten disponiert. Es geht somit um die Zuteilung der Mittel zur Lösung konkreter Probleme, bzw. um die optimale Nutzung der verfügbaren personellen und sachlichen Kapazitäten. Qualitative Anforderungen, patienten- und mitarbeiterbezogene Ziele sowie Wirtschaftlichkeitsüberlegungen müssen als Bedingungen in die Optimierung einbezogen werden. Ausgangspunkt des Disponierens in medizinisch-pflegerischen Bereichen muss der Patientenfluss sein. Daraus und aus den gegebenen Kapazitäten lassen sich die Bettenzuteilung, Operationssaalbelegung, Einsatzpläne für Aerzte und Pflegepersonal usw. ableiten. Entscheidend sind dabei die jeweiligen Engpassfaktoren, die sowohl bei Räumen, Betten, apparativen Einrichtungen oder bei den Mitarbeitern liegen können. Diese Engpassfaktoren begrenzen die Auslastung der übrigen Kapazitäten. Eine gegenseitige Abstimmung der Prozesse ist daher von grösster Bedeutung. Fehler im Dispositionssystem können Patienten gefährden, führen aber auch zu Verlust an Wirtschaftlichkeit und Beeinträchtigungen des Betriebsklimas. Daher gehört es zu den grundsätzlichen Aufgaben der Krankenhausführung, dass sie sich ständig über die Effizienz der dispositiven Systeme vergewissert.

Ergebnis der Disposition sind kurzfristige Arbeitsprogramme für Wochen oder Tage. Je nach Bereich und belegten Kapazitäten kann es sich auch um Grobplanungen über mehrere Wochen hinaus handeln. Grundlage dafür sind gegenwartsbezogene Informationen über die vorhandenen personellen und sachlichen Kapazitäten, aber auch zukunftsorientierte Informationen über deren Veränderungen und die zu erwartenden Patienten, bzw. Arbeitsanforderungen. Beide Informationskategorien können entweder direkt oder indirekt, d.h. über Indikatoren und statistische Erfahrungswerte, mit Hilfe entsprechend ausgebauter Informationssysteme gewonnen werden.

Der Zweck des Planungssystems liegt in der zeitlich weiter in die Zukunft vorgreifenden Vorausbestimmung des Geschehens. Planung bedeutet somit, dass Entscheide über künftig anzustrebende Massnahmen und Ergebnisse getroffen werden. Dabei können auch Kapazitäten variert werden. Die erstellten Pläne werden durch dispositive Massnahmen in Gang gesetzt und von den ausführenden Systemen realisiert. Inhaltlich gesehen beziehen sich Pläne auf Teilbereiche des Krankenhauses, der Gesamtplan stellt eine Aggregation der koordinierten Teilpläne dar und umfasst Perioden- und Projektpläne.

Periodenpläne betreffen Ziele und Aktivitäten für einen bestimmten Zeitraum und können verschiedene Fristigkeiten aufweisen. Kürzeste Planperiode ist i.d.R. ein Jahr. Mittelfristige Pläne erstrecken sich über zwei bis vier Jahre, langfristige über fünf Jahre und mehr.

Die im Krankenhausbereich verbreitetste Planungsart ist die Jahresplanung auf Grund des Budgets. Nachteil der Budgetplanung ist, dass Ziele und Massnahmen lediglich aus der geldwertmässigen Dimensionen betrachtet werden. Auch besteht die Gefahr, dass die einzelnen Budgetposten nicht eigentlich geplant, sondern aufgrund von Vergangenheitswerten fortgeschrieben werden. Mehrjahrespläne und moderne Planungsmethoden, wie z.B. das "Zero-Base-Budgeting", findet man heute in Krankenhäusern erst vereinzelt.[45]

Projektpläne beziehen sich jeweils auf bestimmte Vorhaben ohne Rücksicht auf den Zeitrahmen. Beispiele dafür sind etwa Bauvorhaben, Einführung von EDV usw. Projektpläne werden meist durch spezielle Projektorganisationen und interdisziplinäre Teams unterstützt und durchgeführt.

Perioden- und Projektpläne sind nicht unabhängig voneinander, sondern müssen im Planungssystem integriert und koordiniert sein. Solche Systeme sind in der Industrie häufig gut ausgebaut und gelten als wichtiges Führungsinstrument. Im Krankenhausbereich hingegen sind sie, aufgrund der geteilten Führungsverantwortung zwischen Trägerschaft und Krankenhausleitung, aber auch zwischen den Professionen, noch weniger weit entwickelt.

Für die Erfüllung der planerischen Aufgaben ist eine Fülle verschiedener Informationen notwendig. Im Gegensatz zum dispositiven Management sind detaillierte, gegenwartsbezogene Krankenhausdaten weniger von Bedeutung. Mehr

---

45 Vgl. Müller E. (Budgetierung) 15 ff; zum Zero Base Budgeting vgl. Suver J./Neumann B. (Accounting) 202 ff; Bermann H./Weeks L./Kukla S. (Financial Management) 478 ff

interessieren zukunftsgerichtete Umweltinformationen. Ebenso werden Informationen über die langfristige Entwicklung des Spitals benötigt. Je nach Planungsperiode müssen solche Daten über mehrere Jahre verfügbar sein. Damit werden an das Informationssystem hohe Anforderungen gestellt. Ein managementorientiertes Informations- und Kennziffern-System, welches auch prognostizierte Umwelt- und Krankenhausdaten erfasst und miteinander in Beziehung setzt, ist daher notwendig.

Das Konzept der Gesamtführung stellt das oberste Teilsystem des Führungssystems dar. Es umfasst die langfristig gültigen Grundsatzentscheide, die im Rahmen des Krankenhaus-/Umwelt-Konzeptes entwickelt und in der Ziel-, Mittel- und Verfahrens-Matrix konkretisiert wurden (vgl. Abb. 4-3). Im Gegensatz zur Planung beziehen sich diese Entscheidungen nicht auf bestimmte Perioden oder Projekte, sondern sind allgemeingültig (Leitbild). Diese Grundsätze müssen periodisch überprüft und den sich im Zeitablauf verändernden Bedingungen angepasst werden. Das Zielsystem der Gesamtführung wird stark durch die übergeordnete gesellschaftliche Zwecksetzung bestimmt und sollte die Integration des Krankenhauses in das Gesundheitsversorgungssystem gewährleisten.

Planung und Disposition erfordern eine Konkretisierung der obersten Krankenhausziele. Dies bedeutet, dass von den obersten Krankenhauszielen konkretere Teilziele für die unteren Führungsstufen und die verschiedenen Teilbereiche des Krankenhauses abzuleiten sind. Ein möglicher Ansatz dazu bildet das Konzept des Management by Objectives. Es ist allerdings in der Krankenhauspraxis der Schweiz noch kaum realisiert. Ein ausgebautes Informations- und Kennziffern-System könnte jedoch einen wichtigen Beitrag zur Operationalisierung der Krankenhausziele leisten.

Alle Komponenten des Führungssystems sind informationsverarbeitende Systeme (vgl. Abschnitt 4.1). Ohne Informationen können auf keiner Stufe Führungsentscheidungen getroffen werden. Die Informationsversorgung der Führungssysteme ist daher von grösster Wichtigkeit. Im Idealfall sollten die Führungssysteme von einem Informations- und Kontroll-System umgeben sein (vgl. Abb. 4-8), welches alle für die Entscheidungsfindung notwendigen Informationen sach-, zeit- und stufengerecht liefert. Um Führungsentscheidungen zu treffen, werden neben den Führungsvorgaben, bzw. den Rahmenbedingungen der übergeordneten Ebene, immer auch Basisinformationen über die konkrete Situation und die mögliche Entwicklungsrichtung des Krankenhauses und seiner Umwelt benötigt. Unerlässlich sind auch Kontrollinformationen, d.h. Informationen darüber, ob bereits getroffene Entscheidungen erfolgreich realisiert werden konnten.

Ein management-orientiertes Informations- und Kontroll-System muss daher Informationen über das Krankenhaus und seine Umwelt liefern, die sowohl vergangenheits-, gegenwarts- und zukunftsbezogen sind, als auch qualitative und quantitative (mengen- und/oder geldwertmässige) Aspekte ausdrücken. Die meisten der heutigen Informationssysteme sind allerdings intern- und vergangenheitsorientiert (Rechnungswesen) und liefern kaum Informationen über die Umwelt und künftige Entwicklungen. Eine alleinige Abstützung von Führungsentscheiden auf interne Kontrolldaten ist jedoch, vor allem bei Entscheidungen auf höherer Führungsstufe, gefährlich.

4.4 Zusammenfassung

Krankenhausmanagement bedeutet Beeinflussung des Krankenhauses, d.h. aller Komponenten und Teilbereiche, und - soweit möglich - seiner Umwelt auf die Erreichung des gesetzten Zweckes hin. Dies bedingt, dass Vorstellungen über die zukünftigen Entwicklungen in der relevanten Umwelt und der eigenen Institution bestehen und miteinander in Beziehung gebracht werden.

Die Entwicklung eines Rahmenkonzeptes für das Krankenhausmanagement ist unerlässlich, können doch nur so die Vielzahl der Führungstätigkeiten auf den verschiedenen Ebenen koordiniert werden. Ein besonderes Gewicht muss dabei der Erarbeitung des Zielsystems zukommen, da dieses sowohl Voraussetzung wie auch Kontrollmassstab für alle folgenden Aktivitäten bilden sollte. In der Praxis zeigt sich allerdings, dass oft nur wenig konkrete Vorstellungen über längerfristige Ziele und die Zwecksetzungen bestehen. Zwecke und Ziele werden nicht nur von aussen, bzw. von hierarchisch übergeordneten Systemebenen gesetzt. Mitarbeiter, Mitarbeitergruppen und organisatorische Subsysteme, aber auch Patienten, Angehörige und andere Anspruchsträger sind fähig, eigene Ziele zu verfolgen, die dem Zweck und den Zielen des Gesamtsystems zuwiderlaufen können. Aus dieser Konfliktsituation erwachsen grosse Anforderungen an die Führung, wird doch die Ausrichtung der verschiedenen Verhaltensweisen auf die Zwecksetzung des Gesamtsystems hin sehr erschwert. Besonders wichtig werden daher sorgfältige Umwelt- und Systemanalysen, die auch die Werthaltungen der verschiedenen Gruppen umfassen.

Die Erarbeitung des Zielsystems für die Gesamtführung darf nicht als ein einmaliger Prozess gesehen werden. Vielmehr handelt es sich um eine dauernde Führungsaufgabe, die periodisch wiederholt werden muss. Damit wird auch deutlich, dass das Krankenhaus-/Umwelt-Konzept und das Führungskonzept nicht voneinander unabhängig sind, sondern sich gegenseitig bedingen und Grundlage füreinander sind. Das Zielsystem, mit dem Leistungs-, dem sozialen und dem wirtschaftlichen Konzept, bildet gleichzeitig die oberste Stufe des Führungssystems und damit Basis des ganzen Führungskonzeptes. Dieses seinerseits ist Grundlage und Voraussetzung für das Krankenhaus-/ Umweltkonzept.

Nicht nur die Erarbeitung des Zielsystems ist eine dauernde Managementaufgabe, sondern auch die Ueberprüfung und Anpassung der Planungs- und Dispositionssysteme, der Organisationsstrukturen, der Führungsmethodik und des Mitarbeiter- und Kaderpotentials sind Aufgaben, die laufend oder mindestens periodisch neu anfallen und gelöst werden müssen. Dazu werden immer qualitative und quantitative Informationen und Kennziffern benötigt, welche Vergleiche mit Zielgrössen und Entwicklungsanalysen auf allen Stufen ermöglichen und so die Entscheidungsprozesse in allen Bereichen des Führungskonzeptes unterstützen.

5 Informationen und Kennzahlen im Managementprozeß

5.1 Management - ein informationsverarbeitender Prozess

Unabhängig davon, ob Komplexitätsbewältigung, Integration und Koordination bzw. Gestalten, Lenken und Entwickeln eines Systems im Vordergrund stehen, Management ist in jedem Fall ein Vorgang aktiver Informationsbearbeitung.

5.1.1 Der Managementprozess - funktional und institutional gesehen

Funktional gesehen werden im Managementprozess immer irgendwelche Informationen beschafft, verarbeitet, gespeichert und an leitende oder ausführende Stellen weitervermittelt.[1]

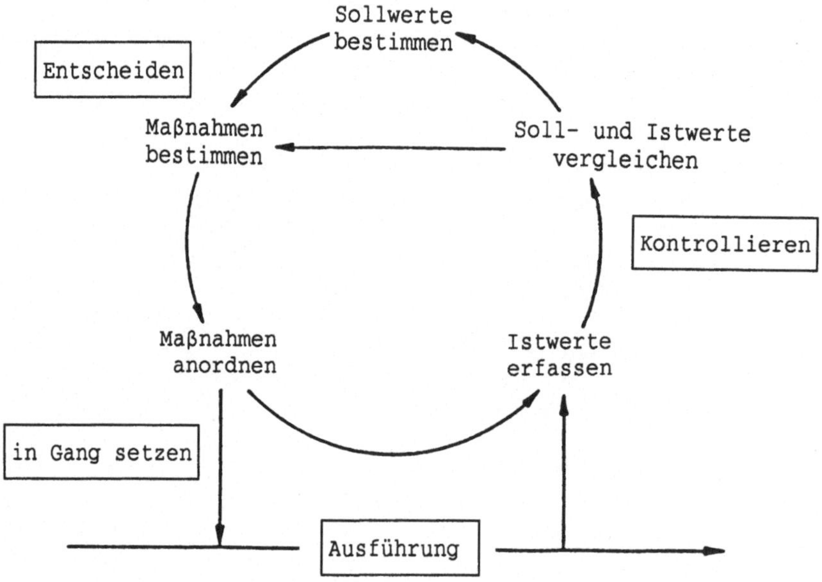

Abb. 5-1. Der Führungsprozess als Regelkreis (Ulrich H. (Unternehmungspolitik) 15)

[1] Berthel J. (Informationssysteme) 15 f

Ergebnis dieser Informationsbearbeitung sind Entscheidungen, die in Form von Vorgaben, Handlungsrichtlinien, Weisungen usw. Massnahmen zur Zielerreichung in Gang setzen. Die Ergebnisse der Ausführungsfunktion können als Ist-Werte erfasst und in Kontrollinformationen verarbeitet, d.h. mit den Soll-Werten verglichen werden, und beeinflussen so wieder die zu treffenden neuen Entscheidungen. Dieser zirkuläre Prozess, in dem die drei Phasen Entscheiden, In-Gang-setzen und Kontrollieren sowie die Ausführungsfunktion unterschieden wer-den können, steht im Widerspruch zum klassischen Denken in linearen und monokausalen Steuerketten, wird aber den vielfältigen Interdependenzen der Führungsrealität viel eher gerecht.[2]

Institutional gesehen kann man den Managementprozess als System auffassen, in welchem Eingangsinformationen in Ausgangsinformationen transformiert, diese an ausführende Systeme weitergegeben und über deren Tätigkeit wiederum Informationen aufgenommen und verarbeitet werden. Dieser Vorgang spielt sich überall dort ab, wo Führungsfunktionen ausgeübt werden, sei es auf der Ebene der Krankenhausleitung oder der Pflegestationen.

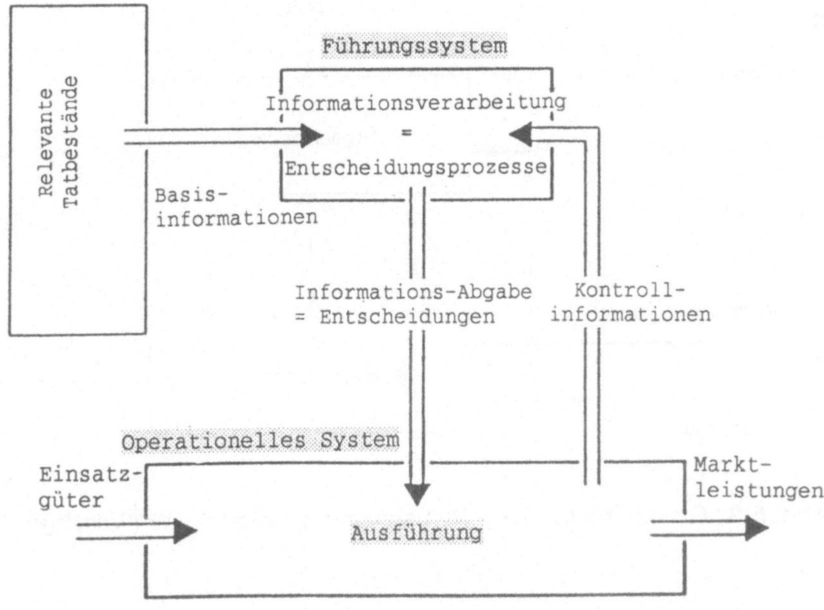

Abb. 5-2. Management als informationsbearbeitendes System (Ulrich H. (Unternehmungspolitik) 15)

[2] Ulrich H. (Management) 53 f; Ulrich H. (Klinikmanagement)

Diese abstrakten Darstellungen zeigen deutlich, dass Information eine unabdingbare Grösse ist, ohne die der Führungsprozess nicht ablaufen könnte. Die zur Entscheidung notwendigen Informationen kann man in Kontroll- und Basisinformationen aufgliedern. Kontrollinformationen werden aus den Ausgangsinformationen des operationellen Systems gebildet. Basisinformationen beziehen sich auf entscheidungsrelevante Tatbestände aus der Systemumwelt. Sie können z.B. Ausgangsinformationen von übergeordneten Führungsebenen sein oder sich aus Informationen, die gezielt in der Systemumwelt erhoben werden müssen, zusammensetzen.

5.1.2 Steuerung, Regelung und Lenkung im Managementprozess

Die institutionale Betrachtung des Führungsprozesses geht auf die kybernetischen Prinzipien der Steuerung und Regelung von Systemen zurück.

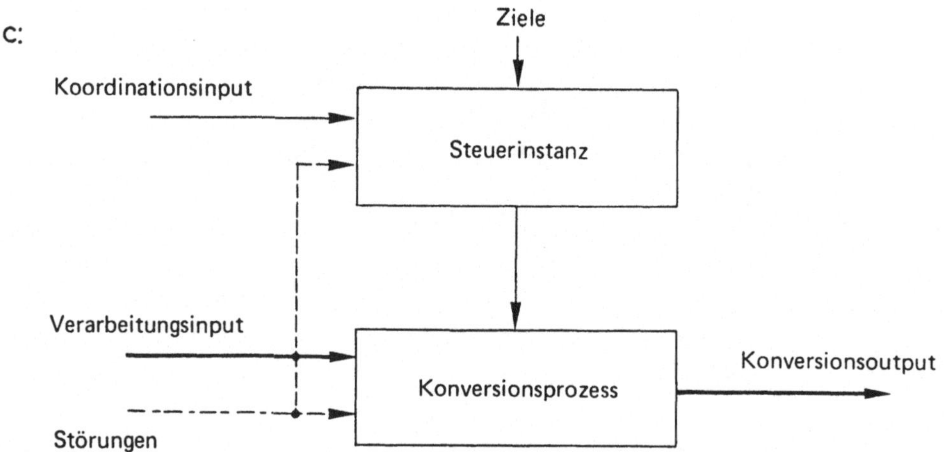

Abb. 5-3. Grundstruktur eines Steuersystems (nach Krieg W. (Grundlagen) 73)

Unter Steuerung wird die zielgerichtete Verhaltensbeeinflussung von Systemen bzw. deren Komponenten durch andere Systeme und Komponenten verstanden. Anders ausgedrückt kann man sagen, dass bei Steuerung ein lenkendes System Informationen (sog. Stellgrössen) an ein gelenktes System, ohne Berücksichtigung des Lenkungsergebnisses, abgibt. Charakteristisches Strukturierungsprinzip der Steuerung ist somit eine eingleisige Befehlsachse bzw. Vorwärtskoppelung.[3] Ein zielkonformes Ergebnis ist aufgrund des Varietätstheorems nur möglich, wenn:

- alle potentiellen Störungen bekannt sind und in den Stellgrössen entsprechend berücksichtigt werden können.
- das zu steuernde System keine internen Unbestimmtheiten aufweist.

Diese Voraussetzungen sind nur bei vollkommener Informationslage und bei völlig determinierten Systemen erfüllt. In Wirklichkeit kann jedoch in sozialen Systemen eine solche Informationslage nie erreicht werden. Daher werden komplexere Lenkungsmechanismen notwendig.

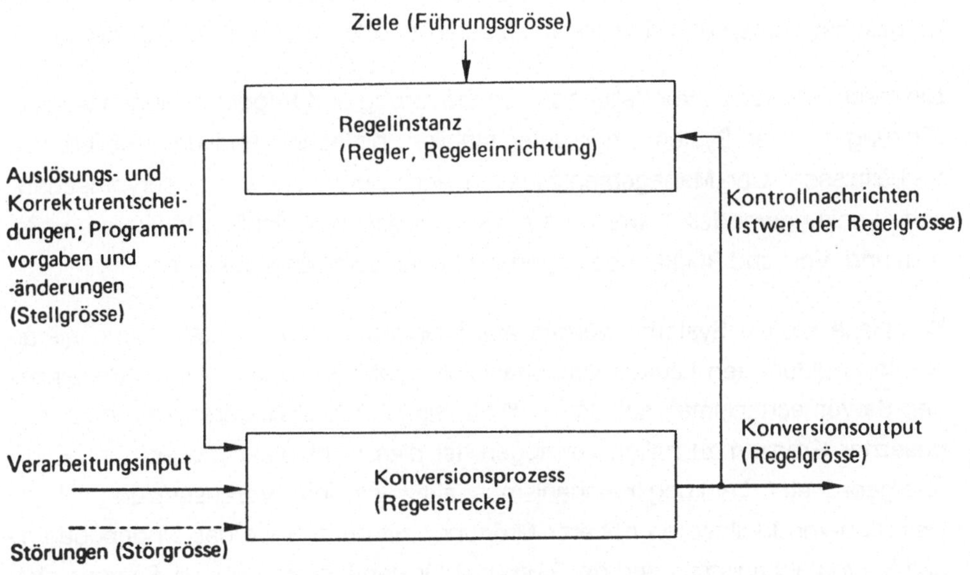

Abb. 5-4. Grundstruktur eines Regelsystems (nach Krieg W. (Grundlagen) 75)

Im Gegensatz zur Steuerung ist Regelung output-orientiert. Das auf sich selbst zurückwirkende Systemverhalten wird stets wieder Grundlage eigener Veränderungen und erlaubt Korrekturen von Zielabweichungen.[4] Regelung stützt sich

---

[3] Krieg W. (Kybernetische Grundlagen) 72 ff ; Schiemenz B. (Betriebskybernetik) 28 ff

[4] Krieg W. (Kybernetische Grundlagen) 74 ff ; Schiemenz B. (Betriebskybernetik) 35 ff

nicht nur auf erwartete, sondern auch auf tatsächlich eingetretene Ergebnisse und Störwirkungen ab. Dadurch wird die im voraus zu bewältigende Varietät geringer als bei der Steuerung. Dies ermöglicht Systemen, die nicht genau determiniert sind, ein besseres Ueberleben. Auch können mit Hilfe der Rückkoppelung Systeme, welche nicht vollständig bekannt sind, sinnvoll analysiert werden.

Diese Regelkreisstruktur ermöglicht dem System, die Wirkung von Störungen zu kompensieren und das Verhalten selbst so zu verändern, dass einmal gesetzte Ziele auch unter veränderten Bedingungen noch erreicht werden können. Voraussetzung ist, dass das System die Soll-Werte erkennen, die Ist-Werte messen und je nach Abweichung entsprechende Aktivitäten auslösen kann.

Die Stabilität eines einfachen Regelkreises ist beschränkt. Sie wird jedoch erhöht, wenn das System Teil eines Regelkreises höherer Ordnung ist. Soziale Systeme bilden sich immer aus mehreren ineinander verschachtelten Regel- und Steuerungssubsystemen und sind somit "ultrastabile" oder "multistabile" [5] Systeme.

Die mechanistischen Vorstellungen von Steuerung und Regelung eignen sich zur Führung sozialer Systeme nur unter stabilen, einfachen und determinierbaren Verhältnissen. Der Managementsituation eher gerecht werden "servomechanische Lenkungsmodelle", welche aus verschiedenen Variablen, Indikatoren, Regeln und Vor- und Rückkoppelungen zur Feinabstimmung bestehen.

Komplexe soziale Systeme werden aus ineinander verschachtelten und hierarchisch strukturierten Lenkungsmechanismen gebildet. Dabei bleiben die einzelnen Servomechanismen solange in Kraft, als sie die Indikatoren innerhalb festgesetzter Grenzen zu halten vermögen. Ist dies nicht mehr möglich, muss ein übergeordneter Lenkungsmechanismus aktiv werden. Voraussetzung ist die Definition von Indikatoren höherer Ordnung, mit deren Hilfe das Ungenügen eines Servomechanismus und der Zeitpunkt für den Einsatz höherer Servomechanismen festgelegt werden können.[6]

Allen Vorstellungen zu Steuerung, Regelung und Lenkung ist gemeinsam, dass die "Soll-Werte", welche das Systemverhalten bestimmen, von aussen vorgegeben sind (Zwecksetzung) und als Verhaltensleitlinie für alle Systemkomponenten gelten. Subsysteme und Mitarbeiter werden als Organe aufgefasst, die keine eigenen Ziele verfolgen, d.h. deren Aktivitäten allein auf die Sicherung der Gesamt-

---

[5] Krieg W. (Kybernetische Grundlagen) 87 ff ; Ulrich H. (Unternehmung) 125 ff

[6] Gomez P. (Modelle) 183 ; Schiemenz B. (Betriebskybernetik) 74 ff

organisation ausgerichtet sind.[7] Dies mag für physikalische Systeme zutreffen, entspricht jedoch nicht der Realität sozialer Systeme. Biokybernetische Modellvorstellungen, wie wir sie in der modernen Managementtheorie finden, zeigen eine erste Annäherung an diese Tatsache. Sozialkybernetische Lenkungsvorstellungen gehen hingegen explizit davon aus, dass die Systeme als Ganzes sich wohl zweckorientiert verhalten, sich daneben aber auch eigene Ziele setzen und diese verfolgen. Die Sozialkybernetik akzeptiert die Tatsache, dass sich Systeme aus selbstbewussten Komponenten zusammensetzen, welche fähig sind, eigene Ziele zu definieren und anzustreben, auch wenn diese im Widerspruch zu Zweck und Ziel des Gesamtsystems stehen.

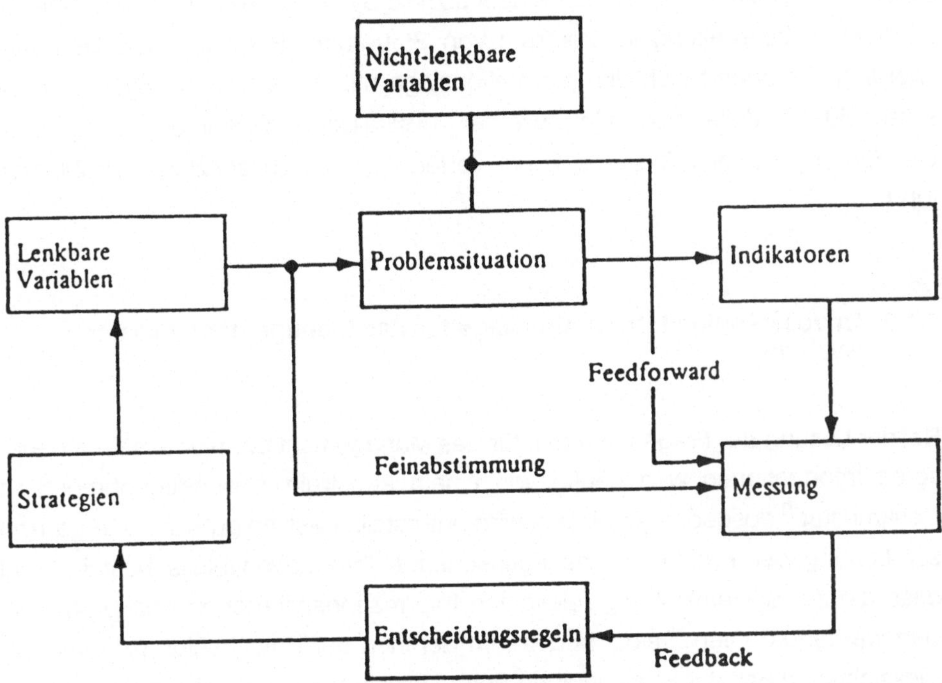

Abb. 5-5. Grundstruktur eines Lenkungsmodells (Quelle: Gomez P. (Modelle) 183)

Aufgabe der Führung sozialer Systeme ist es, die individuellen, bzw. Gruppenziele mit jenen des Gesamtsystems in Uebereinstimmung zu bringen. Dies bedingt den Einbezug der kognitiven und normativen Ebene, die sich zwischen das reale System, bzw. die reale Umwelt und das Handeln des Systems schiebt. Damit wird eine Neufassung des Lenkungssystems unter Berücksichtigung von

---

[7] Vgl. u.a. die Stellung der "Systems One" bei Beer S. (Brain) 161 ff

Wahrnehmung, Werthaltungen und Systemkultur notwendig. Führen wird als Sinnvermittlung gesehen, durch welche dem Handeln des Systems insgesamt, aber auch demjenigen der Subsysteme und Individuen eine gewisse Kongruenz vermittelt wird. Statt eines rein "mechanistisch verstandenen Management der Organisationskultur" handelt es sich somit eher um ein "kulturbewusstes Management".[8] Neben dieser symbolischen und konsensorientierten Führung, welche die Wertvorstellungen, Ueberzeugungen und Erwartungen der Beteiligten beeinflussen und in Uebereinstimmung bringen soll, sind jedoch immer wieder mechanistische Regel- und Steuervorstellungen zu benutzen, um die Komplexität des Systems zu reduzieren und zu bewältigen.

Wie auch immer man den Managementprozess auffasst, und unabhängig ob er sich auf physikalische, biologische oder soziale Systeme bezieht, immer steht die Informationsbearbeitung im Zentrum von Steuerung, Regelung und Lenkung. Allerdings verändert sich die Informationslage mit der erreichten Systemebene entscheidend. Volle Information, wie bei physikalischen Systemen üblich, ist für die Führung sozialer Systeme kaum verfügbar, was zu speziellen Problemen führt.

5.1.3 Unvollständige Informationslage für das Management sozialer Systeme

Bei der Lösung der Frage nach den für das Management sozialer Systeme benötigten Informationen wird häufig von einem konstruktivistisch-technomorphen Denkmuster [9] ausgegangen. Dabei wird unterstellt, dass im grossen und ganzen zur Lösung der Probleme eine ausreichende Informationsbasis besteht, und dass die zur Systemlenkung relevanten Informationen erhoben und prognostiziert werden könnten. Selbst in dem, im Rahmen der Entscheidungstheorie berücksichtigten Fall der Entscheidung unter Unsicherheit wird unterstellt, dass die Informationslücken mit subjektiven Wahrscheinlichkeiten und Minimal/Maximal-Ueberlegungen zu überbrücken sind.[10] Damit wird eine Sicherheit unterstellt, die nur selten der Realität sozialer Systeme entspricht. Deren Varietät ist derart hoch, dass eine vollständige Informationslage kaum je möglich wird. Selbst weit in die

---

8 Hartfelder D. (Sinnvermittlung) 373 ff ; Probst G./Dyllick T. (Führungstheorien)

9 Malik F. (Strategie) 63 ff

10 Vgl. u.a. Clark Ch./Schkade L. (Statistical Analysis) 292 ff ; und Budnick F./ Mojena R./ Vollmann T. (Operations Research) 605 ff

Zukunft reichende Planungs- und Zielsysteme sind meist so aufgebaut, dass für die wichtigsten Schlüsselgrössen, wie z.B. Absatzmenge und Absatzpreise, bzw. im Krankenhausbereich: Zahl der Patienten, Pflegetage, geleistete diagnostische und therapeutische Eingriffe, Vergütungssätze usw., exakte quantitative Prognosen zu machen sind.[11] Die Umbrüche in den vergangenen Jahren haben allerdings Zweifel an solch formalen Planungs- und Informationssystemen geweckt. Dies hat in der Praxis sogar dazu geführt, dass auf Planungssysteme verschiedentlich ganz verzichtet wird.[12]

Im Gegensatz zur traditionellen Sicht, wird im systemischen Managementansatz von der Annahme ausgegangen, dass Prognosen der üblichen Art in der Realität nur selten zutreffen und sich nur wenige Grössen, wie z.B. Bevölkerungs-, Morbiditäts- oder wirtschaftliche Entwicklungen, mit einer für die Führung ausreichenden Präzision voraussagen lassen. Beim Verhalten von Patienten, Mitarbeitern, Lieferanten usw. werden Ueberraschungen nie ausgeschlossen. Systemorientiertes Management geht explizit von der Annahme aus, dass in den meisten Fällen keine vollständige Informationsbasis zur Steuerung und Regelung sozialer Systeme vorliegt. Einmal getroffene richtige Entscheidungen können schon in naher Zukunft von den Umständen überholt und obsolet werden. Es wird die Forderung aufgestellt, dass Führungsentscheidungen wenn immer möglich so zu treffen sind, dass sie, oder doch wenigstens ein Grossteil ihrer Folgen, revidierbar sind.

Prognosen werden nicht generell abgelehnt, aber ihre Beschränktheit klar gesehen. Bei der Planung wird daher nur ungern auf eine einzige Prognose abgestellt, das zukünftige Systemverhalten wird vielmehr anhand mehrmaliger Veränderungen verschiedener Parameter abgeschätzt (Szenario- und Simulationstechnik).[13] Dabei wird unterstellt, dass Planung nicht eine exakte gedankliche Vorwegnahme der Zukunft ist. Planung wird vielmehr als System von Entscheidungen gesehen, basierend auf vergangenheits- und gegenwartsbezogenen Informationen unter Berücksichtigung ihrer zukunftsdeterminierenden Wirkungen. Dies bedingt eine laufende Anpassung des Systems an sich verändernde interne und externe Bedingungen und nicht das sture Festhalten an einem einmal beschlossenen Plan.

---

[11] Vgl. z.B. "ENVISION", ein an der Loma Linda University, Kalifornien, entwickeltes Softwarepaket zur Finanzplanung im Spitalbereich

[12] Drucker P. (Changing World) 81 ff

[13] Vgl. z.B. von Reibnitz U. (Szenarien)

Aehnliches gilt für dispositive Managementaufgaben. Obwohl für diese Aufgaben normalerweise weit mehr und weit konkretere Informationen zur Verfügung stehen, muss auch auf dieser Ebene ständig mit Risiken gerechnet werden. Im Krankenhausbereich etwa kann dies anhand der Notfallstation leicht dargestellt werden. Selbst wenn eine hinreichende statistische Basis zur Berechnung der Nachfrage und Kapazitätsbereitstellung besteht, kann ein Grossunfall in der Region nie ausgeschlossen werden. Auch für andere Managementaufgaben besteht selten eine vollständige Informationslage. Gruppendynamische Prozesse beispielsweise sind immer wieder Ursache dafür, dass sich Systeme nicht der gewählten Organisationsstruktur bzw. dem praktizierten Führungsstil entsprechend verhalten.

Trotzdem fordert der systemorientierte Managementansatz, dass eine Fülle von Informationen aus der Umwelt und dem Krankenhaus gesammelt und in eine problemgerechte Form gebracht werden. Je besser und umfassender die vorliegenden Informationen sind, umso höher wird die Qualität von Führungsentscheidungen. Die umfangmässig und inhaltlich sachgerechte Auswahl, Verteilung und Dosierung von Informationen auf die Führungsinstanzen stellt die Praxis vor grosse Probleme.

5.2 Informationsbedarf und Kennzahlen

5.2.1 Aufgabenspezifischer Informationsbedarf

Die für das Management des Systems "Krankenhaus", bzw. seiner Subsysteme benötigten Informationen lassen sich nicht allgemeingültig festlegen. Der Informationsbedarf ergibt sich grundsätzlich aus der jeweiligen Problemsituation. Diese kann naturgemäss je nach Fachbereich und Führungsebene sehr unterschiedlich sein.

Je detaillierter die Aufgaben eines operationellen Systems definiert sind, umso genauer kann der Bedarf an speziellen Informationen bestimmt werden. Je weniger aber die Aufgaben vorausbestimmt werden können, umso schwieriger ist es, den zukünftigen Informationsbedarf zu ermitteln und die Informationen zu erheben. Aus diesen Ueberlegungen kann geschlossen werden, dass aufgrund der genau umschriebenen Aufgabenstellung auf unteren Führungsstufen deren Informationsbedarf viel konkreter und leichter zu ermitteln ist, als auf oberen Führungsstufen.

Da Entscheidungen der obersten Führungsebene das Krankenhaus als Ganzes langfristig beeinflussen können, gewinnt die Zeitdimension der Informationen auf dieser Ebene eine besondere Bedeutung.

Zusammenfassend ergibt sich bezüglich des Informationsbedarfes nach Managementaufgabe, zeitlicher Dimension und Verdichtung folgendes Bild:

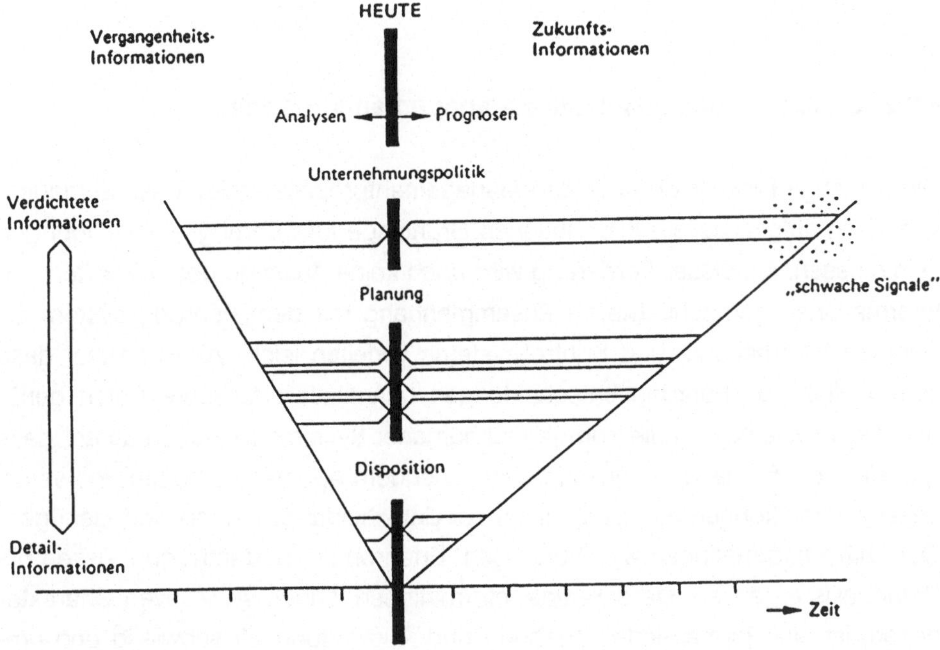

Abb. 5-6. Zeitliche Dimension und Verdichtung von Führungsinformationen
(Quelle: Ulrich H. (Unternehmungspolitik) 234)

Auf Ebene der Gesamtführung geht es vorwiegend um institutionsinterne Integrationsaufgaben, aber auch um Koordinationsaufgaben mit dem umliegenden Versorgungssystem. Dazu sind verdichtete Informationen über interne und externe Entwicklungen und zukünftige Trends notwendig. Im Gegensatz dazu zeigt sich, dass auf den nachgelagerten Führungsstufen die fachliche Orientierung und die täglichen Sachaufgaben immer mehr zunehmen. Dies hat zur Folge, dass sich der Informationsbedarf inhaltlich und zeitlich ändert. Weniger verdichtete, vergangenheits- oder zukunftsorientierte, als vielmehr gegenwartsbezogene und detaillierte Informationen werden verlangt.

Immer aber setzt sich der Informationsbedarf aus Grundlageninformationen und aus speziellen bzw. laufenden Informationen zusammen.[14] Zu den Grundlageninformationen gehören neben dem Fachwissen weitere Informationen aus Umwelt und System über dauerhafte Gegebenheiten im Zusammenhang mit der Aufgabenerfüllung. Die speziellen oder laufenden Informationen haben im Gegensatz zu den eher statischen Grundlageninformationen einen im Zeitablauf rasch wechselnden Inhalt und sind nicht genau vorausbestimmbar. Sie umfassen die situativ notwendigen Informationen, die zur Aufgabenerfüllung vorhanden sein müssen.

5.2.2 Qualitative und quantitative Managementinformation

Die bisherige Diskussion über den Managementprozess ergibt, dass aufgabenspezifisch aufgearbeitete Informationen Grundlage für Führungsentscheidungen sein müssen. Mit dieser Forderung wird noch keine Aussage über die Arten von Informationen gemacht. Die im Zusammenhang mit dem Führungssystem erwähnten Informations- und Kontrollsysteme verleiten leicht zum Schluss, dass zum Treffen von Führungsentscheidungen quantitativ erfassbare Daten genügen. Die Probleme und die Komplexität humaner Systeme ist jedoch derart, dass quantitative Informationen nicht in ausreichendem Ausmass erhoben und verarbeitet werden können und diese daher zur Entscheidungsfindung nicht genügen. Qualitative Informationen wie Wertungen, Erfahrungen und Intuition müssen die Datenbasis ergänzen. Da derartige Informationen jedoch subjektiven Charakter haben, ist eine formalisierte Erhebung und Auswertung oft schwierig und umstritten.

Die Gewinnung von Führungsinformationen ist in den meisten Fällen ein aufwendiger und komplizierter Prozess. In einem ersten Schritt müssen qualitative und quantitative Daten über reale Objekte, Ereignisse, Zustände und Veränderungen der relevanten Umwelt und des zu führenden Systems erhoben werden. Diese Daten sind so abzuspeichern, dass sie jederzeit abgerufen werden können. Rohe Daten oder Nachrichten allein haben noch keine Aussagekraft. Daten werden erst dann zur führungsrelevanten Information, wenn sie in einen aufgabenspezifischen Bezugsrahmen gesetzt werden, d.h. wenn sie einen Sinn, bzw. beim

---

[14] Ulrich H. (Unternehmung) 264 ff

Empfänger einen neuen geistigen Inhalt ergeben.[15] Bevölkerungsprognosen beispielsweise erhalten erst dann eine Bedeutung für das Krankenhausmanagement, wenn sie mit der gegenwärtigen Bevölkerung, der zu erwartenden Hospitalisationsrate oder den verfügbaren und geplanten Bettenangebot im Einzugsgebiet gesetzt werden. Daten erhalten somit erst dann eine Aussagekraft, wenn sie miteinander in Relation gebracht, gemessen und bewertet werden. Damit wird deutlich, dass dem Bewertungs- und Mess-System eine zentrale Bedeutung zukommt, beeinflusst dieses doch unmittelbar die inhaltliche Aussage der qualitativen und quantitativen Führungsinformationen und damit auch die Basis für Managemententscheide.

5.2.3 Bewerten und Messen im Prozess der Informationsbearbeitung

Das Bewertungs- und Mess-System kann mit einer Linse verglichen werden, durch welche die Führungskräfte reale Situationen sehen. Wie optische Linsen kann das Bewertungs- und Mess-System gewisse Aspekte der Realität vergrössern, reduzieren oder verzerren. Bewertungs- und Mess-Systeme ergänzen somit das Modell, welches sich der Manager von der Wirklichkeit macht und aufgrund dessen er seine Entscheidungen trifft. Daher muss ihm besondere Beachtung geschenkt werden. Es ist daher nicht erstaunlich, dass Bewerten und Messen von Daten zu den bedeutendsten Funktionen der Führungskräfte gezählt werden. Peter Drucker sieht Bewerten und Messen als eine der Basisaufgaben des Managers, neben dem Zielesetzen, Organisieren, Motivieren, Kommunizieren und der Mitarbeiterentwicklung.[16] Durch Bewerten und Messen können Standards erarbeitet werden, welche für das Verhalten des Systems und seiner Komponenten massgebend sind und ihnen ein zielgerechtes Verhalten überhaupt erst ermöglichen.

So gesehen genügt es nicht, dass den erhobenen Daten über Objekte, Ereignisse, Zustände oder Veränderungen im System und seiner Umwelt auf der semantischen Ebene [17] numerische Werte zugeordnet werden und so eine Beziehung

---

[15] Ulrich H. (Unternehmung) 129 f

[16] Drucker P. (Management) 400 ff

[17] Bewerten und Messen kann vom Standpunkt der Semiotik auf drei verschiedenen Ebenen erfolgen:
- Syntaktische Ebene: Zeichen und ihre Beziehung zu anderen
- Semantische Ebene: Zeichen und ihre Beziehung zur realen Welt
- pragmatische Ebene: Zeichen und ihre Beziehung zu Benutzer/Adressaten,

vgl. u.a. Mason R./Swanson B. (Measurement) 11 ff

zur realen Welt geschaffen wird. Managementinformationen müssen vielmehr auch qualitativ, d.h. auf einer pragmatischen Ebene bewertet und auf ihre Wirkungen auf die Informationsbenutzer und -adressaten hin untersucht werden. Dabei muss man sich z.B. fragen, weshalb ein Adressat auf bestimmte Informationen reagiert und aufgrund dieser Informationen aktiv und zweckorientiert handelt. Auf der pragmatischen Ebene wechselt somit das Interesse von den bewerteten Daten, bzw. den Informationen auf das Verhalten und Handeln der Adressaten, d.h. aber auch von den quantitativen Aspekten der Information auf die qualitativen. Bewerten und Messen gehört jedoch nicht nur zu den Hauptaufgaben des Managers, sie sind auch konstituierendes Element zweckorientierter, bzw. teleologischer Systeme.[18]

Im systemorientierten Management werden Bewertungs- und Mess-Systeme auf verschiedenen Systemebenen gesehen. Die Standards für die Bewertungs- und Mess-Systeme sind je nach Ebene verschieden. Nach Churchmann dürfen - im Hinblick auf ein längerfristiges Ueberleben der Institution - nicht eigene Interessen und Zielsetzungen die Basis bilden, sondern müssen es jene der Anspruchsträger, insbesondere der Kunden und Leistungsempfänger sein.[19] Eine Kundenorientierung ist charakteristisch für erfolgreiche Unternehmungen [20] und sollte auch im System der Gesundheitsversorgung Leitmaxime sein. Gerade im Krankenhaus, welches akute Gesundheitsbedürfnisse zu befriedigen hat, muss der Patient im Vordergrund stehen. Der Patient und seine Bedürfnisse müssen zum Standard für die Bewertung und Messung des Krankenhausverhaltens, bzw. der erbrachten Leistungen werden. Damit wird eine Orientierung des Krankenhauses nach aussen, zu den Patienten und der Bevölkerung hin, begründet, wie sie zur Zweckerreichung notwendig ist. Die Bewertungs- und Mess- Systeme auf allen Stufen des Krankenhauses müssen daher die Wertsysteme der Patienten reflektieren, ist der Zweck des Spitals doch eindeutig der, den Patienten zu dienen.

Viele Umwelt- und Krankenhausdaten haben rein quantitativen Charakter und können leicht in numerischen Werten ausgedrückt werden. Aber auch qualitative Daten lassen sich - zumindest teilweise - über den Umweg abstrakter Indikatoren ebenfalls quantitativ ausdrücken.[21] Damit können auch ihnen auf einer semanti-

---

[18] Vgl. Churchman W. (Inquiring Systems) 43 ff:"S (system) has a measure of performance"

[19] Churchman W. (Inquiring Systems) 49 ff (teleological components and environment) ; aber auch Ackoff R. (Corporate Future) 82 ff

[20] Peters T./Waterman R. (Excellence) 156 ff

[21] Bapst L. (Gesundheitsindikatoren) 145 ff ; Gessner U./ Horisberger B. (Indikatoren) 17 ff

schen Ebene Werte zugeordnet werden, d.h. sie werden messbar. Messen von Daten kann definiert werden als Prozess der Zuordnung numerischer Werte zu beobachteten Objekten oder Ereignissen, der bestimmten Regeln (Semantik) folgt. Messen bedeutet somit eine Abstraktion von der realen, pragmatischen Welt durch Zuordnung von theoretischen quantitativen Werten. Damit wird die Grundlage geschaffen, dass mathematische und statistische Methoden zur Erklärung und Begründung von Sachverhalten und zur Erstellung von Voraussagen angewendet werden können.

Durch die semantische Zuordnung von numerischen Werten auf beobachtete Ereignisse und Objekte werden absolute Kennziffern gebildet (z.B. Anzahl Betten, Anzahl Patienten pro Zeitperiode). Damit können Sachverhalte in einer Art und Weise definiert werden, dass sie für verschiedene Personen gleichermassen und objektiv erfassbar sind, dies im Gegensatz zu individuellen, pragmatischen Bewertungen (wie z.B. viele Betten, wenig Patienten). Messen ist somit auch eine Voraussetzung für die Kommunikation von Führungsinformationen. Fehlerfreie Kommunikation ist jedoch nur möglich, wenn bei der Messung von Daten und dem Transfer der Ergebnisse, bzw. der Informationen eine gemeinsame Sprache und gemeinsame Masse verwendet werden.[22] Dazu ist eine eindeutige Beschreibung der gemessenen Objekte und der genauen Umstände der Messung notwendig. Mit der Lösung dieses Spezifikationsproblems wird auch der Rahmen möglicher Verwendungen der Kennziffern für Entscheidungen bezüglich Ort, Zeit und Objekt festgelegt. Dabei wird allerdings noch nichts über Art und Verwendung der betreffenden Zahlen ausgesagt. Sollen Kennzahlen in verschiedenen Zusammenhängen Anwendung finden, so werden weitere Standards notwendig.

Damit Kennzahlen sinnvoll verwendet werden können, ist es notwendig, dass sie präzise sind. Mit Genauigkeit ist gemeint, dass sie tatsächlich den beobachteten Sachverhalt wiedergeben. Zur Beurteilung der Genauigkeit von Informationen wurden verschiedene mathematisch-statistische Methoden entwickelt (z.B. Konfidenz-Intervall). Bei der Datenerhebung und -verarbeitung ist aber immer zu bedenken, dass Genauigkeit nicht der Genauigkeit willen angestrebt werden soll. Die benötigte Präzision der Information wird vielmehr durch das zu lösende Problem selbst bestimmt und muss diesem gerecht werden. Es bleibt daher dem

---

[22] Stevens S. (Measurements) 22 ; Churchman W. (Measure) 84 ff, Churchmann sieht folgende Problembereiche im Messen: - Language-Specification/ - Standardization/ - Accuracy and Control

Benutzer der Information vorbehalten zu entscheiden, ob er sich mit dem erreichten Standard begnügt oder nicht.

5.3 Kennzahlen - wichtiger Aspekt betriebswirtschaftlicher Informationen

5.3.1 Definitionen

Als Kennziffern oder Kennzahlen bezeichnet man im Allgemeinen numerische (semantische) Informationen, welche die Struktur einer Unternehmung oder von Teilbereichen, bzw. die sich in ihnen abspielenden Prozesse und Veränderungen ex post beschreiben oder - als Zielvorgabe - ex ante determinieren können.[23] Auf eine - bei verschiedenen Autoren zu findende - weiterführende Unterscheidung zwischen Kennziffern (für überbetriebliche Vergleichswerte), Kennzahlen (für allgemeine betriebswirtschaftliche Messwerte) und Betriebskennzahlen wird im folgenden verzichtet.[24]

Unter Kennziffern werden somit alle numerisch erfassbaren, absoluten und relativen Informationen über Tatbestände und Prozesse eines Systems und seiner Umwelt verstanden, welche für Führungsentscheidungen wesentlich sein können.[25] Gegenüber allgemeinen empirischen Zahlen, die ziffernmässig die Grösse eines Tatbestandes beschreiben, besitzen Kennziffern einen grösseren Erkenntniswert, da sie unmittelbare Aussagekraft über ein bestimmtes Erkenntnisziel besitzen. Theoretisch gesehen handelt es sich dabei um Konstrukte oder Hypothesen über problemrelevante Einflussfaktoren und Beziehungen, wobei die Zusammenhänge in Form absoluter oder mathematisch-statistischer Verhältniszahlen ausgedrückt werden.[26] Konstituierendes Element jeder Kennzahl ist die Problem- oder Fragestellung, die zu ihrer Konstruktion geführt hat. Die Gleichsetzung von Kennziffern und Kennziffernsystemen mit einer Theorie über problemrelevante Faktoren und ihre Beziehungen der Managementaufgaben mag erstaunen, ist je-

---

[23] Merkle E. (Kennzahlen) 325 ; ähnliche Definitionen finden sich bei Meyer C. (Kennzahlen 9 ff ; Wissenbach H. (Kennzahlen) 23: Oeller K.H. (Unternehmungsführung) 112 ; März T. (Kennzahlensystem) 8 f

[24] Vgl. die Diskussion dazu bei Wissenbach H. (Kennzahlen) 34 ff ; und März T. (Kennzahlensystem) 9 f ; Siegwart H. (Kennzahlen) 12 f

[25] Vgl. u.a. Staudt E. et al (Kennzahlen) 22 ff

[26] Vgl. u.a. Oeller K.H. (Unternehmungsführung) 112, der Einschluss absoluter Zahlen führt zur "weiten Fassung der Definition", wie sie in der deutschsprachigen Literatur vorherrscht: Staudt E. et al (Kennzahlen) 22 ff

doch im Hinblick auf die Aussagekraft und den Beitrag, den Kennziffern zum Führungsprozess leisten können, sicher richtig.

5.3.2 Arten von Kennziffern

Kennziffern können unterschiedliche Tatbestände beschreiben und nach verschiedenen Grundsätzen ermittelt werden. Bevor konkrete Vorschläge für die Erhebung und Verwendung von Managementkennziffern im Bereich der Krankenhausführung erarbeitet werden, sollen zum besseren Verständnis die Kennzahlen nach formalen und inhaltlichen Gesichtspunkten geordnet werden.

5.3.2.1 Mathematisch-statistische Gliederung

Unter mathematisch-statistischen Gesichtspunkten können Kennziffern in absolute und in Verhältniszahlen gegliedert werden.

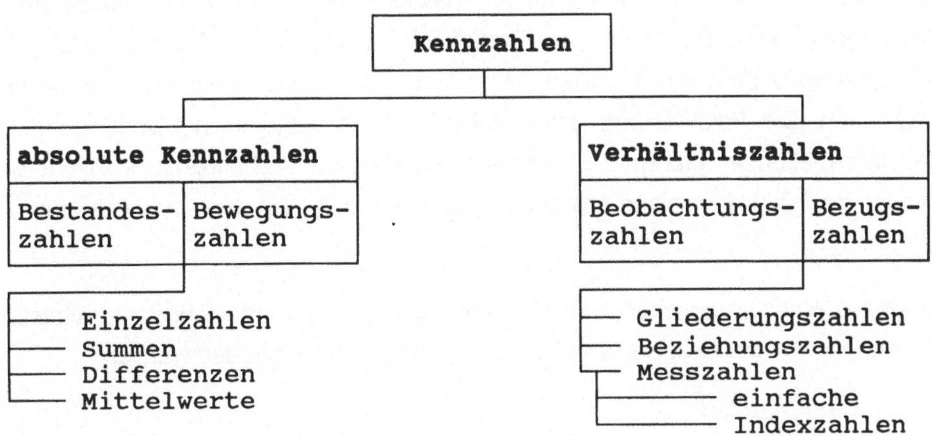

Abb. 5-7. Kennzahlen-Arten (nach Staudt E. et al. (Kennzahlen) 25; und Siegwart H. (Kennzahlen) 17)

Absolute Zahlen werden in verschiedenen Stellen, wie z.B. Jahresabschluss, Kostenrechnung oder betriebliche Statistiken, durch direkte Zuordnung von numerischen Werten erarbeitet und ausgewiesen. Sie können Bestandesmasse, d.h. Gesamtheiten von gleichzeitig nebeneinander bestehenden Fällen, oder Bewegungsmasse, d.h. Gesamtheiten von zeitlich nacheinander folgenden Fällen sein. Absolute Zahlen können aus Summen, Differenzen oder Mittelwerten gebildet werden.[27] Eine Relativierung (Quotientenbildung) jedoch auf eine andere betriebswirtschaftlich bedeutsame Grösse wird bei absoluten Zahlen nicht vorgenommen. Die Dimension der Ausgangsgrösse bleibt erhalten. Absolute Zahlen zeigen, aus wievielen Elementen ein gewisser Sachverhalt besteht und vermitteln damit einen Eindruck über dessen absolute Grösse. So gibt etwa die Anzahl Betten eine gute Vorstellung über die Grösse eines Krankenhauses. Dieser Indikator wird daher auch als Ausgangsgrösse für verschiedene vergleichende Statistiken verwendet.[28] Weitere Indikatoren für Grösse und Komplexität der Krankenhäuser sind etwa die Anzahl behandelter Patienten, Anzahl Beschäftigte oder Anzahl selbständige Kliniken und Institute.

Verschiedene Autoren gehen von der Vorstellung aus, dass Kennziffern immer fragebezogene Relativzahlen sind und akzeptieren nur Verhältniszahlen als Kennzahlen.[29] Verhältniszahlen sind Quotienten zweier Zahlenwerte, d.h. es werden zwei Grössen miteinander auf einer syntaktischen Ebene in Beziehung gesetzt. Die Verhältniszahl gibt an, wie oft die Beobachtungszahl (Zähler) in der Beziehungsgrundlage (Nenner) enthalten ist. Die entstehende Grösse ist eine Zahl, die sowohl dimensionslos, wie auch dimensionsbehaftet sein kann.[30] Als Beispiel dazu können etwa Personal- oder Bettendichten, wie Anzahl Personal pro Bett oder pro 1000 Einwohner dienen. Mit den Verhältniszahlen werden Vergleiche objektiviert. Die Relativierung bleibt also nicht den subjektiven Ueberlegungen des Informationsempfängers überlassen. Damit sind Verhältniszahlen generell besser geeignet, komplexe Managementprobleme, sowie ihre Dynamik darzustellen.[31]

Aufgrund unterschiedlicher Ausprägungen der Zähler- und Nennerverhältnisse können formal drei Gruppen von Verhältniszahlen unterschieden werden:[32]

- Gliederungszahlen
- Beziehungszahlen
- Mess- oder Indexzahlen

---

27 Meyer C. (Kennzahlen) 12 ; März T. (Kennzahlensystem) 11 ; Staudt E. et al (Kennzahlen) 24

28 Vgl. z.B. VESKA (Krankenhausstatistik) ; Bundesamt für Statistik (Krankenhäuser)

29 "enge Fassung der Definition" wie sie vor allem in der englischsprachigen Literatur zu finden ist: Staudt E. et al (Kennzahlen) 22 ; vgl. dazu auch Wissenbach H. (Kennzahlensystem) 12

30 Bürgi A. (Kennziffern) 11 f

31 Vgl. u.a. März T. (Kennzahlensystem) 13 ff ; Oeller K.H. (Unternehmungsführung) 117 ff; Hunziker A./Scheerer F. (Statistik) 118 ff

32 Oeller K.H. (Unternehmungsführung) 118 ff ; Staudt E. et al (Kennzahlen) 26 f ; Siegwart H. (Kennzahlen) 13 ff ; vgl. u.a. auch Vester F./von Hesler A. (Sensitivitätsmodell) 3 ff

Gliederungszahlen drücken strukturelle Verhältnisse aus. Sie entstehen, wenn Teilgrössen mit ihrer statistischen Grundgrösse in Beziehung gesetzt werden und geben Antwort auf die Frage, welches Gewicht die Teilgrössen an der Gesamtgrösse haben. Beide Masse sind gleichartig. Zudem müssen Zeitpunkt, bzw. Zeitraum der Erhebung identisch sein. Beispielsweise kann die strukturelle Zusammensetzung des Krankenhauspersonals mit Hilfe von Gliederungszahlen dargestellt werden. Die Anzahl des gesamten Personals dient als Basis. Die verschiedenen Personalkategorien werden als Teilmassen in Prozenten davon ausgedrückt. Die Aussagekraft kann je nach Fragestellung durch Hinzufügen der entsprechenden absoluten Zahlen oder durch Beobachtung der Entwicklungen über einen längeren Zeitraum erhöht werden.

Mit Hilfe von Beziehungszahlen lassen sich die Zusammenhänge zwischen zwei selbständigen Grössen darstellen. Beziehungszahlen erfassen somit zeitlich und rangmässig gleiche, inhaltlich aber verschiedene Grössen, z.B. die Verteilung des Krankenhausdefizites auf Krankenhausträger und Kanton. Die Bildung derartiger Werte ist jedoch nur sinnvoll, wenn zwischen den betrachteten Grössen ein innerer, sachlogischer Zusammenhang besteht. Dieser kann kausaler oder normativer Natur sein. Der Bildung von Beziehungszahlen liegt die Vorstellung eines Netzwerkes zwischen einzelnen Komponenten und Prozessen einer Institution zugrunde, wobei die Knoten als Ereignisse und Elemente gelten, und die sie verbindenden Beziehungen das Netz bilden. Alle Komponenten stehen somit untereinander irgendwie in Beziehung.[33]

Während für Gliederungs- und Beziehungszahlen das Postulat der zeitlichen Identität gilt, soll mit Hilfe der Indexzahlen derselbe Sachverhalt zu verschiedenen Zeitpunkten dargestellt werden. Die entstehende Verhältniszahl drückt die Veränderung der Grösse im Zeitablauf aus. Meist wird die Veränderung in Form von Prozentzahlen ausgedrückt, wobei in der Regel ein Basiswert zum Zeitpunkt $t=0$ gleich 100 gesetzt wird. Ein Beispiel für Indexzahlen sind etwa die Analyse der Kostenentwicklungen im Gesundheitswesen über mehrere Jahre (vgl. Abschnitt 1.1.2).

[33] Vgl. u.a. März T. (Kennzahlensystem) 18 ff ; Meyer C. (Kennzahlen) 12 ff

5.3.2.2 Gliederung der Kennziffern nach betriebswirtschaftlichen Gesichtspunkten

Neben den formalen, d.h. mathematisch-statistischen Gliederungskriterien findet man in der Literatur eine Fülle weiterer Klassifikationsansätze für betriebswirtschaftliche Kennzahlen. Diese orientieren sich nach dem Erhebungsort, dem beschriebenen Objekt oder Inhalt, bzw. den Aufgabengebieten des Managements.

Das Gliederungskriterium "Erhebungsort" richtet sich meist nach der traditionellen betriebswirtschaftlichen Einteilung des Rechnungswesens. Man unterscheidet Kennziffern aus:[34]

- der Bilanz
- der Erfolgsrechnung
- der Kosten- und Leistungsrechnung
- Budget und Plankostenrechnung
- der Betriebsstatistik
- externen Quellen.

Bloss interne Quellen berücksichtigen die weitverbreitete Klassifikation der Kennziffern in:[35]

- bestandesorientierten Strukturkennziffern (im wesentlichen aus der Bilanz stammend).
- stromgrössenorientierten Kennziffern (im wesentlichen aus der Gewinn- und Verlustrechnung stammend).

Ein zweites Unterscheidungsmerkmal stellt der Inhalt der Kennziffern, bzw. das gemessene Objekt dar. In der Literatur findet man ganz unterschiedliche Gliederungen. Einerseits wird rein funktional unterteilt nach:36

- Kennzahlen über das Betriebsziel und dessen Verwirklichung, wie:
  a) Produktivität
  b) Wirtschaftlichkeit
  c) Rentabilität

- Kennzahlen über Betriebsmittel und deren Verwendung, wie:
  a) Einkauf und Lager
  b) Arbeitskräfte und Arbeitsleistungen
  c) Kosten
  d) Produktion

---

[34] Staudt E. et al (Kennzahlen) 28 f ; Perridon L./Steiner M. zit. in März T. (Kennzahlensystem) 20

[35] Berschin H. (Kennzahlen) 23

[36] Hunziker A./Scherrer F. (Statistik) 186 ff ; vgl. auch Staudt E. et al (Kennzahlen) 46

e) Umsatz
f) Vermögen
g) Erfolg

Häufig wird jedoch nicht zwischen Betriebsziel und Betriebsmittel unterschieden, sondern nach Unternehmensbereich bzw. betrieblichen Funktionen, wie:[37]

- Beschaffung
- Lagerbewirtschaftung
- Produktion
- Absatz
- Personalwirtschaft
- Finanzwirtschaft und Jahresabschluss

Ein drittes Kriterium, nach welchem Kennziffern in der Regel aufgeteilt werden, ist mehr handlungsorientiert, bzw. pragmatisch und bezieht sich auf die Frage nach dem Zweck, d.h. nach den Managementaufgaben, die mit Hilfe von Kennziffern gelöst werden sollen. Eine erste solche Gliederung stellt die Kontrollfunktion des Managements in den Vordergrund und unterscheidet:[38]

- Betriebliche Uebersichtskennzahlen, die darstellen, was geschehen ist oder noch geschehen soll, und
- betriebliche Vergleichskennzahlen, die dazu dienen, bestimmte Ursachen und Wirkungen zu isolieren.

Aehnlich ist die Gliederung von Siegwart, der drei Aufgabenbereiche der Kennzahlen besonders hervorhebt:[39]

- Kennzahlen zur Ermittlung der Wirtschaftlichkeit des Systems
- Kennzahlen als Zielvorgabe
- Plan-Kennzahlen als Mittel der Kontrolle

Eine weitere Gliederung geht von verschiedenen Aufgabenbereichen der Führung aus und gruppiert Kennziffern nach:[40]

- Aufgabengebiet Ertragsquellen
- Aufgabengebiet Technologien
- Aufgabengebiet Kapital
- Aufgabengebiet Mitarbeiter
- Aufgabengebiet Unternehmungsimage

---

37 Vgl. u.a. Meyer C. (Kennzahlen) 61 ff

38 Eichhorn S. (Krankenhaus) 113 ff

39 Siegwart H. (Kennzahlen) 23

40 Wissenbach H. (Kennzahlen) 66 f

Diese kurze Uebersicht über gängige Gliederungsarten betriebswirtschaftlicher Kennziffern zeigt, dass bei ihrer Bildung mehrheitlich von klassisch betriebswirtschaftlichen Funktionsbereichen und von der Verfügbarkeit der Daten ausgegangen wird. Zudem beruhen die meisten Kennziffern auch auf systeminternen und vergangenheitsorientierten Zahlen des betrieblichen Rechnungswesens und der Betriebsstatistik. Die Kennziffern erfassen meist die eingesetzten Mittel und die erbrachten Leistungen geldwert- und leistungsmässig (vgl. Abb. 5-8). Nicht direkt erfasst werden die sich abspielenden Prozesse der Leistungserstellung. Mit Hilfe von Verhältniskennziffern können jedoch Indikatoren über die Prozesse gewonnen werden.

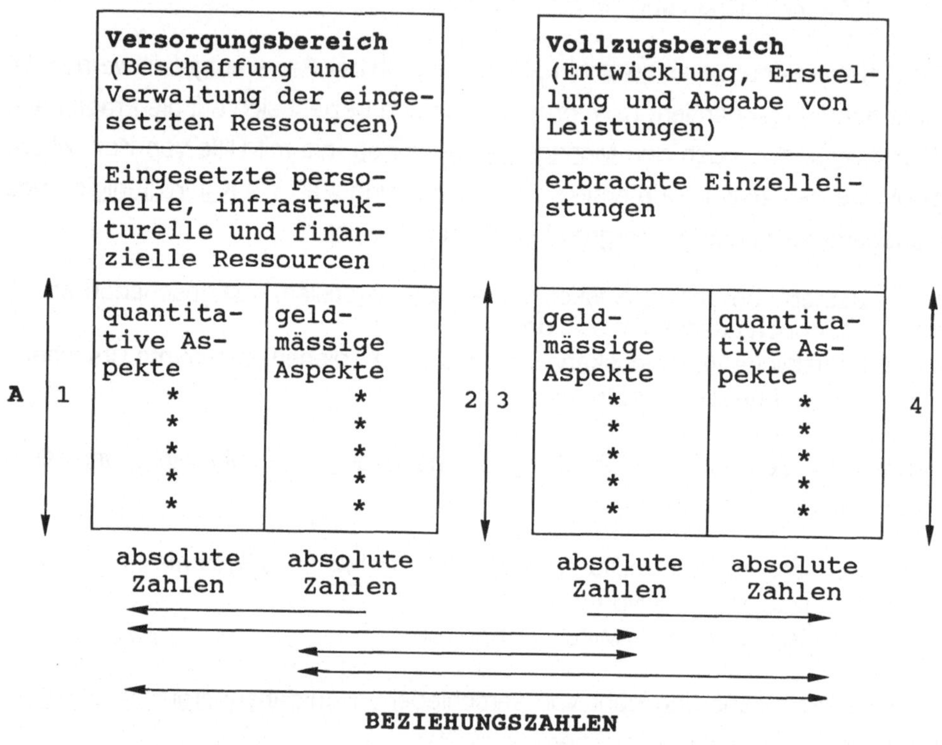

Abb. 5-8. Traditioneller Erfassungsrahmen betrieblicher Kennziffern

5.3.2.3 Kennzahlenvergleiche

Isoliert stehende Einzelkennziffern sagen wenig über eine reale Problemsituation aus. Ihr Aussagegehalt kann gesteigert werden, wenn sie mit anderen Kennzahlen in Beziehung gesetzt und verglichen werden. Häufig werden daher Einzelkennziffern im Vergangenheits-, Ziel-, Durchschnitts- und/oder Branchenvergleich dargestellt.[41]

- Zeitvergleich: Gegenüberstellung gleicher Sachverhalte zu verschiedenen Zeitperioden. Damit können Erkenntnisse über die bisherige Entwicklung gewonnen und negative Entwicklungen frühzeitig erkannt werden.
- Soll-Ist-Vergleiche: Soll-Kennzahlen werden ex ante für zukünftige Perioden (Plankennzahlen) aufgestellt. Der Soll-Ist-Vergleich dient somit der Kontrolle der Zielerreichung.
- Norm-Soll-Vergleich: Vergleich verschiedener Vorgabe-Kennzahlen (Plan-, Durchschnitts- und Norm-Kennzahlen) unterschiedlicher Führungsstufen, zur Ueberprüfung der Konsistenz des Zielsystems und zur Gewährleistung einer adäquaten Umsetzung der unternehmungspolitischen Ziele.
- Branchen- oder Industrievergleich: Ueberbetrieblicher Vergleich ausgewählter Kennziffern mit jenen ähnlicher Institutionen oder mit Durchschnitten der Wirtschaft allgemein.

5.3.3 Kennzahlensysteme

5.3.3.1 Zweck und Aufbau von Kennzahlensystemen

Häufig genügt es nicht, Managemententscheide auf einzelne Kennziffern bzw. Kennzahlenvergleiche abzustützen. Die hinter den Managementproblemen liegenden Tatbestände erfordern häufig differenzierte und multikausale Erklärungs- und Gestaltungsmodelle. Für die Analyse betrieblicher Sachverhalte, bzw. zur Unterstützung von Managementaufgaben durch Kennziffern können zwei gegenläufige Tendenzen beobachtet werden. Einerseits bietet die Literatur eine Fülle von Einzelkennziffern über die verschiedensten Bereiche des zu führenden Systems an.[42] Andererseits wird immer wieder versucht, das Systemverhalten mit Hilfe einiger weniger Schlüsselkennziffern, die aus mehreren Komponenten bestehen können, hinreichend zu beschreiben.[43] Beide Extreme bergen Probleme in sich und werden der Situation sozialer Systeme, bzw. dem Informationsverarbeitungspotential der Führungskräfte kaum gerecht.

---

[41] Siegwart H. (Kennzahlen) 20 ff ; Berschin H. (Kennzahlen) 25

[42] Vgl. u.a. Eichhorn S. (Krankenhaus) 112 ff ; Hauke E. (Kennzahlen) 40 ff ; Meyer C. (Kennzahlen) 61 ff

[43] Cone P./Phillips H./Saliba S. (Resource), sie unterscheiden beispielsweise folgende Schlüsselgrössen: 1. Profitability, 2. Revenue Generation, 3. Finance Generation, 4. Investment Position, 5. Cost Position

Bei Auswahl und Darstellung einiger weniger systeminterner und -externer Zusammenhänge in Form von Schlüsselgrössen kann leicht eine Sichtweise erweckt werden, die den tatsächlichen Gegebenheiten nur sehr unvollkommen entspricht. Sie können Abhängigkeiten vortäuschen, die in Wirklichkeit nicht bestehen. Auch simplifizieren sie die Realität, indem sie zweidimensionale Erklärungen für höchst differenzierte und multikausale Tatbestände liefern. Eine Lösung des Problems stellt der Versuch dar, formale Kennzahlensysteme zu entwickeln, in welchen Kennziffern in sachlogischem oder mathematischem Zusammenhang dargestellt werden.

Kennzahlensysteme sind "geordnete Gesamtheiten von einzelnen Kennzahlen aus den verschiedensten Unternehmensbereichen".[44] Mit Hilfe von Kennzahlensystemen werden vorhandene Informationen aus dem System verdichtet dargestellt, indem komplexe Sachverhalte in den wesentlichen Dimensionen auf einige wenige Quotienten reduziert werden. Dabei ist allerdings die Verdichtung so vorzunehmen, dass keine wesentlichen Einzelheiten der zu beschreibenden Situationen verlorengehen.

Kennzahlensysteme können verschieden aufgebaut werden.[45] Bei sogenannten Rechensystemen wird eine Ausgangskennzahl in zwei oder mehrere Unterkennzahlen aufgefächert, indem Zähler und/oder Nenner in einzelne Bestandteile zerlegt, durch andere Grössen substituiert oder durch die gleiche Grösse erweitert werden. Eine zweite Form sind sachlogisch strukturierte Kennzahlensysteme oder Ordnungssysteme. Anstelle einer rechenlogischen Verknüpfung werden die Kennzahlen aufgrund betriebswirtschaftlicher Fragestellungen zueinander in Beziehung gesetzt. In der Wirtschaftspraxis werden verschiedene Kennzahlensysteme eingesetzt, die auf diesen Grundtypen basieren, z.T. aber auch Mischformen darstellen.

5.3.3.2 Das Du Pont-System

Das bekannteste Kennzahlensystem ist sicher das "Du Pont-System of Financial Control" des amerikanischen Chemiekonzerns DU PONT de NEMOURS & Co.[46] Dieses bezieht sich nicht nur auf die Unternehmung als Ganzes, sondern auch

[44] März T. (Kennzahlensystem) 62

[45] Vgl. z.B. Meyer C. (Kennzahlen) 16 ff; Siegwart H. (Kennzahlen) 33 ff

[46] Vgl. u.a. Staudt E. et al (Kennzahlen) 34 ff; Küting K.(Kennzahlensysteme) 291 f

auf einzelne Produktegruppen, wobei davon ausgegangen wird, dass diese in selbständigen Profit-Centers hergestellt werden. Als Spitzenkennzahl wird die Kapitalrentabilität (Return on Investment, ROI) verwendet. Diese wird in Umsatzrentabilität und Kapitalumschlag aufgeschlüsselt. Neben diesen drei Verhältniszahlen im Rechensystem werden noch mehrere absolute Zahlen verwendet, die der Ertrags-, Aufwands-, Vermögens- und Kapitalanalyse dienen und einen sachlogischen Zusammenhang aufweisen.

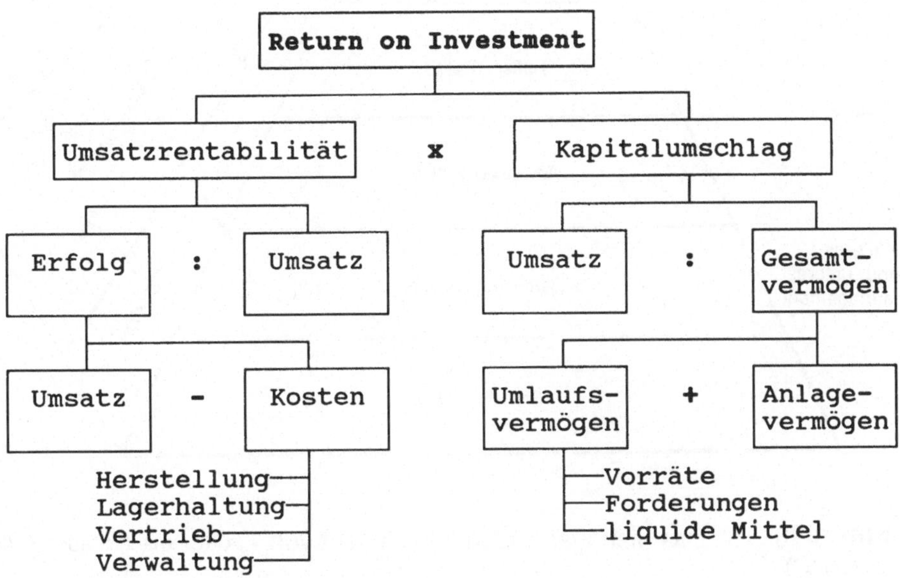

Abb. 5-9. Das Du Pont-Kennzahlensystem (nach Staudt E. et al (Kennzahlen) 35)

5.3.3.3 Das Managerial-Control-Concept

Das "Managerial Control Concept" von Tucker [47] ist ein typisches Ordnungssystem für die betrieblichen Funktionsbereiche Produktion, Verkauf und Finanzwirtschaft. Für jeden dieser Bereiche werden Kennzahlengruppen gebildet, die auf unterschiedlichen Ebenen Anwendung finden. Aufgrund der vorgeschlagenen Verdichtung werden vier Ebenen unterschieden. Die "Elementary Ratios" setzen Ursprungsdaten miteinander in Beziehung und relativieren betriebswirtschaftliche Grundtatbestände. Sie sind Input-Grössen für höher aggregierte

[47] Staudt E. et al (Kennzahlen) 37 ff ; Oeller K.H. (Unternehmungsführung) 132 ff

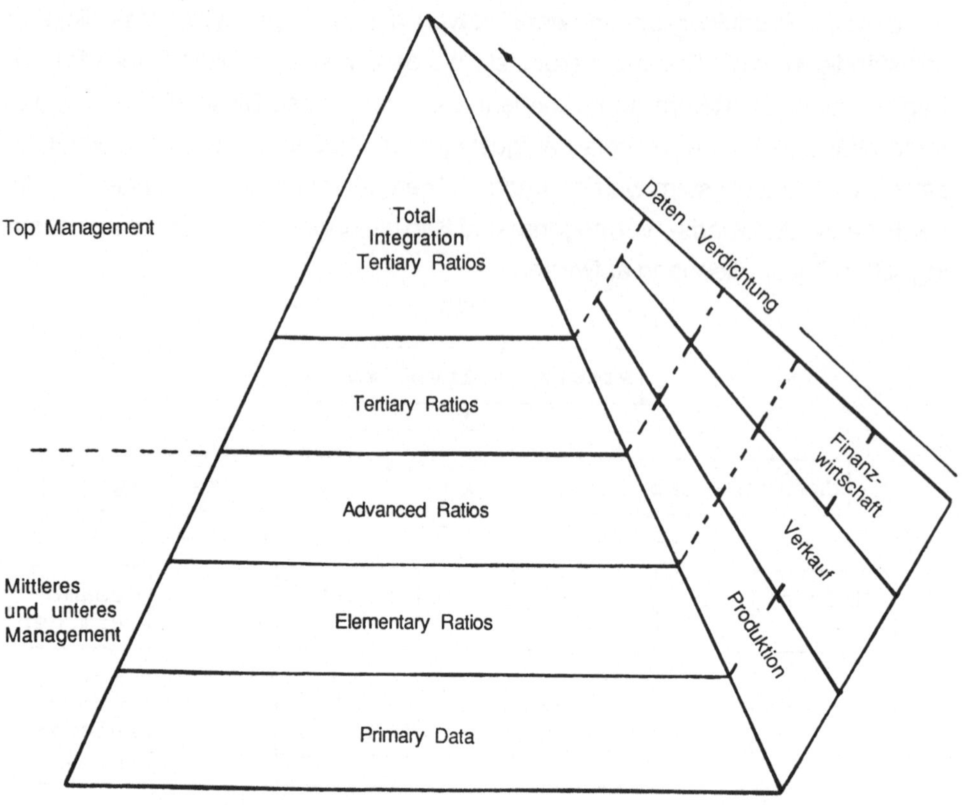

Abb. 5-10. Das Managerial Control Concept von Tucker (nach Staudt E. (Kennzahlen) 37)

Kennzahlen "Tertiary Ratios" und Bestandteil einer bereichsübergreifenden Kontrolle. Die "Advanced Ratios" ergänzen die "Elementary Ratios" durch weitere Ursprungsdaten und bieten detailliertere Informationen über ganz bestimmte Teilgebiete. "Tertiary Ratios" sind Kombinationen von mehreren "Elementary Ratios" und dienen der obersten Management-Ebene als Entscheidungsgrundlage. Die "Total Integration Tertiary Ratios" kombinieren ihrerseits mehrere Tertiary Ratios verschiedener Funktionsbereiche und spiegeln Wirkungszusammenhänge zwischen den verschiedenen Unternehmungsbereichen wider. Das Kennzahlensystem von Tucker basiert auf einer Synthese verschiedener Ursprungsdaten und nachfolgender Verdichtung. Das Gesamtsystem enthält 429 Kennzahlen und 150 graphische Darstellungen, welche die Interdependenzen zwischen den Kennzahlen in visualisierter Form wiedergeben (vgl. Abb. 5-10).

5.3.3.4 Das ZVEI-System

Das im deutschen Sprachraum wohl bekannteste und am häufigsten verwendete Kennzahlensystem ist das vom Zentralverband der Elektrotechnischen Industrie entwickelte "ZVEI-System".[48] Es handelt sich dabei ebenfalls um eine Kennzahlen-Pyramide und einer Mischung aus Rechen- und Ordnungssystemen. Ausgegangen wird von der Eigenkapitalrentabilität. Diese wird in 140 weitere Kennzahlen zur Analyse des Wachstums, der Unternehmensstruktur, der Kapitalstruktur, der Rentabilität, der Ergebnisbildung und der Kapitalbindung aufgefächert. Das System ist in erster Linie für Verbände als Instrument zur Analyse und Kontrolle durch inner- und zwischenbetriebliche Vergleiche, sowie zur Planung entwickelt worden (vgl. Abb. 5-11).

5.3.3.5 Das RL-System

Im Gegensatz zum Du Pont- und zum ZVEI-Kennzahlensystem ist das von Reichmann und Lachnit entwickelte "Rentabilitäts-Liquiditäts-Kennzahlenmodell", kurz RL-System,[49] weniger zur Kontrolle der unternehmerischen Effizienz, sondern als flexibles Planungs- und Kontrollinstrument für die laufende Steuerung entwickelt worden. Im RL-System sind 39 Kennzahlen sachlogisch miteinander verknüpft und gliedern sich in einen allgemeinen und in einen besonderen Teil, der firmenspezifisch gestaltet werden kann. Als Spitzenkennzahl gilt die absolute Grösse "liquide Mittel" und "ordentliches Ergebnis". Integriert im System sind auch Soll/ Ist- und Zeitvergleiche (vgl. Abb. 5-12).

Neben den hier vorgestellten Beispielen gibt es in Theorie und Praxis noch unzählige weitere Vorschläge für betriebliche Kennzahlensysteme,[50] die jedoch häufig auf den oben vorgestellten Konzepten basieren und Abarten davon darstellen. Einen grundsätzlich anderen Weg gehen die Vorstellungen kybernetischer Kennzahlensysteme, da sie explizit vom Führungprozess in sozialen, zweckorientierten Systemen ausgehen.[51]

---

48 Vgl. u.a. Staudt E. et al (Kennzahlen) 59 f ; Küting K. (Kennzahlensysteme) 92 ff

49 Vgl. u.a. Staudt E. et al (Kennzahlen) 60 ff ; Reichmann T./Laurenz L. (Kennzahlen) 710 ff

50 Einen ausgezeichneten Ueberblick über die Arbeiten im deutschen Sprachraum vermittelt Staudt E. et al (Kennzahlen)

51 Vgl. Oeller K.H. (Unternehmungsführung) 141 ff

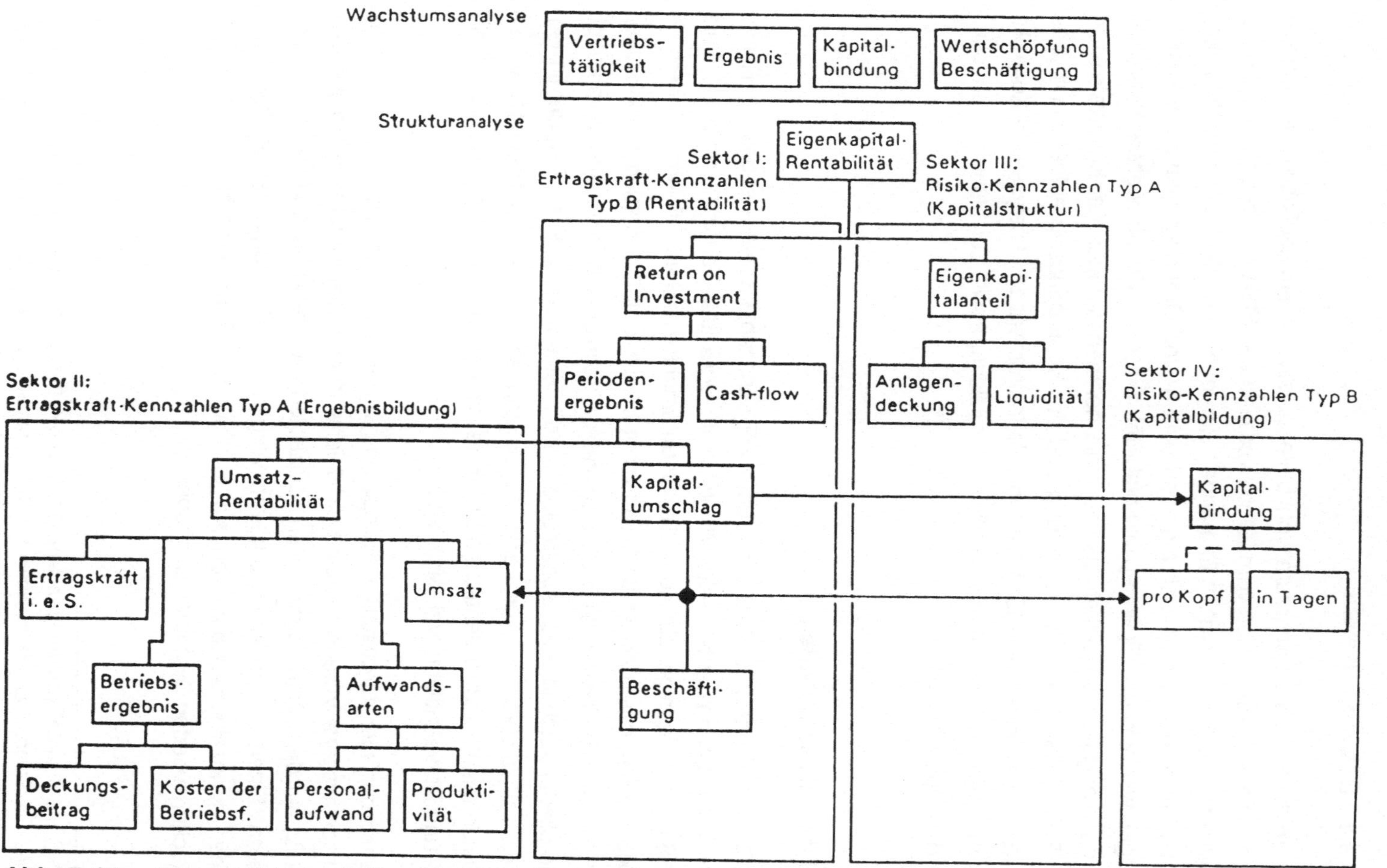

Abb. 5-11. Schematisierter Aufbau des ZVEI-Kennzahlensystems (nach Küting K. (Praxis) 293)

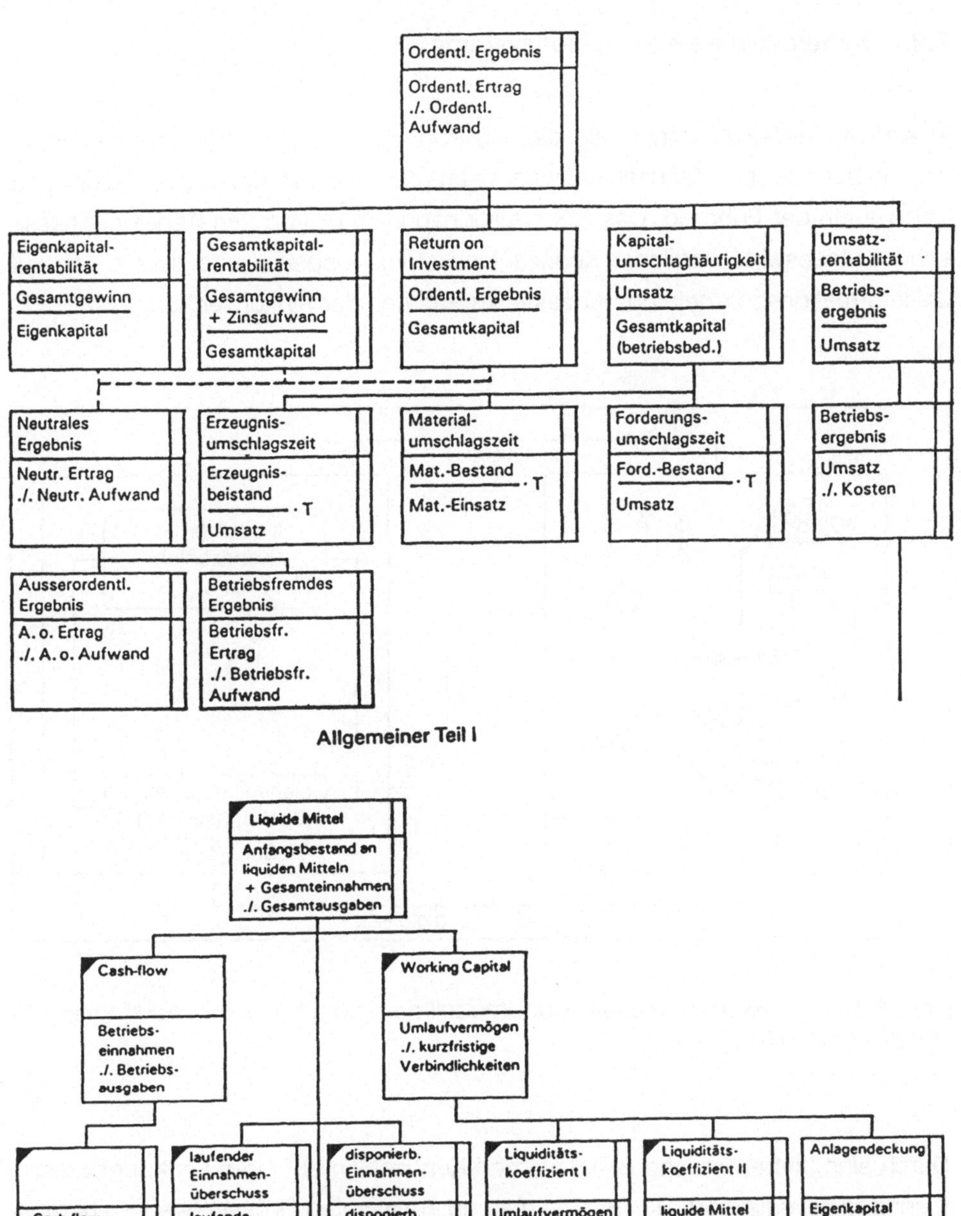

Allgemeiner Teil I

Allgemeiner Teil II

Abb. 5-12. Das RL-Kennzahlensystem (nach Küting K. (Praxis) 295)

5.3.4 Kybernetische Kennzahlensysteme

In weit stärkerem Ausmass, als das Du Pont- oder das RL-System orientieren sich kybernetische Kennzahlensysteme an den Informationsbedürfnissen und -problemen der Führung. Das Konstruktionsprinzip ist von den Aspekten klassischer betriebswirtschaftlicher Kennzahlensysteme losgelöst und richtet sich auf die Informationsbearbeitungsprozesse im Rahmen der Systemlenkung.

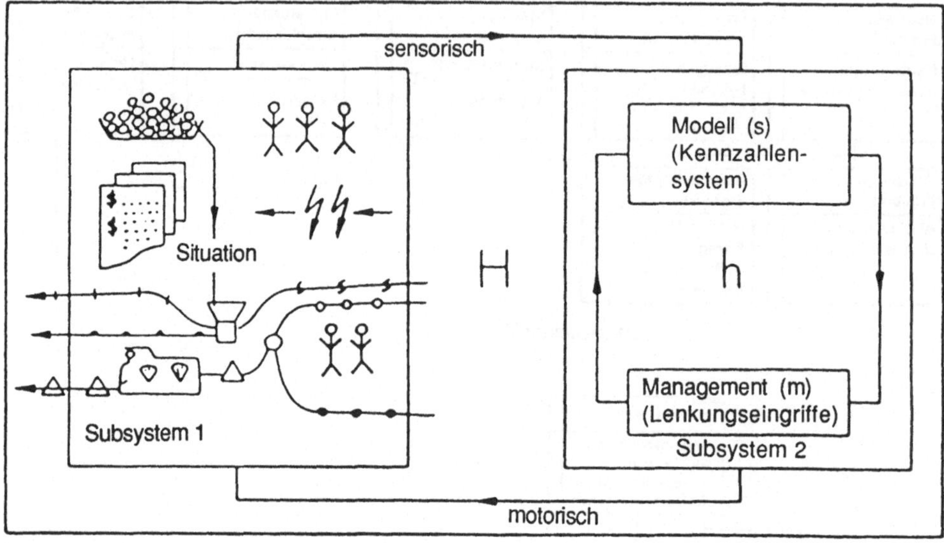

Abb. 5-13. Kybernetisches Grundmodell der Lenkung (nach Oeller K. (Unternehmungsführung) 142)

Durch eine "kybernetische Brille" werden Kennzahlen auf ihren Lenkungszusammenhang hin selektiert. Die für die Lenkung irrelevanten Grössen werden herausfiltriert. Das Kennzahlensystem erhält durch den kybernetischen Filter selbstkonstruierende Eigenschaften, "so dass es sich an neue Gegebenheiten anpassen kann und im Zeitablauf die für die Lenkung eines Managementbereichs relevanten Kennzahlen bezeichnet".[52]

[52] Oeller K.-H. (Unternehmungsführung) 141

Da sozialkybernetische Lenkungsvorstellungen den Systemen und Subsystemen einen eigenen Verhaltensspielraum zugestehen, liegt der Schwerpunkt des Kennzahlensystems auf der Entdeckung von Störungen. Dazu ist es notwendig, das zu lenkende System erst in einem strukturellen Modell mit all seinen Variablen und deren Beziehungen darzustellen.[53] Funktion des kybernetischen Kennzahlensystems im Lenkungsprozess ist die Beschreibung der realen Managementsituation durch ein Modell, mit dessen Hilfe Veränderungen des Lenkungsbereiches registriert und interpretiert, sowie getroffene Massnahmen evaluiert werden. Dieses Strukturmodell kann sehr detailliert sein, besonders wenn die Zusammenhänge mathematisch abgebildet werden können. In sozialen Systemen häufiger ist jedoch der Fall, dass die Variablen qualitativer Natur und die Beziehungsmuster so komplex sind, dass nur grobe Strukturen ermittelt werden können. Die Relation vom Kennziffernsystem zum Modelleinsatz zeigt die Abhängigkeit, welche zwischen Modell und Qualität der Lenkung besteht. Das Management einer konkreten Situation kann nur so gut sein, wie das zur Lenkung verwendete Modell. Die Funktion des Modells kann aber gleichwohl erfüllt werden, wenn sich einige wenige Variablen herauskristallisieren lassen, deren Ueberwachung genügt, um die lenkungsrelevanten Informationen zu liefern.

Das strukturelle Modell charakterisiert das zu lenkende System durch eine Menge von Variablen und deren Beziehungen. Dann gilt es, in einem parametrischen Modell den Variablen des Strukturmodells numerische Werte als Optimalwerte zuzuordnen. Es handelt sich um Kapabilitäten [54], welche die bestmöglichen Leistungen angeben, d.h. wenn im Rahmen der gegebenen Ressourcen und Bedingungen alle Möglichkeiten ausgeschöpft würden. Damit in Beziehung zu setzen ist einerseits die Realität, bzw. die Leistung, die bei gegebenen Mitteln und Rahmenbedingungen tatsächlich erreicht wird. Daraus ergibt sich die Produktivität des Systems. Andererseits wird die Potentialität ermittelt. Diese drückt aus, was bei bestmöglicher Nutzung, Weiterentwicklung der eigenen Mittel und Beseitigung störender Bedingungen im Rahmen des praktisch Realisierbaren erreicht werden könnte. Setzt man diese Grösse mit der Kapabilität in Beziehung, so erhält man die Latenz. Die Latenz ist ein Indikator für die Leistungsfähigkeit

---

[53] Gomez P. (Operations Management) 51

[54] Beer S. (Brain) 206 ff, Gomez P. (Operations Management) 50 ff

des Systems unter optimalen Bedingungen. Produktivität und Latenz führen ihrerseits zur möglichen Gesamtleistung des Systems.[55]

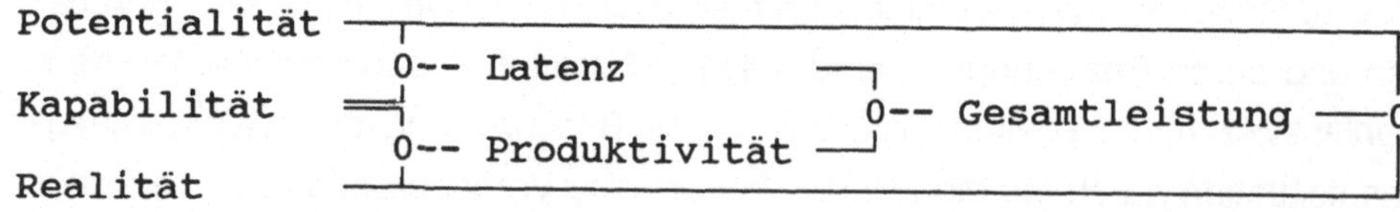

Abb. 5-14. Struktur kybernetischer Kennzahlensysteme (Quelle: Gomez P. (Operations Management) 51)

Die Produktivität ist ein wichtiger Anhaltspunkt für die Beurteilung von Systemstörungen. Besteht eine grosse Differenz zur Latenz, so muss auf ein grosses Störpotential im System geschlossen werden.

Neben der reinen Ueberwachungsfunktion sollen kybernetische Kennzahlensysteme auch der Simulation denkbarer Lenkungsmassnahmen [56] dienen. Aufgrund des simulierten Systemverhaltens können Auswirkungen bestimmter Massnahmen auf konkrete Managementsituationen analysiert werden, ohne dass in das System selbst eingegriffen werden muss. Da sich mit Hilfe der Simulation die Folge von Lenkungseingriffen im voraus, wenigstens grob bestimmen lassen, können Massnahmenkataloge, bzw. ein Repertoire an Plänen für mögliche Störungen erarbeitet werden, die dann auf Abruf bereitstehen.[57]

In der Praxis sind kybernetische Kennzahlensysteme allerdings nicht im vollen Umfang realisiert. Grund dafür ist vor allem, dass die Konstruktionsprinzipien von den traditionellen betriebswirtschaftlichen Systemklassifikationen abweichen. Damit stimmen sie auch nicht mit der traditionellen Organisationsstruktur und dem, vor allem quantitative innerbetriebliche Daten liefernden, Rechnungswesen überein. Schon die Bestimmung der lenkungsrelevanten Variablen im Rahmen des strukturellen Modells ist schwierig und erfordert neue Informationsquellen. Noch schwieriger wird die Erarbeitung des idealtypischen, sich selbst entwickelnden kybernetischen Filters.

55 Beer S. (Brain) 209

56 Oeller K.-H. (Unternehmungsführung)

57 Gomez P. (Operations Management) 52

Eine mögliche Lösung zur Festlegung der Lenkungsvariablen können die Ansätze des "Critical-Success-Factor" oder des "Key-Indicator-Management" bieten.[58] Diese Ansätze sehen in einem ersten Schritt Interviews mit Managern eines Systems vor. Darin werden die Ziele und Werthaltungen der Führungskräfte und des Systems analysiert und die in den Augen der Manager bedeutendsten Erfolgsfaktoren (lenkungsrelevante Variablen) gesucht. Für diese Erfolgsfaktoren werden Masszahlen (Indikatoren) erarbeitet. In einem zweiten Schritt werden diese Indikatoren kritisch analysiert, auf ihren Nutzen für Führungsentscheidungen getestet und nötigenfalls angepasst.

Während der erste Schritt ein möglicher Weg zur strukturellen Modellierung darstellt, braucht die Erarbeitung von Masszahlen für die kritischen Erfolgsfaktoren nicht den Vorstellungen kybernetischer Kennzahlensysteme zu folgen. Allerdings bringt schon die Bestimmung der Erfolgsfaktoren, bzw. der kritischen Schlüsselgrössen, eine starke Annäherung an führungsorientierte Kennziffern und wird auch im Bereich des Krankenhausmanagements bereits angewendet.[59]

5.4 Kennzahlen und Kennzahlensysteme in der Praxis

Ein Blick in die Literatur zeigt, dass eine Fülle verschiedener Kennzahlensysteme und Kennzahlen existieren. Viele Kennzahlensysteme haben allerdings vor allem theoretische Bedeutung und wurden in der Führungspraxis kaum realisiert. Das oben besprochene Du Pont-System dürfte das in der Praxis am weitesten verbreitete System sein.[60] Eine empirische Untersuchung zur praktischen Anwendung (Anwendungsart und -bereiche) zeigt ein differenziertes Bild.[61]

5.4.1 Anwendungsbereiche von Kennziffern

Ueber 80% aller Kennzahlenmodelle konzentrieren sich auf interne, unternehmungsbezogene Anwendungen. Nur relativ wenige unterstützen externe Anwendungen, dann meist mit Blick auf die Unternehmensbewertung, wie z.B. Kreditwürdigkeitsprüfungen oder Aktienbewertungen.

---

58 Rockart J. (Data needs) 81 ff ; Janson R. (Frühwarnsystem) 58 ff

59 O'Connor P. (Data set); Kanter M. (Success Factor)

60 Siegwart H. (Kennzahlen) 48 f ; Staudt E. et al (Kennzahlen 34 f und 82 ff

61 Staudt E. et al (Kennzahlen)

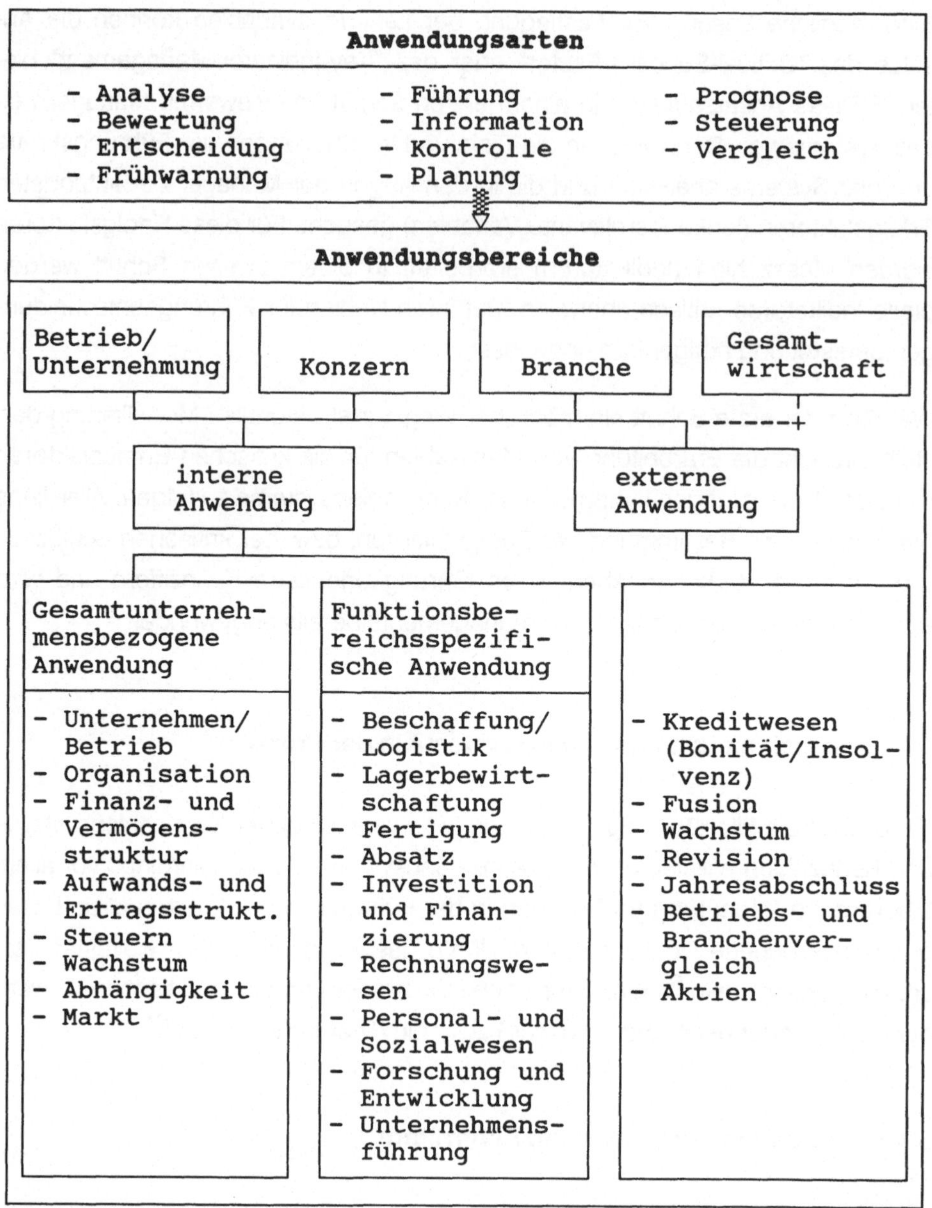

Abb. 5-15. Anwendungsbereiche von Kennzahlen und Kennzahlensystemen (nach Staudt E. et al (Kennzahlen) 84)

Nur wenig Kennzahlenmodelle haben aggregierte Systeme, wie z.B. Konzerne, Branchen, Staat oder regionale Sozialsysteme zum Untersuchungsobjekt. Am ehesten findet man Branchenvergleiche, dies vor allem in Handel, Industrie und

Kreditwirtschaft [62], aber auch im Krankenhausbereich (vgl. Kapitel 6.11.3, 6.4, 7.5, 8.1, 8.2).

Bei der unternehmungsinternen Anwendung von Kennzahlen muss unterschieden werden zwischen gesamtunternehmensbezogenen Anwendungen und funktionsspezifischen Anwendungen.

5.4.1.1 Gesamtunternehmensbezogene Anwendungen

Bei gesamtunternehmensbezogenen Anwendungen kommen überwiegend Kennzahlensysteme zum Einsatz, die mit aggregierten Grössen arbeiten. Von Bedeutung sind dabei vor allem Informationen zur Kontrolle, Planung und Steuerung der Institution, aber auch zur Operationalisierung von Unternehmenszielen.[63] Am weitesten verbreitet sind finanzielle Zielgrössen. Ihre weite Verbreitung lässt sich mit der Ausrichtung auf die Rentabilität, bzw. auf das Wohl der Aktionäre erklären. Eine angemessene Kapitalverzinsung ist eine Voraussetzung für die Weiterexistenz von Unternehmungen. Da diese finanzielle Grösse permanent überwacht werden sollte, aber auch weil vor allem Finanzdaten vorliegen, haben sich vor allem finanzwirtschaftliche Kennzahlensysteme breit durchgesetzt.

Hat man aber das langfristige Ueberleben der Unternehmung vor Augen, so muss die Kapitalrentabilität als alleinige Zielgrösse für eine erfolgreiche Gestaltung, Lenkung und Entwicklung der Unternehmung angezweifelt werden. Zur Unterstützung einer langfristigen Ausrichtung des Managements muss eine oberste Zielgrösse mit der Kompetenz zur Existenzsicherung gefunden werden. Aus wirtschaftlicher Sicht mag diesem Anspruch am ehesten der "Cash-flow" [64] genügen. Dabei wird unterstellt, dass mit ausreichenden finanziellen Mitteln alle zur Leistungserstellung benötigten Ressourcen - z.B. auch hochqualifizierte Mitarbeiter und knappe Rohstoffe - auf den Beschaffungsmärkten "eingekauft" werden können.

Die Aussagekraft des Cash-flow für die Unternehmenssicherung ist vielfältig. Er ist ein Indikator für die Möglichkeit der Selbstfinanzierung und Substanzerhal-

---

62 Cone P. et al (Resource) 121 ff

63 Siegwart H. (Kennzahlen) 49 f ; Berthel J. (Unternehmenssteuerung) 103

64 Cash flow wird definiert als: Abschreibungen und Reingewinn (oder Gesamtertrag). Er ist ein Mass dafür, ob Investitionen selbst finanziert, Schulden getilgt, Gewinne ausgeschüttet und Reserven geäufnet werden können. Vgl. Siegwart H. (Kennzahlen) 71 f

tung, sowie für Probleme bei der Sicherung der Liquidität. Der Cash-flow ist eine zweckmässige Ausgangsgrösse, da er [65]

- ein allgemeines Mass für die Steuerung aller Aktivitäten darstellt.
- ein adäquates Spiegelbild derjenigen Intentionen ist, die mit dem Management verfolgt werden.
- diejenigen Ziele zum Ausdruck bringt, die Wirtschaftsunternehmungen verfolgen müssen.

- Forschung und Entwicklung:	- FuE - Kosten - Innovationskraft
- Beschaffung und Einkauf:	- Beschaffungskosten - Preisänderungen
- Produktion und Fertigung:	- Kapazität - Produktivität - Wirtschaftlichkeit
- Absatz und Marketing:	- Marktgrösse und Marktanteil - Deckungsbeiträge einzelner Produkte oder Produktgruppen - Umsatz pro Mitarbeiter (z.B. Aussendienst) - Lagerbestände und Lieferbereitschaft - Absatzstruktur
- Personal- und Sozialwesen:	- Altersstruktur - Fluktuationsrate - Leistungsgrad - Soziallasten und Durchschnittslöhne

Abb. 5-16. Funktionsspezifische Anwendungen von Kennzahlen und Kennzahlensystemen

Finanzwirtschaftliche Kennzahlensysteme werden vielfach durch weitere Finanzkennzahlen aus der Bilanz- und Erfolgsrechnungsanalyse ergänzt, wie z.B.:[66]

- Verschuldungs- und/oder Eigenfinanzierungsgrad
- Deckungsverhältnisse und Liquiditätsgrade
- Lager- und Debitorenbestand
- Umsätze

usw.

[65] Siegwart H. (Kennzahlen) 50

[66] Siegwart H. (Kennzahlen) 57 ff ; Meyer C. (Kennzahlen) 86 ff

Allerdings zeigt die Praxis, dass finanzielle Kennziffern allein die Informationsbedürfnisse des Managements nicht abzudecken vermögen. In den Unternehmungen müssen eine Vielzahl weiterer Kennzahlen zu den verschiedensten Funktionsbereichen erarbeitet werden.

5.4.1.2 Funktionsspezifische Anwendungen

Neben gesamtunternehmensbezogenen Kennzahlensystemen findet man auch eine Fülle von funktionsspezifischen Anwendungen. Funktionsspezifische Kennzahlen werden in der Praxis vor allem zu den Bereichen Forschung und Entwicklung, Beschaffung, Produktion, Absatz sowie Personal- und Sozialwesen gebildet.[67] (vgl. Abb. 5-16)

5.4.2 Anwendungsarten von Kennzahlen und Kennzahlensystemen

Bei der funktionalen Betrachtung des Managementprozesses kann man die Phasen Entscheiden, In-Gang-setzen und Kontrollieren unterscheiden (vgl. Kapitel 5.11). Wie eine Analyse von rund 400 in der deutschsprachigen Literatur beschriebenen Kennzahlenmodellen [68] zeigt, haben die meisten Modelle das Ziel eine oder mehrere dieser Phasen mit Informationen zu unterstützen. Der Schwerpunkt liegt dabei allerdings eindeutig bei Entscheiden und Kontrollieren.

Dieselbe Analyse zeigt auch, wie stark bestehende Kennzahlenmodelle intern und vergangenheitsorientiert sind, und wie wenig sie Umweltdaten aufnehmen und diese in Beziehung zur Unternehmung setzen. Nur ein verschwindend kleiner Teil befasst sich mit Fragen der Prognose und Vorhersage (9,4%) oder mit Frühwarnung (7,7%).

Die oben erwähnte Untersuchung hat das Fehlen von geeigneten Informations- und Kennzahlensystemen für die Krankenhausführung bestätigt. Nur gerade ein Titel [69] von insgesamt 400 beschäftigt sich mit Fragen der Krankenhausführung. Dies entspricht, wie die folgenden Kapitel zeigen werden, allerdings nicht ganz

---

[67] Siegwart H. (Kennzahlen) 75 ff, Meyer C. (Kennzahlen) 61 ff ; Staudt E. et al (Kennzahlen)

[68] Staudt E. et al (Kennzahlen) 82 ff

[69] Röhrig R. (Koordinationsinstrument) zitiert in Staudt E. et al (Kennzahlen) 422

der Realität, ist aber doch ein Indiz für das Fehlen entsprechender konzeptioneller Ueberlegungen im Krankenhausmanagement.

Phasen des Management-prozesses	**Anwendungsarten**	**Häufigkeit**
Entscheiden	Analyse	54,0%
	Information	36,6%
	Bewertung	5,7%
	Planung	35,1%
	Entscheidung	22,0%
In-Gang-Setzen	Führung	24,5%
	Steuerung	28,5%
Kontrolle	Kontrolle/Ueberwachung	50,7%
	Vergleich	34,2%
	Beurteilung	8,4%

Mehrfachnennungen möglich

Abb.5-17. Anwendungsarten von Kennzahlen und Kennzahlensystemen (nach Staudt E. et al (Kennzahlen) 96)

TEIL III: Informations- und Kennzahlensysteme im Bereich des Krankenhausmanagements

Übersicht

Die Gewinnung der Führungsinformationen im Krankenhaus erfolgt oft wenig gezielt. Managementberichte entstehen meist als Nebenprodukte des administrativen Informationssystems und basieren auf den dort erhobenen Daten. Damit entsprechen sie den konkreten Informationsbedürfnissen der Führungskräfte auf den verschiedenen Ebenen und in den einzelnen Bereichen kaum. Aufgrund dieser oft unbefriedigenden Informationslage werden oft aufwendige Studien über Strukturen und Prozesse in Einzelbereichen durchgeführt. Diese Studien ergeben zwar meist ein genaues Bild über diese Bereiche, vernachlässigen aber häufig die Vernetzungen inner- und ausserhalb des Systems und veralten - da sie selten weitergeführt werden - rasch.

Aufgrund schlechter Erfahrungen mit den Führungsberichten als Nebenprodukt der administrativen Informationssysteme und mit den Spezialuntersuchungen wird immer wieder erklärt, dass eine systematische Sammlung von Führungsinformationen gar nicht möglich sei. Die Führungsprobleme seien situativ und zu ihrer Lösung würden immer wieder andere Informationen benötigt.[1] Trotz dieses, z.T. sicher berechtigten, Einwandes muss versucht werden, mit Hilfe gezielter und systematisierter Datensammlung und -aufbereitung die Informationssuche des Krankenhausmanagements zu unterstützen.

In der Praxis wurden verschiedene Informations- und Kennzahlenmodelle für das Krankenhaus bzw. für Krankenhaussysteme entwickelt und realisiert. Die folgende Analyse erhebt nicht den Anspruch auf Vollständigkeit. Sie zeigt aber, dass die meisten Modelle stark systemintern- und vergangenheitsorientiert sind. Damit mögen sie den Anforderungen der detaillierten Budgetkontrollprozesse genügen, kaum aber den Informationserfordernissen bei innovativen Entscheidungen. Umweltdaten beispielsweise werden selten erfasst und verarbeitet. Auch Prognosen oder Szenarien fehlen meist. Die erhobenen Kennziffern können damit nur einen bescheidenen Beitrag an ein prospektives und interaktives Krankenhausmanagement leisten. Ein solches wird jedoch mit Blick auf die fort-

1 Rockart J. (Data needs) 82 ff

schreitende Kostensteigerung, die Kapazitätsprobleme und die sich abzeichnenden zukünftigen Probleme der Gesundheitssicherung (vgl. Kapitel 1.1) immer stärker gefordert.

Nachdem in den voranstehenden Kapiteln die Entwicklung des Gesundheitswesens, des Krankenhauses und der Krankenhausführung analysiert, Grundvorstellungen zum Krankenhausmanagement und ein entsprechendes Managementkonzept erläutert, sowie das Problem der Führungsinformation und Kennzahlen allgemein diskutiert wurden, sollen nun verschiedene in der Praxis realisierte, aber auch theoretische Informations- und Kennzahlenmodelle im Bereich der Krankenhausführung vorgestellt und diskutiert werden.

Im deutschen Sprachraum wurden in den letzten Jahren vor allem in der Bundesrepublik umfassendere Informationssysteme entwickelt und realisiert.[2] (vgl. Kapitel 7) Der verstaatlichte "National Health Service" in Grossbritannien verfügt über recht umfassende Informationen, die auch die ambulante Versorgung umfassen. Allerdings liegen die Daten weniger für einzelne Institutionen, sondern mehrheitlich bezogen auf Versorgungsregionen vor (vgl. Kapitel 8). Im amerikanischen Gesundheitswesen war in den letzten Jahren eine Abnahme staatlicher Vorschriften und Eingriffe zu beobachten. Amerikanische Krankenhäuser sind stärker marktorientiert und stehen häufig in direkter Konkurrenz zueinander. Die Führung darf sich somit nicht nur auf interne Kontrolle beschränken, sondern muss aktiv und prospektiv Umweltveränderungen analysieren und in Führungsentscheidungen einbeziehen. Diese Orientierung nach aussen wirkt sich auf die Informations- und Kennzahlensysteme aus. Durch einschneidende Aenderungen des Entschädigungssystems wurde auch das finanzielle Risiko vom Versicherungsträger auf die Krankenhäuser überwälzt. Der Kostendruck bewirkte, dass auch die interne Kontrolle verbessert werden musste. Diese neue Situation mit dem prospektiven Entschädigungssystem nach Diagnosegruppen [3] (DRG) hat zu völlig neuen Managementinformationen geführt (vgl. Kapitel 9).

---

[2] Vgl. u.a. Bertelsmann Stiftung (Informationswesen)

[3] Vgl.u.a. Ernst & Whinney (Medicare)

6 Informations- und Kennzahlensysteme in schweizerischen Krankenhäusern

6.1 Informations- und Kennzahlensysteme auf der Ebene des Gesamtspitals

6.1.1 Die VESKA-Lösung

Die Mehrzahl der Spitäler in der Schweiz sind in der "Vereinigung Schweizerischer Krankenhäuser" (VESKA) zusammengeschlossen. Die VESKA ist ein Verein mit dem Zweck "den Zusammenschluss der öffentlichen und privaten Krankenhäuser der Schweiz sowie die Wahrung und Förderung der wirtschaftlichen, juristischen, medizinischen, gesundheits- wie sozialpolitischen Interessen der schweizerischen Krankenhäuser" [4] anzustreben. Ein zweites, im Zweckartikel erwähntes Vereinsanliegen ist die "Verbesserung und Vereinheitlichung des Rechnungswesens, der Statistik und der Jahresberichte".[5] Seit 1936 unternimmt die VESKA Anstrengungen in dieser Richtung, anfänglich als "VESKA-Anhang" zu den bestehenden Statistiken der Krankenhäuser, seit 1952 mit Normalkontenplan, Buchungskatalog und einer Anleitung für Krankenanstalts-Statistiken, seit 1971 mit dem heute weit verbreiteten VESKA-Kontenrahmen und seit 1975 mit dem VESKA-Modell zur Kostenrechnung. Aufgrund eines Beschlusses der Schweizerischen Sanitätsdirektorenkonferenz [6], wonach gesamtschweizerisch die Ermittlung der Kosten für Anlagenutzung und deren Berücksichtigung in der Kostenrechnung sicherzustellen ist, wurde 1985 die VESKA-Kostenrechnung, wie auch der VESKA-Kontenrahmen und die Statistik überarbeitet und entsprechend erweitert.[7]

Das heutige VESKA-Modell umfasst einen Kontenrahmen für die Finanzbuchhaltung. Dieser dient gleichzeitig als Grundlage für die VESKA-Kostenrechnung (Betriebsbuchhaltung). Im Modell enthalten ist auch das Vorgehen zur Berichti-

---

[4] VESKA (Statuten) Art. 2a

[5] VESKA (Statuten) Art. 2e

[6] Die Schweizerische Sanitätsdirektorenkonferenz (SDK) ist ein Zusammenschluss aller kantonalen Gesundheitsdirektoren zum Zwecke der interkantonalen Koordination des Gesundheitswesens. Formell besitzen die Entscheidungen der SDK allerdings bloss empfehlenden Charakter (vgl. Güntert B./Hofer M. (Institutionen)

[7] VESKA (Kontenrahmen); VESKA (Kontenrechnung)

gung der Aufwände und Erträge, sowie für die Erstellung der Betriebsstatistik und der Jahresrechnung.

6.1.1.1 Der VESKA-Kontenrahmen

Im Gegensatz zur Kostenrechnung, die noch nicht durchwegs realisiert ist, basiert die Finanzbuchhaltung der bei der VESKA angeschlossenen Institutionen auf dem erarbeiteten Modell-Kontenrahmen. Die Krankenhäuser liefern entsprechend gruppierte Daten für die jährlich publizierte Branchenstatistik.[8] Die VESKA-Lösung ist auch für die meisten der nicht organisierten Krankenhäuser wegweisend. Sie gilt auch als Basis kommerziell erhältlicher EDV-unterstützter Finanzbuchhaltungs- und Kostenrechnungs-Systeme für Krankenhäuser.

Basis des VESKA-Kontenrahmens bildet der von Gewerbe-, Industrie- und Handelsbetrieben her bekannte Kontenrahmen von K. Käfer.[9] Wie dieser ist das VESKA-Modell auf dem Prinzip der Bruttoverbuchung aufgebaut. Die Abgrenzungen zur Ermittlung der Kosten pro Pflegetag, sowie die Kosten- und Leistungsstellenrechnung werden im Rahmen der Kostenrechnung durchgeführt. Die Verwendbarkeit des Kontenrahmens ist für Krankenhäuser verschiedener Grössenordnungen gewährleistet und unabhängig von ihrer Art und Struktur. Die einzelnen Kontenklassen lassen sich, je nach Bedürfnis der einzelnen Spitäler, in Detailkonten unterteilen. Vorgesehen ist ein Ausbau bis zu fünfstelligen Unterkonten. Für die Erarbeitung der VESKA-Spitalstatistik sind jedoch nur die im Kontenrahmen mit dreistelligen Ziffern bezeichneten Sammelkonten massgebend. Immobilien und Mobiliar werden aktiviert, der Aufwand für die Anlagenutzung in der "Anlagebuchhaltung" (Kontengruppe 44) und die Aufwendungen für Unterhalt und Reparaturen der Immobilien und Mobilien in der Kontengruppe 43 erfasst. Im weiteren wird auf eine klare Abgrenzung von Betriebsaufwand und -ertrag von neutralen Aufwendungen und Erträgen geachtet. Hingegen wird auf eine Aufteilung der Kosten und Erträge in einen medizinischen und einen Beherbergungsteil verzichtet. Auch eine Differenzierung der Kosten und Erträge in solche aus stationärer und solche aus ambulanter Tätigkeit ist in der heutigen Lösung noch nicht vorgesehen. Entsprechende Erweiterungen des Kontenrahmens sind jedoch möglich und eine statistische Aufteilung ist in Bezug auf die Kostenträger für die jährlich zu erstellende VESKA-Statistik erforderlich.

---

8 VESKA (Statistik)

9 Käfer K. (Kontenrahmen)

Uebersicht über die VESKA - Kontenklassen und -gruppen

Klasse 1: Aktiven
- 10 Umlaufsvermögen
- 11 Anlagevermögen
- 15 Aktive Berichtigungsposten

Klasse 2: Passiven
- 20 Fremdkapital
- 21 Eigenkapital
- 22 Fonds und Stiftungskapitalien
- 25 Passive Berichtigungsposten

Klasse 3/4: Betriebsaufwand

Klasse 3: Besoldungen und Sozialleistungen
- 30 Besoldungen Aerzte und andere Akademiker im med. Fachbereich
- 31 Besoldungen Pflegepersonal im Pflegebereich
- 32 Besoldungen Personal anderer medizinischer Fachbereiche
- 33 Besoldungen Verwaltungspersonal
- 34 Besoldungen Oekonomie-, Transport- und Hausdienstpersonal
- 35 Besoldungen des Personals technischer Betriebe
- 36 (frei)
- 37 Sozialleistungen
- 38 Arzthonorare

Klasse 4: Uebriger Sachaufwand
- 40 Medizinischer Bedarf
- 41 Lebensmittelaufwand
- 42 Haushaltaufwand
- 43 Unterhalt und Reparaturen der Immobilien und Mobilien
- 44 Aufwand für Anlagennutzung
- 45 Aufwand für Energie und Wasser
- 46 (frei)
- 47 Büro- und Verwaltungsaufwand
- 49 Uebriger Sachaufwand

Klasse 6: Betriebsertrag
- 60 Pflege-, Behandlungs- und Aufenthaltstaxen
- 61 Erträge aus Arzthonoraren
- 62 Erträge aus medizinischen Nebenleistungen
- 63 Erträge aus Spezialuntersuchungen und -therapien
- 64 Erträge aus ärztlichen Beratungen und Konsultationen
- 65 Uebrige Erträge aus Leistungen für Patienten
- 66 Miet- und Kapitalzinsertrag
- 68 Erträge aus Leistungen an Personal und an Dritte
- 69 Beiträge und Subventionen

Klasse 7: Betriebsfremder Aufwand und Ertrag
70 Liegenschaften
71 Landwirtschaft
72 Kiosk, Tea-Room
78 Betriebsfremder Kapitalaufwand und Ertrag
79 Uebriger betriebsfremder Aufwand und Ertrag

Klasse 8: Abschluss
80 Bilanz
81 Erfolgsrechnung

Klasse 9: Separatrechnung

Abb. 6-1. Aufbau des VESKA-Kontenrahmens (Quelle: VESKA (Kontenrahmen) 27-28)

6.1.1.2 Die VESKA-Kostenrechnung

Auf der Basis dieses Kontenrahmens wurde das Modell einer Kostenrechnung für Krankenhäuser entwickelt. Damit wird eine Verbesserung der Kostentransparenz (z.B. Ermittlung des Deckungsgrades) und die Schaffung eines Führungsinstrumentes für die Krankenhausleitung bezweckt, namentlich durch:[10]

- Kostenkontrolle
- Erstellung von Soll/Ist-Vergleichen einzelner Bereiche
- Analyse von Kostenverläufen
- Kalkulation der Kosten der Leistungseinheiten
- Gewinnung von Planungsunterlagen

usw.

Durch Zuhilfenahme statistischer Daten wird die Erarbeitung bereichsspezifischer Kennziffern ermöglicht, wie z.B.:

- geleistete Pflegetage
- Anzahl Patienten
- erarbeitete Taxpunkte

Auch können zwischenbetriebliche Vergleiche einzelner Kostenstellen angestellt werden.

Die VESKA-Kostenrechnung basiert auf dem Prinzip der Vollkostenrechnung. Die Kostenarten werden dem Kontenrahmen entnommen (Kontenklasse 3 und 4) und auf Kostenstellen, bzw. Kostenträger umgewälzt. Der Kostenstellenrahmen

[10] VESKA (Kostenrechnung) 11 ff

gliedert sich in "Allgemeine Kostenstellen", d.h. Betriebe der Infrastruktur, und in "Hauptkostenstellen", d.h. medizinisch-technische Betriebe, Kliniken, Ambulatorien, Schulen usw. Die Bettenkliniken bilden gleichzeitig die Kostenträger (Stellen der Kostenträger).

Allgemeine Kostenstellen

0 + 1 Betriebe der Infrastruktur
01 Gebäude
04 Verwaltung
06 Hauswirtschaft
08 Zentralmagazin
10 Technische Betriebe (inkl. Gärtnerei)
12 Transportdienst
14 Oekonomie
16 Zentralsterilisation
18 Apotheke
19 Allgemeine Infrastruktur (z.B. Zentralarchiv, Fotodienst, Personalarztdienst usw.)

Hauptkostenstellen

2 + 3 Medizinisch-technische Betriebe
20 Operationssäle
21 Anästhesie
22 IPS (Intensivpflegestation), sofern nicht selbständige Klinik
23 Notfall
24 Radiologie + Nuklearmedizin
27 Laboratorien
30 Physiotherapien
31 Uebrige Therapien
34 Medizinisch-diagnostische Abteilungen
39 Pathologie

Hauptkostenstellen und Stellen der Kostenträger

4 + 5 Kliniken und Abteilungen
40 Medizin (allg.)
45 Chirurgie
49 Gynäkologie und Geburtshilfe
52 Pädiatrie
54 IPS (Intensivpflegestation), sofern selbständige Klinik
55 Psychiatrie
57 Geriatrie

6 + 7 Ambulatorien
60 Operationssäle ambulant
61 Anästhesie ambulant
64 Radiologie + Nuklearmedizin ambulant
67 Laboratorien ambulant
70 Physiotherapie ambulant
71 Uebrige Therapien ambulant

```
74 Medizinisch-diagnostische Abteilungen ambulant
75 Polikliniken
79 Pathologie ambulant

8 Personalunterkünfte und weitere Nebenbetriebe
80 Personalhäuser
81 Kinderkrippe
89 Nebenbetriebe (Kontenklasse 7, Kostenartenrechnung)

9 Schulen
90 Schulen Pflegepersonal
95 Schulen medizinisch-technisches Personal
```

Abb. 6-2. VESKA - Kostenstellen-Rechnung (Quelle: VESKA (Kostenrechnung) 23-25)

Für die Umlage der Kostenarten auf die Kostenstellen gelten folgende Grundsätze:

- soweit möglich direkt den verursachenden Hauptkostenstellen
- ist dies nicht möglich, werden sie einer oder mehreren Kostenstellen der Infrastruktur belastet (vgl. Abb. 6-2, Klasse 0 und 1)
- Kosten für Neuanschaffungen, Ersatz und Abschreibungen, sowie alle Miet- und Kapitalzinsen werden separat erfasst und erst in einer zweiten Phase umgelegt.

Die Kosten der "Allgemeinen Kostenstellen" (Klasse 0 und 1) werden sodann auf die Hauptkostenstellen umgelegt. Dies geschieht mit Hilfe verschiedener Umlageschlüssel.[11] Die Umlage der medizinisch-technischen Bereiche (Klasse 2 und 3) auf die Stellen der Kostenträger (Klasse 4 bis 9) erfolgt dann nach den tatsächlichen, für die verschiedenen Stellen erbrachten Leistungen.

Das VESKA-Modell der Kostenrechnung ist geprägt durch das heute übliche Vergütungssystem. Nach diesem werden den Krankenhäusern für einen Grossteil der erbrachten Leistungen (i.d.R. bei allen allgemein versicherten Patienten) Tagespauschalen, ungeachtet der effektiv entstandenen Kosten und der im Einzelfall tatsächlich erbrachten Leistungen, vergütet. Im Gegensatz dazu findet man in der Kostenrechnung in Industrie und Gewerbe eine weitere Umlage der Kosten aus den Hauptkostenstellen auf die eigentlichen Kostenträger, d.h. die tatsächlich erbrachten Leistungen bzw. die erstellten Produkte. Eine Umlage der Kosten auf die in den "Stellen der Kostenträger" erbrachten effektiven Leistungen bzw. behandelten Patienten ist nicht mehr vorgesehen. Die effektiven Kosten der er-

[11] VESKA (Kostenrechnung) 31 f

brachten Leistungen lassen sich somit nicht ermitteln.[12] Annäherungsweise werden die Kosten der Hauptkostenstellen (Klasse 2 bis 9) mit Hilfe der VESKA-Taxpunkttabelle bewertet. Allerdings stimmt die Taxpunkttabelle nicht mit dem eigentlichen Aufwand überein, werden doch bei ihrer Konstruktion auch politische Anliegen und die Interessen der Kostenträger berücksichtigt. Sinnvoll und notwendig wäre aber die Erfassung der Einzelleistungen oder Taxpunkte pro Patient oder nach Diagnosegruppen.[13]

In der 1985 überarbeiteten Fassung der VESKA-Kostenrechnung wurde neu die Anlagebuchhaltung integriert. Zweck der Anlagebuchhaltung ist die Feststellung des Mobilien- und Immobilienbestandes, die Inventarkontrolle von Maschinen und Anlagen und die Ermittlung der Kosten für die Anlagenutzung (Zinsen und Abschreibungen). Damit sollen die Grundlagen für Investitionsentscheidungen verbessert werden. Das VESKA-Modell der Anlagebuchhaltung sieht vor, dass ungeachtet der Finanzierer der Investitionen gleiche kalkulatorische Abschreibungs- und Zinssätze gerechnet werden. Bei der Inventarisierung werden die Immobilien zum Schätz- oder Versicherungswert und die Mobilien zum Anschaffungswert aufgenommen. Die Abschreibungskosten ergeben sich aus diesem Wert und den voraussichtlichen Nutzungsdauern. Die VESKA-Kostenrechnung lässt sowohl die lineare, wie auch die degressive Abschreibungsmethode zu. Die Bestimmung der Abschreibungssätze liegt beim Krankenhausträger. In der VESKA-Anlagebuchhaltung werden Empfehlungen dazu abgegeben.[14] In der Kostenrechnung werden die Aufwendungen für die Anlagenutzung (Abschreibungen und Zinsen) separat umgelegt und erst in einem letzten Schritt zu den Betriebskosten im engeren Sinne (Gesamtkosten abzüglich Kosten der Anlagenutzung) addiert.

Das Ergebnis der Kostenrechnung sind Informationen über Umfang und Art der Kosten, gegliedert nach Hauptkostenstellen, d.h. nach Bettenabteilungen (Kliniken), Instituten, Ambulatorien, Personalunterkünften und Schulen. Der Schwerpunkt dieser Informationen liegt auf dem geldwertmässigen Aspekt der eingesetzten Mittel. Die effektiv erbrachte Leistung wird demgegenüber nur ungenau erfasst, so dass Effizienzkennziffern nicht oder nur grob erarbeitet werden können. Eine Annäherung könnte durch eine, in Anlehnung an die Deckungsbei-

[12] VESKA (Taxpunkt-Tabelle)

[13] Bertelsmann Stiftung (Informationswesen); oder u.a. Fetter R. et al (Diagnostic specific cost)

[14] VESKA (Kostenrechnung) 44

tragsrechnung aufgebaute Betriebsabrechnung [15] und durch die Bildung und Kontrolle von abteilungsbezogenen Pflegesätzen bzw. Taxpunktbewertungen erreicht werden.

6.1.1.3 Die VESKA-Krankenhausstatistik

Qualitative und allgemeine quantitative Angaben zum Krankenhausgeschehen fehlen im VESKA-Kostenrechnungsmodell weitgehend. Derartige Angaben sind teilweise Inhalt der VESKA-Statistik. In dieser Statistik werden verschiedenste Informationen erfasst, die für das Management von Bedeutung sein können, namentlich sind dies Angaben über:[16]

- Rechtsträger des Betriebes
- Betrieblicher Aufbau (eigenständige Kliniken/Abteilungen oder regelmässige Erbringung entsprechender Leistungen ohne eigenständige Klinik/Abteilung)
- Arztsystem
- Zweckbestimmung
- Ausbildungsmöglichkeiten (angeschlossene Schulen oder Ausbildungsstation für fremde Schulen nach Berufsgruppen)
- Durchschnittlicher Personalbestand und Personal am Stichtag (nach Personalkategorie: Total, in Ausbildung, in Nebenbetrieben, davon Frauen, davon Ausländer)
- Zusatzstatistik (falls Personal von externer Stelle bezahlt wird)
- Hospitalisierte, Patientenbestand und -bewegung (inkl. Säuglinge und Gesunde in Altersabteilungen nach Kliniken/Abteilungen: Bestand, Eintritte, Uebertritte, Austritte, Verlegung)
- Bettenbestand und Bettenbelegung (Normalbettenbestand nach Kliniken/Abteilungen: Total, davon in allg. Abteilung; verrechnete Pflegetage nach Kliniken/Abteilungen: Total, davon in allg. Abteilung; durchschnittliche Aufenthaltsdauer; Bettenbelegung in %)
- Finanzbuchhaltung
- Erfolgsrechnung (inkl. Deckung des Betriebsdefizites)
- Bilanz
- Kostenrechnung A (nach Hauptkostenstellen (Klasse 2 und 3): nach Taxpunkt, engere Betriebskosten, Gesamtkosten)
- Kostenrechnung B (nach Stellen der Kostenträger (Klasse 4 bis 9) für die stationäre Behandlung: Krankenhausaufenthalte, Pflegetage, engere Betriebs- und Gesamtkosten pro Patient und Pflegetag)
- Kostenrechnung C (Leistungs- und Kostennachweis der Ambulatorien: nach Taxpunkt, engere Betriebs- und Gesamtkosten total und pro Taxpunkt)

---

[15] Vgl. u.a. Axtner W. (Krankenhausmanagement) 166 ff; Weber H. (Management-System) 269 ff; Tauch J. (Leistungsrechnung) 52 ff

[16] VESKA (Kontenrahmen) 163 ff

Aus diesen Informationen und den Daten der Kostenrechnung lassen sich eine Reihe von Kennziffern ermitteln. Die VESKA selbst veröffentlicht jährlich eine umfangreiche Krankenhausstatistik. Dabei werden Struktur- und Kostendaten aus der Betriebsstatistik und der Kostenrechnung nach Art der Spitäler (Grösse und Zweck) in einem gesamtschweizerischen Betriebsvergleich ausgewiesen.[17] Diese Statistik dient einerseits dazu, sich einen Ueberblick über ausgewählte Aspekte der stationären Versorgung der Schweiz zu verschaffen. Andererseits erlaubt sie, anhand von Durchschnittswerten das Verhalten eines einzelnen Krankenhauses mit jenem der Branche, bzw. mit Krankenhäusern ähnlicher Grössenordnung, zu vergleichen.

Die Struktur der VESKA-Statistik und der Kostenrechnung wurde weniger aufgrund der Informationsbedürfnisse des Krankenhausmanagements, als vielmehr aufgrund jener der Trägerschaften festgelegt. Schwerpunkt der gelieferten Informationen liegt auf Betriebsvergleichen mit Hilfe relativ grober Durchschnittszahlen, sowie auf geldwertmässigen, betriebsinternen und vergangenheitsorientierten Daten. Beziehungen zur Umwelt und künftige Entwicklungstendenzen werden kaum erfasst. Die zur Leistungserstellung eingesetzten Mittel werden zudem nicht mit den erbrachten Leistungen in Beziehung gebracht, sondern bloss dem Ort der Leistungserbringung zugeordnet. Damit können Entscheidungen des Krankenhausmanagements jedoch nur mangelhaft unterstützt werden. Dazu scheint die Vollkostenrechnung überhaupt wenig geeignet zu sein. Für wirtschaftliche Ueberlegungen wären Kenntnisse über fixe, sprungfixe und variable, direkte und indirekte sowie beeinflussbare und nicht beeinflussbare Kosten wichtiger.[18]

Auch die zur Beurteilung der Angemessenheit der erbrachten Leistungen notwendigen Bezugsgrössen zur Krankenhausumwelt, sowie qualitative Angaben fehlen. Die vorgeschlagenen Betriebsvergleiche geben dazu wenig her, basieren sie doch gerade auf Durchschnittswerten von Krankenhäusern derselben Grössenordnung (Bettenzahl). Angaben über Leistungsauftrag, Spezialisierungsgrad, Versorgungsniveau, Organisationsstruktur oder Patientenstruktur (Case mix) fehlen ebenfalls. Die Informationen und Kennziffern des VESKA-Modells sind somit für die Lösung konkreter Managementprobleme nur bedingt geeignet.

---

[17] VESKA (Statistik); vgl. auch Bundesamt für Statistik (Krankenhäuser)

[18] Burik D. (Cost accounting) 170 ff; Neumann B./Suver J./Zelman W. (Financial management) 169 ff

6.2 Krankenhausinformationssysteme

In immer mehr Krankenhäusern werden zur Unterstützung administrativer und medizinischer Aufgaben computergestützte Informationssysteme angewendet. Mit wenigen Ausnahmen [19] konzentrieren sie sich entweder auf administrative oder auf medizinische Belange. Bereits in den frühen 60er Jahren wurden in grösseren Krankenhäusern mögliche Automatisierungen der in der Administration anfallenden Massenaufgaben, wie z.B. Patienten- und Personalabrechnungen, mit Hilfe von Computerlösungen gesucht. Ein entscheidender weiterer Schritt im Ausbau der administrativen Systeme erfolgte durch die Einführung der VESKA-Kostenrechnung. Die dazu notwendige Datenerfassung und -verarbeitung wäre, vor allem in grösseren Häusern, ohne EDV-Unterstützung nicht mehr möglich. Eine rasche Entwicklung entsprechender Soft- und Hardware setzte ein, und integrierte administrative EDV-Systeme begannen sich in den Krankenhäusern immer mehr durchzusetzen. Eine Untersuchung hat gezeigt, dass in der Schweiz rund 70% der Krankenhäuser in administrativen Bereichen EDV-Lösungen einsetzen.[20] Die häufigsten Applikationen sind im Rechnungswesen (97%), der Patientenadministration (93%) und der Personaladministration (89%) zu finden. Weniger verbreitet sind Anwendungen im Pflegebereich (32%, wobei bloss etwa in 4% der Krankenhäuser Bildschirme auf den Pflegeabteilungen zu finden sind), der Materialbewirtschaftung (24%) oder der klinischen Medizin (14%).

Die heutigen administrativen Krankenhausinformationssysteme umfassen in der Regel folgende Module:[21]

- Patientenadministration
- Leistungserfassung (meist nur beschränkt für bestimmte Leistungsgruppen, in bestimmten Bereichen oder für bestimmte Patientengruppen)
- Fakturierung und Debitorenbuchhaltung
- Finanzbuchhaltung (meist nach VESKA-Modell)
- Personaladministration
- Lohnbuchhaltung
- Lagerbewirtschaftung (in ausgewählten Bereichen)
- VESKA-Kostenrechnung
- Statistiken

---

[19] Bedeutendste Ausnahme in den schweizerischen Krankenhäusern bildet zur Zeit das am Hopital Cantonal Universitaire de Geneve entwickelte Informationssystem DIOGENE.

[20] Karasek J.P./Küchler H. (Informatik) 9 ff

[21] Vgl. u.a. ASKIS-DC von IBM; DIOHIS von FIDES

Die einzelnen Module sind mehr oder weniger miteinander verbunden und erlauben einen Datenaustausch.

Die meisten dieser Informationssysteme lehnen sich inhaltlich an das VESKA-Modell an. Damit sind sie in ihrem Aufbau auf interne und vergangenheitsbezogene Daten hin orientiert. I.d.R. fehlen qualitative Informationen ganz. Ausser bei den aufwendigen Eigenentwicklungen [22] werden die Informationsbedürfnisse der Führungskräfte auf den verschiedenen Ebenen kaum direkt berücksichtigt. Im Rahmen des Statistikpakets können Managementberichte erarbeitet werden, welche für die kurzfristige Planung und Kontrolle, sowie die operative Führung von Bedeutung sein können. Die Computerisierung der Informationssysteme erlaubt z.B. monatliche Angaben über die Budgetausschöpfung, wöchentliche Wareninventare oder einen täglichen Patientencensus in verschiedenen Detaillierungsgraden.

Statistik Nr.	Bezeichnung	Pat.-Typ	Zeit-raum	Fix/ Var.
01	Patienten + Pflegetage nach Herkunft	Stat.	Mtl.+ Kum.	Fix
14	Patienten + Pflegetage nach Herkunft ambulant	Amb.	Mtl.+ Kum.	Fix
02	Durchschnittliche Bettenbelegung	Stat.	Mtl.+ Kum.	Fix
03	Notfallmässige Eintritte	Stat.+ Amb.	Mtl.	Fix
04	Patienteneintritte	Stat.	Mtl.+ Kum.	Fix
15	Patienteneintritte ambulant	Amb.	Mtl.+ Kum.	Fix
05	Ausserkantonale Patienteneintritte	Stat.	Jährl.	Fix
06	Patienten + Pflegetage nach Abteilung und Geschlecht	Stat.	1/4-J.	Var.
07	Einweisungsstatistik	Stat.	1/4-J.+ Kum.	Var.

[22] wie z.B. das Genfer DIOGENE-System

08	Altersstruktur	Stat.	Jährl.	Var.
09	Patienten- und Todesfall-statistik	Stat.	Jährl.	Var.
10	Patienten + Pflegetage nach Klasse	Stat.	Jährl.	Var.
16	Patienten + Pflegetage nach Klasse Ambulant	Amb.	Jährl.	Var.
11	Spitalarztstatistik	Stat.	Mtl.	Var.
12	Patienten + Pflegetage nach Abteilungen + Klasse	Stat.	1/4-J.	Var.
13	Patienteneintritte und Pflegetage nach Nation	Stat.+ Amb.	Jährl.	Var.
20	Ein-, Austritte und Todesfälle nach Herkunft + Abteilung	Stat.	Mtl.+ Kum.	Fix.
25	Leistungs-Statistik nach Leistungspositionen	Stat.+ Amb.	1/4-J.	Var.
25A	Leistungsertragsstatistik nach Leistungsposition	Stat + Amb.	1/4-J.	Var.
26	Leistunsstatistik nach Leistungsstelle	Stat + Amb.	Jährl.	Var.
26A	Leistungsertragsstatistik nach Leistungsstelle	Stat + Amb.	Jährl.	Var.
33	Patienten-Verzeichnis mit variabler Sortierung	Stat + Amb.	Jährl.	Var.
35	Statistik-Record für individuelle Statistiken	Stat + Amb.	Jährl.	Var.
44	Statistik-Record kumuliert	Stat + Amb.	Kum.	Fix
41	Arzt-Ertrags-Statistik	Stat + Amb.	Kum.	Fix
45	VESKA-Statistiken	Stat + Amb.	Jährl.	Fix

Abb. 6-3. Beispiel eines Statistikpaketes eines umfassenden administrativen Informationssystems (Quelle: Standardstatistikpaket der st.gallischen Spitäler bei IBM/ASKIS -DC, Stand 01.87)

Neuere Entwicklungen zeigen, dass auch in der Schweiz zunehmend Anstrengungen unternommen werden, um integrierte Informationssysteme mit Schnittstellen zwischen administrativen und medizinischen Applikationen und verschiedenen Datenbanken zu schaffen. Damit kann die Qualität der Informationen für Führungsentscheidungen wesentlich gesteigert werden.

6.3 Informationen und Kennziffern auf der Ebene einzelner Leistungs- und Funktionsbereiche des Krankenhauses

Auf der Ebene einzelner Leistungs- (z.B. Stationen, Abteilungen, Institute usw.) oder Funktionsbereiche (z.B. Pflegedienst, Hausdienst, Medizin-Technik usw.) werden häufig gezielt Daten erhoben und verarbeitet. Die Ziele dieser Informationssammlungen sind vielfältig. Sie reichen von fachlicher Dokumentation, Qualitätskontrolle und medizinischer Forschung bis hin zu Budgetkontrolle, Planung und Steuerung operativer Prozesse. Meist handelt es sich um Informationsverarbeitungen, die nicht in einem grösseren System integriert sind und auch nicht über Schnittstellen zum Datentransfer mit Informationssystemen in anderen Bereichen verfügen.

Beispiele derartiger computerisierter Informationssysteme sind etwa Personalplanungssysteme im Bereich des Pflegedienstes.[23] Diese dienen der groben, monatlichen Personaleinsatzplanung. Für die Feindisposition fehlen den meisten Systemen Angaben über die Zahl und Pflegeintensität der zu versorgenden Patienten. Ebenso fehlen vorläufig Schnittstellen zum Personalinformationssystem oder zur Lohnbuchhaltung. Andere Systeme unterstützen das Aufgebot von Patienten, z.B. im Dialysebereich, bei physiotherapeutischen Patienten oder für Wahloperationen. Weitere Systeme dienen der Kommunikation zwischen verschiedenen Bereichen, wie beispielsweise zwischen den Pflegestationen und Küche (Menue-Bestellungen) oder Materiallager (Materialbestellungen). Im medizinischen Bereich findet man immer häufiger Kommunikationssysteme zwischen diagnostischen und therapeutischen Diensten (z.B. Labor, Radiotherapie) und den Pflegestationen. Damit soll eine möglichst rasche und fehlerfreie Resultatübermittlung zu den medizinischen Entscheidungsträgern gewährleistet werden.

[23] Z.B. das vom Kantonsspital Baden und der Firma FIDES gemeinsam entwickelte System DIO-PEPS zur Personaleinsatzplanung im Pflegebereich, vgl. dazu Bühlmann J./Herrmann B. (Personaleinsatzplanung)

Auch in rein medizinischen Bereichen findet man zunehmend mehr oder weniger ausgebaute Informationssysteme. Meist handelt es sich allerdings noch um manuelle Systeme, die der eigenen Dokumentation dienen, diagnostische oder therapeutische Entscheidungsfindung und klinische Forschung unterstützen oder die Erstellung der geforderten Leistungsstatistiken erleichtern.

Die Leistungsstatistiken geben in der Regel die Anzahl der erbrachten Leistungen, gruppiert nach medizinischen Kriterien wie z.B. Diagnosestellungen, Konsultationen, operative Eingriffe (meist unterschieden nach Art der Eingriffe) usw. wieder. Die Gliederungskriterien variieren jeweils zwischen den Kliniken und Instituten. Ueberbetriebliche Vergleiche der Leistungserbringung mehrerer Kliniken der gleichen Spezialität sind daher kaum durchführbar.[24] Auch innerhalb der Kliniken und Institute variieren die Leistungsstatistiken im Zeitablauf häufig, so dass selbst Zeitvergleiche oft verunmöglicht werden.

Rein medizinische Leistungs- und Patientenstatistiken haben nur einen geringen Informationsgehalt für die Führung des gesamten Krankenhauses. Sie sind Resultat klinikinterner, medizinischer Informationssysteme und können nur selten mit Grössen des administrativen Informationssystems in Beziehung gesetzt werden.[25] So ist es z.B. kaum möglich, aussagekräftige Produktivitätskennziffern, d.h. Verhältnisse zwischen erbrachten medizinischen Leistungen und eingesetzten Mitteln zu bilden.

Zweck medizinischer Informationssysteme ist nicht primär die Unterstützung des operativen Managements innerhalb der Kliniken oder einzelner Funktionsbereiche, sondern deren Berichterstattung zu erleichtern und - in moderneren Systemen immer wichtiger - die Qualitätskontrolle und -verbesserung sicherzustellen.[26] Damit werden Expertensysteme geschaffen, welche u.a. folgende Möglichkeiten bieten:[27]

---

[24] Güntert B./Probst G. (Lupe) 28 ff

[25] Eine Ausnahme dazu bilden etwa die der VESKA-Diagnosestatistik angeschlossenen Krankenhäuser; vgl. VESKA (Diagnosestatistik)

[26] Vgl. u.a. das Anaesthesiesoftwarepaket MEDIBA-A von IBACOM AG, Chur. Das Grundmodul enthält Eingabemasken für die Erfassung der Daten aus der Anaesthesie und Reanimation und erstellt verschiedene Statistiken (wählbare Perioden) und Arztberichte. Das Erweiterungsmodul 1 erstellt zusätzlich Leistungsausweise (z.B. für Institute mit Ausbildungsauftrag). Das Erweiterungsmodul 2 erlaubt Spezialauswertungen, welche der Personalberechnung, der Komplikationskontrolle, sowie als Planungshilfe im Operationsablauf und für die Bestimmung des Personaleinsatzes dienen können.

[27] Vgl. u.a. das perinatologisch-gynäkologische Informationssystem PERGYN, beschrieben in: Litschgi M. (Intelligenz); oder die Faktendatenbank zur Diagnosehilfe DIAGNOSIS vom Georg Thieme Verlag, Stuttgart

- Trenderkennung von Diagnosen und Therapien
- statistische Unterlagen zu Komplikationen und Nebenwirkungen
- Heilungserfolge für Therapien bei verschiedenen Ausgangslagen
- Erfassung und Beurteilung von Risikofaktoren
- Unterstützung der Diagnostik
- Unterstützung der Indikationsstellungen für Therapien
- Erstellung von Kosten/Nutzen- und Risiko/Nutzen-Analysen

usw.

6.4 Informations- und Kennziffernsysteme übergeordneter Führungsstufen

In verschiedenen Kantonen werden die von den Krankenhäusern erarbeiteten Kennziffern und Daten aus der Kostenrechnung, Betriebsstatistik und den Jahresberichten gesammelt und vergleichend dargestellt und so Kennzahlen für das gesamte kantonale (stationäre) Versorgungssystem erarbeitet. Dabei gehen die Kantone häufig über die in der VESKA-Kostenrechnung und Statistik ausgewiesenen Informationen hinaus und verlangen zusätzliche Daten. Zweck dieser kantonalen Berichte ist es einerseits, den politischen Entscheidungsträgern Rechenschaft abzulegen, andererseits aber auch Informationen für die kantonale Krankenhaus- und Finanzplanung zu gewinnen. Beispielhaft für die Situation in der Schweiz soll im folgenden die inhaltliche Struktur derartiger Kennzahlensysteme aus drei Kantonen kurz dargestellt werden.

6.4.1 Beispiel: Kennziffern-System des Kantons St. Gallen

Im Kanton St. Gallen publiziert die kantonale Finanzverwaltung jährlich eine vergleichende Uebersicht über Kostenentwicklung, Frequenzstruktur und Personalsituation der kantonalen und gemeindeeigenen Krankenhäuser und der kantonalen psychiatrischen Kliniken.[28] Der Vergleich enthält folgende Daten:

- allgemeine statistische Angaben (wie Bettenbestand, Anzahl Patienten und Krankentage, durchschnittliche Bettenbelegung, Bettenbesetzung und Aufenthaltsdauer)
- Betriebskosten und -ertrag nach VESKA

[28] Finanzverwaltung des Kantons St.Gallen (Statistik)

- Betriebskosten und -ertrag nach gewogenem Krankentag [29]
- Betriebskosten und -ertrag nach Fall (Austritt)
- Zusammensetzung des Betriebsaufwandes (Kostenarten) und -ertrages in %
- Frequenzstruktur und Verpflegungstage
- grobe Leistungsdaten (Anzahl Geburten, Operationen, Röntgenaufnahmen, EKG usw.)
- Frequenzentwicklungen über mehrere Jahre
- Kosten- und Ertragsentwicklungen je gewogenen Krankentag

Seit 1984 wird diese Uebersicht durch einen Anhang ergänzt, der detailliertere Angaben zum Personalbestand (nach Personalkategorie und Fachbereich) und zur Kostenstruktur (Kostenarten je Tag, Ausscheidung der Aufwände und Erträge der stationären Behandlung), sowie einige Verhältniszahlen, wie Patienten zu Personal oder Betten zu Personal, enthält.

Zweck dieser statistischen Uebersicht ist es, Daten der Krankenhäuser und Kliniken miteinander zu vergleichen. Allerdings fehlen eigentliche Leistungskennzahlen weitgehend, wenn man von erbrachten Pflegetagen, bzw. behandelten Fällen absieht. Auch Beurteilungskriterien für die Qualität der erbrachten Leistungen sind nicht vorhanden. Ebenso werden Aussagen über die Effektivität der jeweiligen Leistungserbringung, die Einhaltung der jeweiligen Leistungsaufträge usw. unterlassen. Betriebsgrösse, Anzahl der selbständigen medizinischen Abteilungen (Leistungsangebot), Ausbildungsauftrag und -stellen, Patienten-Mix und gemeinwirtschaftliche Kosten im Zusammenhang mit der Langzeitversorgung, bzw. dem Leistungsauftrag fehlen. Für zwischenbetriebliche Vergleiche fehlt es an der notwendigen Standardisierung; die ausgewiesenen Vergleiche sind verfälscht.

6.4.2 Beispiel: Kennziffern-System des Kantons Zürich

Mehr und detailliertere Kennzahlen werden im Kanton Zürich über das System der stationären Akutversorgung erhoben und vergleichend dargestellt.[30] Die 34 erfassten Akutkrankenhäuser sind in sechs, vom Leistungsauftrag her vergleichbare Gruppen gegliedert. Es werden folgende Daten erhoben und dargestellt:

---

[29] Die Gewichtung basiert auf groben und eher willkürlichen Annahmen:

- Privatpatient:	1,2 ;	- Allgemeinpatient:	1,0 ;
- Säuglinge:	0,3 ;	- Altersabteilung:	0,4

[30] Direktion des Gesundheitswesens des Kantons Zürich (Kenndaten)

- Pflegetage
- Bettenbestand
- Bettenbelegung
- Patienten Ein-/Austritte
- behandelte Patienten
- Aufenthaltsdauer
- Betriebsaufwand
- Betriebsertrag/-ergebnis (Defizit)
- Personalkosten
- Personalbestand und -leistung

Neben den erfassten absoluten Totalwerten für das Gesamtkrankenhaus findet man im Zürcher Kennzahlen-System weitere Detaillierungen, so z.B. Gliederungen nach medizinisch selbständigen Abteilungen, sowie eine ganze Reihe von Verhältniskennziffern, wie z.B. eingesetzte Ressourcen pro 100 Betten oder pro Pflegetage, bzw. Leistungen pro Personaleinheit.

Obwohl diese Kenndatensammlung recht gute Daten liefert, fehlen noch immer wichtige Führungsinformationen. So werden etwa Leistungsdaten nur rudimentär und ohne qualitative Spezifikation erfasst. Auch die Integration der Krankenhäuser in das Versorgungssystem oder eine Betrachtung der jeweiligen Servicebevölkerung fehlen. Die Standardisierung der Kenndaten nach Pflegetagen, Anzahl Betten oder Personal lassen gewisse Schlüsse für die Führungsentscheide zu, sind für tiefergreifende zwischenbetriebliche Vergleiche allerdings noch immer sehr ungenau.

6.4.3 Beispiel: Kennziffern-System des Kantons Waadt

Gegenüber den beiden oben beschriebenen Kenndaten-Systemen ermöglicht die jährliche Statistik zum Gesundheitswesen des Kantons Waadt [31] einen weit detaillierteren und umfassenderen Ueberblick. Die publizierte Uebersicht beinhaltet in der Einführung verschiedene allgemeine Angaben zu den geographischen Planzonen der somatischen und der psychiatrischen Versorgung und deren jeweilige Bevölkerung. In einem ersten Teil werden sodann die verschiedenen Versorgungsbereiche:

- Netz der Gesundheitsversorgung des Kantons (inkl. ambulanter Bereich)
- Akutkrankenhäuser (allgemein und Spezialeinrichtungen)

[31] Departement de l'interieur et de la sante publique (Statistiques)

- Psychiatrische Versorgung
- Geriatriekrankenhäuser und Pflegeheime
- Schulen
- Ambulanzen

grob in Bezug auf ihre Kapazitäten und die erbrachten Leistungen, sowie die Kosten hin dargestellt. Diese Daten sind aus der Sicht der übergeordneten Ebene, d.h. in Bezug auf die Erfüllung der sehr spezifisch formulierten Leistungsaufträge hin kommentiert.

Im zweiten, dem eigentlichen statistischen Teil werden Ressourcen, Leistungen und Kosten der verschiedenen Institutionen detailliert dargestellt. Die Daten sind dabei stark führungsorientiert aufbereitet, indem versucht wird, nach verschiedenen Kriterien zu standardisieren. Einerseits findet man eine Einteilung der Krankenhäuser nach Versorgungsniveau:

- Maximalversorgung (Centre hospitalière universitaire du Canton de Vaud)
- Schwerpunktversorgung (hôpitaux de zone)
- Grundversorgung (hôpitaux regionaux)
- Spezialkliniken.

Andererseits werden die Daten soweit möglich und sinnvoll nach medizinisch-organisatorischer Gliederung (Innere Medizin, Chirurgie, Frauenklinik, Pädiatrie, Geriatrie, Labor, Radiodiagnostik, Radiotherapie, Ultraschall, Endoskopie, Physiotherapie, Ergotherapie, Pathologie usw.) aufbereitet. Vor allem werden dargestellt:

- Personelle Ressourcen nach Personalkategorien
- Grad der medizinischen Spezialisierung als Funktion der selbständigen Fachdisziplinen
- Infrastrukturelle Kapazitäten wie Raum (in m^2 bzw. m^3), Anzahl Betten, Anzahl Operationssäle, bzw. Apparate usw.)
- Anzahl behandelte Patienten und Konsultationen, aufgeteilt in stationär und ambulant
- Anzahl Patientenaustritte
- Art des Austrittes
- Anzahl Pflegetage
- Bettenbelegung und Betten-Turnover
- durchschnittliche Aufenthaltsdauer
- Anzahl Todesfälle
- Budget, effektive Kosten und Budgetabweichungen nach Kostenart (VESKA)
- Patientenherkunft (Relevanzmatrix)

Gegenüber den Kenndaten-Modellen der Kantone St.Gallen und Zürich fällt auf, dass einerseits Daten zum gesamten Gesundheitsversorgungssystem vorliegen und kommentiert werden. Andrerseits sind die Daten besser strukturiert und standardisiert und lassen sich - trotz des grösseren Detaillierungsgrades - leichter miteinander vergleichen. Obwohl auch im Modell des Kantons Waadt Informationen zu den erbrachten Leistungen und zum Patienten-Mix, sowie qualitative Aspekte und künftige Entwicklungen weitgehend fehlen, lassen sich im Betriebsvergleich doch sinnvolle Schlussfolgerungen für die Führung ziehen.

7 Informations- und Kennziffernsysteme im deutschen Sprachraum

In der deutschsprachigen Krankenhaus-Managementliteratur findet man verschiedene Ansätze von Informations- und Kennzahlensystemen. Im folgenden sollen einige speziell für Krankenhäuser entwickelte Modelle vorgestellt werden. Die meisten basieren auf dem in der Bundesrepublik weitverbreiteten Ansatz der entscheidungsorientierten Betriebswirtschaftslehre und des klassischen Rechnungswesens, teilweise aber auch einem umfassenderen Controlling-Ansatz.

7.1 Krankenhausinformations- und Kennziffernsysteme nach Eichhorn

7.1.1 Der Vorschlag von Eichhorn

Ein grosser Einfluss auf die Krankenhausführung im deutschen Sprachraum geht von den Arbeiten Eichhorns aus. Sein grundlegendes, mehrbändiges Werk gilt als Klassiker der Krankenhausbetriebslehre.[1] Mehrere Kapitel sind den Problemen der Krankenhausinformations- und Kennzahlensysteme [2] gewidmet. Auch Eichhorn stellt fest, dass es den meisten Krankenhäusern an ausreichenden Führungsinformationen mangelt. Er beklagt die permanente Inkongruenz zwischen den Informationsbedürfnissen und dem Informationsangebot. Ursachen dafür sind nach Eichhorn [3]

- mangelhafte Definition der Informationszwecke
- fehlende operationale Zielsetzungen
- fehlende Zuordnung der Informationen auf die verschiedenen Entscheidungssituationen und Führungsebenen
- fehlende Kenntnisse über die vielfältigen Interdependenzen des Prozesses der Leistungserstellung
- fehlende Massstäbe zur Beurteilung der Krankenhausproduktion
- mehrfache Erfassung derselben Daten für verschiedene Informationen
- lange Informationswege
- geringe Aktualität der Daten

1 Eichhorn S. (Krankenhaus I), (Krankenhaus II), (Krankenhaus III)

2 Eichhorn S. (Krankenhaus II) 95 ff; (Krankenhaus III) 57 ff und 79 ff

3 Eichhorn S. (Krankenhaus II) 96 und (Krankenhaus III) 58

- fehlende Verdichtung der Primärinformationen
- mangelhafte Erfassung und Verarbeitung des Informationsmaterials für zukunftsgerichtete Managemententscheidungen

Um die bedarfs- und erwerbswirtschaftlichen Zwecke, die das Krankenhaus in der Gesellschaft erfüllen muss, erreichen zu können, sind eine Vielzahl von Informationen notwendig. Diese dürfen sich nicht auf wirtschaftlich-administrative Betrachtungsweisen beschränken. Vielmehr müssen sie medizinische und epidemiologische Daten miteinbeziehen. Dazu ist ein ausgebautes Krankenhausinformationssystem notwendig. Ein solches wird verstanden "als die organisatorische Konzeption des gesamten krankenhausbetrieblichen Informationswesens. Es stellt die von Krankenhausträger und Krankenhausleitung sowie von Arzt-, Pflege-, Versorgungs- und Verwaltungsdienst für die Durchführung der jeweiligen Aufgaben benötigten Informationen über die Vergangenheit, die Gegenwart und die Zukunft entsprechend dem jeweiligen Zweck, mit dem richtigen Inhalt, zum richtigen Zeitpunkt, in der zweckmässigen Form und unter Berücksichtigung des Wirtschaftlichkeitsprinzips zur Verfügung. Darüber hinaus wird auch der überörtliche Informationsbedarf des Sozial-, Gesundheits- und Krankenhauswesens sichergestellt." [4]

7.1.1.1 Daten- und Informationskategorien

Nach Eichhorn soll ein Krankenhausinformationssystem folgende Datenkategorien erfassen:[5]

- Patientendaten: Daten zur Person, zur Identifikation, zur Zahlungsverpflichtung, zum Kostenträger sowie zum Gesundheitszustand und zu den Krankheiten (Aufnahmediagnose, Art und Umfang der Statusverbesserung, Entlassungsdiagnose).

- Leistungsdaten: Art und Zahl der diagnostischen und therapeutischen Leistungen, der Leistungen im Bereich der Grund- und Behandlungspflege und der Versorgungs- und Verwaltungsleistungen. Die Leistungen sollen patientengebunden, ist dies nicht möglich, leistungsstellen- bzw. krankenhausgebunden, erfasst werden.

- Einsatzdaten: Daten über den Einsatz des Personals, der Sachgüter, Dienstleistungen und Betriebsmittel sollen ebenfalls patientengebunden bzw. leistungsstellen- oder krankenhausgebunden erhoben werden.

---

[4] Eichhorn S. (Krankenhaus II) 100

[5] Eichhorn S. (Krankenhaus II) 100 f und (Krankenhaus III) 83 ff

- Patagorische Daten: Namentlich Daten über Einnahmen und Ausgaben i.e.S.. Hinzu treten Einnahmen und Ausgaben i.w.S., wie z.B. eigene Ansprüche und die anderer Krankenhäuser auf spätere Zahlungen. Einnahmen und Ausgaben können dabei historischen, realen, fiktiven oder geplanten Charakter haben. Da das Informationssystem auf dem systeminternen Krankenhausabrechnungswesen beruht, werden gesellschaftliche Kosten und Nutzen jedoch i.d.R. ausser acht gelassen, obwohl sie für viele Führungsentscheidungen von grosser Bedeutung wären.

Da das Informations- und Kennzahlensystem die Krankenhausführung laufend mit Informationen versorgen sollte, müssen die erhobenen Daten in führungsrelevante Informationen umgewandelt werden und die sowohl "lang- und kurzfristigen, mehr globalen Führungsentscheidungen des Krankenhausträgers und der Krankenhausleitung, als auch die täglichen Detailentscheidungen im Bereich des Arztdienstes, des Pflegedienstes, des Versorgungsdienstes und der Verwaltung" [6] unterstützen. Eichhorn unterscheidet dabei folgende vier Informationskategorien:[7]

- Entscheidungsinformationen, die die Entscheidungsbefugten über eine bestimmte Situation informieren. Es steht allerdings im Ermessen des Informationsempfängers, ob und inwieweit er seine Entscheidungen auf diesen Informationen begründet.
- Orientierungsinformationen, d.h. zusätzliche Informationen, die nur mittelbar für eine Entscheidung benötigt werden.
- Anweisungsinformationen teilen denjenigen, die im Bereich der Diagnose, Therapie, Pflege und Beherbergung praktisch tätig sind, den Inhalt von Führungsentscheidungen in Form von Anweisungen mit. Sie sind Bindeglied zwischen Planung und Durchführung und dienen der unmittelbaren Steuerung des Betriebsablaufes.
- Kontrollinformationen, die aufzeigen, ob und inwieweit das tatsächliche Betriebsgeschehen von den Zielvorstellungen und Planungen abweicht, damit rechtzeitig korrigierend eingegriffen werden kann.

Die Verarbeitung der Daten zu den gewünschten Informationen soll, so Eichhorn, folgenden organisationstheoretischen Grundsätzen folgen:[8]

- Grundsatz der Optimierung von Art und Umfang der Informationen: Damit wird die Frage der richtigen Verdichtung und Aufbereitung in ein Kennziffernsystem verstanden.
- Grundsatz der Rechtzeitigkeit und Aktualität, d.h. dass jeweils zum festgelegten Zeitpunkt die neuesten Daten zur Verfügung stehen müssen.

---

6 Eichhorn S. (Krankenhaus II) 102

7 Eichhorn S. (Krankenhaus II) 102 f

8 Eichhorn S. (Krankenhaus II) 110 ff

- Grundsatz der optimalen organisatorischen Gestaltung, d.h. dass die Informationssysteme flexibel und integriert, und die Informationen prüfbar sein müssen.
- Grundsatz der Wirtschaftlichkeit, d.h. dass der Nutzen, den die Informationen stiften, die Kosten, die ihre Gewinnung verursachen, überschreiten soll.

Viele dieser Informationen lassen sich in Kennzahlen ausdrücken. Die Kennzahlen sind, wie auch die Sachverhalte im Krankenhaus, miteinander interdependent. Ergebnis der Informationsverarbeitung in Eichhorns Modell sind Kennzahlensysteme mit quantifizierten Elementen und z.T. auch quantifizierten Beziehungen. Aufgabe dieser Kennzahlensysteme ist die Unterstützung der Betriebsanalyse, der Planung, Vorgabe, Kontrolle und der Betriebssteuerung. Diese breite Aufgabenstellung erfordert, dass krankenhausbezogene Kennzahlensysteme folgende Charakteristiken aufweisen:[9]

- Mehrdimensionalität, d.h. Erfassung aller Bereiche und aller Führungsebenen
- Flexibilität, d.h. Anpassungsfähigkeit an unterschiedliche Strukturen, Kapazitäten und Aufgabenschwerpunkte
- Kausalitätsorientierung, d.h. Erfassung der Ursachen und Wirkungszusammenhänge
- Führungsorientierung, d.h. spezifische Differenzierung der Informationen
- prospektive Orientierung, d.h. Grundlage für die strategische Führung durch Verdeutlichung der Gesamtzusammenhänge im Gesundheitssystem.

7.1.1.2 Übersicht über das Kennzahlenmodell

Eichhorns ursprüngliches Kennzahlenmodell setzt sich aus 33 absoluten (Kennzahlengruppe I) und 95 Verhältnis-Kennziffern (Kennzahlengruppe II) zusammen. Diese liefern Informationen zu folgenden Bereichen:[10]

- Personalwirtschaft
- Materialwirtschaft
- Anlagewirtschaft
- Leistungswirtschaft
- Angebotswirtschaft
- Bürowirtschaft

Das Modell orientiert sich an verschiedenen betrieblichen Funktionen, weniger an den Zielen bzw. am Führungs- und Entscheidungsprozess.

---

9 Eichhorn S. (Krankenhaus III) 72

10 Eichhorn S. (Krankenhaus II) 112 ff

Mit den absoluten Kennziffern wurden jeweils die quantitativen und monetären Aspekte der Funktionsbereiche erfasst, während die Verhältniskennzahlen Auskunft über strukturelle Zusammensetzungen, Soll-Ist-Verhältnisse und Input/Output-Verhältnisse lieferten. Die folgende Zusammenstellung der wichtigsten Kennziffern soll einen groben Ueberblick über das ursprüngliche Modell vermitteln:[11]

Personalwirtschaft

Kennzahlengruppe I:

- Personalbestand für das Gesamtkrankenhaus sowie der Leistungsbereiche und Leistungsstellen nach: Geschlecht, Zivilstand, Konfession, Anstellungsverhältnis, Arbeitszeit/Fehlzeit/Ueberstundenzeit, Wohnort usw.
- Gehalt- und Lohnsumme (weiter unterteilt)
- Unfälle, nach: Leistungsbereich, Berufsgruppe, Geschlecht usw.

Kennzahlengruppe II:

- strukturelle Zusammensetzung der Mitarbeiter
- Besetzungs-, Fluktuations-, Fehlzeit- und Unfallkoeffizient
- Gehalts- und Lohnstruktur

Materialwirtschaft

Kennzahlengruppe I:

- Wareneinkauf in Mengen und Werten nach: Warenarten, Lieferanten, Preisen und Bedingungen, Bezugskosten (nach Fracht, Verpackung, Versicherung), Materialbestand, -verbrauch und -verlust in Mengen und Werten (nach Materialarten, Lieferant), Lagerkosten (nach Lagerkostenart)

Kennzahlengruppe II:

- Durchschnittlicher Einkauf und Bestellwert nach Lieferant
- Durchschnittlicher Lagerbestand und Umschlagshäufigkeit
- Lagerkosten-, Bestell-, Beschaffungs-kostenkoeffizienten
- Durchschnittliche Verbrauchsquoten und Verbrauch je Materialart

Anlagewirtschaft

Kennzahlengruppe I:

- Krankenbetten (nach Fachabteilungen, Station, Bettenarten usw.)
- Art und Zahl der Betriebsmittel (nach Leistungsstellen)
- Art und Umfang der Betriebsmittelpflege (nach Betriebsmittelart und -alter, Erneuerungs-, Wartungs- und Instandhaltungsterminen usw.)

Kennzahlengruppe II:

- Durchschnittliche Gesamtbetten
- Bettenkoeffizient (Soll/Ist)
- Krankenzimmergrösse
- Druchschnittsalter der Betriebsmittel (nach Betriebsmittelart)
- Erneuerungskoeffizient (nach Betriebsmittel)

---

[11] Eichhorn S. (Krankenhaus II) 114 ff

Leistungswirtschaft

Dieser Funktionsbereich ist aufgeteilt in:

a) Patientenaufnahme und -entlassung
b) Pflege
c) Diagnostik und Therapie
d) Versorgung
e) Gesamtkrankenhaus

a) **Patientenaufnahme und -entlassung**

Kennzahlengruppe I:

- Anzahl Patienten nach stationär und ambulant (und weiter nach Wochentag, Zeit, Art der Einweisung, des Antransports, Krankheit)
- Abgewiesene Patienten (gleiche Gliederung)
- Entlassene Patienten (nach Wochentag, Weiterbehandlungszuständigkeit)

Kennzahlengruppe II:

- Aufnahme- und Entlassungsfrequenz (nach Wochentag und Tageszeit)
- Einweisungsmodalitäts-, Aufnahmedringlichkeits-, Antransportmodalitätskoeffizient
- Einweisungskoeffizient der einweisenden Aerzte.

Weitere zu erhebende Informationen, aber nicht allein durch Kennzahlen ausdrückbar wären:

- Anamnese des Patienten
- Status des Patienten bei Aufnahme
- Status des Patienten bei Entlassung

b) **Pflege**

Kennzahlengruppe I:

- Patientenbewegung (nach Fachabteilung und Pflegeeinheiten, Zahlungspflicht, Alter, Verweildauer, Behandlungsart und -ergebnis)

Kennzahlengruppe II:

- Verweildauer (nach Fachabteilung, Alter, Krankheitsart, Behandlungsart und -ergebnis)
- Belegungsziffer (nach Fachabteilung, Pflegeeinheit und Jahr/Monat)
- Pflegeaufwand (nach Pflegeeinheit)
- Behandlungsarten- und Behandlungsergebniskoeffizienten

Weitere Informationen: Ergebnis der pflegerischen Patientenbeobachtung

c) **Diagnostik und Therapie**

d) **Versorgung**

Kennzahlengruppe I:

- Leistungen je Leistungsstelle (nach Leistungsart, Arbeitsplatz, Zahlungspflichtigen, Krankheitsarten, Wochen- und Tageszeiten)
- Betriebszeiten und Fehlleistungen je Leistungsstelle (nach Arbeitsplätzen,

Wochentagen und Tageszeiten)
- Leistungsseriengrössen (nach Leistungsarten und Arbeitsplätzen)

Kennzahlengruppe II:
- Arbeitsintensität
- Leistungsfrequenzen (nach Wochentagen und Tageszeiten)
- Fehlleistungskoeffizient
- Leistungsintensität
- Arbeitsplatzausnutzungsziffer
- Betriebsintensität
- Personalkosten-, Material-, Verbrauchs-, Energieverbrauchs- und Therapieergebnisse (beide patientenbezogen).

e) **Gesamtkrankenhaus**

Kennzahlengruppe II:
- Personaldichte
- Personalaufwand
- Arbeitsproduktivität

Angebotswirtschaft

In diesem Bereich ist die Anwendung von Kennzahlen nur teilweise möglich. Quantitative und qualitative Informationen sind notwendig über:
- Einweisung, Weiterleitung und Rücküberweisung der Patienten
- Kontakte zu niedergelassenen Aerzten und anderen Einrichtungen der Krankenversorgung
- Preis- und Gebührenpolitik

Finanzwirtschaft

Kennzahlengruppe I:
- Aufwendungen und Erträge (nach Arten und Bereichen)
- Kosten (nach Kostenarten und -stellen)
- Erträge (nach Ertragsstellen, Zahlungspflichtigen und Pflegeklassen
- Vermögen und Kapital (nach Arten)
- Ein- und Auszahlungen (nach Wochentag und Art der Geschäfte)

Kennzahlengruppe II:
- Aufwandsarten-, Aufwandsbereich- und Aufwandsdeckungsquote
- Kosten-, Kostenstellen- und Kostendeckungsquote
- Kosten und Ertrag je Pflegetag
- Wirtschaftlichkeit
- Umschlagshäufigkeit, Umschlagsdauer und durchschnittlicher Bestand der Forderungen
- durchschnittliche Kreditdauer der Zahlungspflichtigen und der Kreditoren
- Forderungsausfallquote (nach Zahlungspflichtigen)
- Vermögens- und Kapitalstruktur
- Anlageintensität
- Verschuldungskoeffizient

- Gesamtkapital- und Eigenkapitalumschlag
- Abschreibungskoeffizient und -politik
- Liquiditäten

Bürowirtschaft

Kennzahlengruppe I:
- Posteingänge und Postausgänge
- Art und Umfang des Schriftgutes
- Besucherzahl (nach Wochentagen und Tageszeiten)
- Art und Zahl der Telephongespräche

Kennzahlengruppe II:
- Inanspruchnahme des Schreibdienstes

7.1.1.3 Übersicht über das erweiterte Modell von Eichhorn

Eichhorns erstes Modell wies grosse Aehnlichkeiten mit Kennzahlen und Kennzahlensystemen aus Wirtschaftsunternehmen auf.[12] Vor allem im Bereich der Leistungswirtschaft wurde es damit jedoch den Eigenheiten des Krankenhauses nicht richtig gerecht. Dieser Teil wurde denn auch grundlegend überarbeitet. Er umfasst heute Daten auf globaler Ebene und auf Ebene der Subsysteme. Diese werden nach folgenden Gesichtspunkten erarbeitet:[13]

1. Ergebnisorientierter Ansatz:
   Globalprofil: Zahl der Patienten nach Fachbereichen
   Detailprofil:
   - medizinisch und soziografisch determinierte Patientenprofile
   - Behandlungsergebnisprofile
   - Arbeitszufriedenheitsprofile

2. Prozessorientierter Ansatz:
   Globalprofil: Zahl der Pflegetage nach Fachbereichen
   Detailprofil:
   - Behandlungsablaufprofile, wie z.B. Versorgungsintensität und Komplikationsgrad
   - Leistungsprofile

3. Ressourcenorientierter Ansatz:
   Globalprofil: - Zahl der Krankenbetten nach Fachbereichen
   Detailprofil: - Leistungsbereitschaftsprofile personeller, sachlicher und finanzieller Ressourcen, sowie spezieller Organisationsformen.

---

[12] Vgl. u.a. Meyer C. (Kennzahlen); Bürgi A. (Kennziffern)

[13] Eichhorn S. (Krankenhaus III) 81 ff

Auf der Basis dieser Profile wird eine Fülle absoluter und relativer Kennziffern gebildet, wobei sie auch die Beziehungen zwischen Ergebnissen und Prozessen, bzw. Ressourcen abbilden.

Ein weiterer Schwerpunkt des überarbeiteten Modells bildet die Frage nach der Qualität der erbrachten Leistungen. Eichhorn fordert von einem integrierten Krankenhausinformationssystem auch Daten zur Beurteilung der Qualität der erbrachten Leistungen. Ausgehend von der Methodik der Qualitätszirkel in Wirtschaftsunternehmungen werden Daten aus krankheits-, situations- und ressourcenorientierter Sicht erhoben, um die Qualitätssicherung zu unterstützen.[14]

Die überarbeitete Fassung von Eichhorns Informations- und Kennzahlenmodell wird den speziellen Anforderungen des Krankenhausmanagements in mancher Hinsicht gerecht. Allerdings fehlen die Beziehungen zum Umsystem des Krankenhauses weitgehend. Auch spezifisch zukunfsbezogene Daten werden kaum erarbeitet. Ein enger Bezug der Datenerarbeitung zur Ziel- und Zwecksetzung des Krankenhauses wird wohl gefordert, Vorschläge zur Operationalisierung von bedarfs- und erwerbswirtschaftlichen Zielsetzungen fehlen allerdings. Dennoch erlauben die im Modell vorliegenden Informationen eine Unterstützung einer Vielzahl von Führungsentscheidungen.

7.1.2 Das Gütersloher Modell

Die von Eichhorn entwickelten theoretischen Vorstellungen zu einem Krankenhausinformations- und Kennzahlensystem wurden verschiedentlich in die Praxis umgesetzt. Ein derartiges Modell ist beispielsweise das entscheidungsorientierte Informations- und Berichtswesen, welches am Städtischen Krankenhaus Gütersloh realisiert wurde.[15]

Als Folge des in der Bundesrepublik 1985 in Kraft getretenen Gesetzes zur Neuordnung der Krankenhausfinanzierung, welches eine Stärkung der Selbstverwaltung und der Verhandlungsrechte der Krankenhäuser gegenüber Versicherungsträgern sowie die Schaffung von Anreizen zur wirtschaftlichen Betriebsführung vorsah, wurde grosses Gewicht auf die Verbesserung des krankenhausinternen Budgetierungssystems gelegt. Kernstücke dazu sind "die Erfassung der

---

[14] Eichhorn S. (Krankenhaus III) 104 ff und 129 ff

[15] Bertelsmann Stiftung (Hrsg.) (Informationswesen); Tauch J. (Budgetierung)

erbrachten Sekundärleistungen, die verursachungsgerechte Zuordnung der dafür anfallenden Kosten, sowie die Verknüpfung der Leistungen mit den inanspruchnehmenden Patienten, differenziert nach Krankheitsart (Diagnose), Alter und Geschlecht. Damit steht eine stellen- und patientenorientierte Kosten- und Leistungsrechnung als Instrumentarium für eine effektive Betriebssteuerung zur Verfügung.[16]

Ausgangspunkt für die Strukturierung, Dimensionierung und Detaillierung des Gütersloher Modells war die Frage, welche Informationen benötigt werden, um das Betriebsgeschehen in den Bereichen Diagnostik, Therapie, Pflege und Versorgung patienten-adäquat, leistungsgerecht und wirtschaftlich zu gestalten. Bestimmend für die Struktur des Krankenhausinformationssystems war der effektive Informationsbedarf, nicht etwa die Verfügbarkeit von Daten. Dies führte u.a. dazu, dass im Gütersloher Modell die Auswertung der Daten nicht mehr bloss betriebs- oder bereichsbezogen erfolgt, sondern auch nach den verschiedenen "Produktgruppen", d.h. patienten-, bzw. diagnosebezogen sowie alters- und geschlechtsspezifisch. Um die gewünschte Transparenz zu erreichen war es notwendig, Eichhorns Informationsbereich "Leistungswirtschaft" um ein brauchbares Patientenklassifikationssystem zu erweitern und die Informationsbearbeitung entsprechend zu ergänzen. Dabei werden nicht nur die Gesamt- und die Fallkosten, sondern auch die Leistungsdaten fachabteilungs-, bzw. fall- und krankheitsartenbezogen erhoben. Auch die Budgetierung erfolgt zweistufig, d.h. einerseits nach Kostenarten und -stellen, andrerseits auf der Basis von patienten- und diagnosebezogenen Informationen. Zudem wurde das System so aufgebaut, dass Managementberichte verschiedener Aggregationsgrade möglich sind und auch der externe Informationsbedarf (z.B. der übergeordneten Behörde und der Oeffentlichkeit) befriedigt werden kann.

7.1.2.1 Aufbau des medizinischen Informationssystems

Das Gütersloher Modell besteht aus einem medizinischen und einem administrativen Teil.[17] Im Mittelpunkt des medizinischen Bausteins stehen:

- patientenbezogene Erfassung und Dokumentation des medizinischen und pflegerischen Leistungsgeschehens.

[16] Eichhorn S. (Krankenhausfinanzierung) 11

[17] Eichhorn S. et al (Konzeption) 24 ff

- Erfassung der Diagnose nach einem geeigneten Schlüssel [18]
- Erfassung der Pflegeintensität der Patienten [19]
- Erfassung der medizinischen Sekundärleistung je Patient
- Zahl der Fälle je Fachabteilung
- Verweildauer je Fachabteilung
- Verweildauer je Diagnose
- Sachkosten je Fall und Fachabteilung
- Medizinische Sekundärleistungen je Fall und Fachabteilung
- Medizinische Sekundärleistungen je Diagnose
- Patientenstruktur je Fachabteilung (nach Diagnose, Alter, Sekundärleistungen und Pflegeintensität)

7.1.2.2 Aufbau des administrativen Informationssystems

Der administrative Baustein ist zweistufig aufgebaut. Einerseits werden Kosten und Budgets auf die einzelnen Fachabteilungen (Kostenstellen) nach Kostenarten erfasst, bzw. erstellt, andrerseits auch diagnose- und fallbezogen. Dazu werden folgende Statistiken erstellt:

- Arztkosten je Fachabteilung, sowie je Pflegetag der Fachabteilung und je Diagnose
- Pflegekosten je Fachabteilung, sowie je Pflegetag der Fachabteilung, je Pflegetag differenziert nach Pflegeintensität und je Diagnose
- Sachkosten je Fachabteilung, sowie je Pflegetag der Fachabteilung und je Diagnose
- Kosten der medizinischen Leistungsbereiche (aus Kostenstellenrechnung)
- Kosten je Leistungspunkt [20]
- Kosten der medizinischen Sekundärleistungen je Fachabteilung und je Diagnose
- Kosten für Unterbringung und Verpflegung generell und je Diagnose
- Fallfixer Kostenanteil
- Pflegeproportionaler Kostenanteil generell und je Pflegetag
- Kosten je Fachabteilung und je Diagnose
- Fachabteilungs- und diagnosebezogene Fallpauschalen

Aufgrund der vorliegenden Informationen kann das Budget auf zwei verschiedenen Wegen errechnet werden. Das traditionelle Verfahren besteht darin, die verschiedenen Kostenarten (Arzt-, Pflege-, Sach-, Hotelkosten und die Kosten für die medizinischen Sekundärleistungen) mit Hilfe der prognostizierten Anzahl

[18] verwendet wird heute ein leicht modifizierter, dreistelliger ICD-9-Code, 9. Revision 1979

[19] in vier Kategorien, von teilweise mobilen bis zu intensivpflegebedürftigen Patienten

[20] die Punktwerte ergeben sich aus dem DKG-NT-Index

Fälle und Pflegetage bezogen auf die Fachabteilungen zu errechnen (Budget Stufe I). Dabei wird die Verantwortlichkeit der Kostenstellenleiter klar geregelt. Gemeinsam mit ihnen werden die Belegungszahlen, die Kosten und die Leistungen budgetiert. Beim Soll-/Ist-Vergleich wird dann unterschieden zwischen "Mengenabweichungen" und "Preisabweichungen". Die Kostenstellenleiter tragen die Verantwortung für die "Mengenabweichungen", während ihnen die "Preisabweichungen", z.B. höhere Gehälter bei Neueinstellungen, nicht aufgebürdet werden.[21]

Die zweite Möglichkeit geht von der zu erwartenden Patientenstruktur einer Fachabteilung und den Kosten je Diagnose aus (Budget Stufe II). Grundlage der Budgetierung auf Diagnosebasis ist, wie beim "Budget Stufe I", eine verantwortungsorientierte Budgetstruktur.[22] Ausgangspunkt dazu ist die Station, bzw. die Fachabteilung. Diese plant aufgrund von Erfahrungswerten die Anzahl der zu versorgenden Patienten, gegliedert nach der Diagnose. Dies wird dann zur Basis für ein sogenanntes "Standardleistungsprofil" für das Krankenhaus, welches u.a. Auskunft gibt über:[23]

- Art und Anzahl der Sekundärleistungen
- Verweildauer
- Struktur der Pflegeintensität nach Pflegekategorien
- Arztkosten
- Materialkosten und
- Hotelkomponente

Diese Teilbudgets werden in einem weiteren Schritt für das Gesamtkrankenhaus aggregiert. Daraus ergeben sich z.B. die:

- erwartete Patientenzahl und Auswirkungen auf die Bedarfsplanung
- erwartete Patientenstruktur und Auswirkungen auf die strategische Planung
- erwartete Pflege- und Berechnungstage und Auswirkungen auf die Finanzplanung
- erwartete Röntgen-, Labor-, EKG-Leistungen und Auswirkungen auf Investitionsentscheidungen
- erwarteter Personalbedarf und Auswirkungen auf Personalentscheidungen

Gegenüber den bisher vorgestellten Krankenhaus-Informations- und Kennzahlensystemen hat dieses Modell den Vorteil, dass explizit zukunftsorientierte Informationen erarbeitet werden. Auf der Basis des "Standardleistungsprofils" und

---

[21] Tauch J. (Budgetierung) 31 ff

[22] Tauch J. (Budgetierung) 48 ff

[23] Tauch J. (Budgetierung) 48 ff

den Kenntnissen über die fixen und variablen Kosten (Budget Stufe I) scheint es durchaus möglich, den Bezug zur Zukunft, d.h. zum aktiven Management noch zu verstärken, indem mengenabhängige und flexible Budgets und Planungssysteme entwickelt werden, wie sie heute bereits, allerdings bloss abhängig von der Anzahl der Pflegetage, vorgeschlagen werden.[24]

7.1.3 Das Kennzahlen-Modell von Hauke

Ebenfalls auf der Grundlage der entscheidungsorientierten Krankenhausbetriebslehre und in Anlehnung an Eichhorns ursprüngliches Modell hat Hauke ein funktionales Kennzahlenmodell entwickelt. Er schlägt ein System mit rund 100 absoluten und 180 relativen Kennziffern vor.[25] Diese umfassen ausschliesslich vergangenheitsorientierte, interne Informationen, da vor allem Daten aus Buchhaltung und Bilanz, Kostenrechnung, Betriebsstatistik und Planungsrechnung in die Kennzahlenrechnung einfliessen. Hauke gliedert seine Kennziffern in fünf Funktionsbereiche:[26]

- Personalwesen
- Beschaffung
- Lagerhaltung
- Leistungserstellung und Inanspruchnahme der Leistung
- Finanzwirtschaft und Jahresabschluss.

Mit seiner Gliederung folgt Hauke nicht dem eigentlichen Führungsprozess, sondern erhebt Daten für die verschiedenen innerbetrieblichen Funktionsbereiche. Allerdings teilt er mit Rücksicht auf die Eigenart des Krankenhauses die Kennziffern zur Leistungserstellung und Inanspruchnahme nicht auf (wie z.B. Produktion und Absatz). Ansonsten ist seine Gliederung jedoch identisch mit Modellen in der Industrie.[27]

In den Bereichen Personalwesen, Beschaffung, Lagerhaltung, Finanzwirtschaft und Jahresabschluss finden wir eine grosse Uebereinstimmung zwischen Haukes Vorschlag und Eichhorns ursprünglichem Kennzahlenmodell. Eine Uebertragbarkeit der Kennzahlen aus der Wirtschaft ist in diesen Bereichen, auch bei entsprechender Berücksichtigung der speziellen Situation im Spital, am ehesten

---

[24] Neubauer G./Unterhuber H. (Flexible Budgetierung)

[25] Hauke E. (Kennzahlen)

[26] Hauke E. (Kennzahlen) 40 ff

[27] Hauke E. (Kennzahlen) 40 und 98 ff

berechtigt. Der Aussagegehalt der vorgeschlagenen Kennzahlen zur Leistungserstellung und -inanspruchnahme hingegen ist eher gering. Diese Kennzahlen beschränken sich weitgehend auf eine Analyse der benötigten Mittel, (Infrastruktur, Personal usw.), der Patienten (Patientenstammdaten), deren Einweisungsart und auf der Nutzung der Mittel (Bettenbelegung und Personalaufwand pro Pflegetag). Die medizinische und pflegerische Leistungserbringung, bzw. deren Wirkung auf den Zustand der Patienten, wird nicht erfasst. Als Ersatz werden Input/Output-Relationen errechnet, wobei als Input die eingesetzten Mittel und als Output die erbrachten Einzelleistungen (mengen- oder wertmässig ausgedrückt) genommen werden. Diese groben krankenhausbezogenen Produktivitäts-Kennzahlen können wohl Aufschlüsse über die Nutzung der personellen und sachlichen Ressourcen nach organisatorischen Einheiten geben. Sie sind jedoch für konkrete operative Managemententscheidungen zu ungenau.

In Haukes Modell fehlen Umweltdaten gänzlich, auch qualitative Aspekte und zukünftige Entwicklungen kommen zu kurz. Direkte Qualitätskennziffern sind nicht vorhanden, indirekte Qualitätsindikatoren lassen sich nicht ohne weiteres finden. Ein weiteres Problem ergibt sich aus der Fülle der vorgeschlagenen absoluten und relativen Kennziffern. Es werden wohl Vorschläge gemacht, wie Kennzahlen zu erheben und zu berechnen wären. Welche Kennziffern jedoch in der konkreten Problemsituation für die Entscheidungsfindung notwendig sind und wie sie im Problemzusammenhang zu behandeln sind, bleibt offen.

7.2 Das Controllingsystem von Röhrig

Ausgehend von einer umfassenden, mehrdimensionalen Controlling-Konzeption schlägt Röhrig eine führungsorientierte Gestaltung des Krankenhausinformations- und -kennzahlensystems vor.[28] Das Schwergewicht liegt auf der Planungs- und Kontrollfunktion. Dabei kommt Röhrig auf einen umfassenden Informationsbedarf, den er einerseits durch Ableitung aus der Aufgabenbeschreibung der Benutzer, andererseits mit Hilfe des Katalogverfahrens [29] ermittelt. Aufgrund der Analyse der besonderen sozialpolitischen Situation der Leistungserbringung im Krankenhaus und des erkannten, breiten Informationsbedarfes, kommt Röhrig mit Recht zur Ansicht, dass auch nicht-monetäre leistungs- und bedarfsbezo-

[28] Röhrig R. (Controllingsystem)

[29] Vgl. z.B. Axtner W. (Krankenhausmanagement) 139 ff

gene Daten in ein Kennzahlensystem miteinbezogen werden müssen. Nur so kann eine ausreichende Realitätsnähe zum eigentlichen Zielsystem erreicht werden.[30] Aufgrund dieser Ueberlegungen kommt er auf folgende Kennzahlengruppen:

Kennzahlengruppen	**Inhalte der Kennzahlen**
Gesundheitspolitische Kennzahlen (Planung)	auf den Bedarf bezogene Kennzahlen
	auf das Leistungspotential bezogene Kennzahlen
Kennzahlen der Vorhaltung (Risiko)	
	auf die erbrachten Leistungen bezogene Kennzahlen
Wirtschaftlichkeits-Kennzahlen (Tarife)	auf die Kosten bezogene Kennzahlen

Abb. 7-1. Kennzahlengruppen nach Röhrig (Quelle: Röhrig R. (Controllingsystem) 219)

Röhrigs Absicht ist es, die verschiedenen Hauptproblembereiche mit einigen wenigen Kennzahlen möglichst umfassend zu charakterisieren. Besondere Schwierigkeiten ergeben sich bei der Konkretisierung der gesundheitspolitischen Kennzahlen und der Kennzahlen der Vorhaltung. Es existiert keine Kennziffer, die in der Lage wäre, die vielfältigen Aspekte und die zum Teil konkurrierenden Ziele gleichermassen abzubilden. Darüber hinaus fehlen verschiedene Basisdaten. Man muss sich daher auf vorhandene Grössen beschränken, wie:

- Bevölkerungszahl
- Hospitalisationshäufigkeit
- Verweildauer
- Bettennutzungsgrad
- Bettenvorhaltung

Obwohl auch Röhrig die Auffassung vertritt, dass die Bildung eines Kennzahlensystems mit einer einzigen Spitzenkennzahl der Komplexität der Führungssituation nicht gerecht wird [31], hält er doch an einem hierarchischen Aufbau fest. Dies

30 Röhrig R. (Controllingsystem) 218

31 Röhrig R. (Controllingsystem) 219

um die Ordnung der Kennzahlen in Ziel-Subziel-Abhängigkeiten zu erleichtern. In Anlehnung an das Steuerungskennzahlensystem von Lachnit [32] (vgl. Abschnitt 5.33.5) und an das Schema der Einzelkosten- und Deckungsbeitragsrechnung [33] schlägt Röhrig die Verwendung der Kennziffern "Kosten/Fall" und "Belastungsziffer je durchschnittlich besetztes Bett" in ärztlich-pflegerischen Bereichen sowie "Kosten/Fall" und "Kosten/Beschäftigter" in medizinisch-technischen Bereichen als Schlüsselkennziffern vor, wobei diese sowohl für das Gesamtkrankenhaus, wie auch für die einzelnen Fachabteilungen zu ermitteln sind.

Voraussetzung für die Berechnung der Belastungsziffer ist eine Klassifikation der Patienten nach dem Grad der Inanspruchnahme von Leistungen. Dazu müssen u.a. arbeitsanalytische Verfahren (insbesondere für die Bewertung der ärztlichen Leistung) [34] angewendet werden. Man kann aber auch andere Schemata zur Klassifikation der Pflegeintensität verwenden.[35] Zur Beurteilung der Leistungserbringung in medizinisch-technischen Bereichen werden ebenso arbeitsanalytische Untersuchungen notwendig, oder aber man einigt sich auf ein Punktwertsystem, um die Leistungen vergleichen und bewerten zu können.

Den Nutzen des vorgeschlagenen Kennzahlenmodells sieht Röhrig darin, dass mit der kontinuierlichen Ueberwachung einiger weniger Kennziffern eine Systemsteuerung ermöglicht wird. Allerdings schränkt er die Aussagefähigkeit der vorliegenden Kennzahlen ein [36], vor allem da:

- keine Aussagen über die Qualität der Leistungen gemacht werden,
- die Leistungserstellung nach streng betriebswirtschaftlichen Gesichtspunkten überwacht wird,
- die Leistungseinheit "Pflegetag" verschiedene Schwächen aufweist und
- die wichtigen Beziehungen zur Umwelt nicht genügend berücksichtigt sind.

7.3 Das Krankenhausinformationssystem von Engelbrecht und Schäfer

Aufbauend auf Methoden der Systemanalyse und Systemplanung haben Engelbrecht und Schaefer ein funktionsorientiertes Konzept eines Krankenhaus-Infor-

---

[32] Lachnit L. (Kennzahlensysteme)

[33] u.a. Axtner W. (Krankenhausmanagement) 166 ff

[34] Röhrig R. (Controllingsystem) 225

[35] Julius N./Goronzy F. (Pflegedienstplanung); Borzutzki R. (Untersuchungsmethoden) 112 ff

[36] Röhrig R. (Controllingsystem) 232; Engelbrecht R./Schlaefer K. (Krankenhaus-Informations-System)

mations-Systems entwickelt, dessen Schwerpunkt weniger auf abstrakten inhaltlichen Aspekten, als vielmehr auf dem praktischen Vorgehen bei der Erarbeitung beruht.[37]

Bei der Gestaltung des Systems wird auf den Informationsbedarf der verschiedenen Funktionen und Funktionsträger im Krankenhaus abgestellt. Als Funktion wird dabei jede Stelle verstanden, die eine Dienstleistung oder ein Produkt erzeugt [38] wie z.B. Pflegeleistungen an Patienten, Speisenzubereitung oder -verteilung, medizinische Analysen oder Eingriffe, Dokumentation usw. Funktionsträger sind dann die Personen, welche derartige Funktionen ausüben. Dabei ist es durchaus denkbar, dass mehrere Funktionen von einer Person, bzw. eine Funktion von mehreren Personen gemeinsam ausgeübt werden. Für die konkrete Gestaltung der Matrizen geben die Autoren umfangreiche Uebersichten mit einer Auflistung aller Funktionen und Funktionsträger eines Krankenhauses an. Die Funktionen sind in folgende Kategorien gegliedert und werden dann weiter unterteilt :[39]

A. Administration
   0. Allgemeine Funktion
   1. Nichtpatientenbezogene Administration
   2. Patientenbezogene Administration

B. Versorgungsleistung
   1. Dienstleistung
   2. Sozialversorgung
   3. Wartung und Instandhaltung

C. Medizinische Leistungen
   1. Diagnostik
   2. Therapie
   3. Pflege
   4. Qualitätssicherung

D. Dokumentation
   1. Patientenbezogene Dokumentation
   2. Nichtpatientenbezogene Dokumentation

E. Patient

[37] Engelbrecht R./Schlaefer K. (Krankenhaus-Informations-System)
[38] Engelbrecht R./Schlaefer K. (Krankenhaus-Informations-System) 22
[39] Engelbrecht R./Schlaefer K. (Krankenhaus-Informations-System) 78 ff

F. Sonstige Funktion
    1. Fortbildung
    2. Externe Verwaltung
    3. Notfallmassnahmen

Die Funktionsträger ihrerseits sind in folgende Hauptkategorien gegliedert, wobei auch hier eine weitere Detaillierung vorgeschlagen wird:[40]

A. Leitung
    1. Management
    2. Stabsstellen

B. Verwaltung
    0. Allgemeine Verwaltung
    1. Patientenbezogene Verwaltung
    2. Finanzabteilung
    3. Personalabteilung
    4. Technische Abteilung
    5. Wirtschaftsabteilung
    6. Küche
    7. Wäscheabteilung
    8. Sterilisation
    9. Bettenzentrale
    10 Wohnraumbewirtschaftung
    11.Innerer Dienst

C. Pflegedienst

D. Medizinischer Dienst
    1. Stationen
    2. Ambulanzen
    3. Klinische Funktionsbereiche
    4. Apotheke

E. Sozialversorgung

F. Krankenaktenarchiv

G. Patienten

H. Externe Stellen

[40] Engelbrecht R./Schlaefer K. (Krankenhaus-Informations-System) 83 ff

Die Matrix mit allen vorgängig dargestellten Funktions-, bzw. Funktionsträger-Katalogen ist eine Maximalkonfiguration, die durch Streichungen an die tatsächliche Situation im Krankenhaus anzupassen ist.

Engelbrecht und Schlaefer schlagen nun die Bildung zweier verschiedener Matrixtabellen vor, einerseits eine Funktion/Funktion-Matrix, andrerseits eine Funktion/Funktionsträger-Matrix. Die Funktion/Funktion-Matrix dient dazu, den Informationsbedarf für die Auslösung einer neuen Funktion zu analysieren. So ist es beispielsweise für einen Patiententransport notwendig, dass von Seite der Pflege her eine Transportanforderung kommt. Für die Funktion "Versorgung mit Medikamenten" muss - als weiteres Beispiel - eine Medikamentenanforderung vorliegen. Die Funktion/Funktionsträger-Matrix zeigt auf, über welche Informationen aus anderen Bereichen ein Funktionsträger verfügen muss, um seine Aufgaben wahrzunehmen.

Die Informationsverflechtung zwischen Funktionen sowie zwischen Funktionen und Funktionsträgern ist Basis für das Informationssystem und kommt in den Elementen der Matrix zum Ausdruck. Die Analyse einzelner Elemente dieser Tabellen erlaubt näheren Aufschluss über Inhalt, Art und Umfang der fliessenden Informationen, sowie über die Informationskanäle und -träger, wobei für die graphische Darstellung der Arbeitsabläufe und Informationswege verschiedene Netzwerk-Techniken, z.B. Petri-Netze, vorgeschlagen werden.[41] Resultat dieser Analysen ist nicht ein Kennzahlen-System, welches eine standardisierte Informationssammlung unterstützt, sondern eine Fülle von konkreten Hinweisen über Informationen, die zur Funktionserfüllung auf verschiedenen Ebenen benötigt werden. Diese können sowohl qualitativer, wie auch quantitativer oder geldwertmässiger Art sein. Das Modell erleichtert nicht unbedingt die Sammlung und Verarbeitung von Daten, ermöglicht jedoch eine optimale Gestaltung der internen Informations- und Kommunikationswege im Hinblick auf die Versorgung der operationellen Führung mit relevanten Informationen.

Die Konzentration auf die institutionsinternen Funktionen führt praktisch zu einem Ausschluss von Umweltinformationen. Die vorgeschlagene Gestaltung des Krankenhaus-Informations-Systems wird daher vor allem den Anforderungen des operationellen Managements gerecht, kaum jedoch der Planung oder der strategischen Ausrichtung.

---

[41] Engelbrecht R./Schlaefer K. (Krankenhaus-Informations-System) 46 ff und 120 ff

7.4 Lenzens Modell zur Überprüfung der Wirtschaftlichkeit von Krankenhäusern

Lenzen verfolgt mit seinem Kennzahlensystem das Ziel, die Wirtschaftlichkeit des Krankenhausbetriebes zu überprüfen.[42] Zudem möchte er damit eine allgemeine Diskussionsgrundlage für die Pflegesatzverhandlungen zwischen Krankenversicherungen und Krankenhausträgern schaffen. Dabei lehnt er sich an die Selbstkosten- und Jahresabschlussprüfung der Krankenhäuser, bzw. der Spitzenverbände der gesetzlichen Krankenversicherung (vgl. Abschnitt 7.51) und der Deutschen Krankenhausgesellschaft (vgl. Abschnitt 7.52) an.

Damit das Kennzahlensystem diese Zielsetzungen erfüllen kann, müssen Kriterien entwickelt werden, die eine Beurteilung der wirtschaftlichen Verhältnisse und der sparsamen Führung unter Berücksichtigung der Leistungsfähigkeit erlauben. Dazu ist es notwendig, dass das System:[43]

- nur Kennzahlen enthält, die eine betriebswirtschaftlich sinnvolle Aussagefähigkeit besitzen
- nicht aus zuvielen Kennzahlen besteht (Praktikabilität)
- von den Sozialversicherungsträgern, den Krankenhausträgern, der Pflegesatzfestlegungsbehörde und den Prüfungsinstitutionen akzeptiert wird.

Beim Aufbau des Kennzahlenmodells geht Lenzen von einem krankenhausspezifischen Wirtschaftlichkeitsbegriff, den wesentlichsten Kosteneinflussgrössen und deren Interdependenzen aus. Die Wirtschaftlichkeit wird auf der Basis von Kosten und Leistungen, sowie Aufwendungen und Erträgen, mit Hilfe mehrerer Kennziffern, die verschiedene Aspekte abdecken, berechnet. Quantitative Zielvorgaben zur Wirtschaftlichkeit werden keine gemacht. Diese scheint dann als gegeben, "wenn die Kennzahlenwerte eines Krankenhauses und seiner Leistungsbereiche den aus der chronologischen Durchführung von Krankenhausbetriebsvergleichen ermittelten durchschnittlichen Kennzahlenwerten vergleichbarer Krankenhäuser mindestens entsprechen."[44]

Als wesentliche Kosteneinflussfaktoren werden folgende Grössen gesehen:[45]

---

[42] Lenzen H. (Wirtschaftlichkeit)

[43] Lenzen H. (Wirtschaftlichkeit) 181 f

[44] Lenzen H. (Wirtschaftlichkeit) 164

[45] Lenzen H. (Wirtschaftlichkeit) 183 ff

- Kostenstruktur - Personalkosten
  - Sachkosten
  - sonstige Kosten
- Grösse des Krankenhauses
  - Planbetten
  - Fachabteilungen
- Qualitäts- und Preisniveau der Einsatzfaktoren
- Bettennutzungsgrad
- Verweildauer
- Behandlungsmethoden
- Qualität und Intensität des Pflegetages
- Patientenstruktur
- Standort des Krankenhauses

7.4.1 Kennzahlen zur Darstellung des Leistungspotentials [46]

Aufgrund empirischer Kenntnisse über die Interdependenzen der Kosteneinflussfaktoren werden in einem ersten Schritt Kennzahlen zur Leistungsstruktur entwikkelt. Damit wird die Voraussetzung geschaffen, dass nur struktur- und leistungsgleiche Krankenhäuser miteinander verglichen werden. Die Leistungsstruktur wird dargestellt durch das Leistungspotential und dessen Inanspruchnahme:

- Zahl der Fachabteilungen mit hauptberuflich angestelltem Arzt
- weitere angestellte oder zugelassene Fachärzte
- Zahl der Planbetten
- Bettenbelegungsgrad (für die Inanspruchnahme des Leistungspotentials)

7.4.2 Kennzahlen der Betriebsgebarung [47]

Im Anschluss an die Einteilung der Krankenhäuser in struktur- und leistungsgleiche Gruppen werden Kennzahlen für die Betriebsgebarung abgeleitet, dies einerseits für das Gesamtspital und andererseits für die verschiedenen Fachbereiche. Ausgangspunkt für die Beurteilung des Betriebsgebarens auf Stufe des gesamten Krankenhauses ist der Pflegesatz, auf Stufe der Fachabteilungen die Fallkosten und deren Einflussgrössen.

---

[46] Lenzen H. (Wirtschaftlichkeit) 203 ff

[47] Lenzen H. (Wirtschaftlichkeit) 206 ff

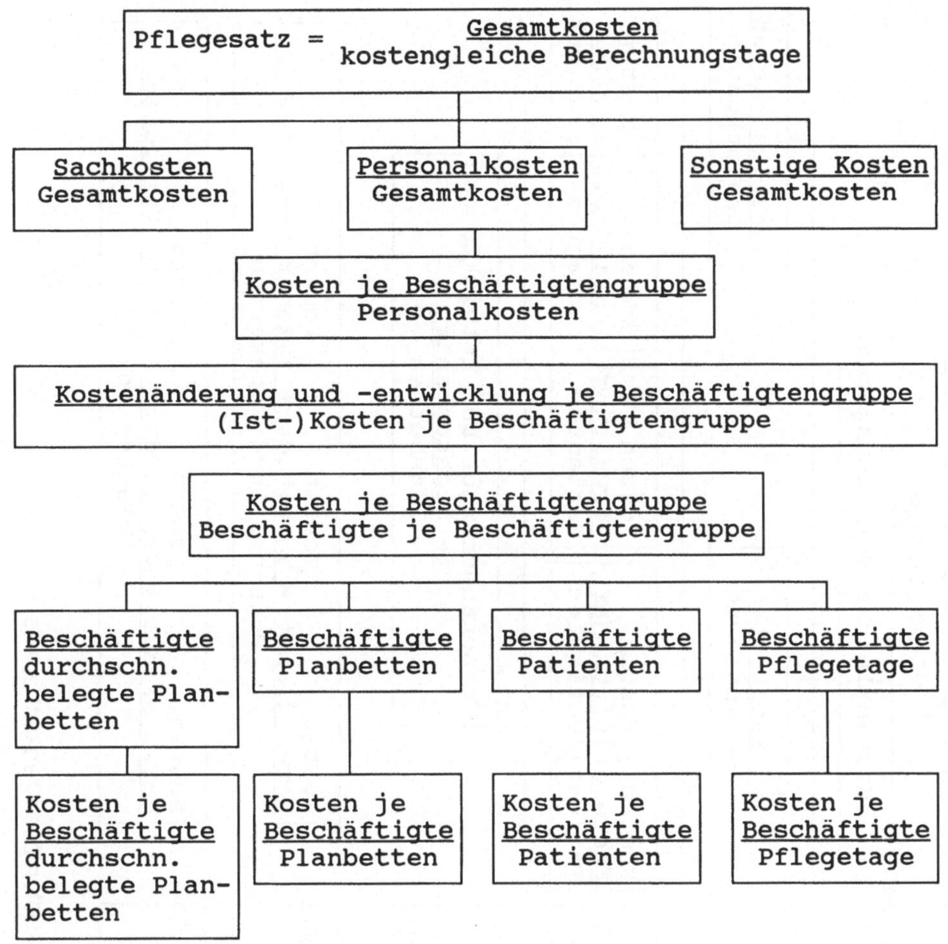

Abb. 7-2. Analyse der Personalkosten des Krankenhauses

Ausgehend vom Pflegesatz als Spitzenkennzahl werden Kostenstruktur, Produktivität und Wirtschaftlichkeit des Krankenhauses in seiner Gesamtheit dargestellt und analysiert. Dazu werden die Gesamtkosten in Personal-, Sach- und sonstige Kosten unterteilt. Neben den Personaldichten pro durchschnittlich belegte Betten, pro Patient, pro Planbetten und pro Pflegetage werden auch die Kosten als Indikator für die Qualität der ärztlichen und pflegerischen Krankenversorgung einbezogen. Daraus ergeben sich Kennzahlen zur Darstellung der Produktivität und Wirtschaftlichkeit und z.T. auch der Qualität (vgl. Abb. 7-2).

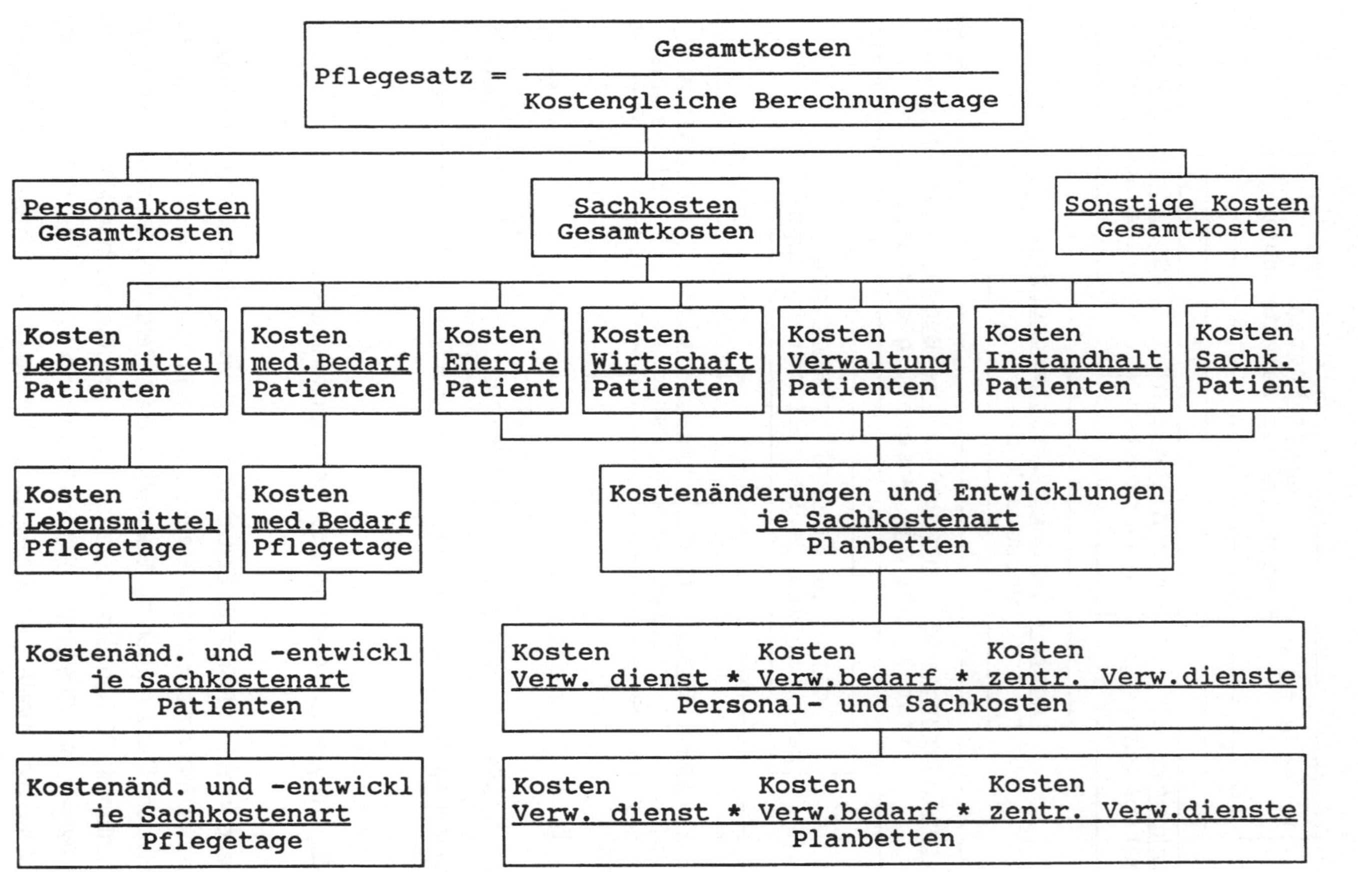

Abb. 7-3. Analyse der Sachkosten des Krankenhauses

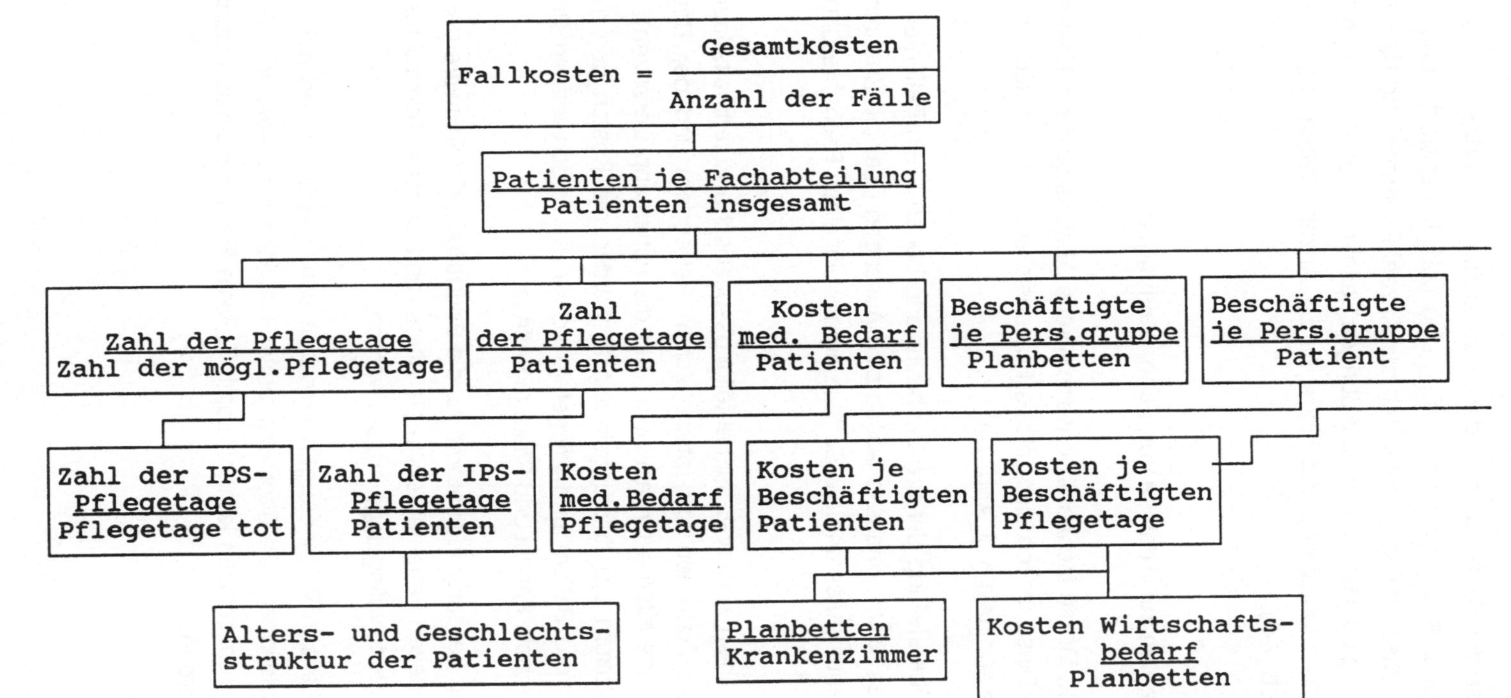

Abb. 7-4. Analyse von Fachabteilungen

Bei der Analyse der Sachkosten ist darauf zu achten, dass diese z.T. sehr stark beschäftigungs- bzw. belegungsabhängig sind (z.B. Lebensmittel und medizinischer Bedarf). Diese müssen daher mit der Anzahl Patienten und den Pflegetagen in Beziehung gesetzt werden. Die übrigen Sachkosten (z.B. Energie, Verwaltungsbedarf, Instandhaltung) sind hingegen zur Anzahl Betten in Beziehung zu setzen (vgl. Abb. 7-3).

7.4.3 Kennzahlen zur Analyse von Fachabteilungen [48]

Ausgangspunkt für die fachabteilungsspezifische Analyse sind die Kosten je Behandlungsfall. Diese lassen sich mittels Kostenstellenrechnung und Anzahl behandelter Fälle ermitteln (vgl. Abb. 7-4).

Durch Gegenüberstellung der pro Fachabteilung behandelten Patienten mit der Gesamtzahl des Krankenhauses lassen sich Aussagen über die Zusammensetzung des Patientengutes und die Bedeutung der einzelnen Fachabteilungen machen.

Weitere Kennzahlen sind etwa fachabteilungsspezifische Aufenthaltsdauern (für die Qualität der ärztlichen und pflegerischen Betreuung) und der Bettennutzungsgrad (für die interne Organisation und die Patientenpräferenzen). Als zusätzliche Kennziffern der Leistungsintensität werden die Kosten des medizinischen Bedarfs pro Patient und Pflegetag, sowie die verschiedenen Personaldichten pro Planbett, Patient und Pflegetag erfasst.

In Ermangelung besserer Indikatoren für die Beurteilung der Schwere der Krankheit der behandelten Patienten sollte die Alters- und Geschlechtsstruktur, sowie der Anteil der Intensivpflegetage erfasst werden.

Damit schafft Lenzen Verbindungen zwischen administrativen und patientenbezogenen Informationen, die über das bisher Uebliche hinausgehen. Die derart aufbereiteten Informationen können somit für viele Führungsentscheidungen direkt genutzt werden.

[48] Lenzen H. (Wirtschaftlichkeit) 213 ff

7.5 Modelle zum Betriebsvergleich in der Bundesrepublik Deutschland

In der Bundesrepublik Deutschland zeigte sich nach Inkrafttreten des Krankenhausgesetzes (KHG) im Jahre 1972 eine verstärkte Tendenz zur Prüfung der Jahresabschlüsse von Krankenhäusern. In mehreren Bundesländern besteht eine Prüfungspflicht für alle, in andern bloss für kommunale Krankenhäuser.[49] Prüfungsgegenstand ist die Bilanz und die Erfolgsrechnung. Ziel der Jahresabschlussprüfung ist einerseits die Ueberprüfung einer ordnungsgemässen Rechnungslegung, andererseits die Beurteilung der wirtschaftlichen Situation des einzelnen Krankenhauses.

Neben der Jahresabschlussprüfung hat auch die Selbstkostenprüfung [50] an Bedeutung gewonnen. Grund dafür ist die Vereinbarung der Pflegesätze zwischen Krankenhaus- und Sozialleistungsträgern. Basis für ihre Festsetzung sind u.a. die Selbstkosten der Krankenhäuser. Die zuständige Landesbehörde kann daher eine Prüfung der rechnerischen Richtigkeit der Selbstkostenrechnung fordern. Häufig wird der Auftrag dazu an Wirtschaftsprüfer oder externe Prüfungsorgane erteilt. Prüfungsgegenstand sind jene Posten der Erfolgsrechnung, die pflegesatzrelevante Aufwendungen und Erträge enthalten. Ziel der Prüfung ist es, eine sparsame Betriebsführung unter Berücksichtigung der Leistungsfähigkeit des Krankenhauses zu erreichen. Die Selbstkostenprüfung ist in erster Linie als Preisprüfung mit dem Ziel der Anerkennung oder Kürzung des beantragten Pflegesatzes anzusehen. Daneben können aber auch Schwachstellen bei individuellen betriebstechnischen Abläufen und Strukturen aufgedeckt werden.

7.5.1 Das Modell der Spitzenverbände der gesetzlichen Krankenkassen

Die Krankenhäuser sind verpflichtet, den zuständigen Landesbehörden jährlich die Selbstkostenblätter vorzulegen. Diese sind allerdings nicht zu einer regelmässigen Selbstkostenprüfung angehalten.[51] Für die Krankenkassen ergab sich daraus die Notwendigkeit, selbst ein Verfahren zur Ueberprüfung der sparsamen Wirtschaftsprüfung zu entwickeln. Seit 1974 führen sie deshalb auf freiwilliger Basis bundesweite Auswertungen der Selbstkostenblätter in Form eines Krankenhaus-Betriebsvergleiches durch.

---

[49] Lenzen H. (Wirtschaftlichkeit) 72 ff

[50] Lenzen H. (Wirtschaftlichkeit) 80 ff

[51] Lenzen H. (Wirtschaftlichkeit) 99 ff

Ziel dieses Vergleiches ist es, die Pflegesatzverhandlungen durch aktuelle Vergleiche mit ähnlichen Krankenhäusern auf örtlicher, regionaler und bundesweiter Ebene zu unterstützen. Voraussetzung dazu ist die Vergleichbarkeit der in den einzelnen Gruppen zusammengefassten Krankenhäuser. Im vorliegenden Modell erfolgt die Gruppeneinteilung in drei Stufen:[52]

1) Einteilung nach Zahl und medizinischer Art der organisatorisch selbständigen Fachbereiche
2) Bildung von Untergruppen nach Anzahl Fachbereichen
3) Bildung von typischen Vergleichsgruppen aufgrund der durchschnittlichen Verweildauer

Die Auswertung der Selbstkostenblätter erfolgt in einem krankenhausbezogenen und einem gruppenbezogenen Bericht. Erfasst und dargestellt werden fast ausschliesslich Kostendaten, so vor allem:[53]

- Kosten im Berechnungszeitraum (total)
- Kostenänderungen
- Kostenentwicklungen
- Abzüge im Berechnungszeitraum
- Aenderungen der Abzüge
- Entwicklungen der Abzüge
- Kostenarten

Kostenarten, sowie Totalkosten und Aenderungen im Berechnungszeitraum werden absolut und in Relation zu Grössen, wie Vorjahreswerte oder pro Pflegetag oder Fall, dargestellt.

Der Betriebsvergleich wird durch Statistiken über die Verweildauer pro Fachbereich und Krankenhaus insgesamt ergänzt. Seit 1978 werden, basierend auf dem dreistelligen ICD-9-Code ein Krankheitsartenprofil erstellt. Fallzahl, Verweildauer, Altersstruktur der Patienten, sowie Anteil der Unfälle an den behandelten Fällen und die Aufnahme und Entlassungspraktiken der Krankenhäuser werden sodann nach Krankheitsart berechnet und verglichen.

---

[52] Lenzen H. (Wirtschaftlichkeit) 101 ff

[53] Lenzen H. (Wirtschaftlichkeit) 102 f

7.5.2 Der Betriebsvergleich der Deutschen Krankenhausgesellschaft

Die Spitzenverbände der gesetzlichen Krankenkassen konnten sich durch ihren Betriebsvergleich gegenüber den Krankenhausträgern einen nicht unwesentlichen Informationsvorsprung verschaffen. Nachdem der Vorschlag zu einer gemeinsamen Durchführung des Betriebsvergleiches gescheitert war, sah sich die Deutsche Krankenhausgesellschaft (DKG) 1979 gezwungen, eine eigene Analyse der Selbstkostenblätter einzuführen.[54] Ziel dieser Auswertung ist ebenfalls die Unterstützung der Pflegesatzverhandlungen sowie der Bemühungen um eine verbesserte Betriebsführung.

Um die Daten vergleichen zu können, werden von der DKG die Krankenhäuser gruppiert. Massgebend sind die Anzahl selbständiger medizinischer Fachbereiche.[55] Fach- und reine Belegarzt-Krankenhäuser werden gesondert behandelt. Insgesamt werden neun Obergruppen unterschieden und diese soweit sinnvoll weiter differenziert.

Die Datenerfassung basiert ebenfalls auf den Selbstkostenblättern. Allerdings werden nicht alle Daten weiter verarbeitet. Die Auswertung erfolgt in verschiedenen Berichten, die Zeit- und Betriebsvergleiche auf unterschiedlichen Aggregationsstufen beinhalten. Ergänzend zu den Positionen des Selbstkostenblattes werden noch verschiedene Nachkalkulationen (Pflegesatz, Fallkosten) durchgeführt.

Die Ergebnisse der Betriebsvergleiche werden als Basis für die Pflegesatzverhandlungen genommen. Im weiteren gelten sie oft auch als Grundlage für die Beurteilung der wirtschaftlichen Betriebsführung. Dabei wird unterstellt, dass die Krankenhäuser tatsächlich miteinander vergleichbar, der Einfluss der Kosten und die Preisentwicklung einzelner Produktionsfaktoren bei allen gleich, sowie die erhobenen Daten völlig objektiv, d.h. nicht von irgendwoher beeinflusst sind. In der Praxis zeigt sich jedoch, dass die Durchschnittswerte den Besonderheiten des einzelnen Krankenhauses nicht gerecht wird. Noch fehlen Standardisierungsschemata, welche Einflüsse wie Diagnose- und Behandlungsmethoden, apparative Ausstattung, Qualifikation des Personals, bauliche Voraussetzungen sowie Leistungsbedarf der Patienten oder unterschiedliche Versorgungsstufen ausgleichen könnten. Auch werden mögliche Substitutionsbeziehungen auf der Input-

---

[54] Lenzen H. (Wirtschaftlichkeit) 105 f

[55] Lenzen H. (Wirtschaftlichkeit) 107 ff

seite ausser acht gelassen. Für die Krankenhäuser werden somit keine echten Anreize zu wirtschaftlichen Verhaltensweisen geschaffen.

7.6 Weitere Informations- und Kennzahlenmodelle im deutschsprachigen Raum

Mit den in den Abschnitten 7.1 bis 7.5 dargestellten Modellen und Systemen wird nicht der Anspruch eines abschliessenden Ueberblicks über Informations- und Kennzahlensysteme im deutschsprachigen Raum erhoben. Es soll vielmehr gezeigt werden, dass verschiedene grosse Anstrengungen für eine systematische Erarbeitung von Führungsinformationen im Krankenhaus unternommen werden.

Neben den oben diskutierten Ansätzen existieren weitere Informations- und Kennzahlenmodelle, die z.T. das Geschehen im ganzen Krankenhaus, z.T. in einzelnen Bereichen abbilden und unterstützen. Im administrativen Bereich ist u.a. der Vorschlag von Axtner zu erwähnen.[56] Er erstellt einen umfangreichen Katalog von benötigten Führungsinformationen - speziell zum Ressourcenmanagement - und zeigt ihre Verwendung im Bereich der Planung und Kontrolle auf. Andere Modelle konzentrieren sich eher auf den medizinischen Informationsbedarf im Krankenhaus. Darunter fallen z.B. Systeme zur Unterstützung ärztlicher Diagnose- und Therapieentscheidungen, wie etwa EDV-unterstützte Expertensysteme, die aufgrund eingegebener Symptome und Befunde zu möglichen Diagnosen, bzw. aufgrund von Diagnosen zu Therapievorschlägen führen.[57] Umfassender ist der in Heidelberg entwickelte und in der Praxis bereits verschiedentlich eingesetzte System-Generator KRAZTUR, der dem Benützer erlaubt, selbst ein seinen konkreten Bedürfnissen entsprechendes Informationssystem zu entwikkeln.[58] Im Vordergrund stehen dabei Funktionen wie klinische Datenerfassung, Fehlerprüfung, interne und externe Datenpräsentation sowie interne und externe Patientensteuerung. Schnittstellen zu administrativen Aufgaben wie Leistungserfassung, Rechnungsstellung und Kostenrechnung sind wohl theoretisch vorgesehen, aber noch wenig ausgebaut.

---

[56] Axtner W. (Krankenhausmanagement) 138 ff

[57] Vgl. u.a. DIAGNOSIS - eine Faktendatenbank zur Diagnosehilfe, Georg Thieme Verlag, Stuttgart

[58] Köhler C. (Informatik)

Auffallend bei all diesen Modellen ist, dass die für eine integrierte Informationsverarbeitung notwendigen Schnittstellen zwischen medizinischen und administrativen Informationssystemen meist nicht hinreichend ausgebaut sind. In der Regel konzentrieren sie sich auch auf krankenhausinterne Daten. Umweltinformationen werden kaum erfasst. Damit wird aber die Beurteilung der Zielerreichung des Krankenhauses aus bedarfswirtschaftlicher Sicht schwierig und der Wert der Informations- und Kennzahlensysteme für das Management eingeschränkt.

8 Informations- und Kennzahlensysteme im englischen Sprachraum

Im englischen Sprachraum findet man eine Vielzahl theoretischer und praktischer Modelle und Konzepte für Krankenhausinformations- und Kennzahlensysteme. Die Ausrichtung dieser Konzepte ist stark von der jeweiligen Struktur des Versorgungssystems geprägt. Im staatlichen Gesundheitsversorgungssystem Grossbritanniens (National Health Service, NHS) sind die Informationssysteme vor allem darauf ausgerichtet, die Koordination und Integration der verschiedenen Leistungsanbieter im Hinblick auf eine für die gesamte Bevölkerung ausgeglichene und umfassende Gesundheitsversorgung zu unterstützen. In den USA hingegen, mit teilweise ausgeprägten Marktstrukturen, liegen die Schwerpunkte eher auf der betriebsinternen Optimierung der Leistungserstellung im Hinblick auf die Verbesserung der Marktposition durch Schaffung wirtschaftlicher und qualitativer Marktvorteile.

Für Krankenhäuser im deutschsprachigen Raum dürfte eine Analyse dieser Informations- und Kennzahlensysteme interessant sein. Denn einerseits sind auch sie Teil staatlicher Versorgungssysteme und sollten ihre Dienstleistungen in Koordination, nicht in Konkurrenz mit den übrigen Krankenhäusern und Anbietern erbringen. Andrerseits stehen sie unter einem immer stärker werdenden ökonomischen Druck (vgl. Abschnitt 1.12), der nach einer möglichst wirtschaftlichen, aber dennoch qualitativ hochstehenden Leistungserstellung verlangt.

Im folgenden werden einige, für diese Problemstellung interessante Ansätze von Informations- und Kennzahlensystemen für Krankenhäuser vorgestellt. Bei der Auswahl wurde darauf geachtet, dass vor allem Modelle diskutiert werden, welche die bisher noch wenig abgedeckten Aspekte, insbesondere umweltbezogene, zukunftsorientierte oder qualitative Informationen beinhalten.

8.1 Versorgungsindikatoren im britischen National Health Service

Der britische National Health Service (NHS) bietet unter staatlicher Aufsicht sowohl stationäre als auch ambulante Gesundheitsleistungen für die gesamte Bevölkerung an. Der Gesundheitsdienst wird durch vierzehn regionale Gesundheitsbehörden (Regional Health Authorities, RHAs) verwaltet.[1] Deren Hauptaufgabe besteht in der groben Planung des Gesundheitsdienstes, d.h. in der Umsetzung der landesweit geltenden Prioritäten in regionale Ziel- und Planungssysteme, und in der angemessenen Verteilung der Ressourcen auf die untergeordneten Distrikte. Verantwortlich für die eigentliche Leistungserbringung sind die 192 Distriktsbehörden (District Health Authorities, DHAs). In diesen Einheiten wird die vollständige Palette der ambulanten und stationären Gesundheitsversorgung (inkl. Zahnmedizin) erbracht. Sie verwalten und koordinieren die praktischen Tätigkeiten und planen umfassende Versorgungsprogramme für spezielle Patientengruppen, wie z.B. für Betagte. In ihrer räumlichen Gliederung folgen sie soweit möglich "natürlichen" Einzugsgebieten und umfassen durchschnittlich etwa 250'000 Einwohner.

Ein wichtiges Postulat der britischen Regierung ist es, allen Einwohnern eine gleichwertige, angemessene Gesundheitsversorgung, unabhängig vom jeweiligen Wohnort, zu garantieren. Ziel ist es daher, die Versorgungsniveaus der verschiedenen DHAs aufeinander abzustimmen und die Ressourcen entsprechend zu verteilen. Um dieses Ziel zu erreichen, hat das Department of Health and Social Security (DHSS) ein System von Indikatoren entwickelt, welches den Vergleich der angebotenen Leistungen und der Leistungserstellung der DHAs pro Jahr und im Zeitablauf erlaubt.[2] Das vorgeschlagene Indikatorensystem beschreibt die Krankenhausleistungen, meist aggregiert auf Stufe Distrikt, nur z.T. für einzelne Krankenhäuser. Um zulässige Vergleiche zu ermöglichen, werden einige der Indikatoren in Bezug auf Demographie oder Patienten-Mix (case mix) standardisiert. Für die Beurteilung der Leistungen des ambulanten Versorgungsbereiches ist ein eigenes Indikatorensystem in Entwicklung.

8.1.1 Struktur des Indikatorensystems

Die rund 450 Leistungsindikatoren zur Beurteilung der stationären Versorgung sind in acht, sich z.T. überschneidende Angebotsgruppen gegliedert, nämlich in:

- stationäre Akutversorgung
- Kinderkrankenhäuser
- Geriatrie-Krankenhäuser, sowie Pflege- und Altersheime
- Heime für geistig Behinderte

[1] Abel-Smith B./Maynard A. (Gesundheitswesen) 87 ff

[2] Vgl. u.a. Gibbs R. (performance indicators); Pickup D. (NHS); Jennings A. (Equality)

- Psychiatrische Kliniken
- Krankenhausunterstützung (z.B. Pathologie, Catering)
- Personal
- Liegenschaften und Einrichtungen

Für alle Anbieter werden mehrere Aspekte der Leistungserstellung erfasst, mit internen und externen Grössen (z.B. zur Einzugsbevölkerung) in Beziehung gesetzt und vergleichend dargestellt. So werden u.a. folgende Indikatoren erhoben:

- Wirtschaftlichkeit, z.B. mittels:
  - Energiekonsum pro Einheit Bauvolumen
  - Kosten pro Personaleinheit Reinigungspersonal
  - Kostenbeitrag an Personalmahlzeit
  - Bauvolumen pro 1000 Einzugsbevölkerung

- Effizienz, z.B. mittels:
  - Kosten pro behandelten Patienten
  - Patientendurchstoss pro Bett
  - Kosten pro Radiologie-Arbeitsplatz
  - Unterhaltskosten pro Baueinheit

- Effektivität, z.B. mittels:
  - Säuglingssterblichkeit pro 1000 Lebendgeburten unter 2,5 kg
  - Immunisierungsrate bei Kinderkrankheiten
  - % von Notfallanrufen, die innerhalb der gesetzten Standardzeit beantwortet werden können

- Gerechtigkeit (equity), z.B. mittels:
  - Unterschiede im erbrachten Aufwand pro 1000 versorgte Einwohner
  - Angemessenheit der erbrachten Dienstleistungen für geistig Behinderte

- Zutrittsmöglichkeiten, z.B. mittels:
  - Wartezeiten für stationäre Behandlungen
  - Eingriffsdichte von Hüftprothesen pro 100 betagte Einwohner

- Erreichung der Leistungsziele, z.B. mittels:
  - % behandelter Kinder in Kinderabteilungen
  - % behandelter, geistig behinderter Kinder in gemeindenahen Institutionen

- erreichtes Versorgungsniveau, z.B. mittels:
  - Anzahl Chirurgen pro 1000 Einzugsbevölkerung
  - Anzahl Gemeindeschwestern pro 1000 Senioren im Einzugsgebiet
  - Anzahl operativer Engriffe pro Bett

- Qualität, z.B. mittels:
  - Vorhandensein von schriftlichen Pflegeplanungen
  - Möglichkeit von Wahlmenues

usw.

Die Leistungsindikatoren werden vom Department of Health and Social Security ermittelt und den DHA zur Verfügung gestellt. Ein Analyseprogramm erlaubt mit Hilfe von Statistiken und graphischen Darstellungen einen detaillierten Vergleich der eigenen DHA-Leistung mit anderen Distrikten .

8.1.2 Anwendung der Indikatoren

Das Kennzahlensystem dient den DHA-Managern als Analyseinstrument, um Stärken und Schwächen ihres Versorgungssystems aufzudecken und entsprechende Massnahmen zur Leistungsverbesserung auszulösen. Um dieses Vorgehen zu erleichtern, ist das Modell hierarchisch aufgebaut. Jede Angebotsgruppe wird durch einige wenige, stark aggregierte Hauptindikatoren grob charakterisiert. Diese erlauben einen vergleichenden Ueberblick und erleichtern den Entscheid, ob der Angebotsbereich mit Hilfe weiterer Indikatoren detaillierter analysiert werden soll.

DHSS Performance Indicators for 1983/1984 Acute Care 1st Line PIs,Part1
BOXPLOT SCRN001

H E THAMES
DHA : W Essex

code		DHA value	Eng Min	middle 80% of England values are between <>	Eng Max
A1	Hospitalisation Rate-Residents	nd	nd		nd
A2A	Treatment Intensity Rate-Acute	89.3	75.5		263.
A2B	Treatment Intensity Rate-Mater	56.7	9.80		132.
A6A	Actual Throughput - All Cases	34.7	28.5		57.8
A6B	Expected Throughput -All Cases	42.3	34.0		55.0
A6C	Standardised Thruput Ratio-All	82.1	72.7		144.

Abb. 8-1. Hauptindikatoren zur Beurteilung der Leistungen der stationären Akutversorgung

Abbildung 8-1 zeigt die graphische Darstellung der Hauptindikatoren für den Bereich der stationären Akutversorgung der DHA West Essex im Vergleich zu nationalen Werten. Dabei zeigt sich u.a., dass die Behandlungsintensität (treatment intensity rate) ein Mass für die erreichte Hospitalisationsrate im Einzugsgebiet, der Patientendurchstoss (actual throughput), d.h. die Anzahl der behandelten

Patienten pro Bett, sowie die standardisierte Durchstossrate (standardised throughput), d.h. die nach Fall-Mix standardisierte Anzahl behandelter Patienten pro Bett, stark unterdurchschnittlich sind. Damit lassen sich erste Schwächen im System identifizieren. Diese müssen einer weiteren Analyse unterzogen werden.

Acute Care - PIs by Specialty

W Essex				Outlier	
	GM	GS	HNO	Gyn	Ent
Standardised LoS Ratio	--	**HH**	--	--	--
Turnover Interval	--	--	--	**HH**	H
Standardised Throughput Ratio	--	**LL**	--	**LL**	L
Not'l WL Days as % Eng.Av.	nd	--	--	**LL**	--

HH = höchste 10% H = 81% bis 90% -- = 21% bis 80%
LL = tiefste 10% L = 11% bis 20% nd = keine Angaben
GM = Innere Medizin Gyn = Gynäkologie und Geburtshilfe
GS = Allgemeine Chirurgie

Abb. 8-2. Patientendurchstoss und Aufenthaltsdauern nach medizinischen Fachbereichen im Vergleich

DHSS Performance Indicators for 1983/1984 General Surgical 1st Line PIs
BOXPLOT SCRN018
N E THAMES
DHA : W Essex

code		DHA value	Eng Min	middle 80% of England values are between <>	Eng Max
A10A	Actual Length of Stay - GS	6.70	3.50		12.1
A10B	Expected Length of Stay - GS	5.90	5.40		10.4
A10C	Standardised LoS Ratio - GS	113.	61.4		139.
A17	Turnover Interval - GS	2.70	.500		6.00
A24A	Actual Throughput - GS	38.8	27.8		70.1
A24B	Expected Throughput - GS	45.6	29.2		48.6
A24C	Standardised Thruput Ratio-GS	85.1	66.9		174.
A31	% Day Cases-General Surgical	10.9	2.50		42.4

Abb. 8-3. Leistungsindikatoren der Allgemeinen Chirurgie im Vergleich

Will man etwa dem Problem des Patientendurchstosses auf den Grund gehen, so können weitere, nach medizinischen Spezialitäten gegliederte Indikatoren aufgerufen werden (vgl. Abb. 8-2). Diese Tabelle zeigt den Patientendurchstoss der medizinischen Fachbereiche im nationalen Vergleich. In West Essex ist er vor allem im chirurgischen Bereich und der Gynäkologie unterdurchschnittlich. In diesen Bereichen findet man gleichzeitig lange Aufenthaltsdauern.

Die nächste Indikatorenstufe ermöglicht eine vertiefte Analyse möglicher Ursachen für den geringen Patientendurchstoss im Bereich der allgemeinen Chirurgie. Wie aus Abb. 8-3 ersichtlich ist, liegt das Problem vor allem bei den relativ langen Aufenthaltsdauern, die sich nicht durch die Patientenzusammensetzung (Fall-Mix) erklären lassen (Standardised LoS Ratio). Auch zeigt sich, dass der Anteil an ambulanten chirurgischen Eingriffen (% day cases) sehr gering ist.

Eine weitere Vertiefung der Analyse (vgl. Abb. 8-4) zeigt einen relativ langen post-operativen Krankenhaus-Aufenthalt (Post-operative Stay). Daraus kann auf Probleme der Entlassungsplanung geschlossen werden. Weiter zeigt sich, dass die Anzahl operativer Eingriffe pro Bett (Theatre Session/Bed) sehr gering ist. Grund dafür könnten beispielsweise fehlende personelle (Chirurgen) und sachliche (Operationssäle) Ressourcen sein. Diese Hypothesen lassen sich überprüfen, indem beispielsweise die Ressourcen-Indikatoren mit Bezug auf die Einzugsbevölkerung analysiert werden.

Mit Hilfe dieses hierarchisch aufgebauten Indikatoren-Systems lassen sich im Vergleich Leistungsschwächen und -stärken der einzelnen DHA darstellen und mögliche Ursachen dazu ermitteln. Da die Daten jedoch bloss in aggregierter Form (Distrikt) vorliegen, können kaum direkte Schlüsse für Verbesserungen in den einzelnen Institutionen gezogen werden. Die Analyse der individuellen Situation bei den verschiedenen Leistungserbringern muss einzeln detailliert werden.

Das vorgeschlagene Indikatoren-Modell ist aber dennoch ein ausgezeichnetes Kontroll- und Analyseinstrument. Die Resultate sind allerdings mit gewissen Vorbehalten anzuwenden. Einerseits basieren sie auf Vergangenheitsdaten, dies sowohl bezüglich Leistungserstellung, Leistungsangebot und Einzugsbevölkerung. Veränderungen in der Umwelt und der Leistungserstellung, bzw. im Leistungsangebot werden nicht sofort erfasst und berücksichtigt. Das Modell eignet sich daher wenig um neuartigen, innovativen Problemsituationen zu begegnen. Die Aggregation der Daten auf Stufe Distrikt beinhaltet die Gefahr, dass strukturelle Versorgungsunterschiede in den Subsystemen, d.h. den einzelnen Krankenhäusern und ihren Versorgungsgebieten nicht aufgedeckt werden, und so das Ziel, eine ausgeglichene Gesundheitsversorgung zu gewährleisten, im Mikrobereich nicht mit Sicherheit erreicht werden kann. Mit der transparenten, vergleichenden Darstellung der Situation des eigenen Gesundheitsversorgungssystems besteht zudem die Gefahr, dass Mittelmässigkeit angestrebt wird. Um die Qualität der Gesundheitsversorgung und die zeitgemässe Entwicklung des Systems zu fördern, müssen daher zusätzliche Anreize zur Leistungsverbesserung geschaffen werden.

DHSS Performance Indicators for 1983/1984 General Surgical 2nd Line PIs
BOXPLOT SCRN019
N E THAMES
DHA : W Essex

code		DHA value	Eng Min	middle 80% of England values are between <>	Eng Max
A36	% Cases Not Operated On - GS	37.0	8.60		63.2
A41	Pre-operative Stay - GS	1.50	.000		3.10
A46	Post-operative Stay - GS	6.60	3.20		9.10
A51	Theatre Sessions/Bed - GS	6.44	1.95		16.2
A58	Waiting List/1000 Catchment-GS	3.10	.600		12.6
A63A	Notional Days to Clear WL - GS	106.	14.0		460.
A68	% Immediate Admissions - GS	52.3	3.20		66.5

Abb. 8-4. Detaillierte Leistungsindikatoren des chirurgischen Bereichs im Vergleich

8.2 MONITREND - der Betriebsvergleich der American Hospital Association

Der amerikanische Krankenhausverband (American Hospital Association, AHA) hat ebenfalls ein Kennzahlen-Modell für Betriebsvergleiche, den sogenannten MONITREND, entwickelt.[3] Dieses Modell stellt, im Gegensatz zur VESKA-Statistik, keine eigentliche Verbandstatistik dar. Die Mitgliedschaft bei der AHA ist nicht von der Teilnahme an MONITREND abhängig. MONITREND wurde als Führungsinstrument entwickelt und wird kommerziell angeboten. Die Subskription ist für die einzelnen Krankenhäuser recht kostspielig.

3 Vgl. u.a. American Hospital Association (MONITREND)

MONITREND gibt den Teilnehmern monatlich Auskunft über ihre Position in finanzieller und personeller Hinsicht, sowie bezüglich Leistungserstellung und Ressourcennutzung. Einige Auswertungen erfolgen nur jährlich oder halbjährlich. Im Gegensatz zum Indikatorensystem des britischen National Health Service werden die Daten nicht distriktsbezogen, sondern institutions-, z.T. sogar bereichsbezogen erfasst und ausgewertet. Das Modell zeigt Entwicklungstendenzen aufgrund von kurzfristigen Vergangenheitsdaten und vergleicht das Leistungsverhalten des einzelnen Krankenhauses mit dem Durchschnitt der gesamten Branche sowie mit einer vergleichbaren Referenzgruppe.

MONITREND wurde mit Blick auf die Entscheidungsfindung auf höchster Führungsebene des Krankenhauses entwickelt. Sein Zweck ist es, die Informationsbedürfnisse auf dieser Ebene zu befriedigen. Obwohl der Informationsbedarf aufgrund unterschiedlicher Trägerschaften, Management-Philosophien, Umwelten sowie Organisations- und Leistungsstrukturen individuell sehr verschieden ist, lassen sich bezüglich des Informationsbedarfes zwischen gewinnorientierten und nicht-profit-orientierten und öffentlichen Krankenhäusern gewisse Gemeinsamkeiten ableiten. Allen Krankenhäusern geht es um die möglichst wirtschaftliche Erbringung qualitativ hochstehender Leistungen in einer Atmosphäre, welche die Mitarbeiter zu guten Leistungen motivieren sollte.[4] Der Vergleich des eigenen Leistungsverhaltens mit dem nationalen und bundesstaatlichen Durchschnitt, sowie mit einer ausgesuchten Referenzgruppe von Krankenhäusern ähnlicher Art und Grösse, erlauben den Managern nun eine gute Beurteilung der Leistungserbringung des Gesamtkrankenhauses und seiner wichtigsten Teilbereiche. MONITREND wird damit zu einem geeigneten Instrument um:

- Problemfelder zu identifizieren,
- Leistungsziele zu erarbeiten,
- Planung und Budgetierung zu unterstützen und
- den eigenen Fortschritt vergleichend darzustellen.

8.2.1 Raster der Datenerhebung

Die an MONITREND teilnehmenden Krankenhäuser müssen monatlich ihre individuellen Daten auf einem standardisierten Fragebogen an die zuständige Stelle (Health Administration Service, HAS) des amerikanischen Krankenhaus-Verbandes einreichen. Beim Datenraster wurde darauf geachtet, dass möglichst mit

[4] American Hospital Association (Administrator's guide) 3

routinemässig erhobenen Daten gearbeitet werden kann. Die Daten werden von HAS mehrfach auf ihre Plausibilität hin überprüft, dann erst statistisch weiterverarbeitet. In der Datenerfassungsmatrix werden die Informationen nach folgenden Bereichen detailliert erfasst:[5]

- Pflegebereich: Pflegedienstleitung, medizinische, chirurgische, geburtshilfliche, pädiatrische und psychiatrische Abteilungen, Intensivpflege- und Ueberwachungsstation, sowie nach Personalkategorien
- medizinische Fachbereiche: wie Notfall, Hämodialyse, Operations- und Aufwachsaal, Radiologie, EKG, Labor, Physiotherapie, Anästhesie usw.
- administrativer Bereich: z.B. Küche, Reinigungs- und Unterhaltsdienst, Hausdienst, Wäscherei, Verwaltung, Schulen.

Für alle diese Bereiche werden soweit sinnvoll und möglich die erbrachten Leistungen in:

- eingesetzte Arbeitszeit (ausbezahlte Stunden)
- verursachte Kosten (Löhne und Sachkosten)
- erzielte Einkünfte (für stationäre und ambulante Patienten)
- Anzahl Entlassungen, Pflegetage und Betten
- Anzahl Visiten und diagnostische und therapeutische Eingriffe
- Anzahl Visiten nach Zeitaufwand
- Anzahl verteilter Mahlzeiten
- gereinigte Wäsche nach Gewicht

  usw.

erfasst. Daneben werden weitere statistische und finanzielle Angaben erfragt, wie:

- krankheitsbedingter Arbeitsausfall in bezahlten Stunden
- bezahlte Ferien- und Freitage
- gesamter Arbeitsausfall in bezahltem Lohn
- Anzahl Beschäftigte
- liquide Mittel
- ausstehende Debitoren
- Debitorenverluste
- übrige Aktiven
- Kreditoren
- übrige Passiven

[5] American Hospital Association (MONITREND) 6 ff

8.2.2 Auswertung der Daten

Für die monatlichen Berichte werden auf der Ebene des Gesamtkrankenhauses und der einzelnen Bereiche eine Menge von Verhältniskennziffern gebildet, einerseits mit Bezug auf die Anzahl Entlassungen (Fälle), andrerseits mit Bezug auf die geleisteten Arbeitsstunden. Daneben findet man auch verschiedene Prozentzahlen. Als Vergleichsbasis zu den aktuellen Monatsdaten des individuellen Krankenhauses dienen (1) der Durchschnitt der drei Vormonate, (2) der nationale und der bundesstaatliche Durchschnitt, (jeweils der Median) sowie (3) der Durchschnittswert der speziellen Vergleichsgruppe. Um die Entwicklung besser nach internen Massstäben vergleichen zu können, wird neben dem Durchschnitt der drei Vormonate auch jener der (4) selben drei Monate des Vorjahres, (5) der vergangenen zwölf Vormonate und jener (6) des Vorjahres errechnet. Dabei werden jeweils die absoluten Werte, sowie die Abweichungen (in Prozenten) angegeben.

Neben den Monatsberichten werden umfangreichere Halbjahresauswertungen abgegeben, in denen nicht bloss ein Vergleich der Mediane vorgenommen, sondern auch die jeweilige Varianz des individuellen Wertes im Verhältnis zur Vergleichsgruppe gerechnet wird. Zusätzlich besteht auch die Möglichkeit, dass Krankenhäuser ihre individuellen Daten freigeben und so im Gegenzug einen direkten Vergleich der Rohdaten mit jenen anderer Institutionen ermöglichen (side by side report).[6] Diese Form wird häufig von Krankenhausketten zum internen Vergleich der eigenen Institutionen verlangt.

Die grosse Datenmenge, mit welcher die Krankenhausmanager konfrontiert werden, hat zur Entwicklung von speziellen Zusammenfassungen ("Executive Abstract") des monatlichen Berichtes geführt.[7] In diesen Kurzfassungen wird das Hauptgewicht auf kritische Leistungsbereiche, d.h. Bereiche, deren Daten signifikant vom Durchschnitt der Vergleichsgruppe abweichen, sowie auf die wichtigste Kostenart, d.h. den Faktor Arbeit mit den damit verbundenen Lohnkosten gelegt. Das "Executive Abstract" setzt sich aus den folgenden vier Teilberichten zusammen:

- Abweichungsbericht (Variance Summary Report): Dieser Bericht enthält alle Indikatoren, die zur Klasse der 25% tiefsten, bzw. 25% höchsten Werte innerhalb der Streuung der Vergleichsgruppe gehören.

---

6 American Hospital Association (Data services) 19 ff

7 American Hospital Association (Abstracts)

- Personalbericht (Staffing Analysis Report): Die geleisteten Stunden werden in diesem Bericht in Stellen ausgedrückt, um Ueber- bzw. Unterbesetzungen in den verschiedenen Bereichen aufzudecken.

- Bereichs-Rangliste (Departmental Rank Report): Die Teilbereiche des Krankenhauses werden dabei nach Sparpotentialen geordnet.

- Entlöhnungsbericht: in diesem Bericht werden die gearbeiteten Stunden den bezahlten gegenübergestellt und die Bereiche in einer entsprechenden Rangfolge aufgelistet.

Ein weiteres Mittel um den Transfer der Resultate zu verbessern und die Akzeptanz bei den Führungskräften zu erhöhen ist der Versuch, vermehrt auch graphische Darstellungen einzusetzen.[8] Vierteljährlich werden die MONITREND-Ergebnisse mit Hilfe von Abbildungen präsentiert, die die Entwicklung der letzten 12, bzw. 24 Monate zeigen und neben den individuellen Daten auch jene der Vergleichsgruppe, sowie Regressionsgeraden zur Trenddarstellung beinhalten.

Alle diese Berichte beinhalten bloss rein quantitative, bzw. graphische Ergebnisse. Eine Interpretation der Informationen wird durch die American Hospital Association nicht vorgenommen. Diese bleibt dem teilnehmenden Krankenhaus überlassen. MONITREND bietet aber auch da gewisse beratende Unterstützung an.[9]

Im Gegensatz zum Indikatorensystem des National Health Service arbeitet MONITREND ausschliesslich mit internen Vergangenheitsdaten (wie z.B. VESKA-Statistik). Diese werden jedoch auf ihre Trends hin analysiert und erlauben somit auch gewisse Rückschlüsse für eine zukunftsbezogene Führung. Das Modell umfasst sowohl geldwertmässige wie auch quantitative Daten. Eine Beurteilung der Qualität hingegen ist nur beschränkt und bloss mittels indirekter Indikatoren möglich. Das "Executive Abstract" erlaubt einen raschen Ueberblick über die allgemeine Situation, beinhaltet jedoch die Gefahr, dass bloss aufgrund grosser Abweichungen von der Norm Entscheidungen getroffen werden (Management by Exception).

Da rund 1950 Krankenhäuser an MONITREND beteiligt sind [10], ist die Datenbasis auch für die Bildung der speziellen Vergleichsgruppen ausreichend und die Ergebnisse sind repräsentativ. Die grosse Teilnahme zeigt zudem, dass der Be-

---

8 American Hospital Association (Graphs)

9 American Hospital Association (Administrator's guide)

10 Stand Juni 1988

triebsvergleich in dieser Form als Führungsinstrument sehr geschätzt wird und, selbst ohne Einbezug von Umweltdaten, eine gute Entscheidungsgrundlage abgibt.

8.3 Das Kennzahlensystem von Griffith

Die Blue Cross Association, die grösste private Krankenversicherung in den USA mit einem Marktanteil von 30 - 40%, unterstützte in den späten 70er Jahren ein Projekt zur Entwicklung eines Kennzahlensystems. Dieses hatte den Zweck, Grundlagen für die Messung der Leistungserbringung von Krankenhäusern zu schaffen.[11] Der Grad der Zweckerfüllung sollte aufgrund einiger weniger, möglichst überall verfügbarer und allgemein anerkannter Leistungen beurteilt werden. Betriebsinterne und führungsmässige Fragestellungen standen dabei weniger im Vordergrund. Das Modell war vielmehr auf die Beurteilung der medizinischen Versorgung der Bevölkerung ausgerichtet, vor allem mit Blick auf die Zutrittsmöglichkeiten, die Qualität und die Kosten der Krankenhausversorgung.

Bei der Wahl der Messgrössen wurde darauf geachtet, dass sie möglichst Massstab für das sind, was die Bevölkerung eines Landes wünscht, was politisch und sozial befriedigt, als Ziel gesetzt und auch erreicht werden kann. "Die wichtigste Aufgabe beim Entwurf von Krankenhaus-Kennzahlen ist es herauszufinden, ob sie die tatsächlichen Gegenstände in der Bereitstellung der Patientenversorgung messen und, wenn sie es tun, ob sie geeignet sind, als Richtschnur für die Bestimmung wirklicher Zielerreichungsgrade zu dienen. ... Wieviel Patientenversorgung durch das Krankenhaus sollten wir haben? Welches ist ein angemessener Preis dafür? Und welches sind angemessene Leistungen, ausgedrückt in Resultaten und in Zufriedenheiten? Jede dieser Fragen hat zwei Antworten, ein im ganzen Land geltendes Ziel und eine überall akzeptierbare Bandbreite, innerhalb derer die örtlichen Gemeinwesen operieren können."[12] Mit dieser Zielsetzung wird Griffith's Modell zu einem Instrument auf zwei Ebenen. Einerseits erlaubt es eine Beurteilung auf der politischen Ebene, zeigt Schwächen im Versorgungsnetz und kann so zu Interventionen führen. Andrerseits erlaubt es auch dem einzelnen Krankenhaus, sich im Markt zu positionieren und so Marktpotentiale zu nutzen, bzw. Versorgungslücken zu schliessen.

---

[11] Griffith J. (Measuring); vgl. auch Hildebrand R. (Krankenhaus- Kennzahlen)

[12] zitiert nach Hildebrand R. (Krankenhaus-Kennzahlen) 12

I. Service-Bevölkerung im Einzugsgebiet

A. Empirisch definierte Service-Bevölkerung für jede medizinische Fachrichtung, z.B.
- Innere Medizin, Chirurgie, Psychiatrie (für Personen über 14 Jahre)
- Geburtshilfe (alle weiblichen Personen zwischen 15 und 44)
- Pädiatrie (alle Personen zwischen 0 und 14)
- Gesamtangebot des Krankenhauses

B. Vergleichbare Service-Bevölkerung für regionale Krankenhausgruppen (ebenfalls nach Fachbereichen)

II. Quantität der Versorgung

A. Fallzahlen pro Person der Service-Bevölkerung und Jahr für alle Fachrichtungen

$$\frac{\text{Jährliche Fallzahl}}{\text{Gesamt-Servicebevölkerung}}$$

B. Pflegetage pro Person der Service-Bevölkerung und Jahr für alle Fachrichtungen

$$\frac{\text{Jährliche Pflegetage}}{\text{Gesamt-Servicebevölkerung}}$$

C. Vergleichbare Fallzahlen und Verweildauern für die Krankenhäuser einer Gruppe (auch nach Fachrichtung)

D. Durchschnittliche Aufenthaltsdauer, gewichtet nach Fall-Mix

III. Kosten der Krankenhausdienste

A. Kosten der stationären Versorgung pro Person der Service-Bevölkerung und Jahr

B. Kosten der ambulanten Versorgung pro Person der Service-Bevölkerung und Jahr

C. Kosten der gesamten Versorgung pro Person der Service-Bevölkerung und Jahr

IV. Qualität

A. Ziel-Morbiditäts-Indikatoren (wie z.B. Hospitalisationsraten für ausgewählte Diagnosen)

B. Ziel-Mortalitäts-Indikatoren (ausgewählte Mortalitätsraten, wie z.B. Mütter- oder Säuglingssterblichkeit)

C. Anteile stationärer und ambulanter chirurgischer Eingriffe pro Person der Service-Bevölkerung und Jahr

D. Patientenzufriedenheit

E. Vergleichsangaben der Krankenhäuser der Gruppe

Abb. 8-5. Uebersicht über das Kennzahlen-System von Griffith (nach Griffith J. (Measuring) 9)

Zur Klärung derartiger Fragen ist es unabdingbar, dass auch krankenhausexterne Daten erfasst und ausgewertet werden. In eine derartige, gesellschaftsbezogene Betrachtung sollten neben der direkten medizinischen Versorgung auch indirekte Nebeneffekte beachtet werden, wie z.B. Beschäftigungs- und Ausbildungsmöglichkeiten für verschiedene Berufe, Wirkung auf die Bevölkerung und auf die Wirtschaft in der Region usw.[13] Derartige Nebeneffekte werden im vorgeschlagenen Kennzahlensystem jedoch nicht erfasst.

8.3.1 Struktur des Kennzahlensystems

Da eine Beurteilung der Leistungsfähigkeit des Krankenhauses nicht mit Hilfe einer einzigen Schlüsselkennziffer möglich ist, schlägt Griffith ein System von 18 Kennzahlen (vgl. Abb. 8-5) in folgenden vier Informationskategorien vor:

- versorgte Bevölkerung
- quantitative Darstellung der Patientenversorgung
- Kosten der Krankenhausdienste
- Qualität der Patientenversorgung.

Jede dieser Kennzahlen kann für sich alleine beurteilt werden. Dadurch kann jeder am Entscheidungsprozess Beteiligte selbst festlegen, welches Gewicht er den verschiedenen Aspekten beimessen will.

Die Bestimmung der Service-Bevölkerung erfolgt, indem das Verhältnis der Zahl der stationären Patienten einer abgegrenzten Region, die im Krankenhaus A behandelt wurden, mit der Gesamtzahl der Patienten der Region (d.h. behandelt in allen Krankenhäusern) in Bezug gesetzt wird (Relevanzmatrix).[14]

$$\text{Relevanz-Index des Krankenhauses A} = \frac{\text{Fallzahl des Krankenhauses A}}{\text{Fallzahl aller Krankenhäuser}}$$

Zur Berechnung der Servicebevölkerung werden zweierlei Daten benötigt, nämlich eine herkunftsbezogene Entlassungsstatistik und regionale Bevölkerungsdaten.

Mit Hilfe der Servicebevölkerung wird es möglich, regionale Infrastruktur- und Leistungsdichten zu errechnen und so das erreichte Versorgungsniveau quan-

[13] Griffith J. (Measuring) 4

[14] Griffith J. (Measuring) 16 ff

titativ darzustellen. Daraus lassen sich wichtige Erkenntnisse für die Beurteilung der Chancen und Gefahren durch die Krankenhausleitung ableiten.

Die quantitative Messung der Krankenhausleistung stützt sich in diesem Modell auf drei Kennziffern, nämlich auf:[15]

$$\text{Entlassungsrate} = \frac{\text{Entlassungen im Jahr}}{\text{1000 Servicebevölkerung}}$$

$$\text{Pflegetagerate} = \frac{\text{Erbrachte Pflegetage im Jahr}}{\text{1000 Servicebevölkerung}}$$

$$\text{Gewichtete Aufenthaltsdauer} = \frac{\text{durchschnittliche Aufenthaltsdauer}}{\text{gewichtet mit dem Fall-Mix}}$$

Diese Kennzahlen können je nach Betrachtungsebene und Gesichtspunkt sowohl bezogen auf die verschiedenen Krankenhäuser oder deren Subsysteme (Krankenhausführung), oder aber in Bezug auf Gemeinden und Regionen (Krankenhausführung und übergeordnete Behörde) errechnet werden. Zur Berechnung sind jedoch recht umfassende Patientenstatistiken notwendig, die mindestens folgende Angaben beinhalten:[16]

- Postleitzahl
- Alter und Geschlecht
- Entlassungsdatum
- Aufenthaltsdauer in Tagen
- Hauptdiagnose
- Anwesenheit von Nebendiagnosen
- ausgeführte Eingriffe
- behandelndes Krankenhaus

Neben dieser Patientenstatistik werden als weitere Informationen demographische Daten über die Servicebevölkerung, vor allem Alters- und Geschlechtsverteilungen, notwendig. Auch kann die stationäre medizinische Versorgung grob in die medizinischen Fachbereiche Pädiatrie, Innere Medizin, Chirurgie und Geburtshilfe (z.T. altersspezifisch) gegliedert werden. Diesen Bereichen können mit grosser Repräsentativität Bevölkerungsgruppen aus der Servicebevölkerung zugeordnet werden. Mit einer derartigen Gliederung werden die wesentlichen Aspekte der Leistungserbringung der Krankenhäuser ausreichend detailliert dargestellt.

15 Griffith J. (Measuring) 26 ff

16 Griffith J. (Measuring) 30

8.3.2 Leistungsbeurteilung mit Hilfe der Kennzahlen

Entlassungsrate, Pflegetagerate und Aufenthaltsdauer sind nur sehr grobe Indikatoren für die Leistungserbringung und die Leistungsnachfrage. Behandlungs- und Pflegeintensitäten der Patienten werden nicht berücksichtigt, sind jedoch für die Leistungserbringung des Krankenhauses von grösster Bedeutung. Es erweist sich daher als notwendig, die verschiedenen Indikatoren mit dem Patienten-Mix, bzw. dem Fall-Mix zu gewichten, bzw. zu standardisieren. Nur unter dieser Voraussetzung lassen sich die Krankenhausleistungen im Zeitablauf und überbetrieblich echt miteinander vergleichen.[17] Die ursprünglich von Griffith vorgeschlagene Methode mit Hilfe des "PAS Length of Stay Package", die eine Gewichtung aufgrund der Hauptdiagnose, des Alters, der Nebendiagnose und verschiedener Eingriffe erlaubt [18], wurde infolge der jüngsten Entwicklungen im amerikanischen Gesundheitswesen durch das Konzept der DRG (vgl. Kapitel 9) ersetzt.

Die Beurteilung der Kosten der Krankenhausversorgung erfolgt ebenfalls mit Hilfe einiger weniger und z.T. recht grober Kennziffern [19], wie:

$$\text{Kosten der stationären Versorgung der Bevölkerung} = \frac{\text{Kosten stationärer Versorgung}}{\text{Servicebevölkerung}}$$

$$\text{Kosten der ambulanten Versorgung der Bevölkerung} = \frac{\text{Kosten ambulanter Versorgung}}{\text{Servicebevölkerung}}$$

Diese Kennzahlen können leicht für verschiedene Perioden, z.B. jährlich, quartalsweise oder gar monatlich, gerechnet werden, um den Kostenverlauf besser überwachen zu können. Vorschläge für kostenwirksame Interventionen, wie z.B. Investitionen, sollten im voraus auf ihre Folgen hin analysiert werden, indem prospektiv die per capita Kosten ermittelt werden. Dazu dient folgende Kennzahl:[20]

$$\text{Prospektive Kosten pro Servicebevölkerung} = \frac{\text{budgetierte Kosten}}{\text{voraussichtl. Servicebevölkerung}}$$

Vorschläge für eine Veränderung des Leistungsangebotes des Krankenhauses können auf ähnliche Weise geprüft werden. Dazu empfiehlt es sich, zur Beurtei-

---

17 Griffith J. (Measuring) 32; vgl. auch Ulrich W. (Standardisierung)

18 Griffith J. (Measuring) 34

19 Griffith J. (Measuring) 36 ff

20 Griffith J. (Measuring) 37; Hildebrand R. (Krankenhaus-Kennzahlen) 20

lung neuerer Aufgaben die erwarteten Zusatzkosten mit der erwarteten Servicebevölkerung in Beziehung zu setzen:

$$\text{Grenzkosten pro Servicebevölkerung} = \frac{\text{Aenderung der Gesamtkosten}}{\text{voraussichtliche Servicebevölkerung}}$$

Die Reliabilität dieser Kennzahlen ist abhängig von der Genauigkeit der Berechnung der Servicebevölkerung und der Kostendaten. Der Validität ist grosses Gewicht beizumessen, da aufgrund ungenügender Kostendaten auch falsche Entscheidungsgrundlagen bereitstehen.

In amerikanischen Krankenhäusern hat die Beurteilung der Qualität eine lange Tradition. Die Messbarkeit wird nicht mehr im Grundsatz diskutiert, vielmehr nur noch die Frage, welche Kenndaten am besten sind. Griffith schlägt in seinem Modell die Verwendung verschiedener Messebenen vor.[21] Einerseits sieht er auf der überinstitutionellen Ebene die Zuhilfenahme von regionalen Morbiditäts- und Mortalitätsstatistiken, sowie von Diagnosestatistiken. Auf institutioneller Ebene sollen mit Hilfe behandelter Diagnosen und chirurgischer Eingriffe verschiedene Kennzahlen gerechnet werden, so z.B.:

$$\text{behandelte Diagnose pro Servicebevölkerung} = \frac{\text{total der behandelten Diagnosen}}{\text{Servicebevölkerung}}$$

$$\text{Eingriffe pro Servicebevölkerung} = \frac{\text{definierter chirurgischer Eingriff}}{\text{Servicebevölkerung}}$$

Alle diese medizinischen Informationen können in den USA leicht erhoben werden, da die medizinischen und die administrativen Patientendaten nicht gesondert erhoben und verarbeitet werden.

Eine weitere, ebenso wichtige Informationsquelle ist die auf der individuellen Ebene anzusiedelnde Befragung entlassener Patienten. Der von Griffith entwikkelte und vorgeschlagene Erhebungsbogen enthält rund 20 Fragen zu:[22]

- Zugang zur Krankenhausleistung
- Zufriedenheit mit den Krankenhaus-Diensten
- Zufriedenheit mit dem Ergebnis
- Informationsstand nach der Entlassung.

21 Griffith J. (Measuring) 44 ff
22 Griffith J. (Measuring) 54 ff

Diese Erhebung sollte es den einzelnen Institutionen ermöglichen, ungenügende Dienstleistungen oder zu lange Wartezeiten zu identifizieren und entsprechende Interventionen zu planen.

Der Einbezug der Servicebevölkerung zu den permanent zu erfassenden und auszuwertenden Kennzahlen, wie es übrigens auch das Indikatoren-System des NHS vorsieht (vgl. Abschnitt 8.11), ist im deutschen Sprachraum noch nicht üblich. Obwohl in der Privatwirtschaft Produkt-/Marktstrategien immer im Hinblick auf den potentiellen Bedarf hin entwickelt werden, findet man im Bereich der öffentlichen Krankenhausversorgung mehrheitlich bloss ein Reagieren auf den meist von der politischen Behörde vorgegebenen Bedarf. Angesichts der freien Arzt- und der - zumindest innerhalb der Kantone - freien Krankenhauswahl [23], sollte jedoch die Bestimmung des tatsächlichen Nachfragepotentials fest in den Entscheidungsprozess integriert werden. Gerade für die Krankenhausträger könnte dies ein Instrument sein, um die Koordination und Integration in das System der Gesundheitsversorgung zu optimieren.

Griffith selbst weist auf eine Reihe von Grenzen seines Modells hin.[24] So nennt er u.a. das Fehlen:

- der ambulanten und der Langzeit-Versorgung (etwa im Gegensatz zum Indikatoren-System des NHS)
- spezifischer Informationen für konkrete Interventionen (ebenfalls im Gegensatz zum Indikatoren-System des NHS oder auch zu MONITREND)

Die Kennzahlen in seinem Modell dienen eher der globalen Beschreibung der Krankenhausleistungen. Zur Analyse von Einzelbereichen sind weitere, meist speziell zu erhebende Informationen notwendig.

Trotz dieser Beschränkungen kommt Griffith's Kennzahlen-System den Anforderungen der Krankenhausführung sehr entgegen, beinhaltet und verbindet es doch interne mit externen Daten. Auch deckt es quantitative, geldwertmässige und qualitative Aspekte ab und versucht, neben der Darstellung vergangener Entwicklungen mit Hilfe von Plandaten, auch künftige Wirkungen von Entscheidungen, zu erfassen. Damit wird es zu einem interessanten Instrument sowohl für das Management einzelner Krankenhäuser, wie auch für die Führung regionaler Krankenhausversorgungs-Systeme.

---

[23] Die Kantonsgrenzen verlieren als Taxgrenzen an Bedeutung, da immer grössere Bevölkerungsteile über eine umfassende Versicherungsdeckung verfügen.

[24] Griffith J. (Measuring) 13 ff

8.3.3 Realisierung der Vorschläge von Griffith

Eine Analyse von Informationssystemen einzelner amerikanischer Krankenhäuser, bzw. übergeordneter Organe zeigt, dass das Kennzahlenmodell von Griffith wenigstens ansatzweise realisiert wurde. Speziell erwähnenswert ist z.B. die Weiterentwicklung des Konzeptes der Servicepopulationen durch das Hospital Council of Southern California.[25]

Patient Data System
Hospital Council of Southern California
Ventura/Santa Barbara Area - January thru December 1983
Table 1H: Discharges, Days, ALOS by Hospital by Zone

Cross - Breakdown of
Hospital by Planzone of Residence
Variabel Average LOS Length of Stay

ALOS Cases Days Std Dev **Hospital**	**Planzone** Thousand Oaks 12	Camarill 13	Port Hueneme 14	Simi Valley 15	Oxnard 16
13 Simi Valley Adv	5,76 17 98,00 8,85	11,64 25 291,00 10,23	7,00 5 35,00 7,28	4,77 3368 16053,00 6,09	12,22 27 1527,00 8,77
14 Saint Johns	6,25 4 25,00 4,79	4,95 794 3928,00 6,9	4,65 1431 6656,00 5,39	4,86 37 180,00 7,89	4,88 8232 40201,00 9,25
15 Los Robles Reg	4,70 436 2050,00 7,54	5,45 692 3771,00 8,64	4,45 29 129,00 4,87	4,95 1212 6002,00 9,11	5,20 205 1067,00 6,15
: : Column Total	4,73 506 2392,00 7,33	5,36 5357 28696,00 13,33	4,59 2166 9949,00 6,00	4,78 5180 24749,00 6,86	4,75 13602 64563,00 8,66

Abb. 8-6. Geografische Austrittsanalyse des Hospital Council of Southern California (Auszug aus Tabelle 1H, S. 29)

[25] Hospital Council of Southern California (discharge study)

In einer breit und detailliert angelegten Studie werden die Patientenaustritte von fünfzehn Krankenhäusern in den beiden Counties Ventura und Santa Barbara (Kalifornien) nach folgenden Gesichtspunkten untersucht:

- geografische Analyse
- klinikmässige Analyse (Service-Bereich)
- alters- und geschlechtsmässige Analyse
- Analyse nach Hauptdiagnosegruppen
- Analyse nach Versicherungsstatus

Bei der geografischen Analyse geht es um die Feststellung der Patientenherkunft. In einer Kreuztabellierung werden die Patientenzahlen pro Spital und Ortschaft (Zip Code), bzw. Planregion insgesamt ausgewiesen. Die Tabelle wird durch Angabe der geleisteten Pflegetage und der durchschnittlichen Aufenthaltsdauer ergänzt.

Patient Data System
Hospital Council of Southern California
Ventura/Santa Barbara Area - January thru December 1983
Table 2D: Discharges by Hospital by Zone - Pediatrics

Crosstabulation of
Hospital by Planzone of Residence

Cases / Row PCT / Col PCT	**Planzone** Thousand Oaks 12	Camarill 13	Port Hueneme 14	Simi Valley 15	Oxnard 16
Hospital					
12 Pleasant Valley	2 0,7 5,3	203 67,7 65,3	11 3,7 4,8	10 3,3 1,5	40 13,3 3,2
13 Simi Valley Adv	7 1,2 18,4	1 0,2 0,3		545 91,3 81,0	
14 Saint Jones	1 0,1 2,6	47 3,9 15,1	167 13,9 73,2	4 0,3 0,6	872 72,4 70,3
15 Los Robles Reg	26 4,0 68,4	33 5,1 10,6	3 0,5 1,3	93 14,4 13,8	17 2,6 1,4
: :					
Column Total	38 0,6	311 5,0	228 3,7	673 10,9	1240 20,1

Abb. 8-7. Fachspezifische Analyse der Patientenherkunft (Hospital Council of Southern California (Discharge study) S. 70) Auszug aus Tabelle 2D

Daraus lassen sich Aussagen über die Bedeutung der einzelnen "Marktgebiete" für die Krankenhäuser machen. Weiter kann festgestellt werden, welche Krankenhäuser in welchen Gebieten konkurrenzieren. Im obenstehenden Beispiel (Abb. 8-6) zeigt sich beispielsweise, dass das Simi Valley Adventist Hospital mehrheitlich lokale Bedürfnisse befriedigt und in dieser Region die Patientenversorgung vor allem mit dem Los Robles Regional Hospital teilt.

Patient Data System
Hospital Council of Southern California
Ventura/Santa Barbara Area - January thru December 1983
Table 4B: Discharges by Hospital by Mayor Diagnostic Category

Cross - Breakdown of Hospital by MDC

Cases / Row Pct / Mkt Shr / **Hospital**	**Mayor Diagnostic Categories** Nervous System 1	Eye Disorder 2	EENT 3	Respirat Diseases 4	Circulat Diseases 5
12 Pleasant Valley	219 5,3 4,0	97 2,4 3,5	191 4,6 5,4	307 7,4 4,9	393 9,5 3,7
13 Simi Valley Adv	227 5,7 4,2	75 1,9 2,7	318 8,1 8,9	371 9,4 6,0	385 9,8 3,6
14 Saint Jones	622 5,2 11,4	559 4,7 19,9	806 6,7 22,7	1119 9,3 17,9	1304 10,9 12,3
15 Los Robles Reg	618 6,4 11,4	175 1,8 6,2	406 4,2 11,4	491 5,1 7,9	1392 14,5 13,2
: :					
Column Total	5440 6,1	2804 3,2	3558 4,0	6234 7,0	10585 11,9

Abb. 8-8. Analyse der Hauptdiagnosegruppen (Hospital Council of Southern California (Discharge study) S. 119) Auszug aus Tabelle 4B

Bei der klinikmässigen Analyse werden die Leistungen (z.B. Anzahl behandelte Patienten, Pflegetage, Verweildauer) der verschiedenen Bereiche miteinander verglichen und die Bedeutung der Bereiche für die einzelnen Institutionen gezeigt. In einer weiteren Analyse wird die Patientenherkunft auf Klinikebene ausgewiesen. Daraus lassen sich Rückschlüsse auf den Marktanteil der einzelnen Kliniken in ihrem Gebiet und über die fachspezifische Konkurrenz machen (vgl. Abb. 8-7). Vergleicht man die Marktgebiete, bzw. Servicepopulationen der verschiedenen Kliniken miteinander, so lassen sich erste Stärken und Schwächen des Krankenhauses zeigen (vgl. Abb. 8-8). Damit wird eine wichtige Grundlage für strategische Entscheidungen geschaffen.

Aehnliche Daten werden auch alters- und geschlechtsspezifisch erhoben. Interessanter und für die Krankenhausführung bedeutungsvoller sind jedoch die Auswertungen nach Hauptdiagnosegruppen. Ausgegangen wird dabei von den 24 Hauptdiagnosegruppen des DRG-Konzeptes (vgl. Kapitel 9). Diese Analyse zeigt sowohl die medizinischen Schwerpunkte der verschiedenen Krankenhäuser, als auch deren Bedeutung am eigenen Leistungsvolumen und gibt einige grobe Hinweise über das Behandlungsmuster (Verweildauer und Standardabweichung).

Diese Analyse ist eine Verfeinerung der von Griffith geforderten klinikspezifischen Untersuchung. In einer weiteren Tabelle werden die Hauptdiagnosegruppen pro Planungszone ermittelt. Damit wird der Markt aus medizinischer Sicht bevölkerungsbezogen definiert. Für das Krankenhausmanagement lassen sich daraus wichtige Aussagen bezüglich Marktsegmentierung, Infrastruktur- und Personalbereitstellung, sowie Marktbearbeitung machen. Voll zum Tragen kommen derartige Bevölkerungsanalysen allerdings erst, wenn auch krankenhausintern Daten nach Diagnosegruppen erhoben werden und genügend Erfahrungen für die Erarbeitung von Szenarien und Prognosen bestehen (vgl. Abschnitt 9.2 und 9.4).

8.4 Krankenhausinformationssysteme in amerikanischen Spitälern

Formalisierte Informations- und Kennzahlensysteme haben in amerikanischen Krankenhäusern eine lange Tradition. Seit den frühen 60er Jahren findet man computerunterstützte Modelle. Anfänglich arbeiteten diese Systeme mit "batch-Verarbeitung" und unterstützten hauptsächlich administrative Aufgaben. Die Verfügbarkeit von "on-line-Systemen" und der Möglichkeit einer dezentralen Datenverarbeitung durch Micro- und Personalcomputer führte zu einer Ausweitung der Anwendungsmöglichkeiten.[26]

8.4.1 Medizinische Informationssysteme

Medizinische Informationssysteme unterstützen Diagnose-, Therapie- und Pflegeaktivitäten im Krankenhaus durch organisierte Datenerfassung, -bearbeitung, -archivierung und -verwaltung.[27] Meist findet man begrenzte Insellösungen, dies vor allem in folgenden Bereichen:

- Computerunterstützte Diagnosesysteme zur Sammlung von Patientendaten und Vergleich dieser Daten mit dem verfügbaren medizinischen Wissen, um dem Arzt die Diagnosestellung zu erleichtern.

- Computerunterstützte Therapiesysteme
  - Systeme, welche Anweisungen (reminder) für Standard- und Routinebehandlungen oder Aufgebote für Nachuntersuchungen geben.
  - Systeme, die patientenspezifische Behandlungsdaten verarbeiten und Therapieintensitäten festlegen (z.B. Radiotherapie, Nuklearmedizin).
  - Patientenüberwachungssysteme (z.B. patient monitoring in der Intensivmedizin).

- Laborinformationssysteme zur Steuerung der Prozesse und Erfassung der Labordaten bei automatisierten Tests und/oder zur Transmission der Testergebnisse an Besteller (Aerzte, Pflegestationen).

- Systeme zur Verarbeitung oder Verwaltung von Patientendaten. Es wurden Systeme entwickelt, die das Auffinden von Patientendaten (Krankengeschichten, Röntgenbilder und Laborbefunde) erleichtern sollen. Andere überwachen auch die Vollständigkeit und Fertigstellung der Patientendossiers und unterstützen die Erarbeitung der Austrittsberichte.

- Apothekeninformationssysteme. Verschiedene Systeme wurden entwickelt, um gefährliche Medikamente zu kontrollieren (Bestellung, Lagerung, Verfalldaten und Distribution an Patienten). Umfassendere Systeme unterstützen zusätzlich die Kostenrechnung (Leistungserfassung pro Kostenstelle) und Rechnungsstellung und geben Hinweise über das Verschreibungsverhalten der Aerzte.

---

[26] Austin Ch./Greene B. (Hospital) 95 ff; Le Fort P. (Healthcare information system) 33 f

[27] Austin C./Greene B. (Hospital) 96 ff; Hoye R./Bryant D. (Hospital Management) 56 f

8.4.2 Administrative Informationssysteme

Administrative Informationssysteme unterstützen mehrheitlich Routinearbeiten, liefern z.T. aber auch Führungsinformationen.[28] Man findet sie vor allem in folgenden Bereichen:

- Systeme zur Ueberwachung der Infrastrukturnutzung und zur Disposition:
  Es wurden vor allem Modelle zur Ueberwachung der Bettenbelegung, Klinikaktivitäten und Operationssaalnutzung entwickelt. Immer mehr Systeme unterstützen die Disposition, indem sie Aufgebot und Planung von Patienten optimieren helfen.

- Systeme des Rechnungswesens:
  In diese Kategorie fallen vor allem Systeme im Bereich der Lohnbuchhaltung, Debitorenbuchhaltung und Rechnungsstellung, Kreditorenbuchhaltung, Finanzbuchhaltung, Kostenrechnung, Budgetierung und Budgetkontrolle. Die heutige Entwicklung geht in Richtung integrierter Lösungen. Zum Teil wurden auch Modelle zur Finanzplanung entwickelt.

- Systeme für das Material- und Infrastrukturmanagement:
  In diese Kategorie fällt eine ganze Palette von Modellen, welche Einkauf, Lagerhaltung und Unterhalt von Material, Einrichtungen und Bauten unterstützen, das Energiemanagement erleichtern, oder Projektplanung und -kontrolle fordern. Darunter fallen aber auch computerisierte Systeme zur Mahlzeitenplanung und -verteilung.

- Personalinformationssysteme:
  Mit Hilfe dieser Systeme können die Personalakten aktualisiert und verwaltet, Informationen bei Bedarf abgerufen, Arbeitszeitenanalysen pro Kostenstelle erstellt, Fluktuationsraten und Absentismus errechnet, Weiterbildungsprogramme überwacht, sowie Lohn- und Zulagenabrechnungen erstellt werden.

8.4.3 Integrierte Informationssysteme

Die verschiedenen, voneinander unabhängigen, bereichs- oder funktionsbezogenen Informationssysteme waren meist nicht miteinander kompatibel. Daten mussten mehrfach erfasst, abgespeichert und übertragen werden, dies zum Teil unter grosser Kostenfolge.

[28] Austin C./Greene B. (Hospital) 99 ff; ohne Autor (Hospital information systems)

Es erstaunt daher nicht, dass bereits in den frühen 70er Jahren Anstrengungen zur Entwicklung integrierter Modelle unternommen wurden.[29] Ein erster Durchbruch gelang mit Hilfe der dezentralisierten Datenverarbeitung auf vernetzten Minicomputern. Der eigentliche Erfolg integrierter Informationssysteme setzte jedoch erst mit der Verwendung relationaler Datenbanken ein. Verstärkt wurde diese Entwicklung durch Aenderungen im Finanzierungssystem für Krankenhausleistungen und durch den marktwirtschaftlichen Druck im Spitalsystem. Heute werden auf dem Markt eine Fülle von integrierten Systemen angeboten, die sich vor allem durch die Anzahl verfügbarer Module, Benutzerfreundlichkeit und Flexibilität unterscheiden.

Die Integration der Krankenhausinformationssysteme erfolgte in zwei Phasen. In der ersten Phase wurden medizinische oder administrative Module vereint, jedoch noch kaum gemischt. Damit wurden umfassende medizinische, bzw. administrative Informationssysteme geschaffen und erste Verbesserungen bezüglich Dateneingabe und -verarbeitung erreicht. In einem zweiten Schritt wurde es dann notwendig, vor allem aufgrund des Druckes der Umwelt auf die Krankenhausführung, medizinische und administrative Informationen zu integrieren. Unter integrierten Informationssystemen versteht man heute Modelle, die im Minimum die Module Rechnungswesen, Patientenverwaltung, Personal-, Material- und Infrastrukturmanagement, sowie mindestens eines der drei Bereiche Labor-, Apotheke- oder Radiologie umfassen.[30]

Beim Design dieser Systeme wird heute in aller Regel von den Patientendaten, bzw. den Pflegestationen ausgegangen. Die Patientenstammdaten stehen in einer zentralen Datenbank anderen Bereichen zur Verfügung, werden dort aber um bereichsspezifische Informationen ergänzt, die von berechtigten Benutzern eingesehen und weiterverarbeitet werden können.[31]

Wie verschiedene Untersuchungen zeigen, verfügen heute rund 60% der amerikanischen Spitäler über integrierte Informationssysteme. Der Anteil ist steigend und Zweitgenerationssysteme setzen sich rasch durch. Die Mittel, die für Kauf und Betrieb von Informationssystemen aufgewendet werden, weisen eine jährliche Wachstumsrate von über 8% aus. Heute belaufen sie sich bereits auf über 4% des Gesamtbudgets der Krankenhäuser.[32]

---

[29] Le Fort P. (Healthcare information system) 33; Packer C. (HIS demand) 99 ff

[30] Grams R. (HIS awards) 27 f

[31] Sitharama S./Wagnespack L. (Hospital information systems) 256; Bex M. (Definition) 27 ff

[32] ohne Autor (Data processing) 60

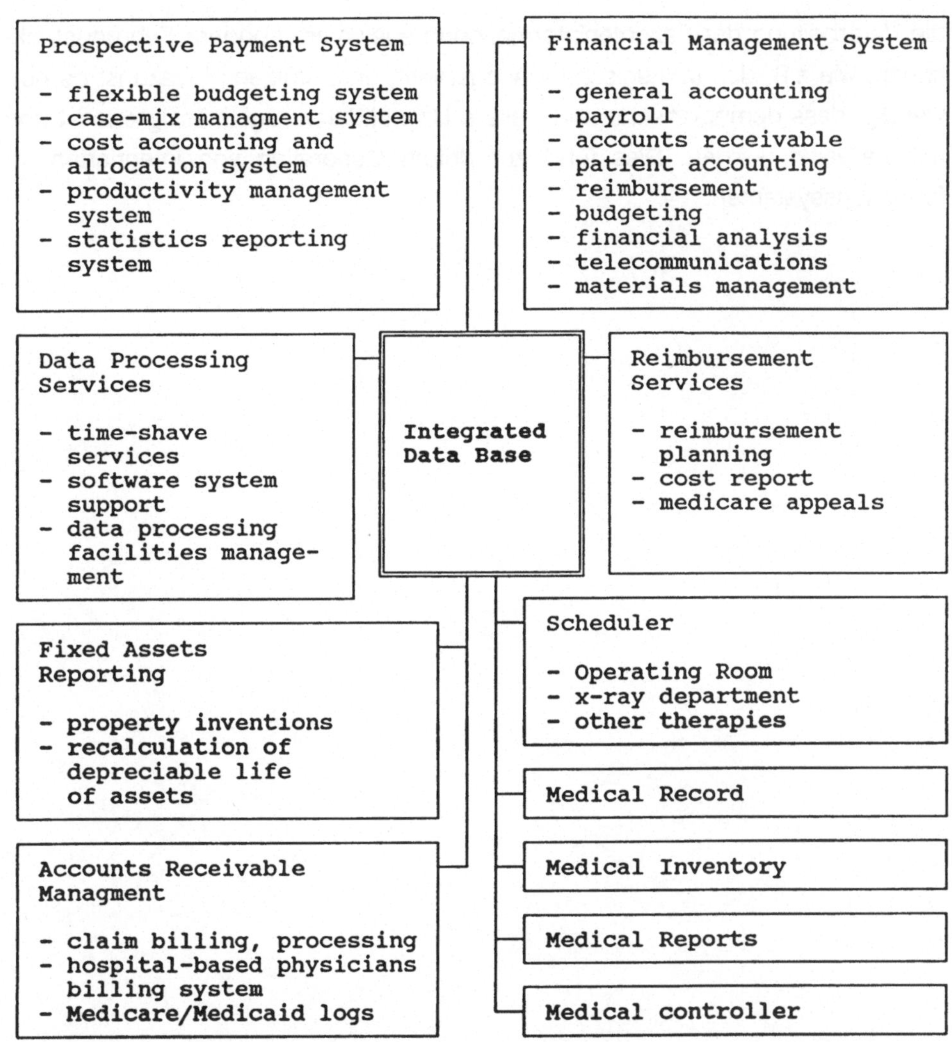

Abb. 8-9. Struktur integrierter Krankenhausinformationssysteme (diverse Hersteller, u.a. Hospital Cost Consultants, Los Angeles; Health Care Microsystems Inc., Marina del Rey (CA); Atwork Corporation, San José (CA))

Die Konkurrenz unter den Anbietern von integrierten Krankenhaussystemen, zu denen sich neben traditionellen Software-Herstellern immer mehr auch Tochterfirmen von Krankenhausketten gesellen, ist gross. Jährlich werden mehrere Studien durchgeführt und die Systeme entsprechend ihrer Kundenakzeptanz rangiert. Dabei fällt auf, dass die Integration immer umfassender wird. Neu hinzugekommen sind in jüngster Zeit Module, welche die Vernetzung des Krankenhausinformationssystems mit den zuweisenden Aerzten, bzw. ambulanten Einrichtungen ermöglicht. Auch werden immer mehr Systeme angeboten, die nicht nur die Verarbeitung der Patienteninformationen erleichtert, sondern Führungsfunktionen, wie z.B. das strategische Management, unterstützen.[33] Dazu ist es notwendig, dass demografische und weitere Umweltdaten regelmässig erfasst und mitverarbeitet werden. Dies führt zur dritten Generation von integrierten Informationssystemen.

[33] ohne Autor (Data processing) 60; Le Fort P. (Healthcare information system) 36 f

9 Diagnosis Related Groups – Ausgangspunkt zu echten Führungsinformationen?

9.1 Die Entstehung des Konzeptes

In Diskussionen um die Kostensteigerung im Gesundheitswesen, bzw. um das Krankenhausmanagement wird in letzter Zeit das System der fallbezogenen Vergütung nach Diagnosegruppen (DRG), wie sie heute in den USA Anwendung findet, als eine mögliche und vielversprechende Problemlösung angeboten.

Die 1983 in den USA erfolgte bundesweite Einführung des DRG-Konzeptes als Basis der Krankenhausentschädigung für alle MEDICARE-Patienten [1] hat das amerikanische Krankenhaussystem enorm beeinflusst. Neben dem immer noch bedeutenden traditionellen Versicherungssystem, mit der Vergütung von Einzelleistungen auf Kostenbasis und den verschiedenen Formen von Gesundheitskassen (Health Maintenance Organizations) findet man heute als dritte Variante der Krankenhausfinanzierung das prospektive Entschädigungssystem auf der Basis von Diagnosegruppen.[2] Dieses gelangt bundesweit für alle MEDICARE-Patienten und in mehreren Staaten auch für die MEDICAID-Patienten [3] zur Anwendung. Je nach Krankenhaus, bzw. Altersstruktur und wirtschaftlicher Situation der Einzugsbevölkerung, deckt das neue Versicherungssystem zwischen 10% und 50% aller Patienten. Es hat demnach eine entsprechende Wirkung auf die Leistungserstellung und die Führung der Krankenhäuser.

Das heutige Patientenklassifikationssystem nach diagnosebezogenen Gruppen basiert auf den Ende der 60er-Jahre an der Yale University begonnenen und seit 1975 von der MEDICARE unterstützten Arbeiten.[4] Die Grundidee bei der Entwicklung war jedoch nicht die Schaffung einer neuen Abrechnungsgrundlage. Vielmehr wollte man ein Instrument zur Qualitätskontrolle und Qualitätssicherung, sowie zur Erhöhung der Transparenz in der Leistungserstellung des Krankenhauses schaffen. Dieses sollte auch eine echte Beurteilung der Kranken-

---

1 MEDICARE ist die bundesweite Krankenversicherung für Betagte

2 Ernst & Whinney (Medicare)

3 MEDICAID ist die bundesstaatliche Versicherung für Wohlfahrtsempfänger und Bedürftige

4 Smith H./Fottler M. (payment) 17 ff; Fetter R. et al. (Diagnostic spezific costs) 139 ff; Fetter R. (DRG's) 7 f

hausleistung ermöglichen und Hinweise für die Verbesserung der Qualität, aber auch der Effizienz und Effektivität, ergeben.

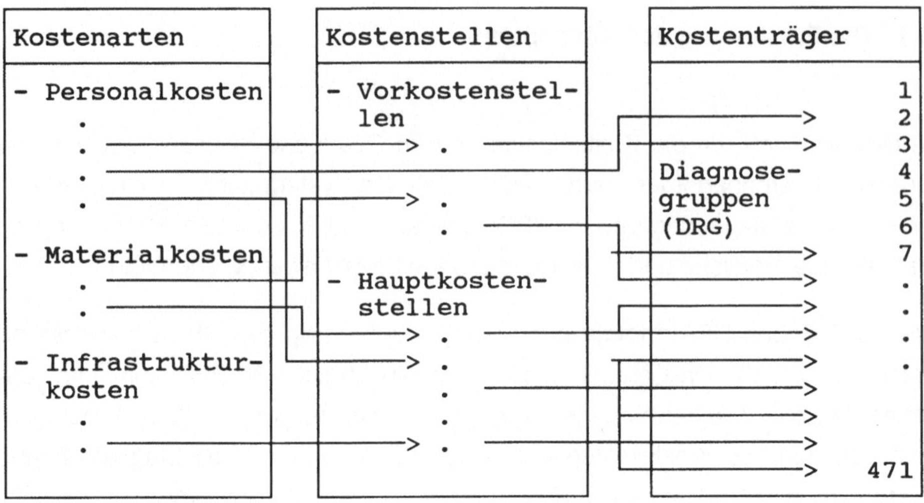

Abb. 9-1: Diagnosegruppen als Kostenträger

Die Forschergruppe der Yale University, die sich bereits lange Zeit intensiv mit Fragen des Krankenhausmanagements auseinandergesetzt hatte, empfand die üblichen Leistungsindikatoren wie Anzahl Patienten, Anzahl Pflegetage oder Anzahl Einzelleistungen als ungeeignete Führungsgrössen. Die konkrete Leistungserbringung im Krankenhaus wird durch den individuellen medizinischen und pflegerischen Bedarf, d.h. den Status der Patienten beeinflusst. Dieser Bedarf wird mit den herkömmlichen Indikatoren jedoch nicht oder nur ungenügend erfasst. Aufgrund dieser Ueberlegung kam die Projektgruppe zum Schluss, dass es notwendig sei, die Patienten nach ihrem Leistungskonsum zu gruppieren und die Anzahl Fälle, bzw. Pflegetage entsprechend zu gewichten. Aehnlich einem Wirtschaftsbetrieb werden produzierte Güter (bzw. behandelte Patienten) im Detail auf ihren Leistungskonsum hin untersucht, um Hinweise für den Verbrauch von Ressourcen und die Preisbildung zu erhalten. Nicht mehr die Anzahl der behandelten Patienten, der geleisteten Pflegetage oder der erbrachten Einzelleistungen werden als Krankenhausprodukt bezeichnet. Vielmehr wird darunter das Leistungsbündel verstanden, welches den Patienten während des vom Arzt überwachten Behandlungsprozesses abgegeben wird. Obwohl jeder Patient einen individuellen Leistungsbedarf hat, lassen sich die Patienten, aufgrund verschiedener demographischer, diagnostischer und therapeutischer Kriterien, die den

Leistungskonsum charakterisieren, sinnvoll gruppieren (Diagnosegruppen). Dadurch wird es möglich, die Krankenhausleistung zu bewerten und im überbetrieblichen und zeitlichen Vergleich zu standardisieren.[5] Die Diagnosegruppen können nun, ähnlich den Produktegruppen in der Wirtschaft, als Kostenträger für eine umfassende Kostenrechnung herangezogen werden und erlauben somit eine weit bessere Beurteilung der Krankenhausleistung.

9.2 Aufbau des DRG-Konzeptes

9.2.1 Bildung der Diagnosegruppen

Basierend auf dem internationalen Klassifikationssystem für Diagnosen (ICD) [6] wurde ein Raster entwickelt, um Patienten nach klinisch sinnvollen Kriterien in Gruppen mit ähnlichem Leistungskonsum einzuteilen. Eine erste Version, die 1980 im Staate New Jersey als Basis für ein prospektives Krankenhaus-Finanzierungssystem eingeführt wurde, bestand aus 83 Hauptdiagnosekategorien und 383 detaillierteren Diagnosegruppen. Mit diesem Finanzierungssystem gelang in kurzer Zeit eine namhafte Reduktion der Steigerungsrate der Krankenhauskosten. Zudem zeigte sich, dass ein Instrument für die Ueberwachung der Ressourcennutzung, der Budgetierung und Planung auf institutioneller Ebene geschaffen wurde, welches die Qualität der Führungsentscheidungen massgeblich verbessert hat. Aber auch epidemiologische und gesundheitspolitische Untersuchungen und Entscheidungsfindungen wurden damit erleichtert. Vor allem aufgrund seiner Kostenwirksamkeit wurde das Modell 1983, nach einer umfassenden Ueberarbeitung, von der in einer finanziellen Krise steckenden MEDICARE und in mehreren Staaten auch von MEDICAID, als Grundlage für die Abgeltung von Krankenhausleistungen, übernommen.

Das heutige DRG-System gliedert sich in 23 Hauptdiagnose-Kategorien und 471 Diagnosegruppen.[7] Die Bildung der 23 Hauptdiagnose-Kategorien erfolgte ausschliesslich nach klinisch-medizinischen Kriterien. Aerzteteams fassten dazu alle ICD-9-Diagnosen in medizinisch sinnvolle Gruppen zusammen. Grundlage waren

---

[5] ohne Autor (Case mix) 23 ff ; Ulrich W. (Spitalkennzahlen) 31 ff

[6] Fetter R. (DRG's) 9 ff

[7] Ernst & Whinney (Accounting) 3 ff

Kriterien wie Körper- und Organsysteme, ätiologische Gesichtspunkte, sowie Fachgebietsabgrenzungen.

Die einzelnen Hauptdiagnose-Kategorien wurden in Diagnosegruppen unterteilt. Mittels einer Datenbasis von rund 700'000 Krankengeschichten aus mehreren hundert Krankenhäusern konstruierte die Forschergruppe in Yale den dazu notwendigen DRG-Raster. Dazu wurden in einem ersten Schritt die Patienten in Gruppen mit ähnlicher Verweildauer zusammengefasst. Für die Bildung der Diagnosegruppen wurden dann folgende Zusatzkriterien beigezogen:[8]

- Hauptdiagnosen
- Behandlungsart (chirurgisch oder medizinisch)
- Nebendiagnosen (Multimorbidität) und Komplikationen
- Alter des Patienten (<18, 18-69, >70)
- Geschlecht des Patienten
- grober Entlassungsstatus.

Die so ermittelten Fallgruppen wurden in einem weiteren Schritt von Aerzten auf ihren medizinischen Gehalt überprüft und teilweise modifiziert. Dabei wurde eine Reduktion der statistischen Homogenität zugunsten der klinischen Kohärenz in Kauf genommen.

9.2.2 Die Bildung der "Fallpreise"

Die Höhe der Entschädigung pro Diagnosegruppe wird unabhängig von den effektiven Kosten des einzelnen Krankenhauses ermittelt. Sie entspricht den durchschnittlichen Kosten pro DRG in vergleichbaren Krankenhäusern.[9] Massgebend für die Vergleichbarkeit ist der Standort des Krankenhauses (Bundesstaat (50%) und städtisches oder ländliches Gebiet (50%)). Die Entschädigungshöhe wird dann auf der Basis der Fallkostendurchschnitte der Vergangenheit vorauskalkuliert. Dies geschieht, indem die standardisierten Durchschnittskosten pro Fall mit dem jeweiligen relativen Kostengewicht multipliziert werden.

Für die Ermittlung der Kostengewichte der einzelnen Diagnosegruppen wird eine Stichprobe von 20% aller MEDICARE-Patienten gezogen. Für jeden Patienten werden mit Hilfe der vorliegenden Kosten- und Leistungsdaten, sowie den Ko-

---

8 Fetter R. (DRG's) 9 f; Smith H./Fottler M. (Payment) 18 ff

9 Ernst & Whinney (Capital) 13 ff

stennachweisen der Krankenhäuser die Ist-Kosten pro Fall ermittelt. Aufgrund dieser patientenbezogenen Fallkosten können Durchschnittskosten über alle Patienten pro DRG errechnet werden.

Die so ermittelten "Fallpreise", nicht mehr die Kosten der erbrachten Einzelleistungen, sind Grundlage für die Entschädigung der Krankenhäuser. Sie erhalten somit einen im voraus festgelegten Betrag für die Behandlung eines bestimmten Patienten. Gelingt es dem Krankenhaus, die Kosten der Behandlung unter dem allgemeinen Durchschnitt zu halten, erzielt es Gewinne. Sind die Behandlungskosten jedoch höher, entstehen Verluste. Da die Verluste z.T. auf medizinische Gründe und Komplikationen beim Patienten zurückgeführt werden müssen, sieht das System die Möglichkeit von weiteren Vergütungen (Tagespauschalen) ab einer fallspezifisch festgelegten oberen Aufenthaltsdauer (Outlier) vor. Der Zeitraum bzw. die Kosten, die zwischen Durchschnittswert und Outlier-Aufenthaltsdauer anfallen, gehen zu Lasten des Krankenhauses. Dadurch hat das Krankenhaus ein grosses Interesse daran, die Aufenthaltsdauern jedes Patienten zu überwachen und die Entlassungen zu planen.

9.3 Wirkungen des DRG-Konzeptes [10]

9.3.1 Volkswirtschaftliche Wirkungen

Aus volkswirtschaftlicher Sicht kann die Einführung des DRG-Konzeptes als Basis für die Krankenhausvergütung positiv beurteilt werden. Verschiedenste Untersuchungen haben - sowohl bezogen auf das Gesamtsystem, wie auch auf die einzelnen Krankenhäuser - gezeigt, dass das DRG-System ein wirksames Mittel gegen die starke Kostenentwicklung im Gesundheitswesen ist. Seit Einführung dieses Modells wurde der jährliche Kostenzuwachs stark reduziert. Damit konnten sich auch der Bruttosozialproduktanteil des Gesundheitswesens und die Staatsquote stabilisieren. Neben den direkten Kosten (Behandlungskosten) dürften auch die indirekten Kosten (z.B. Arbeitsausfall) abgenommen haben. Dies vor allem aufgrund der Verkürzung der Aufenthaltsdauern in den Krankenhäusern. Auch ist es gelungen, die Anzahl Mitarbeiter im Krankenhausbereich zu reduzieren. Damit stehen personelle und finanzielle Ressourcen vermehrt anderen Wirtschaftsbereichen zur Verfügung.

---

[10] vgl. auch Kocher G. (Fallkostenpauschalen); Güntert B. (Plan) 63 ff

9.3.2 Wirkungen auf das System der Gesundheitsversorgung

Betrachtet man das System der Gesundheitsversorgung als Ganzes, so sind verschiedene Wirkungen zu beobachten. Einerseits führte die veränderte Kostensituation zu einer spürbaren Entlastung der staatlichen Versicherungseinrichtungen MEDICARE und MEDICAID. Damit verringerte sich der bisherige Wettbewerbsvorteil der "Health Maintenance Organizations" und ähnlicher Einrichtungen. Konventionelle Krankenversicherer beklagen sich jedoch. Sie machen geltend, dass bei vielen Krankenhäusern die DRG-Entschädigungen die Kosten nicht decken und diese daher die Preise für die verrechenbaren Einzelleistungen anheben würden.

Das DRG-System führte bereits nach kurzer Zeit zu strukturellen Anpassungen. So ist ein deutliches Absinken der Hospitalisationsrate und der Aufenthaltsdauern zu beobachten. Folge davon ist eine Verlagerung der medizinischen Behandlung vom stationären zum ambulanten (DRG-freien) Sektor. Dies äussert sich u.a. in der starken Zunahme ambulanter Institutionen und in der immer schlechter werdenden Krankenhausbelegung. Diese Entwicklung zwingt die medizinische Wissenschaft und die Gesundheitsindustrie dazu, vermehrt Methoden und Technologien zu entwickeln, welche ambulante Behandlungen erlauben.

Das neue Entschädigungssystem hatte zudem eine Veränderung der Marktstruktur im Krankenhausbereich zur Folge. Nachdem jahrelang das Anbieten möglichst moderner, medizin-technisch hochstehender Verfahren als wichtigstes Marketinginstrument im Kampf um die Patienten galt (medizin-technisches Wettrüsten), sind heute die Krankenhäuser gezwungen, ihre Infrastruktur möglichst optimal zu Nutzen. Dies führte zur Bildung von sogenannten lokalen Netzwerken. Deren Zweck ist die gemeinsame Nutzung aufwendiger Technologien, ungeachtet der Trägerschaften der Krankenhäuser einer Region.

Alle diese Entwicklungen haben zu einem verlangsamten Kostenanstieg im Gesundheitswesen geführt. Sie sind aus dieser Sicht sicher positiv zu bewerten. Im einzelnen Krankenhaus, oder aus der Sicht der Patienten, sind jedoch auch negative Folgen zu verzeichnen.

9.3.3 Wirkungen aus der Sicht der Krankenhauses

Die fallbezogene Entschädigung hat in vielen Krankenhäusern zu finanziellen Problemen geführt. Dadurch, dass Krankenhäuser mit unterdurchschnittlichen Fallkosten Ueberschüsse erzielen, andernfalls aber Defizite machen, wurden mit dem DRG-System echte Wirtschaftlichkeitsanreize geschaffen. Diese zwingen zu weitgehenden Rationalisierungen. Besonderes Augenmerk wird dabei der Optimierung von Arbeitsabläufen (Standardisierung bestimmter Abläufe und Behandlungsphasen) und der Senkung der fixen Kosten (insbesondere Personalkosten) gegeben. Erwartet wird eine verbesserte Wirtschaftlichkeit der Leistungserstellung bei der Fallbehandlung, eine weitere Reduktion der Aufenthaltsdauer, eine Verminderung der Leistungsintensität pro Person und ein Abbau schlecht ausgelasteter Bettenkapazitäten. Eng damit verbunden ist auch der verstärkte Einbezug von Wirtschaftlichkeitsüberlegungen in die Technologie-Evaluation. Den Anbietern wird immer häufiger die Auflage gemacht, dass neue Verfahren nicht mehr nur einen Qualitätsgewinn, sondern auch eine Kosteneinsparung bewirken müssen.

Eine weitere Folge der fallbezogenen Vergütung besteht darin, dass die Krankenhäuser ein patienten-orientiertes Berichtswesen aufbauen mussten. Ohne ein derartiges System könnte die unter diesen Rahmenbedingungen benötigte, differenzierte Kostenstellen- und Kostenträgerrechnung nicht aufgebaut werden. Damit wurde das Informations- und Kontrollsystem der Krankenhäuser und das Patientenmanagement wesentlich verbessert. Eine sozialpolitisch negative Folge davon ist, dass aufgrund finanzieller Ueberlegungen Krankenhäuser eine Patienten- bzw. Fallselektion vornehmen können. Diese kann die ausgeglichene Versorgung der Bevölkerung gefährden.

9.3.4 Wirkungen aus der Sicht der Patienten

Positiv für die Patienten ist sicher, dass durch die Einführung des DRG-Systems der drohende Zusammenbruch der staatlichen Medicare abgewendet werden konnte. Bezüglich der Behandlung aber sind gewisse Einbussen zu beobachten. Dies vor allem aus folgenden Gründen:

- Die angestrebte Reduktion der Leistungsintensität kann leicht zu Qualitätseinbussen führen. Das System versucht allerdings dieser Tendenz durch formalisierte Qualitätskontrollmechanismen (Peer Review Organizations) für Krankenhäusern zu begegnen. Aufgrund der haftpflichtrechtlichen Situation in den USA liegt eine hohe Qualität auch im Interesse der Krankenhäuser.

- Aufgrund der Verkürzung der Aufenthaltdauer stellt sich für viele Patienten das Problem der Nachsorge. Noch stehen nicht überall entsprechende Organisationen zur Verfügung. Auch sind die damit verbundenen finanziellen Konsequenzen für viele Patienten kaum tragbar.

- Die Möglichkeit der Fallselektion durch die Krankenhäuser bringt für Patienten mit wirtschaftlich belastenden Diagnosen die Gefahr von Abweisungen mit sich. Zumindest aber werden die Möglichkeiten der Krankenhauswahl stark eingeschränkt.

Betrachtet man die Konsequenzen des DRG-Systems über die Systemebenen hinweg, so zeigt sich, dass auf volkswirtschaftlicher Ebene die positiven, auf Ebene des Patienten eher die negativen Folgen überwiegen. Aus der Sicht der Krankenhausführung gewinnt das DRG-System an Bedeutung, kann es doch Grundlage für wichtige, neuartige Führungsinformationen bieten, die einerseits wirtschaftlichen Nutzen stiften, andererseits aber auch für die Patienten eine Leistungs- und Qualitätsverbesserung bewirken können.

9.4 DRG's als Basis von Managementinformationen

Die rasche Implementierung des DRG-Systems als Grundlage für die Vergütung und die weitgehende Aufgabe der staatlichen Regulierungsmechanismen im Bereich der Gesundheitsversorgung hat dem Management in amerikanischen Krankenhäusern zu neuem Ansehen verholfen. Um im heutigen System überleben zu können, müssen die Krankenhäuser ihre Umwelt und ihre eigenen Prozesse der Leistungserstellung sehr genau verstehen und beeinflussen können. Die Aenderungen im Vergütungssystem sind erheblich und führten zu völlig neuen Anreizen. Die bisherigen Zielsysteme der Krankenhausführung mussten - wie Abb. 9-2 zeigt - gründlich revidiert werden.

Der Wechsel zum DRG-System zwingt die Krankenhäuser, neue Führungsstrategien anzuwenden. Fester Bestandteil dabei ist ein bewusstes Patientenmanagement (Patient mix management).[11] Das Patienten-Management konzentriert sich auf die "Input"-Seite des Prozesses der Leistungserstellung. Das Augenmerk muss dabei einerseits auf die Zusammensetzung der Patienten nach Diagnosen,

[11] Pointer D./Ross M. (DRG's) 110 ff ; Manning M. (Product line) 24 ff

andererseits auf die Menge und Qualität der zur Leistungserstellung benötigten personellen und sachlichen Ressourcen gerichtet werden. Bezüglich der Patienten wird versucht, gewinnbringende Diagnosegruppen zu identifizieren und deren Anteil auszuweiten. Gleichzeitig gilt es natürlich auch, finanziell belastende Diagnosegruppen nach Möglichkeit abzuweisen. Eine weitere Strategie ist das Angebot möglichst vieler diagnostischer Leistungen im Vorfeld der stationären Aufnahme durch krankenhauseigene Ambulatorien. Ambulante Leistungen nämlich werden noch immer nach dem Einzelleistungsprinzip entschädigt. Schliesslich wird auch versucht, den Anteil der DRG-Patienten zu reduzieren und die freigewordenen Reserven mit neuen Patientengruppen zu nutzen (z.B. Suchtmittel-Rehabilitationsprogramme, Ernährungs- und Gewichtskontrollprogramme).

Traditionelles System		**DRG-System**
Mehr ist besser	Dominanter Wert/ Ziel	Weniger ist mehr
Qualität/Zugang zu Leistungen	treibende Kraft	Kostenkontrolle
Einzelleistungen	Vergütungsbasis	"Produkte" (behandelte Diagnosen)
Kosten	Basis der Zahlung	Preise
Retrospektiv	Festlegung der Zahlung	Prospektiv

Abb. 9-2. Das DRG-System: Dimensionen eines revolutionären Wandels (nach Pointer D./Ross M. (DRG's) 110)

Auf Seiten der Ressourcenkontrolle geht es vor allem darum, den Anteil der kostenfixen Ressourcen zu senken und generell eine möglichst optimale Nutzung zu erreichen. Einer der wichtigsten Aspekte in diesem Bereich ist ein bewusstes Qualitätsmanagement. Dieses beinhaltet die Ueberwachung und Kontrolle des Verhältnisses zwischen Kosten und Nutzen von Gewinnerzielung und Kostenreduktion. Die Krankenhäuser sind aus mehreren Gründen zu einem bewussten Qualitätsmanagement gezwungen. Einerseits sieht das neue Vergütungssystem eine medizinische Kontrolle durch eine unabhängige Behörde vor. Andrerseits sorgt das bestehende Haftpflicht- und Prozessrecht, sowie das Verhalten der Medien von selbst für ein Interesse der Krankenhäuser in dieser Angelegenheit.

Damit die Krankenhausführung entsprechend entscheiden und reagieren kann, bedarf es einer Vielzahl von Informationen aus der Umwelt und dem eigenen Betrieb. Die DRGs schaffen dabei nicht nur den Anreiz, derartige Informationen zu erarbeiten; sie bilden auch eine Voraussetzung dazu. Dank dem DRG-System gelingt es, demographische, klinische und finanzielle Daten patienten-, bzw. fallmix-bezogen zu erfassen und sie für das Krankenhausmanagement auf verschiedenen Stufen aufzubereiten.

9.4.1 DRG-Informationen für das Management von Krankenhaussystemen

Beim Management von Krankenhaussystemen geht es in unserem Gesundheitswesen um die Koordination der verschiedenen Institutionen im Hinblick auf eine ausgeglichene Versorgung der gesamten Bevölkerung. Für die Gebietskörperschaft (z.B. Kantone) steht die bedarfs- und leistungsgerechte Verteilung der zur Verfügung stehenden Mittel im Vordergrund. Aufgrund der heute verfügbaren Daten ist dies jedoch oft schwierig. Der Bedarfsnachweis, bzw. die konkrete Leistungsnachfrage lässt sich nur sehr rudimentär darstellen. Auch die erbrachten Krankenhausleistungen können nur ungenügend erfasst werden. Eine Verbindung der Bevölkerungs- und der Leistungsdaten mit Patienteninformationen bzw. Diagnosegruppen drängt sich daher auf (vgl. Abb. 9-3).

9.4.1.1 DRG und das äussere Beziehungsgefüge

Das DRG-System ergibt einen, allerdings aus medizinischer Sicht nicht in allen Belangen zufriedenstellenden [12], für das Krankenhausmanagement jedoch ausreichenden Raster zur Beurteilung des "Patientengutes". In ausgedehnten empirischen Untersuchungen - rund 12 Mio Austrittsberichte von 800 Krankenhäusern - ist es der American Hospital Supply Corporation (AHSC) gelungen, die alters- und geschlechtsspezifische Morbidität der wichtigsten DRG mit hinreichender statistischer Sicherheit zu ermitteln (vgl Abb. 9-4).[13] Liegen nun genauere, altersspezifische Bevölkerungsdaten und -prognosen vor, so lassen sich für die ver-

---

[12] Ploman M. (Classification systems) 20 f ; Deutsches Krankenhausinstitut (Fallpauschalen)

[13] American Hospital Supply Corporation (STRAPCOE II)

schiedenen Regionen der zukünftige Bedarf an Krankenhausleistungen recht detailliert abschätzen. Da Kenntnisse über die Entwicklung der einzelnen Diagnosegruppen vorliegen, lässt sich die Kapazität nicht nur bezüglich benötigter Betten insgesamt (Hospitalisationsrate und Verweildauer), sondern auch bezogen auf medizinische Fachbereiche und Einrichtungen bestimmen. Damit reduziert sich das Problem auf die bedarfsgerechte geografische Verteilung der Ressourcen.

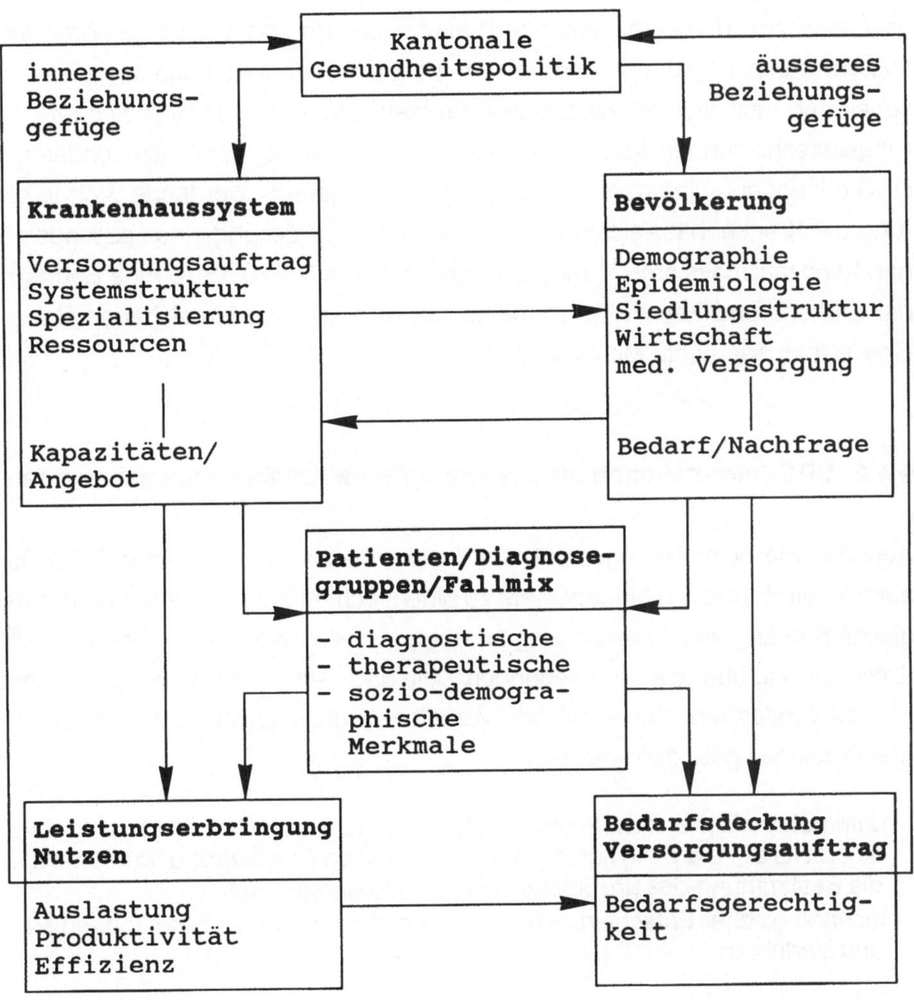

Abb. 9-3. Bestimmungsfaktoren des Krankenhaussystem-Managements (nach Ulrich W. (Spitalkennzahlen) S. 32)

9.4.1.2 DRG und das innere Beziehungsgefüge

Die Ermittlung der regionalen Bedarfsstrukturen mit Hilfe der DRG verbessern die Informationslage der Krankenhausträger, bzw. der an den Investitions- und Betriebskosten beteiligten Gebietskörperschaften ganz erheblich. Da die Versorgungsniveaus und Spezialdisziplinen den konkreten regionalen Bedürfnissen entsprechend festgelegt werden können, ergeben sich neue Koordinationsmöglichkeiten zwischen den verschiedenen Institutionen.

Auch bezüglich der Kontrolle der Leistungserbringung bieten sich neue Möglichkeiten an. Unterschiedliche Personalintensitäten, Ressourcennutzungen, Kosten usw. zwischen den verschiedenen Krankenhäusern konnten im herkömmlichen System kaum begründet werden. Ein Vergleich von Leistungskennziffern zwischen den Institutionen war äusserst problematisch und als Grundlage für Führungsentscheidungen kaum geeignet. Die Verbindung der Leistungsdaten mit DRG erlaubt nun eine dem erbrachten Aufwand gerecht werdende Standardisierung der Krankenhausleistungen und damit die Erarbeitung eines aussagekräftigen Kennzahlensystems.[14] Dieses ermöglicht eine fall-mix-bezogene Beurteilung der Effizienz und Effektivität. Damit schafft es auch eine hinreichende Basis für eine leistungsgerechte Mittelverteilung.

9.4.2 DRG-Informationen für das strategische Krankenhausmanagement

Aehnlich wie beim Management von Krankenhaussystemen führen DRG-Daten auch im strategischen Management zu einem echten Informationsgewinn. Strategische Führung wird in Anlehnung an Pümpin [15] sowie an Miles und Snow [16] als Entscheidung über die grundlegenden Ziele und Verhaltensweisen des Krankenhauses verstanden. Dabei müssen vor allem grundsätzliche Entscheidungen in drei Bereichen getroffen werden:

- unternehmerischer bzw. Produkt-/Markt-Entscheid. Im Krankenhaus geht es einerseits um die Definition der zu versorgenden Bevölkerung, andrerseits um die Bestimmung des anzubietenden Leistungsangebotes.
- technologischer Entscheid, d.h. um die Festlegung der einzusetzenden Mittel und Verfahren.

---

[14] Vgl. die ausführliche Diskussion in: Ulrich W. (Spitalkennzahlen) 13 ff

[15] Pümpin C. (Strategische Führung) 8 ff

[16] Miles R./Snow Ch. (Unternehmensstrategien) 121 ff

- administrativer Entscheid, d.h. Bestimmung der notwendigen Strukturen und Abläufe

Im schweizerischen Gesundheitswesen werden den Krankenhäusern mit dem Leistungsauftrag meist Vorgaben in unternehmerischer und administrativer Hinsicht gemacht. Damit wird der Spielraum für das strategische Management wohl eingeschränkt, aber keineswegs aufgehoben. Die Vorgaben sind meist sehr abstrakt und allgemein gehalten und bedürfen einer Konkretisierung. Diese ist Inhalt der strategischen Krankenhausführung.

Völlig unterschiedlich präsentiert sich die Situation auf dem amerikanischen Krankenhausmarkt. Die Krankenhäuser definieren sich ihr Marktgebiet und die zu versorgenden Bevölkerungssegmente weitgehend selbst. Oft basieren sie dabei auf den DRG-bezogenen Strapcoe II-Daten. Diese werden durch eine Beratungsfirma für einzelne Krankenhäuser und deren konkrete Situation aufgearbeitet. Dabei werden diagnosegruppenbezogene 10-Jahres-Prognosen über Patientenzahlen, Belegungen, Pflegetage, durchschnittlicher Tageszensus usw. sowie deren Auswirkungen auf die verschiedenen Fachbereiche gemacht.

Das DRG-bezogene Rechnungswesen, welches eine Ermittlung der Fallkosten und -erträge nach DRG erlaubt, ermöglicht die gezielte Festlegung von leistungsmässigen Schwerpunkten (product line management).[17] Aufgrund der wirtschaftlichen Systemstrukturen stehen dabei nicht selten ökonomische Interessen im Vordergrund.

Die Krankenhäuser - auch nicht gewinnorientierte [18] - treffen somit Produkt-/ Markt-Entscheide weitgehend autonom. Damit legen sie auch die Voraussetzungen für die technologischen und administrativen Entscheide. Die Krankenhäuser bestimmen also, welche Patientengruppen sie versorgen wollen, welche Leistungen schwerpunktmässig angeboten, welche Technologien und Verfahren, sowie Strukturen gewählt werden. Derartige Entscheidungen könnten ohne DRG-bezogene Informationen nicht getroffen werden. Den Krankenhäusern ermöglicht die neue Informationslage ein aktiveres Verhalten.

---

[17] Manning M. (Product line) 26 ff

[18] Hewlett K. et al. (Simi Valley)

QUANTITATIVE ESTIMATES OF PRINCIPAL DIAGNOSES IN 1983, 1989, AND 1993
BY BROAD DIAGNOSTIC CATEGORIES
SIMI VALLEY ADVENTIST HOSPITAL
(ARRANGED IN DESCENDING ORDER OF ABSOLUTE INCREASE DURING 1983-1989)

DESCRIPTION	ICD.9.CM (CPHA GRP #)	PRINCIPAL DIAGNOSES 1983	PRINCIPAL DIAGNOSES 1989	ABSOLUTE CHANGE 1983-89	PRINCIPAL DIAGNOSES 1993	ABSOLUTE CHANGE 1989-93	PERCENT CHANGE 1983-93
DISEASES OF CIRCULATORY SYSTEM	390 - 459 (135-172)	972	1363	391	1686	323	73.5
COMPLICA PREGNAN, CHLDBRTH & PUERPERIUM	630 - 679 (254-290)	1867	2121	254	2263	142	21.2
DISEASES OF DIGESTIVE SYSTEM	520 - 579 (187-221)	981	1226	245	1438	212	46.6
BASSINET/CRIB ADMISSIONS	V30 - V39 (393-5,475)	1552	1767	215	1882	115	21.3
INJURY AND POISONING	800 - 999 (341-391)	1014	1209	195	1372	163	35.3
NEOPLASMS	140 - 239 (19-68)	520	713	193	864	151	66.2
DISEASES OF GENITOURINARY SYSTEM	580 - 629 (222-253)	716	871	155	1016	145	41.9
DISEASES OF RESPIRATORY SYSTEM	460 - 519 (173-186)	743	891	148	1020	129	37.3
DISEASES MUSCULOSKEL SYS & CONNEC TISSU	710 - 739 (296-317)	610	746	136	868	122	42.3
DISEASE OF NERVOUS SYSTEM & SENSE ORGANS	320 - 389 (113-134)	452	571	119	699	128	54.6
SYMPTOMS, SIGNS & ILL-DEFINED CONDITIONS	780 - 799 (329-340)	378	493	115	583	90	54.2
ADM FOR AFTERCARE, SPEC EXAM & MISC REAS	V40 - V82 (396-398)	228	331	103	396	65	73.7

Abb. 9-4. Strapcoe II - Daten für das Simi Valley Adventist Hospital

9.4.3 DRG-Informationen für das operative Krankenhausmanagement

Die prospektive Vergütung nach DRG führte in den Krankenhäusern zu einer Neuorientierung der Leistungserfassung. Die ärztlichen und pflegerischen Leistungen werden nicht mehr nur nach Kostenstelle, sondern immer auch pro Patient erfasst. Die Datenauswertung erfolgt nach Diagnosegruppen. Damit werden Informationen für eine detaillierte Ueberprüfung der dispositiven Abläufe gewonnen. In vielen Krankenhäusern werden für die wichtigsten Diagnosegruppen standardisierte Behandlungsabläufe entwickelt. Abweichungen davon müssen von den Aerzten begründet werden.

DRG-Manager - ein neuer Beruf im Krankenhaus - überwachen den Behandlungsverlauf, den Leistungskonsum und die Verweildauer der Patienten im einzelnen. Damit wird die Effizienz der Leistungserbringung verbessert. Gelingt es nämlich, den Leistungsverbrauch für die Behandlung der Diagnosegruppen unter die durchschnittlichen Fallkosten zu senken, operiert das Krankenhaus in der Gewinnzone. Dass aus diesen Bemühungen Nachteile für die Patienten entstehen können ist einleuchtend und wurde in Abschnitt 9.34 dargestellt.

Zusammenfassend muss festgestellt werden, dass das DRG-Konzept - unabhängig von der entsprechenden Gestaltung des Finanzierungssystems - echte Managementinformationen für alle Führungsstufen ergibt. Diese bedingen neue Informationssysteme, erlauben dann aber eine prospektive Führung des Krankenhauses, d.h. eine vorausschauende Abschätzung von Umweltentwicklungen, eine bewusste Anpassung des Leistungsangebotes (Koordination nach aussen), eine entsprechende Auswahl der Technologien und Gestaltung der Strukturen (Koordination nach innen), sowie die Verbesserung der Effizienz.

TEIL IV: Konzeption eines umfassenden managementorientierten Krankenhausinformations- und Kennzahlensystems

Überblick

Grundlage für die Entwicklung des Konzeptes des umfassenden Informations- und Kennzahlensystems für die Krankenhausführung sind die bisherigen Ueberlegungen zu Krankenhaus, Management und Information. Daraus werden in Kapitel 10 eine ganze Reihe von Anforderungen abgeleitet. Diese betreffen sowohl den inhaltlichen, den zeitlichen und den artmässigen Bezug des Informationssystems, als auch den mathematischen Aufbau, die Anpassungsfähigkeit und die Flexibilität.

Um den in Kapitel 10 aufgestellten Anforderungen an einen solchen Bezugrahmen gerecht zu werden, muss der traditionelle Datenerfassungsrahmen (vgl. Abb. 5-8) erweitert werden. Das erweiterte Modell setzt sich aus systemexternen und systeminternen Informationsbausteinen zusammen.

Diese Informationsbausteine werden in Kapitel 11 diskutiert. Dabei werden Vorschläge für zu erfassende Informationen in inhaltlicher, artmässiger und zeitlicher Hinsicht gemacht. Der Kriterienkatalog für die Erfassung der Informationen veranschaulicht die inneren Beziehungen der gesammelten Informationen und die relative Abhängigkeit der Informationen von den verschiedenen Führungsebenen und Managementaufgaben.

Der Diskussion der verschiedenen Bausteine im einzelnen folgt die Darstellung ihrer Beziehungen untereinander (Abschnitt 11.9). Spezielle Aufmerksamkeit wird dabei der Bildung führungsrelevanter Verhältniskennziffern geschenkt. Die Frage, welche Informationen oder Verhältniskennziffern zur Lösung eines konkreten Managementproblems tatsächlich benötigt werden, wird erst einmal umgangen. In einer Kennzahlen-Matrix werden die theoretisch möglichen Verhältniszahlen dargestellt. Anhand dieser Kennzahlen-Matrix werden rechentechnische und logische Abhängigkeiten verschiedener Kennzahlen gezeigt. Damit soll das Verständnis für die Verwendung mehrerer, bzw. indirekter Kennziffern zur Abbildung eines Tatbestandes geschaffen werden.

In Kapitel 12 endlich werden verschiedene Methoden für eine problemorientierte Auswahl von Informationen und Kennzahlen dargestellt. Das Schwergewicht liegt dabei auf einem systemmethodischen Vorgehen. Dabei wird eine erste Informationsselektion aufgrund einer Systematisierung der Führungsaufgaben vorgenommen. Mit Hilfe von Wirkungsgefügen und Sensitivitätsmodellen erfolgt dann die Feinselektion. Anhand von Beispielen wird das Modell, d.h. der Bezugrahmen für ein managementorientiertes Informations- und Kennzahlensystem und das methodische Vorgehen für die Selektion problemrelevanter Informationen, im Ueberblick dargestellt und Konsequenzen für das Krankenhausmanagement diskutiert.

10 Anforderungen an ein managementorientiertes Informations- und Kennzahlensystem

Die Forderung nach einem führungsorientierten Informations- und Kennzahlensystem im Krankenhausbereich ist sicher berechtigt. Ein derartiges System darf sich jedoch nicht, wie viele der oben beschriebenen Systeme, nach der Verfügbarkeit und den formalen (rechentechnischen und ordnungslogischen) Zusammenhängen der Daten ausrichten. Vielmehr muss es sich auf die konkreten Informationsbedürfnisse innerhalb der Führungsprozesse und die jeweilige spezielle Situation des Krankenhauses abstützen. Das Konstruktionsprinzip muss somit direkt vom Informationsbearbeitungsprozess im Rahmen der Krankenhausführung ausgehen. Erste Anforderungen an führungsorientierte Informations- und Kennzahlensysteme ergeben sich somit aus den Ueberlegungen zur kybernetischen Regelung, Steuerung und Lenkung zweckorientierter, sozialer Systeme (vgl. Abschnitt 5.34). Mit Hilfe des Rahmenkonzeptes für die Krankenhausführung (vgl. Abschnitt 4.2) lassen sich diese Forderungen in inhaltlicher, zeitlicher und artmässiger Hinsicht konkretisieren. Aus dem Wesen der Kennzahlen (vgl. Abschnitt 5.32) selbst, lassen sich weitere Anforderungen, insbesondere bezüglich Gewinnung, Aussage und Vergleichbarkeit von Kennzahlen ableiten.

10.1 Führungsorientierte Informations- und Kennzahlensysteme

In Abschnitt 5.11 wurde das Management als kreisförmiger Prozess mit den Komponenten Entscheiden, In-Gang-Setzen und Kontrollieren beschrieben. Dabei wurde deutlich gemacht, dass diese Funktionen nur dann zufriedenstellend wahrgenommen werden können, wenn hinreichende Informationen vorliegen.

Im Mittelpunkt des bisherigen Einsatzes von Kennziffernsystemen stand, wie die Uebersicht in Abschnitt 5.4 zeigt, die Unterstützung der Kontrollfunktion im engeren Sinne, dies weil die meisten der zur Verfügung stehenden Daten aus retrospektiven Analysen des internen Systemverhaltens stammen, d.h. aus dem Rechnungswesen und der Betriebsstatistik. Dies trifft auch für die meisten Kennzahlensysteme im Krankenhausbereich zu.

Die Kontrollfunktion wird im systemorientierten Management umfassender gesehen. Sie beinhaltet die Erfolgsermittlung und -kontrolle auf allen Systemebenen und für alle Leistungsbereiche. Daher sind Informationen über die erzielten Ergebnisse und die Abweichungen von Sollvorgaben und Vorperioden aus verschiedenen Blickwinkeln notwendig. Damit wird die Kontrolle zu einem Teil der Systemsteuerung und verlangt nach einer Analyse der Mittel, Verfahren und Ergebnisse und deren Gegenüberstellung mit den Zielsetzungen des Systems.

Da die meisten Führungsprobleme spezieller, situativer Daten zu ihrer Lösung bedürfen, sind gerade bei formalen und automatisierten Informationssystemen ständige Kontrollen des effektiven Informationsbedarfes notwendig. Die Kennzahlen und Standards sollten den konkreten Problemen entsprechen und Informationen liefern, die:[1]

- die spezifischen Bedürfnisse der Führungskräfte zur Ueberwachung der Aktivitäten im Krankenhaus befriedigen,
- den konkreten Kontrollaufgaben auf den verschiedenen hierarchischen Stufen angepasst sind,
- kritische Faktoren und Bereiche sofort kenntlich machen.

Wenig verbreitet sind Kennzahlensysteme, welche sich speziell an den Informationsbedürfnissen der Entscheidungsfunktion ausrichten. Allerdings werden immer mehr Ueberlegungen zu sogenannten Decision Support Systems gemacht.[2] Diese beinhalten meist die Forderung, neben den Vergangenheitsdaten auch zukunftsorientierte System- und z.T. auch Umweltinformationen in das Datensystem miteinzubeziehen, um so das Entscheidungsmodell möglichst realitätsnah zu gestalten. Je nach Entscheidungsebene werden verschieden weit in die Zukunft reichende Informationen benötigt. Zukunftsinformationen sind aber immer mit einer Unsicherheit behaftet, da sich Rahmenbedingungen des Systems verändern können. Methoden der Projektion oder Trendanalyse allein genügen nicht mehr. Daher drängt sich die Entwicklung von Frühwarnsystemen, welche auch qualitative und "weiche" Daten erfassen [3], auf.

Zur Wahrnehmung der Managementfunktion "In-Gang-Setzen" werden vorwiegend gegenwartsbezogene und kurzfristige Informationen über die anzustrebenden Ziele, die zur Verfügung stehenden Mittel und Verfahren benötigt. Dabei interessieren im Krankenhaus, da die Kapazitäten kurzfristig fix sind, vor allem quantitative und qualitative Daten über die zu behandelnden Patienten und die

---

1 Rakich J./Longest B./Darr K. (Health Services) 298 ff, insbesondere 307

2 Vgl. u.a. Alter S. (Decision Support), Bennet J. (Decision Support); Morecroft J. (Strategy Support)

3 Vgl. u.a. Gomez P. (Frühwarnung) 14 ff

zur Verfügung stehende personelle und sachliche Infrastruktur. Die geldwertmässigen, wirtschaftlichen Aspekte werden wenigstens in öffentlichen Krankenhäusern auf dieser Stufe erst in zweiter Priorität behandelt, geht es doch entsprechend der Zweck- und Zielsetzung des Krankenhauses primär erst um die konkrete Hilfeleistung am Patienten. In diesem Zusammenhang sind speziell die Dispositionssysteme zu erwähnen, welche die Abstimmung der personellen, infrastrukturellen und sachlichen Ressourcen mit der Nachfrage der Patienten besorgen (Leistungsverwendung).

10.2 Anforderungen aus der Sicht der kybernetischen Systemlenkung

Die kybernetische Lenkungsvorstellung geht grundsätzlich von zwei miteinander interagierenden Systemen aus. Wie in Abbildung 5-13 ersichtlich, symbolisiert das erste Subsystem eine komplexe Managementsituation, das zweite enthält in sich noch einmal das Grundmodell der Lenkung, bezogen auf die spezifische Führungssituation. Damit ist angedeutet, dass die mit Lenkung beauftragten Führungskräfte mit einem Modell der realen Situation interagieren. Dieses Modell ist eine Beschreibung der Situation, welche durch die Erfassungs- und Informationsverarbeitungsprozesse aller am Lenkungsprozess Beteiligten zustande kommt. Mit Hilfe des Modells, welches u.a. auch aus einem Kennzahlensystem bestehen kann, werden Veränderungen des Lenkungsbereiches registriert, interpretiert und die zu treffenden Massnahmen evaluiert.

Aufgrund dieser Ueberlegungen lassen sich einige grundsätzliche Anforderungen an management-orientierte Informations- und Kennzahlensysteme formulieren.[4] Derartige Systeme müssen:

- alle lenkungsrelevanten Faktoren einer Führungssituation repräsentieren. D.h., sie sollen die verschiedenen Faktoren einer Situation simultan erfassen und in ihren Wirkungszusammenhängen wiedergeben, die Verhaltensweisen einzelner Variablen frei von zufälligen Schwankungen überwachen und negative, zum Eingreifen zwingende Situationen signalisieren. Ebenso müssen Wirkungen realisierbarer Lenkungseingriffe dargestellt werden. Die Bildung konkreter Kennzahlensysteme muss daher problemorientiert, unter Einsatz geeigneter systemmethodischer Techniken und unter Berücksichtigung ihrer formalen und inhaltlichen Eigenschaften, erfolgen.

[4] Oeller K. (Unternehmungsführung) 143 ff

- in ihrem Aufbau anpassungsfähig sein, dies sowohl bezüglich Veränderungen im abgebildeten Lenkungsbereich, wie auch bezüglich der jeweils spezifischen Erfordernisse der Führungsebene, auf welcher sie Anwendung finden. Dieser Forderung der vertikalen Integration kann entsprochen werden, wenn zum vornherein der zur Bildung des Kennzahlensystems verwendete Bezugrahmen um die über-, bzw. die untergeordnete Systemebene erweitert wird. Dass dies notwendig ist, zeigt sich bei Ackoffs Vorstellungen über interaktives Management [5], aber auch in der Praxis selbst. Die Entwicklung unabhängiger Kennzahlensysteme auf den verschiedenen Führungsebenen verunmöglicht häufig eine sinnvolle Aggregation der Daten und erschwert dadurch die notwendige vertikale Integration und horizontale Koordination des Krankenhauses, bzw. seiner Subsysteme.

- da die zeitliche Dimension der Lenkung vor allem aktualisierte, gegenwarts- und zukunftsbezogene Informationen erfordert, möglichst den aktuellen Stand des abgebildeten Realitätsbereiches und zukünftige Trends des Wirkungsbereiches, nicht nur vergangenheitsbezogene Daten, beinhalten.

- den Informationserfassungs- und -bearbeitungskapazitäten der Führungskräfte angepasst sein. Dies verlangt einerseits eine Reduktion auf die lenkungssignifikanten Informationen (vgl. Abschnitt 5.3), andererseits eine Visualisierung in Form von Schaubildern, so dass auch simultane Darstellungen mehrerer Kennzahlen begreifbar werden.[6]

- die Simulation möglicher Wirkungen verschiedener Eingriffsvarianten vor dem Entscheid ermöglichen. Dies verlangt eine intensive Interaktion zwischen Modellbenützer und Modell. Nur dann ist es möglich, die Ausnutzung der simulativen Eigenschaften eines aus Kennzahlen bestehenden Lenkungsmodelles optimal zu nutzen.

Da in sozialkybernetischen Lenkungsvorstellungen den Systemen und Subsystemen eigene Verhaltensspielräume zugestanden werden, muss der Schwerpunkt des Informations- und Kennzahlensystems auf der Entdeckung von Verhaltensabweichungen, die über ein tolerierbares Mass hinausgehen, liegen. Dazu ist es notwendig, erst in einem strukturellen Modell das zu lenkende System mit Hilfe seiner Variablen und deren Beziehungen zu charakterisieren.[7] Das strukturelle Modell kann detailliert sein, besonders dann, wenn die Zusammenhänge mathematisch abgebildet werden. Häufig sind jedoch die Variablen mehr qualitativer Natur und die Beziehungsmuster so komplex, dass quantitative Methoden nicht genügen. Die Funktion des Modells kann aber gleichwohl erfüllt werden, solange sich genügend Schlüsselvariablen herauskristallisieren lassen,

---

5 Ackoff R. (Corporate Future) 48 ff

6 Vgl. u.a. Gessner U. (Information) 7 ff; Janson R. (Frühwarnsysteme)

7 Gomez P. (Operations Management) 50 ff

um die Ueberwachung der wichtigsten lenkungsrelevanten Informationen zu gewährleisten.

Im weiteren ist es notwendig, in einem parametrischen Modell numerische Werte der Variablen des strukturellen Modells als Optimalwerte zu bestimmen. Es handelt sich hierbei um Kapabilitäten [8], welche die bestmögliche Leistung im Rahmen der gegebenen Ressourcen und Bedingungen und unter Ausschöpfung aller Möglichkeiten angeben. Damit in Beziehung gesetzt wird einerseits die Realität, bzw. die Leistung, die bei gegebenen Mitteln und Rahmenbedingungen tatsächlich erreicht wird. Andrerseits muss auch die Potentialität ermittelt werden. Diese drückt aus, was bei bestmöglicher Nutzung und Weiterentwicklung der eigenen Mittel und unter Beseitigung störender Bedingungen im Rahmen des praktisch Realisierbaren erreicht werden könnte. Diese drei Erreichungsgrade können nun untereinander in Beziehung gesetzt werden und führen zu den Indikatoren Produktivität, Latenz und Gesamtleistung (vgl. Abb. 5-14).

10.3 Anforderungen aus dem Rahmenkonzept für die Krankenhausführung

10.3.1 Übersicht

Das in Abschnitt 4.2 erarbeitete Rahmenkonzept für das Krankenhausmanagement stellt ein auf systemtheoretischen Vorstellungen beruhendes Kategoriensystem dar, welches eine systematische Gliederung und Einordnung der verschiedenen Aspekte der Führung in einem grösseren Zusammenhang erlaubt. Die Gliederung von Managementaufgaben in diesem Bezugrahmen soll Gewähr bieten, dass Führungsentscheidungen nicht punktuell getroffen werden, sondern alle wesentlichen Aspekte umfassen und in einem systemischen Zusammenhang stehen.

Grundsätzlich muss festgehalten werden, dass ein Konzept für die Krankenhausführung immer auf die spezifischen Merkmale des zu führenden Spitals und dessen konkrete Probleme ausgerichtet sein muss. Das vorgestellte Rahmenkonzept kann daher nur als formales Leergerüst verstanden werden, dessen Auffüllung mit konkretem und problemspezifischem Inhalt durch die Führungs-

[8] Beer S. (Brain) 162 ff; Gomez P. (Operations Management) 51 ff

kräfte des Krankenhauses selbst zu erfolgen hat. Dennoch lassen sich allgemeine Forderungen an ein Informations- und Kennzahlensystem aus inhaltlicher, artmässiger und zeitlicher Sicht ableiten. Dabei muss gefordert werden, dass management-orientierte Kennzahlensysteme:

- sowohl Umweltinformationen (Inhalt), wie auch systeminterne Informationen enthalten
- diese in quantitativer, qualitativer und geldwertmässiger Hinsicht wiedergeben (Art) und
- auf vergangene, gegenwärtige und zukünftige Zeitperioden (Zeit) beziehen.

Der Zusammenhang dieser drei Dimensionen wird in Abb. 10-1 verdeutlicht.

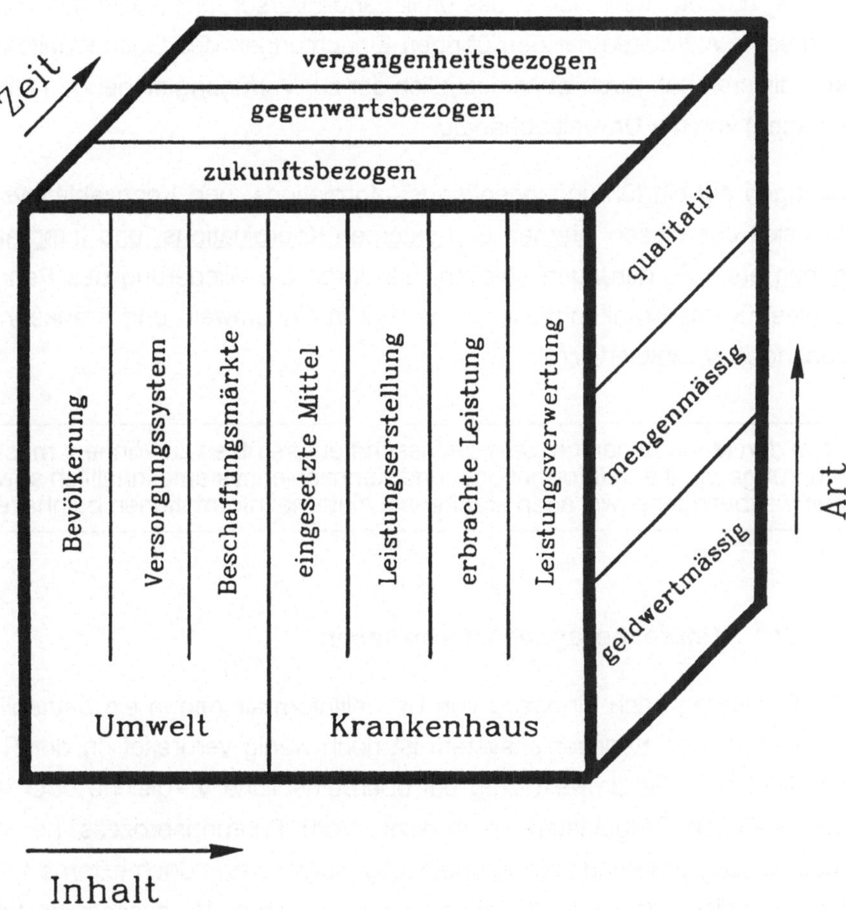

Abb. 10-1. Dimensionen eines umfassenden management-orientierten Kennzahlensystems

10.3.2 Inhaltlicher Bezug des Informations- und Kennzahlensystems

Bei Krankenhäusern handelt es sich um offene soziale Systeme, die eng mit der Umwelt interagieren und stark durch diese bestimmt werden. Krankenhäuser beziehen ihre personellen, sachlichen und finanziellen Ressourcen aus der Umwelt, transformieren sie in diagnostische, therapeutische, pflegerische, sowie Beherbergungsleistungen (Leistungserstellung). Diese werden entsprechend den medizinischen Bedürfnissen an die Patienten abgegeben (Leistungsverwendung), welche ihrerseits wieder in die Umwelt entlassen werden.

Die starke Aussen- und Zweckorientierung des öffentlichen Krankenhauses bedeutet, dass es sich an den vielfältigen Bedürfnissen der zu versorgenden Bevölkerung auszurichten, sich in das umliegende Versorgungssystem zu integrieren und seine Aktivitäten mit den übrigen Einrichtungen des Gesundheitswesen zu koordinieren hat. Auch ist es bezüglich der zur Verfügung stehenden Mittel (Ressourcen) von der Umwelt abhängig.

Bezogen auf ein führungsorientiertes Informations- und Kennzahlensystem lassen sich aus diesen internen und externen Koordinations- und Integrationsaufgaben erste Forderungen ableiten, die durch die Gliederung des Rahmenkonzeptes für das Krankenhausmanagement in ein Umwelt- und Krankenhauskonzept noch akzentuiert wird:

Um den Managementprozess umfassend unterstützen zu können, müssen führungsorientierte Informations- und Kennzahlensysteme inhaltlich sowohl umweltbezogene, wie auch krankenhausinterne Informationen beinhalten.

10.3.2.1 Umweltbezogene Informationen

Die Forderung nach Einbezug von Umweltinformationen in ein betriebliches Informations- und Kennzahlensystem ist noch wenig verbreitet. In der Regel beschränkt sich der Umweltbezug auf überbetriebliche Vergleiche oder ist nur in ausgewählten Teilgebieten verwirklicht. Vom Führungsprozess her gesehen muss diese Forderung jedoch unterstützt werden, sind doch externe Informationen Grundlage der Umweltanalyse, welche ihrerseits Voraussetzung für die Erarbeitung des Zielsystems, der Planung und der Disposition ist.

Die Integration von Umweltinformationen im Informations- und Kennzahlensystem ist allerdings nicht leicht. Eine Systematisierung und die Beschaffung von Umweltdaten ist nur schwer möglich und häufig sehr aufwendig. Zudem fällt es auch schwer, aus der Fülle möglicher Umwelt-Informationen die führungsrelevanten zu bestimmen.

Umweltfaktoren beeinflussen nicht bloss das Krankenhaus als Ganzes. Sie wirken sich auch direkt auf Einheiten unterer Systemebenen aus. So ist es beispielsweise für eine chirurgische Pflegestation von entscheidender Bedeutung, wieviele Notfallpatienten erwartet werden müssen. Diese Grösse bestimmt die konkrete Auslastung der Station und den zu bewältigenden Arbeitsanfall und damit die Restkapazitäten, die zu leistende Ueberzeit usw. Sie ist von dieser aber nicht direkt beeinflussbar, sondern ist von verschiedenen Umweltfaktoren abhängig.

Da der Hauptzweck des Krankenhauses in der Heilung von Patienten liegt, sollte die Krankenhausführung über ein detailliertes Wissen über demographische und epidemiologische Entwicklungen im Einzugsgebiet verfügen. Darüber hinaus sollten genaue Kenntnisse über Kapazität und Leistungsangebot des umliegenden Versorgungssystems vorliegen. Nur dann kann eine optimale Integration des Krankenhauses erreicht werden. Da für die Leistungserstellung personelle und infrastrukturelle Ressourcen benötigt werden, muss die Führung immer auch hinreichend Informationen über den Beschaffungsmarkt haben.

An ein Informations- und Kennzahlensystem für die Krankenhausführung lassen sich somit bezüglich Umweltinformationen folgende Anforderungen ableiten:

Managementorientierte Informations- und Kennzahlensysteme für Krankenhäuser müssen mindestens folgende Aspekte abdecken:

- <u>Bevölkerungsbezogene Daten</u> (Demographie, Bevölkerungsentwicklungen, Altersstruktur, Morbidität und Mortalität, Beschäftigungsgrad, sowie Kenntnisse über die Servicebevölkerung)
- <u>umliegendes Versorgungssystem</u> (ambulante und stationäre Versorgung, Versicherungs- und Politiksystem)
- <u>Beschaffungsmärkte</u> (Arbeitsmarkt, Lieferanten)

Um den Anforderungen der verschiedenen Führungsstufen genügen zu können, müssen alle diese Informationen in verschiedenen Detaillierungsgraden vorliegen.

10.3.2.2 Krankenhausinterne Informationen

Systeminterne Daten bildeten schon immer Inhalt betrieblicher Informations- und Kennzahlensysteme (vgl. Abschnitt 5.33). Das Problem liegt darin, aus der Fülle der im Krankenhaus anfallenden Daten, die für Managemententscheidungen benötigten Informationen auszuwählen, d.h. diese in einem entsprechenden Erhebungs- und Verarbeitungsraster darzustellen.

Bei der Festlegung der im Führungsprozess benötigten Kennzahlen erweist es sich als sinnvoll, vom Rahmenkonzept der Führung auszugehen (vgl. Abschnitt 4.3), da die verschiedenen von einem zukunftsorientierten Management zu lösenden Aufgaben dargestellt werden.

Charakteristisch für alle im Führungskonzept definierten Aufgabenbereiche ist, dass sie immer über Informationen im Hinblick auf Ziele, Mittel, bzw. Potentiale, Verfahren, bzw. Prozess und Ergebnisse bedürfen.[9] Dabei ist völlig klar, dass bei der Erfassung von Zielen, Potentialen, Strategien und Ergebnissen der typischen Leistungserbringung im Krankenhaus Rechnung getragen werden muss. Der Prozess der Leistungserbringung ist dazu in seine Funktionsbereiche zu unterteilen, nämlich in einen Versorgungs- und einen Vollzugsbereich. Letzterer ist weiter aufzugliedern in die Bereiche Leistungserstellung, erbrachte Einzelleistungen und Leistungsverwendung (vgl. den traditionellen Erfassungrahmen für betriebliche Kennziffern in Abb. 5-8).[10]

Für eine derartige Gliederung sprechen verschiedene Gründe. Aufgabe des Versorgungsbereiches ist vor allem die Beschaffung und Verwaltung der verschiedenen zur Leistungserbringung benötigten personellen, sachlichen und finanziellen Ressourcen. Organisatorisch gesehen sind verschiedene dieser Funktionen aus den eigentlichen Leistungsbereichen ausgegliedert (operative Einheiten und Dienstleistungseinheiten (vgl. Abschnitt 4.31)) und im Verwaltungsbereich des Krankenhauses (unterstützende Einheiten) zentralisiert, wie z.B. Personalwesen, zentraler Einkauf, Material- und Lagerbewirtschaftung, Unterhalts- und Reparaturdienste, Finanzwesen usw. Sie müssen aber dennoch erfasst und im Zusammenhang dargestellt werden.

---

[9] Ulrich H. (Unternehmungspolitik) 58 ff; aber auch Donabedian A. (Quality) 89 ff, er unterscheidet: Structure, Process und Outcome.

[10] Vgl. auch Ulrich H./Sidler F. (Oeffentliche Hand) 35 f

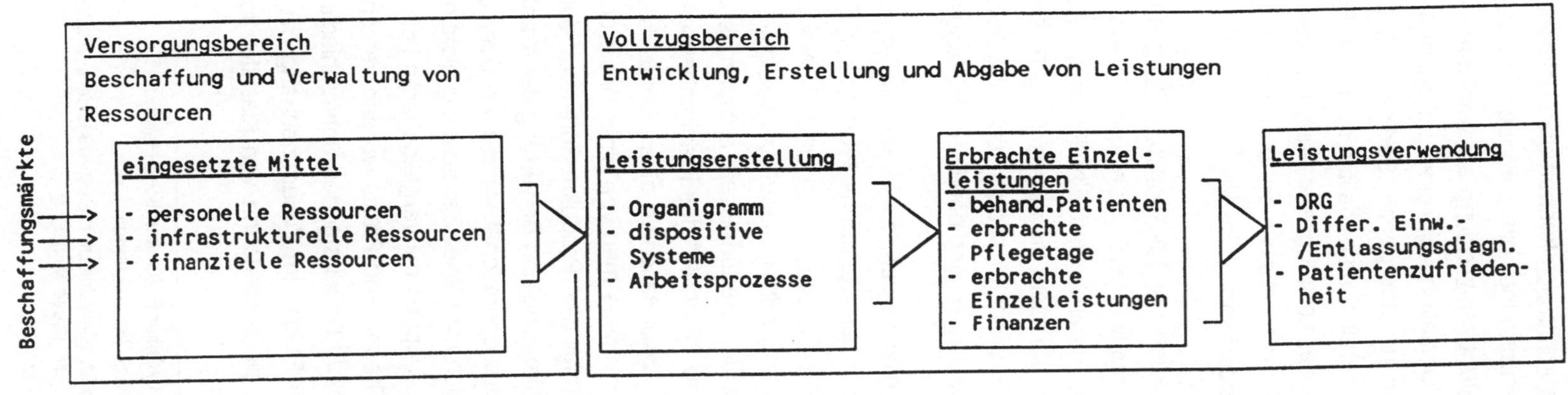

Abb. 10-2. Der Prozess der Leistungserbringung im Krankenhaus

Im Vollzugsbereich können die Funktionen der Leistungsentwicklung, -erstellung und -verwendung, bzw. -abgabe [11] unterschieden werden. Im Krankenhaus ist die Leistungsentwicklung am wenigsten augenfällig. Bei dieser Funktion geht es um die Gestaltung einzelner Leistungen (z.B. Verbesserung der Pflegequalität), wie auch um das ganze "Sortiment" (z.B. Einführung neuer Technologien oder medizinischer Subspezialitäten). Diese Funktion ist im Krankenhaus fest in den Prozess der Leistungserstellung und der Leistungsverwendung integriert und ist daher für die Entwicklung führungsorientierter Kennzahlen nur von untergeordneter Bedeutung.

Die Funktion der Leistungserstellung entspricht betriebswirtschaftlich gesehen der "Produktion i.e.S.", d.h. der Transformation von Ressourcen, wie Personal, Material, Apparate und Einrichtungen, in konkrete Leistungen. Im Krankenhaus sind dies vor allem diagnostische (z.B. Röntgenuntersuchungen), therapeutische (z.B. Operationen), pflegerische und Beherbergungs-Leistungen. Sie geschieht in den operativen und den Dienstleistungseinheiten.

Die Einzelleistungen, die in den Kliniken und Instituten erbracht werden, sind jedoch nicht das eigentliche Produkt der Krankenhaustätigkeit. Wesentlich ist vielmehr die Leistungsverwendung. Zweck des Krankenhauses ist es, eine Statusveränderung beim Patienten zu erreichen.[12] Dazu ist eine, seinen medizinischen und sozialen Bedürfnissen entsprechende Kombination von Einzelleistungen notwendig. "Produkt" des Krankenhauses ist somit diese Leistungskombination. Da kaum zwei Patienten einen identischen Bedarf nach Krankenhausleistungen aufweisen, muss man von einer "Vielprodukte-Unternehmung" sprechen, wobei im Extremfall das "Produkte-Sortiment" der Anzahl Patienten entsprechen würde. Für die Messung und Bewertung der Krankenhausleistung erweist sich dies nicht gerade als operational. Aussagen über die Effektivität der Leistungserstellung lassen sich mit dieser Betrachtung nicht machen. Eine Kategorisierung der Patienten in Gruppen mit vergleichbaren Leistungskombinationen drängt sich daher auf. In Theorie und Praxis wurden verschiedene solcher Klassifikationssysteme entwickelt.[13] Dabei standen unterschiedliche Aspekte im Vordergrund. Zur Klärung von Fragen im Zusammenhang mit der Leistungserstellung und -verwendung ist die Anwendung von Klassifikationssystemen sinnvoll, die zu Manage-

---

[11] Ulrich H./Sidler F. (Oeffentliche Hand) 36 ff

[12] Eichhorn S. (Krankenhaus I) 16

[13] Ploman M. (Classification Systems); ders. (Patient Classification); ders./Shaffer F. (Case Mix); Bardsley M. (Case Mix) 17 ff

mentzwecken (Generic Algorithmus, VA Multi-Level Care Groups), zur Kontrolle des Ressourcenverbrauchs (DRG, Patient Management Categories PMCs ICD-9-CM List A, Iso-resource groups) oder zur Qualitätssicherung (AS-Score, Patient Severity Index Disease Staging, Medical Illness Severity Grouping System (MEDI-SGRPS), Acute Physiology and Chronic Health Evaluation (APACHE II), Severity of Illness Index) erarbeitet wurden.[14] In der Praxis verbreitet und viel diskutiert ist heute vor allem das in Kapitel 9 beschriebene DRG-System oder Gruppierungen nach dem ICD-Code.[15] Die Verwendung eines Klassifikationssystems bewirkt, dass als Produkt des Krankenhauses weder Einzelleistungen, noch individuelle Patienten, sondern Diagnosegruppen angesehen werden. Dies ermöglicht eine Bewertung und einen standardisierten Vergleich der Krankenhaustätigkeit.

Aus diesen Ueberlegungen lassen sich zusammenfassend folgende Anforderungen an ein managementorientiertes Informations- und Kennzahlensystem ableiten:

Krankenhausinterne Informationen müssen folgende Aspekte umfassen:

- Eingesetzte personelle, infrastrukturelle und sachliche Mittel
- Leistungserbringung (Organisation, dispositive Systeme, Arbeitsprozesse)
- Erbrachte Einzelleistungen (Patienten, Pflegetage, Untersuchungen, Eingriffe, finanzieller Erfolg)
- Leistungsverwendung (Patientengruppen, medizinische Statusveränderung, Patientenzufriedenheit)

10.3.3 Zeitlicher Bezug des Informations- und Kennzahlensystems

Für ein Informations- und Kennzahlen-System zur Unterstützung des Managements ist die zeitliche Dimension der Daten von grosser Bedeutung. Wie in Abbildung 5-6 dargestellt wurde, sind zur Wahrnehmung der Funktionen des Führungssystems, d.h. für Gesamtführung, Planung und Disposition, Informationen über die bisherige Entwicklung (vergangenheitsbezogen), den gegenwärtigen Stand und die zukünftig zu erwartenden Trends im System und seiner Umwelt Voraussetzung. Dasselbe gilt auch für die Lösung organisatorischer Probleme, da auch Ablauf- und Aufbauorganisation nicht nur momentanen Bestand, son-

[14] Ploman M. (Classification Systems) 2 ff

[15] Fetter R. et al. (Diagnostic Specific Cost); Fetter R. (DRGs)

dern über eine gewisse Zeitdauer hinaus Gültigkeit haben und auf gewissen Erfahrungswerten beruhen sollten.

Aufgrund dieser Ueberlegungen kann allgemein gefordert werden:

> Führungsorientierte Kennzahlensysteme müssen immer:
>
> - vergangenheits-,
> - gegenwarts- und
> - zukunftsbezogene Informationen umfassen.

In der Praxis führt diese Forderung häufig zu methodischen Problemen. Während mit der Erfassung von Vergangenheitskennziffern bereits Erfahrungen bestehen - alle traditionellen Kennziffernsysteme basieren auf ihnen - und sie mit Hilfe der beschreibenden Statistik für unzählige Tatbestände umgearbeitet werden können, stösst man bereits bei der Erfassung von gegenwartsbezogenen Kennziffern auf Schwierigkeiten. Datenerfassung, d.h. Messung und Bewertung von Tatbeständen, sowie Datentransfer sind, wie die Erfahrung zeigt, beides zeitintensive Vorgänge. In komplexen, hierarchisch strukturierten Systemen, wie z.B. einem Krankenhaus, gelingt es - ohne computerunterstützte Informationssysteme mit "real-time"-Verarbeitung - nur selten oder bloss auf enge Teilbereiche beschränkt (z.B. Patientencensus), Aussagen über den aktuellen Zustand des Systems zu machen. Die meisten dispositiven Entscheidungen bedürften jedoch kurzfristiger, aktueller Informationen. Sie müssen sich heute allerdings noch grösstenteils auf Vergangenheitsinformationen abstützen und widerspiegeln die jüngsten Veränderungen der aktuellen Situation kaum. Entscheidungen werden also häufig aufgrund falscher Voraussetzungen getroffen und können somit gar nicht zu optimalen Lösungen führen.

Während die Erfassung gegenwartsbezogener Informationen vorwiegend technische Probleme der Datenerfassung, des Datentransfers und der weiteren Aufbereitung der Daten aufwerfen, d.h. es hauptsächlich um die technologische Gestaltung der Rückkoppelungsschlaufen im Lenkungssystem geht, stellt die Erarbeitung von zukunftsorientierten Informationen weit grundsätzlichere Probleme.

Zukünftige Zustände des Systems und seiner Umwelt sind nicht gleichermassen mess- oder determinierbar wie vergangene oder gegenwärtige. Sie sind vielmehr von der Entwicklung einer Fülle von nicht vollständig bekannten internen und externen Faktoren abhängig. Allerdings muss festgehalten werden, dass sich nicht alle Systeme, bzw. Faktoren völlig frei und labil verhalten. Die Erfahrung zeigt, dass sie häufig stabil sind und ein Beharrungsvermögen aufweisen.[16] Aus der Erfahrung lassen sich daher gewisse Voraussagen über das zukünftige Verhalten machen. Bei der Erfassung von zukunftsgerichteten Informationen müssen Erfahrungen bezüglich der Systemstabilität ausgenutzt werden. Die Analyse und Interpretation des Verhaltens zusätzlicher, indirekter Variablen (z.B. ändernde Randbedingungen) können die Wahrscheinlichkeit qualitativer Sprünge und Veränderungen (Diskontinuitäten) zeigen. Je länger der Betrachtungszeitraum, umso grösser wird die Wahrscheinlichkeit, dass extreme Ereignisse auf das System einwirken. Bisher stabile Systeme können labil werden und bisher gültige Verhaltensmuster und -prognosen verlieren an Bedeutung.

In der Praxis wurden verschiedentlich Frühwarnsysteme entwickelt, welche die Aufgabe haben, Veränderungen in der Umwelt und im zu führenden System frühzeitig aufzuzeigen, so dass geeignete Massnahmen ergriffen werden können, bevor Schäden entstehen oder Chancen entgehen. Am bekanntesten und am meisten verbreitet sind kurzfristig in die Zukunft weisende Informationssysteme (1. Generation [17]). Diese machen laufend Vergleiche zwischen Planzahlen (Sollwerte) und hochgerechneten Ist-Zahlen. Ueberschreiten die Abweichungen des gemessenen Systemverhaltens eine vorher definierte Toleranzgrenze, werden entsprechende Gegenmassnahmen ausgelöst. Dieser Kontrollmechanismus wird ergänzt durch einen Vorkoppelungsmechanismus, der mögliche Abweichungen bereits in ihrem Entstehungsstadium erkennen lässt (z.B. Analyse von Lagerbeständen als Hinweis für Verbrauchsabweichungen). In der Regel decken derartige Systeme nur einen Ausschnitt des Systemgeschehens ab, orientieren sich an Budgetgrössen und beschränken sich auf einen kurzen Zeithorizont.

Eher im Stil herkömmlicher, komplexer Kennzahlensysteme - allerdings umfassender - sind die Indikatorenkataloge der zweiten Generation. Diese streben eine umfassende Erhebung systeminterner und -externer Entwicklungen an, indem sie Veränderungen verschiedener direkter und indirekter Indikatoren messen. Im Gegensatz zu bekannten Kennzahlensystemen beschränken sie sich nicht auf finanzwirtschaftliche Grössen. Sie stellen einen Versuch dar, Warnsignale für die Verwaltung und das Management zu entwickeln. Damit verfügen die Indikatorenkataloge der zweiten Generation bereits über das Potential, längerfristige Aspekte einfangen zu können. Ihr grundlegender Mangel besteht jedoch darin, dass

[16] Gehmacher E. (Prognostik) 17 f

[17] Gomez P. (Frühwarnung) 14 ff

sie nicht auf die Voraussage von Ueberraschungen und völlig neuen Situationen in Form von Trendbrüchen ausgerichtet sind.

Nach einem von Ansoff entwickelten Konzept [18] sollen neuartige Situationen durch die von ihnen im voraus ausgesandten "schwachen", indirekten Signale erkannt und entsprechend in der strategischen Planung berücksichtigt werden. Anders ausgedrückt geht es darum, dass die Führung eines Systems nicht so lange wartet, bis sich Bedrohungen konkretisieren und nur noch eine Reaktion erlauben. Vielmehr wird angestrebt, dass durch das frühzeitige Erkennen aktiv Massnahmen zu ihrer Bewältigung getroffen werden können. Die praktische Umsetzung dieses Ansatzes stösst jedoch auf Schwierigkeiten, insbesondere da eine Definition der schwachen Signale generell nicht möglich ist. Einen allgemeingültigen Katalog von Signalen und Indikatoren für verschiedene Formen von Betrieben kann es nicht geben. Frühwarnsysteme dieser dritten Generation müssen vielmehr für die spezifische Situation des Betriebes massgeschneidert werden.

10.3.4 Artmässiger Bezug des Informations- und Kennzahlensystems

Wie bereits in Kapitel 5 diskutiert wurde, liefern Kennziffern zahlenmässige Informationen über betriebliche Sachverhalte. Betriebliche Tatbestände werden durch Rangierung auf einer Nominal- oder Ordinalskala vergleich-, bewert- und messbar, bzw. durch Anwendung einer Kardinalskala quantifizierbar gemacht. Kennziffern sind somit Grössen, welche quantitative Aspekte eines Sachverhaltes wiedergeben. Solche Angaben sind für die Erfüllung verschiedener Führungsfunktionen nützlich, so z.B. zur konkreten Zielformulierung, aber auch für Kontroll- und Planungsaufgaben oder zur operationellen Führung. Zur Unterstützung dieser Führungsfunktionen ist es notwendig, mit Hilfe der Kennziffern mengenmässige Aspekte der betrieblichen Tatbestände quantitativ auszudrücken.

Die enorme Kostensteigerung im Gesundheitswesen erinnert daran, dass auch das Krankenhaus Teil des Wirtschaftssystems ist und zu seiner Führung daher auch wirtschaftliche Daten benötigt werden. Kennzahlen sollten daher nicht nur die rein mengenmässigen Aspekte, wie z.B. der zur Leistungserstellung benötigten Ressourcen, bzw. der erbrachten Leistungen und ihrer Verwendung erfas-

[18] Ansoff I.H. (Managing) 129 ff

sen und wiedergeben, sondern diese auch geldwertmässig ausdrücken. Angaben über Kosten und Erlöse sind Grundlage für die ökonomische Zielbestimmung und Kontrolle sowie die Finanzplanung.

Im Krankenhaus sollten jedoch nicht nur Menge und Preis Grundlage für Führungsentscheidungen sein. Qualitative Aspekte sind in diesem Bereich eine sehr bedeutende Komponente, die es im Entscheidungsprozess zu berücksichtigen gilt. Ganz gleich wie komplex Leistungs- und Gütertransaktionen, oder wie unsicher die verfügbaren Angaben sind, medizinische, pflegerische und ökonomische Entscheide müssen immer auch unter Berücksichtigung der Qualität getroffen werden.[19] Quantität, Preis und Qualität sind untrennbar miteinander verbunden. Je mehr Aufmerksamkeit, z.B. infolge der Kritik an der Kostensteigerung, den Entwicklungen von Preis und Menge gewidmet wird, umso bedeutsamer werden die qualitativen Aspekte der Krankenhausleistung. Ohne entsprechendes Gegengewicht gehen Sparmassnahmen leicht zu Lasten der Qualität. Im Bereich der Gesundheitsversorgung kann dies zu einer Benachteiligung oder gar zu einer Gefährdung der Patienten und des Personals führen und ist daher aus moralischen, humanitären und sozialen Gründen abzulehnen.

Aus diesen Ueberlegungen heraus können folgende Forderungen abgeleitet werden:

- Management-orientierte Informations- und Kennziffern-Systeme müssen sowohl die
  - quantitativ-mengenmässigen
  - geldwertmässigen und
  - qualitativen

Aspekte der Leistungserbringung erfassen und wiedergeben.

10.3.4.1 Quantitative und geldwertmässige Informations- und Kennziffern

In den heute im Krankenhausbereich realisierten Informationssystemen werden, basierend auf dem bestehenden Berichts- und Rechnungswesen, unzählige interne und vergangenheitsbezogene Daten quantitativer und monetärer Art erhoben und ausgewertet (vgl. die in Kapitel 6 bis 9 diskutierten Informations- und Kennzahlensysteme). Diese werden in der von der übergeordneten Ebene ver-

[19] Griffith J. (Measuring) 44

langten, bzw. in der Schweiz in der von der VESKA vorgeschlagenen Form [20] aufbereitet und präsentiert. Diese Daten beinhalten nicht nur die mengenmässigen Aspekte der Ressourcen und Ergebnisse. Sie drücken diese auch monetär aus.

10.3.4.2 Qualitative Kennziffern

Während in der betriebswirtschaftlichen Praxis und auch in der Krankenhausführung selbst bereits grosse Erfahrungen bezüglich der Erhebung, Verarbeitung und Auswertung quantitativer und geldwertmässiger Informationen und Kennziffern besteht, fehlen qualitative Angaben noch weitgehend. Wohl wurden in der Wirtschaft verschiedene Modelle zur Qualitätssicherung, -bewertung und -kontrolle [21] realisiert. Diese fanden jedoch in dieser formalisierten und durchgreifenden Form noch kaum Eingang in Krankenhäuser. Dafür gibt es verschiedene Gründe. Die Komplexität und die charakteristischen Eigenschaften der Krankenhausleistungen lassen die Anwendung einfacher Mess- und Kontrollverfahren, wie sie z.T. der Qualitätskontrolle in der Güterproduktion zugrunde liegen, nur sehr beschränkt zu. Am ehesten noch für die Feststellung der Qualität medizintechnischer Leistungen (wie Anteil unbrauchbarer bzw. nicht befundbarer Röntgenbilder oder Laborproben). Die Feststellung immaterieller Qualitätsmerkmale der Krankenhausleistung, wie z.B. Sicherheit der Diagnosestellung, richtige Wahl der Therapien, Beratung der Patienten, Pflege, Wirkung der Leistung auf den Gesundheitszustand des Patienten usw., welche für die Leistungsverwendung charakteristisch sind, bereiten ungleich grössere Schwierigkeiten. Absolute Qualitätsmerkmale fehlen weitgehend oder sind objektiv kaum definier- und messbar. Dieses Problem reflektiert auch das in Abschnitt 2.1 diskutierte Problem der Definition von Gesundheit und Krankheit. Bisherige Qualitätsmessungen im Bereich der Gesundheitsversorgung haben sich aus diesem Grunde auch meist auf die Beurteilung der patho-physiologischen Funktionen beim Patienten beschränkt. Psychologische und soziale Funktionen hingegen wurden aufgrund des Messproblems selten untersucht. Auch sind Aggregationen der Qualitätsbeurteilung vom einzelnen Patienten auf Gruppen, bzw. die Population oder auf Institutionen wie z.B. ein Krankenhaus, nur schwer möglich.[22]

---

[20] VESKA (Kontenrahmen); VESKA (Kostenrechnung)

[21] Vgl. u.a. Probst G. (Qualitätsmanagement)

[22] Donabedian A. (Quality) 16 ff

Die Definition der Qualität medizinischer und pflegerischen Leistungen ist problematisch und stark vom Standpunkt des Beurteilers abhängig. So kann Qualität beispielsweise vom Leistungsempfänger, vom Leistungserbringer, aber auch vom gesellschaftlichen System aus bewertet werden. Im ersten Fall ist die Patientenzufriedenheit von grösster Bedeutung, ist sie doch ein Indikator dafür, inwieweit die Erwartungen der Patienten erfüllt sind. Allerdings ist die Patientenzufriedenheit kein direktes Mass für die Qualität der erbrachten Leistungen. Patienten verfügen meist bloss über unvollkommene Kenntnisse bezüglich medizinischer und pflegerischer Leistungen, deren Nutzen und Wirkungen. So verlangen sie öfters Leistungen, die sich in ihrem Falle medizinisch nachteilig auswirken können und sind dann enttäuscht, wenn sie diese nicht erhalten. In Patienten- und Publikumsbefragungen werden daher auch nur selten direkte Fragen zur Qualität gestellt. In der Regel wird die Patientenzufriedenheit mittels indirekter Indikatoren, sogenannter "proxy measures", wie z.B. Beschwerderate, Vorschlagsrate, etc. bewertet. Trotz all dieser Einschränkungen ist die Patientenzufriedenheit ein wichtiger Aspekt der Qualität und muss regelmässig beurteilt werden (vgl. Abschnitt 11.8).[23]

Die Definition der Qualität medizinischer und pflegerischer Leistungen kann auch aus der Sicht des Anbieters, d.h. des Arztes, der Krankenschwester oder der Institution erfolgen. Dabei sollte die subjektive Zufriedenheit des Anbieters eine eher untergeordnete Rolle spielen. Massgebend sind vielmehr eine Vielzahl objektivierbarer Kriterien.[24] Diese definieren Qualität häufig als Verhaltensnorm. Ein guter Arzt beispielsweise ist jener, der nur das tut, wovon man weiss oder glaubt, dass es für den Patienten am besten ist. Im Gegensatz zu früher (vgl. Abschnitt 2.31) macht man damit für die Konsequenz des ärztlichen Handelns den wissenschaftlichen und sozialen Fortschritt verantwortlich.[25] Das Verhältnis zwischen dem Prozess der ärztlichen, bzw. pflegerischen Versorgung und seinen Konsequenzen auf das Individuum oder die Gesellschaft wird durch den jeweiligen Stand der medizinischen Wissenschaften und der Medizintechnik, d.h. der Lehre und der allgemeinen Praxis, bestimmt. Auch die mehr interpersonellen Aspekte zwischen Patient und Leistungsanbieter werden durch gesellschaftliche und berufsständische Werthaltungen und ethische Prinzipien festgelegt. Dieser Ansatz zeigt sich darin, dass die Qualität der Prozesse der medizinischen und pflegeri-

---

23 Donabedian A. (Quality) 26 und 35 ff; Casarreal K./Mills J/Plant M. (Improving/Service)

24 Donabedian A. (Quality) 48 ff und 80 ff

25 Vgl. die Diskussion über Gesundheit und Entwicklung der Medizin in Abschnitt 2.1 und 2.21; Lee R./Jones L. (Good Medecine); Donabedian A. (Quality) 80 ff und Appendix A

schen Leistungserbringung durch die Verhaltensnorm der Anbieter, das Nutzungsmuster, die Adäquanz der Leistungen, den Umfang der bei der Leistungserstellung beteiligten Ressourcen und deren Aktivitäten definiert wird. Dieser Ansatz wird auch zur Beurteilung der Pflegequalität verwendet. Gute Qualität wird dann unterstellt, wenn die Pflegehandlungen regel- und normkonform erfolgen. Um dies festzustellen, werden die einzelnen Handlungen am Patienten durch einen Beobachter bewertet.[26]

Neben den Prozessen der Leistungserbringung, deren Analyse der direkteste Weg zur Qualitätsbeurteilung ist, gibt es aus der Sicht der Anbieter noch zwei weitere Aspekte, welche zur Bewertung der Qualität beigezogen werden können, nämlich die Strukturen und die Ergebnisse der Leistungserstellung und -verwendung.

Unter "Struktur" werden relativ stabile Charakteristiken der Anbieter, d.h. personelle, materielle und finanzielle Ressourcen, Instrumente und Verfahren, deren Verfügbarkeit, physische und organisatorische Arbeitssituation, Kontrollen usw. verstanden.[27] Strukturgrössen eignen sich deshalb zur Beurteilung der Qualität, da erwartet werden kann, dass die Infrastruktur die Qualität der Leistungserstellung direkt beeinflusst. Gut ausgebildetes und erfahrenes Personal auf allen Stufen, moderne Einrichtungen in gutem Zustande, ausreichende Ressourcen und eine den Aufgaben entsprechende Organisationsform werden als wichtige Voraussetzung für eine qualitativ hochstehende Leistungserbringung im Krankenhaus gesehen. Viele dieser Strukturdaten lassen sich leicht mittels Kennzahlen ausdrücken und werden regelmässig erhoben und ausgewiesen.[28]

Dritter Ansatz zur Beurteilung der Qualität medizinischer und pflegerischer Leistungen aus Sicht der Anbieter ist die Analyse der "Ergebnisse". Mit Ergebnis sind Veränderungen des gegenwärtigen und zukünftigen Gesundheitszustandes der Patienten gemeint, die auf den Konsum von Gesundheitsleistungen zurückgeführt werden können.[29] Mit der ziemlich breiten Definition von Gesundheit (vgl. Abschnitt 2.1) müssen neben physischen und physiologischen auch psychologische und soziale Aspekte in die Beurteilung miteinbezogen werden. Aber auch Patientenverhalten, Wissensvermehrung über gesundheitliche Zusammenhänge usw. fallen darunter. In der Theorie wird verschiedentlich gefordert, die Qualität

---

[26] Baugut G. (Qualitätssicherung) 63 ff

[27] Donabedian A. (Quality) 81 f

[28] Vgl. z.B. Kanton Zürich (Krankenhaus-Kenndaten)

[29] Donabedian A. (Quality) 83

der Krankenhausleistungen primär anhand der Ergebnisse, d.h. der Statusveränderung am Patienten zu messen, liegt doch in der Erreichung einer Statusverbesserung der Hauptzweck des Krankenhauses.[30] Die Patienten selbst zeigen zudem wenig Interesse für Prozesse, mehr für die Ergebnisse. Eine Konzentration auf im Krankenhaus bestehende Strukturen und die sich abspielenden Prozesse bei der Qualitätsbeurteilung kann zum Nachteil für die Patienten werden, da die Schlüsselfrage vergessen wird: Wie wirken sich die erbrachten Leistungen auf die Patienten, bzw. die Gesellschaft aus? Die Messung der Ergebnisse stellt die Praxis jedoch vor grosse Probleme. Ein mögliches Mass wäre etwa ein Vergleich zwischen Eintritts- und Austrittsdiagnose. Beides wird in der Krankengeschichte erfasst, i.d.R. jedoch im Krankenhausinformationssystem nicht mehr weiter verarbeitet. Der Zustand der Patienten bei Entlassung aus dem Krankenhaus ist zudem kein ideales Mass für die Beurteilung der Ergebnisse. Die Entlassung aus der stationären Behandlung ist selten mit dem Ende des Heilungsprozesses identisch. Dieses wird meist erst nach einer mehr oder weniger langen Posthospitalisationsphase erreicht.

Aus Sicht des Anbieters können "Strukturen" und "Prozesse" und z.T. auch Ergebnisse als ideal erscheinen, die nicht im Interesse des Patienten oder der Bevölkerung liegen. Vor allem, wenn das Krankenhaus seine Strukturen und Prozesse allzustark nach wirtschaftlichen, ablauforganisatorischen oder machtpolitischen Gesichtspunkten optimiert, kann es zu negativen Effekten für die Patienten und die Bevölkerung kommen.

Beurteilt man die Qualität von Krankenhausleistungen aus der Sicht der Umwelt, d.h. der Bevölkerung, so geht man i.d.R. ebenfalls von Ergebnissen aus. Allerdings ist dabei weniger die Wirkung auf den einzelnen Patienten von Bedeutung, als vielmehr jene auf die Bevölkerung als ganzes. Qualitätsbeurteilungen auf dieser Ebene verlangen, dass die Wirkungen des Krankenhauses auf den Gesundheitszustand der Bevölkerung mit Hilfe epidemiologischer und morbiditätsstatistischer Methoden untersucht werden können. In der Praxis findet man dazu nur wenig Studien. Die meisten Untersuchungen beschränken sich auf die Analyse der Wirkung einer spezifischen Behandlungsmethode, bzw. eines Arzneimittels [31], decken aber nicht das ganze Spektrum der Krankenhausleistungen ab. Eine andere Methode, welche sich auf die Analyse von Strukturen und Pro-

30 Eichhorn S. (Krankenhaus I) 15 f; Rindler M. (Process) 17; Donabedian A. (Quality) 100 ff

31 Vgl die Vielzahl von Kosten-/Nutzen-, bzw. Kosten-/Wirksamkeits-Analysen zu speziellen Problemstellungen im Gesundheitswesen, z.B. Tagamet; für das methodische Vorgehen dazu siehe Bapst L. (Kosten-/Nutzen-Analyse) 18 ff

zessen konzentriert, ist der Vergleich von unterschiedlichen Ressourcennutzungs- und Behandlungsmustern.[32] Dies geschieht, indem z.B. die Eingriffe der verschiedenen Institutionen eines Krankenhaussystems mit Hilfe interner und externer Kennzahlen untereinander verglichen werden (vgl. Abschnitt 11.9).

Aufgrund der obigen Ueberlegungen und in Anlehnung an die Arbeiten von Griffith und Donabedian können folgende Anforderungen formuliert werden:

> Zur Beurteilung von Krankenhausleistungen in qualitativer Hinsicht müssen sowohl:
>
> Strukturen, Prozesse und Ergebnisse,
>
> aber auch Patientenzufriedenheit sowie bevölkerungs-, anbieter- und gesundheitssystembezogene Aspekte
>
> betrachtet werden.

In der Theorie wurden verschiedene Modelle zur Qualitätsbeurteilung entwikkelt.[33] Die meisten beschränken sich auf Teilaspekte. Einige wenige sind umfassend, aber leider kaum mehr operational. Dies führte dazu, dass in der heutigen Krankenhauspraxis die Qualität - trotz der grossen Bedeutung - kaum systematisch überprüft und beurteilt wird.[34]

Managementorientierte Informations- und Kennzahlensysteme müssen daher auch in diesem Bereich einen Beitrag leisten.

10.3.5 Innerer Zusammenhang des Informations- und Kennzahlensystems

Will man die Qualität der Krankenhausleistungen systematisch überprüfen, so ist es notwendig, neben der Analyse der subjektiven Patientenzufriedenheit, mit Hilfe eines formalisierten Systems Informationen und Kennzahlen zu Struktur, Prozessen und Ergebnissen zu sammeln und auszuwerten. Strukturkennziffern porträtieren die zur Verfügung stehenden Ressourcen, ihre Zusammensetzung und Organisation. Damit handelt es sich um ähnliche Angaben wie im Baustein "eingesetzte Mittel", allerdings mit besonderer Berücksichtigung der qualitativen

---

32 Vgl. u.a.Wennberg J./Gittelson A. (Variations); Krickmann R./Foltz A. (Regional differences)

33 Vgl. die Diskussion und synoptische Gegenüberstellung verschiedener Ansätze in: Donabedian A. (Quality) 85 ff; aber auch: Hochuli E. (Qualitätssicherung)

34 Hochuli E. (Qualitätssicherung); Payne B. (Quality)

Aspekte. Struktur- und Prozessinformationen beschreiben die "Leistungserstellung", Prozess und Ergebnis die "erbrachte Einzelleistung". Legt man das Gewicht bei der Beurteilung der Ergebnisse auf qualitative Aspekte, so kommt man dem Baustein "Leistungsverwendung" nahe. Die vier Bausteine kann man jeweils effektiv (Ist) wie auch als Zielvorgabe (Soll) ausdrücken. Aus der Sollvorgabe von "eingesetzte Mittel" und "Leistungsverwendung" ergibt sich die Potentialität, aus den effektiven Werten die Realität. Die Kapabilität kann aus den effektiv "eingesetzten Mitteln" und der Zielvorstellung der "Leistungsverwendung" ermittelt werden.

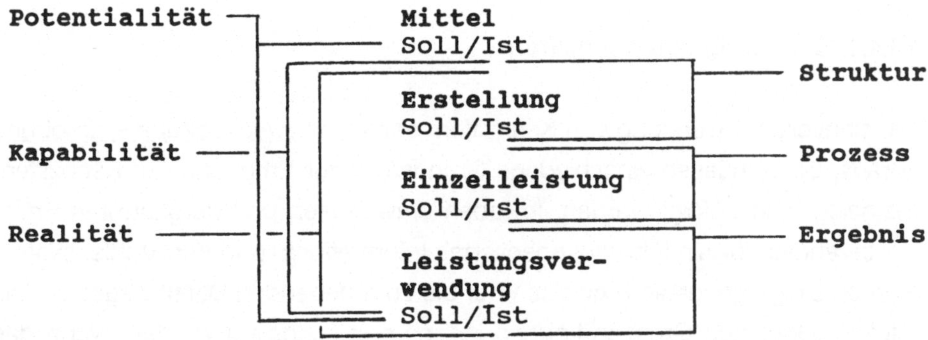

Abb. 10-3. Zusammenhänge zwischen inhaltlichen, qualitativen und kybernetischen Kennzahlen

Denkbar ist auch die Ermittlung kybernetischer Kennzahlen aufgrund der "erbrachten Einzelleistungen" anstelle der "Leistungsverwendung". Dies wäre von den Daten her wohl leichter möglich, aber weniger sinnvoll. Die "Leistungsverwendung" ist ein besseres Mass für die Effektivität, da sie auch qualitative Aspekte und die erzielten Wirkungen auf die Bevölkerung ausdrückt.

Für die Beurteilung der Qualität von Krankenhausleistungen bzw. des Systems aus kybernetischer Sicht, kann somit zu einem grossen Teil auf Informationen zurückgegriffen werden, die im vorliegenden Informations- und Kennzahlenmodell aus inhaltlicher Sicht bereits erhoben wurden. Sie bedürfen allerdings einer anderen Aufbereitung.

10.4 Anforderungen aus dem Wesen der Kennzahlen

Neben den Anforderungen an managementorientierte Informations- und Kennzahlensysteme aus kybernetischer Sicht und aus dem Führungskonzept ergeben sich deren weitere aus dem Wesen der Kennziffern selbst. Diese sind charakteristisch für die quantitative Darstellung betrieblicher Sachverhalte und betreffen die Erhebung, Verarbeitung und Uebermittlung, sowie die Auswertung und Darstellung der Kennziffern.

10.4.1 Erhebung von Kennziffern

Die sinnvolle Verwendung von Kennziffern setzt eine zweckadäquate Erhebung voraus. Dazu müssen verschiedene Grundsätze zur Erhebung der Kennziffern festgelegt und befolgt werden. Im oben entwickelten und dargestellten Erfassungsrahmen für ein führungsorientiertes Informations- und Kennzahlensystem wurden einige generelle Hinweise über die zu erhebenden Daten gegeben. Die effektiv benötigten Grössen können jedoch erst festgelegt werden, wenn das konkrete Problem bekannt ist. (vgl. Kapitel 12).

Bei der Verwendung von Kennzahlen geht es jedoch nicht nur darum, diese inhaltlich, zeitlich und artmässig zu bestimmen. Auch muss aus den verschiedenen möglichen Ermittlungsmethoden [35], wie z.B. mathematische (Grundrechnungsarten, Gleichungen, statistische Verfahren usw.), graphische (z.B. mittels Koordinatennetz) oder Schätzmethode, das adäquate Verfahren ausgewählt werden. In den meisten Fällen wird dies eine mathematische Methode sein. Häufig werden sich jedoch auch Kombinationen zwischen mathematischen Methoden und Schätzungen aufdrängen, da nie genügend Informationen vorliegen, um alle problemrelevanten Tatbestände hinreichend präzise zu erfassen.

Die Qualität von Informationen ist nicht nur von der Ermittlung, sondern auch von der Erhebungsgrundlage abhängig. Man kann dabei einerseits nach dem Ort der Erhebung, bzw. nach der Herkunft der Daten unterscheiden in interne und externe Erhebungsgrundlagen. Eine zweite, übergeordnete Einteilung folgt der Frage, ob die Daten eigens für die Untersuchung mit Kennzahlen erhoben wurden

---

[35] Meyer C. (Ermittlung) 1555 f

(Primärerhebung), oder ob auf vorhandenes Datenmaterial zurückgegriffen werden konnte (Sekundärerhebung) (vgl. Abb. 10-4) [36]. Um die Qualität der Kennzahlen zu gewährleisten, drängt es sich auf, Aufbereitungsregeln in Abhängigkeit von der Erhebungsgrundlage und des zu lösenden Problems zu definieren.

	Primärquellen	**Sekundärquellen**
interne	- problemspezifische Betriebsanalysen - problemspezifische Umfragen bei Patienten und Personal - soziotechnische Analysen - Experimente	- internes Rechnungswesen und Kostenrechnung - externe Rechnungslegung - Planungsrechnungen - allgemeine Krankenhausstatistik
externe	- Publikumsbefragungen - Vorgaben durch Spitalträger - problemspezifische Feldforschung	- VESKA-Statistiken - kantonale Krankenstatisik - Fachzeitschriften - Monatsberichte und Statistiken von Aemtern / Verbänden - wissenschaftliche Kongresse

Abb. 10-4. Erhebungsgrundlagen für krankenhausspezifische Informations- und Kennzahlensysteme

Bei der Erhebung von Kennziffern müssen verschiedene Interessen gegenseitig abgewogen werden. Zum Beispiel sollten Daten, um genau zu sein, möglichst direkt am zu untersuchenden Objekt erhoben werden (Primärinformationen). Dies ist jedoch oft aus sachlichen Gründen nicht möglich, so z.B. wenn es sich um Umweltinformationen über zukünftige medizin-technologische Entwicklungen handelt. Die Erhebung von Primärinformationen ist zudem wirtschaftlich nicht immer vertretbar. Während für interne Daten das betriebliche Rechnungswesen und die Betriebsstatistik direkte Daten liefern können und zusätzliche Primärerhebungen meist im Bereich des Möglichen liegen, ist dies vor allem bei Umweltdaten oft nicht mehr möglich. In solchen Fällen muss auf externen Sekundärerhebungen basiert werden. Ihre Analyse ist wohl wirtschaftlicher, doch haben Sekundärerhebungen auch Nachteile. Die zur Verfügung stehenden Da-

[36] Vgl. auch Staudt E. et.al. (Kennzahlen) 69 f und: Meyer C. Kennzahlen) 39 ff

ten wurden meist zu einem anderen Zweck erhoben und können nicht in jedem Fall direkt zur Lösung der spezifischen Problemstellung beitragen.

Im Interesse der Vergleichbarkeit von Kennzahlen im Zeitablauf muss, als weiteres Erfordernis, auf eine gleichbleibende, einheitliche Erhebungsgrundlage, aber auch Datenerfassung geachtet werden. Eine Veränderung des Datenrasters sollte nach Möglichkeit nur so erfolgen, dass bisherige Vergleiche weitergeführt werden können. Dies fällt bezüglich interner Daten leichter. Insbesondere wenn es sich um Daten des Rechnungswesens oder um Primärerhebungen handelt. Ist man jedoch gezwungen, zur Lösung des Problems auf Sekundärdaten zu basieren, so ist man weitgehend vom vorgegebenen Erhebungsraster des Datenlieferanten abhängig.

Eine weitere Anforderung an die Erhebung von Kennzahlen erwächst aus der Frage nach ihrer Wirtschaftlichkeit. Der Aufwand zur Erhebung von Kennzahlen sollte den Nutzen, den sie stiften, nicht übersteigen. Allerdings ist es meist nicht möglich, den Nutzen der Kennzahlenanwendung wirtschaftlich genau zu bestimmen. Daher muss generell darauf geachtet werden, dass Kennzahlen möglichst kostengünstig erhoben werden. Die Wirtschaftlichkeit der Erarbeitung von Kennzahlen wird verbessert, wenn die Daten auf EDV-unterstützten, relationalen Datenbanken, welche vielfältige Auswertungen erlauben, gespeichert werden. Bei der Erhebung spezifischer Umweltdaten ist es häufig schwierig, das Gebot der Wirtschaftlichkeit zu wahren, wie etwa der Aufwand für gezielte Marktanalysen zeigt.

Die Anforderungen bezüglich der Kennzahlenerhebung lassen sich wie folgt zusammenfassen:

- Die Methode der Ermittlung von Kennzahlen muss festgelegt werden, wobei der Genauigkeit wegen soweit möglich mathematische Methoden anzustreben sind.
- Als Erhebungsgrundlage sind wo immer möglich Primärquellen zu verwenden, Sekundärquellen sind sorgfältig zu prüfen.
- Der Konstanz des Datenrasters im Zeitablauf sowie der Wirtschaftlichkeit der Erhebung sind spezielle Beachtung zu schenken.

10.4.2 Verarbeitung von Kennzahlen

Bei der Verarbeitung von Kennzahlen können verschiedene Phasen unterschieden werden. Einerseits müssen die erhobenen Grunddaten zu aussagefähigen Kennziffern umgewandelt werden. Dazu ist es meist nötig, Verhältniskennzahlen zu bilden. Diese sind, um die Vergleichbarkeit zwischen verschiedenen organisatorischen Einheiten des Krankenhauses, bzw. zwischen Krankenhäusern zu erreichen, zu standardisieren. Andrerseits müssen sie in interpretierbarer Form an den Benützer weitergeleitet werden. In diesem Verarbeitungsprozess bilden Formblätter hilfreiche Unterlagen.[37]

Da für die Berechnung von Kennzahlen vielfach Mittelwerte verwendet werden, ist es zudem notwendig, ein Mass für die Streuung anzugeben (z.B. Spannweite, Standardabweichung). Ohne derartige Ergänzungen ist die Basis für eine Interpretation und Bewertung der Kennzahl häufig nicht vollständig.

10.4.2.1 Bilden von Verhältniskennziffern

Die Erhebung quantitativer Grunddaten führt meist zu einem Katalog von absoluten Werten zu verschiedensten Grössen und Tatbeständen im Krankenhaus. Absolute Werte sind jedoch - mit Ausnahme etwa von Zeitreihen, welche Vergleiche desselben Tatbestandes über mehrere Jahre hinaus erlauben - wenig aussagekräftig (vgl. auch Abschnitt 5.31). Aus diesem Grund wird mit Recht immer wieder die Bildung von Verhältniszahlen gefordert.[38] Verhältniskennzahlen entstehen, indem absolute Zahlenwerte mit anderen in Beziehung gesetzt werden. Damit erreichen sie eine Aussagefähigkeit, welche ein einzelner, absoluter Wert nicht bieten kann.

Aufgrund der oben formulierten Anforderungen an führungsorientierte Kennzahlen wird deutlich, dass der traditionelle Bezugsrahmen für die Kennzahlenerhebung (vgl. Abb. 5-8) nicht genügt und erweitert werden muss. Während im traditionellen Bezugsrahmen die eingesetzten Mittel und die erbrachten Leistungen geldwertmässig und in absoluten Werten erfasst und miteinander in Beziehung gesetzt werden (Ressourcen- und Leistungs-Mix, sowie Produktivitätskennziffern), müssen, um den Informationsbedürfnissen des Managements zu genügen

---

[37] Staudt E. et al. (Kennzahlen) 70 ff

[38] Vgl. die Diskussion in Abschnitt 4.32.1, sowie Oeller K.H. (Unternehmungsführung) 116 f; und Staudt E. et.al. (Kennzahlen) 122 ff

weitere systeminterne und -externe Beziehungen geschaffen werden. (vgl. auch Abb. 11-1).

Neben dem traditionellen Bezugsrahmen, der die beiden Bausteine "eingesetzte Mittel" sowie "erbrachte Leistungen" im Krankenhaus in monetärer und volumenmässiger Hinsicht umfasst, muss der interne Bezug um die Dimension der Ergebnisse, d.h. der Leistungsverwendung erweitert werden. Die Bedürfnisse der Führung verlangen den Einbezug von Umweltinformationen. Im vorgeschlagenen Bezugrahmen für die Erarbeitung managementorientierter Kennzahlen geht es um den Einbezug der regelmässig benötigten und anfallenden Umweltinformationen, wie z.B. demographische Angaben (Bevölkerung der grösseren Region nach Alter, Geschlecht, Morbidität, Herkunft usw.) oder Informationen über das umliegende Versorgungssystem mit seinen Kapazitäten, Leistungen und Ergebnissen. Entsprechend den in Abschnitt 5.22 und 10.34 aufgestellten Forderungen genügt auch eine Erfassung der Tatbestände nach monetären und volumenmässigen Gesichtspunkten nicht mehr, vielmehr sind qualitative Aspekte ebenso zu berücksichtigen.

Innerhalb dieses Bezugsrahmens können Verhältniskennzahlen erarbeitet werden. Dabei ist es möglich, innerhalb der einzelnen Bausteine die interne Zusammensetzung, d.h. den "Mix" zu erfassen (Gliederungszahlen, vgl. Abschnitt 5.32.1). Beispielsweise ist es für viele Fragestellungen sinnvoll, den Stellenplan oder die gesamte Lohnsumme nach den verschiedenen Personalkategorien (Personal-Mix) oder die Bevölkerung im Einzugsgebiet nach Altersgruppe, Geschlecht Morbidität, Versicherungsklasse und/oder Herkunft (Bevölkerungs-Mix) aufzuteilen.

Neben dieser vertikalen Verhältnisbildung können auch in horizontaler Richtung Verhältniskennzahlen gebildet werden (Beziehungszahlen). Setzt man beispielsweise die behandelten Patienten mit der Bevölkerung des Einzuggebietes in Beziehung, so erhält man den relativen "Marktanteil" des Krankenhauses, bzw. die für die Planung und Ressourcenallokation wichtige Grösse der "Servicebevölkerung" (vgl. Abschnitt 11.23). Produktivitäts- bzw. Wirtschaftlichkeitsindikatoren erhält man, indem der Bezug zwischen den eingesetzten Mitteln und den erbrachten Leistungen gesucht wird. Das Verhältnis zwischen eingesetzten Mitteln und erzielten Ergebnissen führt zur Effektivität des Krankenhauses.

Aus der Vielzahl möglicher Verhältniskennzahlen gilt es nun, jeweils die problemrelevanten Grössen auszuwählen. Auf Lösungsmöglichkeiten dazu wird in Kapitel 12 eingegangen.

10.4.2.2 Verdichtung

Eine weitere wichtige Phase in der Verarbeitung von Kennziffern ist ihre Verdichtung auf ein problemadäquates Niveau. Dabei muss zwischen quantitativer und qualitativer Verdichtung unterschieden werden.[39]

Im Rahmen der quantitativen Verdichtung werden zwei grundsätzliche Verfahren zur Aggregation von Kennzahlen angeboten. Bei der homogenen Verdichtung werden gleichartige Elemente additiv verknüpft, d.h. verschiedene Einzelinformationen werden zusammengefasst. Ein Beispiel dazu wäre etwa die Addition der Pflegepersonalbestände der Kliniken zu einem Totalbestand des Pflegepersonals für das ganze Krankenhaus. Dieser Totalbestand kann seinerseits wieder auf den Totalbettenbestand bezogen werden (Pflegepersonalbestand Krankenhaus/Bettenbestand Krankenhaus). Durch diese homogene Verdichtung zu einer Gesamtgrösse gehen möglicherweise interessante Einzelinformationen verloren, so beispielsweise die nach Klinik sehr unterschiedlichen Dichteverhältnisse des Pflegepersonals. Es besteht somit die Gefahr, dass durch Zusammenfassung von Einzelinformationen die Komplexität des Untersuchungsobjektes zu stark reduziert wird und keine Erkenntnisse für die Führung gewonnen werden können.

Bei der selektiven Verdichtung erfolgt eine Aggregation von mehrdimensionalen Einzelinformationen, die nur in einem Teil ihrer Merkmale übereinstimmen, z.B. die Zusammenfassung der Krankenhausleistungen zu Leistungsgruppen, oder die Addition verschiedener Personalkategorien zu einem Totalbestand des Personals. Die Gefahr bei selektiver Verdichtung liegt darin, dass nicht nur Merkmalausprägungen, sondern ganze Merkmale untergehen können. "Diesem Verdichtungsnachteil steht der Verdichtungsvorteil gegenüber, erst durch Aggregation Verbundenheitsbeziehungen auf höherer Ebene bei schwach ausgeprägten und schwer bestimmbaren Verbundenheitsbeziehungen adäquat berücksichtigen zu können." [40]

---

[39] Caduff T. (Kennzahlennetze) 23 ff

[40] Caduff T. (Kennzahlennetze) 24

Von der quantitativen Verdichtung sind die qualitativen Verdichtungsprozesse zu unterscheiden. Ergebnis der qualitativen Verdichtung soll die Charakterisierung der Merkmalausprägungen der Elemente sein. Dies geschieht etwa mit Hilfe von Korrelationskoeffizienten, durch Bildung von Lage- und Streuungsparametern oder durch Punktbewertung, wie z.B. durchschnittlicher Personalbestand oder durchschnittliche Operationssaalbenutzung. Der Informationsverlust bezüglich Merkmalausprägungen des Untersuchungsobjektes ist bei der qualitativen Verdichtung sehr hoch, da alle relevanten Einzelinformationen nivelliert werden.

Die Aggregationsproblematik durch Verdichtung der Basisdaten und Kennzahlen führt zu einem grossen, der Kennzahlenanwendung immanenten Fehlerpotential. Dies wird im stark hierarchisch strukturierten Krankenhaus deutlich, vor allem etwa dann, wenn die Krankenhausdaten ohne Rückgriffsmöglichkeit auf die Rohdaten überinstitutional aggregiert werden.

Der Aggregation muss die Notwendigkeit der Detaillierung gegenübergestellt werden. Ackoff zeigt deutlich, dass Führungsprobleme auf einer einzigen Systemebene nicht gelöst werden können. Die über- und untergeordneten Ebenen müssen mitberücksichtigt werden.[41] Daten müssen somit auf verschiedenen Ebenen erhoben und sowohl aggregiert wie auch detailliert zur Verfügung stehen. Dies gilt insbesondere im arbeitsteiligen, hierarchisch strukturierten und mit der Aussenwelt eng vernetzten Krankenhaus. Die Erfahrung zeigt, dass es nicht genügt, auf Klinikebene Regeln über die Zusammenarbeit mit anderen Einheiten festzulegen. Dazu muss einerseits das Interesse des Gesamtkrankenhauses und seine Beziehungen zum umliegenden Krankenhaussystem beachtet werden. Andererseits sind auch detaillierte Angaben über den Leistungs- und Patientenaustausch der einzelnen Subsysteme notwendig. Demnach muss gefordert werden, dass ein führungsorientiertes Informations- und Kennzahlensystem problemadäquate Verdichtungen auf verschiedenen Ebenen erlaubt.

10.4.2.3 Standardisierung

Jede Beurteilung einer Leistung setzt mindestens implizit einen Vergleich zwischen Gegebenem und Vorgegebenem (Sollvorstellungen, bzw. Gegebenem von Institutionen in einer ähnlichen Lage) voraus.[42] Die Vergleichsgrösse kann empirisch (Durchschnitts-, Vorjahreswert, Vergleichskrankenhaus) oder normativ

[41] Ackoff R. (Corporate Future) 67 ff

[42] Ulrich W. (Standardisierung)

(Plan-, Minimal- oder Grenzwert) sein. Führungsentscheidungen setzen gültige Vergleiche voraus. Im Krankenhausbereich ist dies jedoch schwierig zu verwirklichen, sind doch Patient nicht gleich Patient, Operation nicht gleich Operation und Pflegetag nicht gleich Pflegetag. Die Kennzahlen müssen daher so umgeformt werden, dass sie gültige Vergleiche erlauben. Dies kann nur durch entsprechende Standardisierung erreicht werden.

Da keine Führungssituation gleich der anderen ist, wird in einem unstandardisierten Vergleich das Ergebnis verzerrt und ungleiche Sachverhalte werden als gleichartige behandelt. Standardisierung bedeutet eine möglichst starke Ausschaltung von Störfaktoren. Muss beispielsweise die Frage geklärt werden, in welchem Masse das Krankenhaus seinen Leistungsauftrag erfüllt, so lassen sich aufgrund der traditionellen internen Kosten- und Leistungsdaten kaum direkte Aussagen dazu machen. Dazu ist es notwendig, die eingesetzten Ressourcen und die erbrachten Leistungen auf die effektiv versorgte Bevölkerung (Service-population) zu beziehen. Eine Beurteilung der Wirtschaftlichkeit einer Klinik im Verhältnis zu anderen Kliniken und Instituten lässt sich mit Hilfe traditioneller Kennzahlen, wie z.B. durchschnittliche Fall- oder Pflegetagkosten nicht gültig vornehmen. Dies ist nur mit einer Standardisierung aufgrund der Ressourcennutzung und der behandelten Patienten möglich (z.B. case mix, vgl. Abschnitt 9.4).

Standardisiert ist eine Kennzahl dann, wenn sie unterschiedliche Tatbestände in Bezug auf eine definierte Fragestellung äquivalent darstellen kann. Dies ist der Fall, wenn die Kennzahl entsprechend der konkreten Fragestellung zwischen nicht-äquivalenten Sachverhalten diskriminiert und äquivalente Tatbestände unabhängig von situativen Störfaktoren durch dieselben Werte beschreibt. Wie gut diese beiden Bedingungen im konkreten Fall erfüllt sind, lässt sich etwa mit Hilfe von Sensitivitätsanalysen testen. Mit diesen Verfahren kann z.B. ermittelt werden, wie empfindlich Kennzahlen auf Veränderungen der Ausgangsdaten, z.B. aufgrund von Störungen, reagieren. Eine standardisierte Kennzahl sollte sich sensitiv gegenüber nichtäquivalenten Sachverhalten, aber träge gegenüber Störfaktoren verhalten.

Methodisch gesehen gibt es verschiedene Möglichkeiten zur Standardisierung. Mathematische Standardisierung ist möglich, wenn der auszuschaltende Störfaktor als intervallskalierte Variable dargestellt werden kann (wie z.B. Alter der Patienten, Bettenzahl der Kliniken, bzw. Krankenhäuser) und wenn zwischen dem Störfaktor und der zu standardisierenden Kennzahl ein funktionaler Tatbestand besteht, der durch eine Transformationsformel beschrieben werden kann.[43]

Standardisierung kann auch durch Datengruppierung erreicht werden. Diese Methode ist dann zu wählen, wenn keine Transformationsregel bekannt ist, welche den Einfluss des Störfaktors auf die Kennzahl hinlänglich beschreiben könnte. Um dennoch sicherzustellen, dass beim Kennzahlenvergleich nur Gleiches mit Gleichem verglichen wird, gilt es, den Vergleich einzuschränken. Dies geschieht, indem die interessierende Kennzahl getrennt mit einzelnen homogenen Subgruppen, die denselben Störeinflüssen ausgesetzt sind, verglichen werden. Der Vergleich zwischen Krankenhäusern, bzw. Kliniken und Instituten wird für einzelne Subgruppen vorgenommen. Ein weitverbreitetes Konzept der Standardisierung basiert auf der Bildung von diagnosebezogenen Patientengruppen (DRG, vgl. Kapitel 9). Die Kennzahlenwerte für diese Subgruppen können analog zum direkten Verfahren standardisiert werden. In einem weiteren Schritt kann durch Gewichtung der einzelnen Subgruppen ein Index (case mix) für die Fallschwere berechnet werden, welcher es wiederum erlaubt, Kennzahlen zu erarbeiten, die sich auf die ganze Datenmenge eines Subbereiches des Krankenhauses, z.B. Patienten einer Klinik, beziehen.

Die Standardisierung der Kennzahlen drängt sich aus verschiedenen Gründen auf. Einmal gilt es, in der Realität eine Vielzahl von Störfaktoren zu kontrollieren. Die wichtigsten Störfaktoren bei Vergleichen im Krankenhausbereich sind:

- Unterschiede im Patientengut
- Unterschiede innerhalb der zu versorgenden Bevölkerung
- Unterschiede in der Organisationsstruktur der Krankenhäuser oder der zu vergleichenden Kliniken
- Unterschiede in der infrastrukturellen Ausstattung (Struktur)
- Unterschiede in den Behandlungs- und Pflegemustern, bzw. -strategien (Prozesse)

Vergleicht man verschiedene Krankenhäuser oder Kliniken in Bezug auf die erbrachten Leistungen, so findet man meist ganz erhebliche Differenzen. Diese sind ohne weitergehende Standardisierung der Daten kaum zu erklären. Es muss deshalb gefordert werden, dass in einem aussagekräftigen führungsorientierten Informations- und Kennzahlensystem die Möglichkeit für eine problemadäquate Standardisierung gegeben sein muss.

---

[43] d.h. dass zwischen dem Störfaktor X und der zu standardisierenden Kennzahl Y ein Zusammenhang besteht, der durch die allgemeine Formel $Y=f(X)$ beschrieben werden kann; vgl. Ulrich W. (Standardisierung)

Dies bedeutet, dass neben der ressourcenbezogenen Standardisierung herkömmlicher Krankenhauskennziffern, wie z.B. "Aufwand pro Pflegetag", "Persoal pro belegte Betten" usw. die oben erwähnten fünf wichtigsten Störfaktoren korrigiert werden müssen. In den letzten Jahren wurden vor allem in den USA einige Modelle dazu entwickelt. Diese ermöglichen es, insbesondere Unterschiede im Patientengut und der zu versorgenden Bevölkerung darzustellen. Darunter fallen vor allem das bereits erwähnte Modell der diagnosebezogenen Gruppierung [44], sowie das Konzept der Servicebevölkerung.[45] Ebenfalls wird versucht, Unterschiede in Behandlungs- und Pflegemustern darzustellen.[46] Erst in der Theorie liegen hingegen Modelle vor, die organisatorische und infrastrukturelle Differenzen ausgleichen.[47] Im Idealfall sollte ein Krankenhauskennzahlensystem alle Störfaktoren simultan berücksichtigen, d.h. Patienten-, Krankenhaus- und bevölkerungsbezogene Daten zueinander in Beziehung setzen und die Leistungen, Kosten, Wirksamkeit und Wirtschaftlichkeit von Krankenhäusern, bzw. einzelner Kliniken vor dem Hintergrund heterogener Patientenzusammensetzung, sowie Angebots- und Nachfragemuster vergleichbar machen. Davon ist man heute allerdings noch weit entfernt.

10.4.3 Validität und Reliabilität von Kennziffern

Unmittelbar mit dem Problem der Erhebung und der weiteren Verarbeitung von Informationen und Kennzahlen verbunden ist die Frage der Validität und Reliabilität der erarbeiteten Werte. Bei der Formulierung von Anforderungen an ein führungsorientiertes Informations- und Kennzahlensystem ist es daher notwendig, sich auch dazu einige grundsätzliche Gedanken zu machen.

Validität und Reliabilität sind Begriffe der <u>Messtheorie</u>. Sie stehen in Zusammenhang mit der heute in den meisten wissenschaftlichen Bereichen zu beobachtenden Tendenzen des Uebergangs von nieder- zu hochwertigen Skalentypen, d.h.

---

[44] Vgl. u.a. Ulrich W. (Standardisierung);ohne Autor (case mix)

[45] Vgl. u.a. Bay K./Nestman L. (Servicepopulation)

[46] Vgl. u.a. Pauly M. (Doctors), speziell Kapitel 1 und 2; Payne B. et al (Physician Characteristics) 307 ff

[47] Vgl. u.a. Cannoodt L./Knickman J. (Hospital Characteristics) 561 ff; Fleming G. (Hospital) 43 ff; Neuhauser D./ Anderson R. (Comparative Studies); diese Studien sind allerdings noch sehr rudimentär und beleuchten erst einige wenige Aspekte, so dass diese Ansätze heute noch kein operationelles Instrument für die Standardisierung darstellen.

zur Verwendung von Massskalen.[48] In niederwertigen Skalen werden lediglich Klassen einfachster Art (gleich oder nicht gleich) gebildet, (bei der Nominal-Skala ohne Rangordnung, bei der Ordinal-Skala mit Rangordnung) noch ohne Gleichheit der Klassengrösse und ohne Regelmässigkeit. Erst bei der Verwendung von Intervall- oder Verhältnis-Skalen (kardinales Messen) bestehen Rangordnungen und Regelmässigkeiten der Klassengrösse.[49] Die Vorteile hochwertiger Skalen liegen nicht nur in der Möglichkeit einer präziseren Beschreibung von Phänomenen, sondern sind auch in der Anwendung von Begriffen und Modellen der Mathematik und Statistik zur Ableitung allgemeiner Schlussfolgerungen und zur Formulierung exakter funktionaler Beziehungen, sowie allgemeiner Gesetzmässigkeiten zu sehen. Damit jedoch die Messung und die exakte Analyse statistischer und dynamischer Strukturen, sowie deren komplizierte Zusammenhänge zwischen Ursachen und Bedingungen überhaupt sinnvoll sein können, müssen diese Werte quantifizierbar sein und Kriterien der Gültigkeit, bzw. Treffsicherheit (Validität), sowie der Genauigkeit und Zuverlässigkeit (Reliabilität) erfüllen.

Unter der <u>Validität</u> wird ganz allgemein die Beziehung zwischen der Masszahl und des abzubildenden Phänomens verstanden. Es handelt sich somit um das Ausmass, in welchem die Information, bzw. die Kennzahl den abzubildenden Tatbestand tatsächlich beschreiben kann. Die Validität ist vor allem im Zusammenhang mit der Abbildung sozialer Phänomene und Tatbestände von grosser Bedeutung, lassen sich diese doch häufig nicht hinreichend quantifizieren und schon gar nicht mit Hilfe einer einzigen Masszahl charakterisieren. Dazu bedarf es i.d.R. mehrerer Indikatoren. Mit Hilfe einzelner Kennzahlen können meist nur einzelne Kriterien oder beschränkte, inhaltliche Aspekte quantitativ dargestellt werden.

In der Regel wird Validität der verwendeten Masse vor Reliabilität gesucht, da ein zuverlässiges Mass, welches aber nicht den gesuchten Tatbestand abbildet, nicht im gleichen Ausmass zur Erkenntnisgewinnung beitragen kann.[50] Bei der Erarbeitung von Kennzahlen ist der Validität aus ganz verschiedenen Gesichtspunkten heraus Beachtung zu schenken. Die <u>inhaltliche Validität</u> verweist auf den Grad, in welchem das Mass den Inhalt des Phänomens reflektiert. Die Ueberprüfung der inhaltlichen Validität ist schwierig, gibt es doch kein statistisches

---

[48] Klaus G./Liebscher K. (Kybernetik) 458 ff

[49] Meyer C. (Kennzahlen) 10 ff

[50] Price J./Mueller Ch. (Measurement) 4 ff

Mass dafür. Sie bleibt mehr oder weniger ganz dem Ermessen des Bearbeiters überlassen.

Die Konstrukt-Validität bezieht sich auf den Grad der empirischen Uebereinstimmung zwischen Kennzahlenverwendung und Theorie über das abzubildende Phänomen. Zur Messung der Konstrukt-Validität bieten sich verschiedene empirische Methoden zur Ueberprüfung von Hypothesen, wie Sensitivitätsanalysen oder Korrelations-Analysen an. Allerdings können sich dabei Probleme ergeben, so vor allem dann, wenn empirisch festgestellte Beziehungen nicht mit den theoretischen übereinstimmen, oder wenn die zugrunde liegende Theorie Beziehungen zwischen verschiedenen Grössen nicht klar und eindeutig begründen kann.

Die Reliabilität bezieht sich auf die Uebereinstimmung eines Masses im Zeitablauf. Reliabilität soll Antwort geben auf die Frage, ob die Messung auch bei wiederholter Anwendung zu gleichartigen Resultaten führt. Kein Messverfahren wird immer zu genau demselben Resultat führen. Ein zuverlässiges (reliabiles) Messverfahren wird sicherstellen, dass die beobachteten Werte nicht allzusehr vom "wahren" Wert abweichen, bzw. wenn sie es tun, dass sich die Abweichungen bei mehrmaligen Messungen ausgleichen. Die Reliabilität im Zusammenhang mit der Erarbeitung von Führungsinformationen bezieht sich vor allem auf die Datenbasis. Bei Longitudinal-Analysen muss die Struktur der Datenbasis gleich bleiben und die Kategorien haben inhaltlich identische Tatbestände zu umfassen. Beispielsweise werden Operationsstatistiken in schweizerischen Krankenhäusern sehr oft ohne festen Grundraster erarbeitet. Die Klassenbildung richtet sich vielmehr nach den momentanen Interessen der Klinikchefärzte oder des mit der Statistik beauftragten Assistenten. Solche Statistiken lassen sich im Zeitablauf oder im Quervergleich nur mit Vorbehalten auswerten. Werden Quervergleiche gemacht, so bezieht sich die Reliabilität wiederum auf die benutzten Datenbasen. Diese sollten ebenfalls gleiche Inhalte haben. Problematisch etwa ist ein Vergleich der Pflegetage zwischen verschiedenen Krankenhäusern, wenn nicht dieselbe Berechnungsmethode zugrunde liegt (z.B. wenn in einem Falle Eintritts- und Austrittstag, im andern bloss der Eintrittstag voll gerechnet wird).[51]

---

[51] Vgl. etwa die verschiedenen Modelle der VESKA und der Kantone zur Berechnung der Pflegetage

10.4.4 Kennzahlenübermittlung und -auswertung

Uebermittlungsvorgänge finden in den verschiedensten Phasen der Informationsbearbeitung und -auswertung statt, so z.B.:[52]

- im Rahmen der Erhebung
- zwischen erhebender und verarbeitender Stelle
- bei Weiterleitung der Informationen oder ermittelten Kennzahlen zum Zwecke der Auswertung
- bei Weiterleitung der interpretierten und aufbereiteten Informationen und Kennzahlen an Entscheidungsträger

Die Informations- und Kennzahlenübermittlung stellt kommunikations-technische Probleme. Die Probleme der Uebermittlung müssen auf technischer sowie semantischer Ebene und auf Ebene der Informationswirkung angegangen werden. Technische und personell-organisatorische Fehlerquellen sind immer latent vorhanden. "Auf der technischen Ebene handelt es sich um Probleme der fehlerfreien Uebermittlung von Symbolen von einem Ort zu einem anderen. Die semantische Ebene befasst sich mit den Mitteilungen, die mit Hilfe dieser Symbole möglichst präzise und ohne Verfälschung ihres Sinngehalts übermittelt werden sollen. Auf der Ebene der Informationswirkungen schliesslich werden die Auswirkungen der Informationen auf das Verhalten der Informationsempfänger untersucht." [53] Im Rahmen der personell-organisatorischen Bedingungen ist vor allem zu berücksichtigen, dass die Informations- und Kennzahlen ohne Zeitverzug an die relevanten Stellen und in adäquater Form zur Auswertung gelangen müssen.

Die Informations- und Kennzahlenauswertung umfasst die Interpretation und Darstellung der erhobenen Werte. Wesentliche Phase ist die Interpretation. Dabei wird das zur Verfügung stehende Datenmaterial in Bezug auf seine weitere Anwendung geordnet und im Hinblick auf die jeweilige Problemstellung ausgewertet. Diese Auswertung erfolgt durch Vergleich der Problemsituation mit den ermittelten Informationen. Dabei kommt es häufig vor, dass eine weitere Verarbeitung, (z.B. Standardisierung, Verdichtung oder Zerlegung) gefordert wird.

Bei der Kennzahlenauswertung müssen die Grenzen der Aussagefähigkeit von Kennzahlen beachtet werden. Generell können folgende Einschränkungen zu fehlerhaften Interpretationen führen:[54]

---

[52] Staudt E. (Kennzahlen) 75 ff

[53] Jaggi B. (Informationssysteme) 177

[54] Vgl. auch Staudt E. (Kennzahlen) 78 ff

- Kennzahlen sind meist zeitpunktbezogen und spiegeln nur eine Augenblickssituation wieder. Für die Interpretationen von Entwicklungen sind Zeitreihen notwendig.
- Historisches Datenmaterial hat nur beschränkt Aussagekraft für die Beurteilung gegenwärtiger und zukünftiger Situationen.
- Kennzahlen haben nur soviel Aussagekraft wie die Grunddaten aussagefähig sind. Insbesondere gilt es, die Probleme der Quantifizierung vieler betrieblicher Tatbestände zu berücksichtigen.
- Kennzahlen im Zeitvergleich müssen standardisiert werden, da inflationäre Einflüsse oder andere zeitbedingte Störfaktoren einen sinnvollen langfristigen Vergleich verunmöglichen.
- Zur Interpretation von Kennziffern bedarf es der Kenntnisse über die dahinterstehenden Zusammenhänge und Beziehungen.

Aus der Sicht der Informationsübermittlung und -auswertung muss bezüglich führungsorientierter Informations- und Kennzahlensysteme gefordert werden:

- dass die Informationsübermittlung fehlerfrei abläuft, d.h. nach Möglichkeit mittels formalisierter Datenkanäle, die allen Beteiligten bekannt sind.
- dass der Transfer der Informationen und Kennzahlen immer mit den notwendigen Erläuterungen erfolgt, um Fehler auf der semantischen Ebene zu vermeiden. Die Erläuterungen zu den Kennzahlen müssen, um Fehlern bei der Auswertung vorzubeugen, auch die Grenzen des Aussagegehaltes beinhalten.

10.4.5 Kennzahlenanwendung

Eine systematische Untersuchung der Anwendungsmöglichkeiten und der daraus abzuleitenden Anforderungen an Kennzahlen liegt bis heute in der Literatur nicht vor.[55] Ein erster Hinweis auf die vielfältigen Anwendungsmöglichkeiten ergibt sich aus den Systematisierungs- und Klassifikationsansätzen von Kennzahlen, wie sie in Abschnitt 5.32 dargestellt wurden.[56]

Für die folgende Systematisierung soll ein dualer Ansatz gewählt werden, der einerseits das Untersuchungs-, bzw. Erkenntnisobjekt der Kennzahlenanwendung (Anwendungsbereiche), andererseits die instrumentellen Entwicklungen im Rahmen der Anwendung in der Krankenhausführung dokumentiert. Innerhalb der Anwendungsbereiche kann unterschieden werden, ob es sich um eine Station,

[55] Staudt E. (Kennzahlen) 82

[56] Vgl. auch Staudt E. (Kennzahlen) 84 ff; und Meyer C. (Kennzahlen) 50 ff

eine Klinik oder ein Institut, um das Krankenhaus als Ganzes, oder um ein zusammenhängendes Krankenhaussystem handelt. Bei dieser Unterscheidung der Gültigkeitsbereiche kann eine weitere Gliederung nach interner oder externer Anwendung getroffen werden, wobei im Rahmen der internen Anwendung sowohl eine institutions-, wie auch eine funktionsbereichsspezifische Anwendung möglich ist. Bei den Anwendungsarten kann z.B. unterschieden werden in:[57] Analysen, Bewertungen, Entscheidungen, Frühwarnung, Führung, Information, Kontrolle, Planung, Prognose, Steuerung und Vergleich.

Bei der internen und gesamtinstitutionsbezogenen Anwendung kommen vorwiegend Kennzahlen und Kennzahlensysteme zur Anwendung, die mit aggregierten Grössen arbeiten und vor allem im Rahmen der Führung eingesetzt werden. Schwerpunkte sind Planung, Steuerung und Kontrolle des Betriebsgeschehens, aber auch Entscheidung und Zielsetzung.

Im Rahmen der funktionsbereichsspezifischen Anwendung von Kennzahlen lassen sich für die verschiedenen Funktionsbereiche im Krankenhaus isolierte, kleinere Kennzahlensysteme entwickeln, z.B. zur Ermittlung der Effizienz des Beschaffungsbereiches, der Leistungserstellung in den einzelnen Teilbereichen oder des Personalwesens. Diese Teilanalysen umfassen ein System mit einigen wenigen Kennzahlen und geben nicht das Verhalten des Gesamtsystems oder die Interaktionen zwischen verschiedenen Funktionsbereichen wieder. Derartige Teilsysteme sind sinnvoll, genügen aber den Anforderungen an ein umfassendes führungsorientiertes Kennzahlensystem nicht. Es muss daher gefordert werden, dass Kennzahlenteilsysteme nur dann formalisiert werden, wenn sie auch die Darstellung grösserer Zusammenhänge im Krankenhaus unterstützen.

10.5 Zusammenfassung der Anforderungen und Konsequenzen für das managementorientierte Informations- und Kennzahlenmodell

Im folgenden sollen die oben formulierten Anforderungen an management-orientierte Informations- und Kennzahlenmodelle kurz zusammengefasst werden.

Aus der Sicht kybernetischer Systemlenkung lassen sich folgende Anforderungen und Konsequenzen an managementorientierte Informations- und Kennzahlensysteme ableiten:

---

[57] Staudt E. (Kennzahlen) 84

- Sie müssen die lenkungsrelevanten Faktoren einer Führungssituation abbilden.
- Sie müssen in ihrem Aufbau situativ anpassungsfähig sein.
- Sie dürfen nicht einzig für die Lenkung des Gesamtsystems bzw. Gesamtspitals erarbeitet werden, sondern müssen auch die Lenkungssituationen auf unter- und übergeordneten Systemebenen beinhaltet.
- Sie müssen sich den Informationserfassungs- und -bearbeitungskapazitäten der jeweils verantwortlichen Führungskräfte anpassen.
- Sie sollen die Simulation möglicher Wirkungen verschiedener Entscheidungsalternativen im vornherein erlauben.

Ausgehend vom funktionellen Managementprozess und vom Rahmenkonzept für die Krankenhausführung (vgl. Abschnitt 4.2) wird gefordert, dass:

- Informationen und Kennzahlen nicht nur zur Unterstützung der Kontrollfunktion gesammelt und erarbeitet werden dürfen. Vielmehr müssen sie auch die Funktionen "Entscheiden" und "In-Gang-Setzen" unterstützen.
- Informationen und Kennzahlen nicht nur vergangenheitsorientiert (Kontrolle) sind, sondern immer auch die aktuelle Situation gegenwartsbezogen (In-Gang-Setzen) sowie zukünftige Entwicklungen (Entscheiden) abdecken.
- Informations- und Kennzahlensysteme sowohl systeminterne wie auch Umweltdaten enthalten und miteinander in Beziehung bringen können.
- die Informationen nicht nur quantitativ, sondern auch qualitativ und geldwertmässig vorliegen.

Traditionellerweise bilden "systeminterne Kennziffern" das Schwergewicht betrieblicher Informations- und Kennzahlensysteme. Die meisten Modelle beschränken sich auf die Erfassung der eingesetzten Mittel und der erbrachten Leistungen, wobei diese volumen- und geldwertmässig erhoben werden (vgl. Abb. 5-8). Die unbesehene Uebertragung derartiger Modelle wird dem Prozess der Leistungserbringung im Krankenhaus nicht gerecht (vgl. Abschnitt 5.22). Wie in Abb. 10-2 dargestellt wurde, muss man im Krankenhaus die Leistungserbringung in drei verschiedene Phasen gliedern, nämlich in Beschaffung und Organisation der Ressourcen (Versorgungsbereich), Erstellung der Einzelleistungen, erbrachte Einzelleistungen und Leistungsverwendung (Vollzugsbereich).

Der Ressourcenbereich beinhaltet die Versorgung des Krankenhauses mit den zur Zweckerfüllung benötigten personellen, sachlichen und infrastrukturellen Mitteln und deren Organisation. Das Informations- und Kennzahlensystem muss dazu entsprechende Informationen liefern. Im Bereich der Leistungserstellung geht es um die Kombination der Ressourcen zur Erstellung der verschiedenartigen Einzelleistung, entsprechend den verschiedenen Funktionsbereichen des

Krankenhauses. Die eigentliche Krankenhausleistung ist damit jedoch noch nicht charakterisiert, sondern erst eine Art "Zwischenprodukt". Die Heilung der Patienten bzw. die Linderung ihrer Leiden bedingt eine, dem Stand der medizinischen Wissenschaft entsprechende, Kombination von Einzelleistungen, um eine angestrebte Wirkung zu erzielen. Diese, auf den einzelnen Patienten zugeschnittene Leistungskombination ist typisch für die durch die medizinische Nachfragedominanz charakterisierte Leistungserbringung im Krankenhaus. Gemessen werden meist die erbrachten Einzelleistungen. Wesentlich für ein effektives und wirtschaftliches Krankenhausmanagement ist jedoch eine Optimierung der Leistungsverwendung. Daher ist es notwendig, auch Informationen über die Nachfrage und die Kombinationen von Einzelleistungen wenigstens bezogen auf Patientengruppen zu erheben und zu verarbeiten.

Die im Interesse einer medizinisch optimalen und (volks-) wirtschaftlich vertretbaren Krankenhausversorgung geforderte bedarfsgerechte Leistungserbringung in enger Koordination und Integration mit dem umliegenden stationären und ambulanten Versorgungssystem bedingt, dass der traditionelle Erfassungsrahmen für die Informationsbeschaffung und Kennzahlenbildung erweitert wird (vgl. Abb. 10-1). Von spezieller Bedeutung sind jene Umweltbereiche, die sich krankenhausintern direkt auswirken, so vor allem Entwicklungen der Bevölkerung (Demographie und Morbidität), des umliegenden Versorgungssystems (ambulant und stationär), des Versicherungs- und Politiksystems (Sozialversicherung, Vergütungsmodelle) und der Beschaffungsmärkte. Bevölkerungsentwicklungen bestimmen das Potential der Primärnachfrage (Anzahl Patienten) und weitgehend auch das Mitarbeiterpotential, das umliegende Versorgungssystem, die benötigten Kapazitäten und das anzubietende Leistungsspektrum. Im Versicherungs- und Politiksystem wird über den Leistungsauftrag, die Finanzierung und damit auch die Infrastruktur des Krankenhauses entschieden. Die Beschaffungsmärkte bestimmen die personellen, sachlichen Ressourcen.

Auch aus dem Wesen quantitativer Informationen bzw. der Kennzahlen lassen sich verschiedene Forderungen aufstellen, die Konsequenzen für managementorientierte Informations- und Kennzahlenmodelle haben:

- die Erhebung der Daten soll möglichst objektnah und wirtschaftlich erfolgen, wobei der Validität und Reliabilität der Daten grosse Bedeutung beizumessen ist. Ein automatisiertes und EDV-unterstütztes Informationssystem kann hiezu wichtige Hilfe leisten, jedenfalls was die Erhebung krankenhausinterner Daten angeht.

- Die Verarbeitung von quantifizierbaren Informationen soll durch ein EDV-unterstütztes System erfolgen,um die Bildung von Verhältniskennziffern, statistischen Analysen von Zahlenreihen, Bestimmungen von Abweichungen und Standardisierungen zu automatisieren. Damit lässt sich auch die Verdichtung oder Detaillierung von Daten, die für ein stufengerechtes Berichtswesen notwendig ist, vereinfachen.
- Die Informationsübermittlung muss effizient (wirtschaftlich), fehlerfrei (technische Ebene), nicht sinnentstellend (semantische Ebene) und leicht verständlich, d.h. eindeutig (Ebene der Informationswirkung) sein.

Die Konsequenzen für ein managementorientiertes Informations- und Kennzahlensystem für Krankenhäuser lassen sich wie folgt zusammenfassen:

- Ausweitung des Datenerfassungsrahmens um die interne Dimension "Leistungsverwendung", die Umweltdimensionen "Bevölkerung", "umliegendes Versorgungssystem", "Versicherungs- und Politiksystem" und "Beschaffungsmärkte"
- Erfassung der Daten in quantitativer, geldwertmässiger und qualitativer Hinsicht
- vergangenheits-, gegenwarts- und zukunftsbezogene Erfassung von Daten
- Verdichtung und Detaillierung der Daten entsprechend den Systemebenen, in welchen Führungsaufgaben anfallen und wahrgenommen werden müssen
- problemorientierte Auswahl der Führungsinformationen und Kennziffern.
- EDV-mässige Unterstützung des Systems, um eine fachgerechte und wirtschaftliche Datenerhebung, -verarbeitung, -übermittlung und -auswertung zu gewährleisten.

11 Struktur und Inhalt eines Informations- und Kennzahlenmodells für das Krankenhausmanagement

11.1 Modell und Bezugsrahmen

Unter einem Modell versteht man ein durch Abstraktion von der Wirklichkeit gewonnenes Abbild eines realen Systems. Dabei wird durch Beschränkung der Betrachtungsweise auf die für den entsprechenden Erklärungszweck relevanten System- und Umweltelemente und -relationen eine Vereinfachung der Realität erreicht.[1]

Das hier vorgeschlagene Informations- und Kennzahlenmodell für das Krankenhausmanagement, bzw. der Bezugsrahmen zur Gliederung der für die Führung benötigten Informationen, muss somit als Leerstellengerüst verstanden werden, "das jeder Erkenntnis vorgeordnet ist und das logisch oder zeitlich (kausal, psychologisch) Priorität vor Beobachtungen hat. Anders formuliert heisst dies, dass Beobachtungen im Lichte dieses Bezugsrahmens interpretiert werden".[2] Das folgende Informations- und Kennzahlenmodell stellt somit einen Raster dar, der es erlaubt, die für die verschiedenen Führungsaufgaben im Krankenhaus benötigten quantitativen und qualitativen Informationen zu erheben, zu ordnen, zu verarbeiten und miteinander in Beziehung zu setzen. Der umfassende Bezugsrahmen soll verhindern, dass wesentliche, zur Problemlösung notwendige Informationen übersehen werden. Obwohl der Versuch gemacht wird, das Modell inhaltlich zu füllen, können die vorgeschlagenen Inhalte nicht allen konkreten Fällen gerecht werden. Für jede Führungssituation muss neu abgeklärt werden, welche Informationen und Kennzahlen zur Problembearbeitung benötigt werden. Wie dabei vorgegangen werden soll, wird in Kapitel 12 beschrieben. Das vorgeschlagene Informations- und Kennzahlenmodell, sowie das Vorgehen bei der Informationsselektion stellt somit weniger eine inhaltliche als vielmehr eine methodische Handlungsempfehlung dar.[3]

Grundlagen für die Entwicklung des Modells sind das Konzept des Systems der Gesundheitsversorgung und die Rolle des Krankenhauses in diesem System (Kapitel 2), die Vorstellungen des systemorientierten Managements (Kapitel 3)

1 Jöhr W.A. (Wörterbuch) 77
2 Gomez P. et al. (Systemmethodik) 384
3 von Bülow I. (Systemmethodik) 27 ff, auch 99 ff

und die Grundvorstellungen zum Krankenhausmanagement (Kapitel 4), die Eigenschaften qualitativer und quantitativer Information im Rahmen der Führung (Kapitel 5) und die erarbeiteten Anforderungen an Führungsinformationen (Kapitel 10). Die in den Kapiteln 6 bis 9 diskutierten Informations- und Kennzahlensysteme decken verschiedene Teilaspekte des hier vorgeschlagenen Modells ab. Allerdings ist keines der Modelle genügend umfassend, um den komplexen Informationsbedürfnissen des Krankenhausmanagements gerecht zu werden.

Wie in Abschnitt 10.3 dargelegt wurde, muss ein management-orientiertes Informations- und Kennzahlenmodell für das Krankenhaus sowohl systemexterne wie auch systeminterne Daten beinhalten. Aus beiden Bereichen sind verschiedene Datenkategorien regelmässig und in problemgerechter Form zu erheben, aufzubereiten und an die Führungskräfte zu übermitteln. Die wichtigsten Umweltinformationen lassen sich in drei Kategorien oder Bausteine einteilen. Sie üben alle einen wesentlichen und dauernden Einfluss auf das Krankenhaus aus. Daneben gilt es natürlich, auch weitere Informationen aus den Umweltsphären und der Anspruchsträger zu berücksichtigen (vgl. dazu Abschnitt 4.25 und Abb. 4-4). Die internen Daten lassen sich dem Prozess der Leistungserbringung im Krankenhaus entsprechend in vier Informationskategorien bzw. Bausteine gliedern. Diese vier Bausteine decken allerdings den Informationsbedarf auch nicht vollständig ab. Sie müssen ebenfalls fallweise ergänzt werden (vgl. Abschnitt 4.26 und Abb. 4-5). Das Basismodell für ein umfassendes Informations- und Kennzahlensystem setzt sich somit aus folgenden Bausteinen zusammen:

Bezug:	**Bausteine:**
Umweltbezogene Daten:	- Bevölkerung (Demographie, Epidemiologie) - Versorgungssystem - Beschaffungsmärkte
Krankenhausinterne Daten:	- eingesetzte Mittel/Ressourcen - Leistungserbringung (Verfahren, Prozesse) - erbrachte Einzelleistungen - Leistungsverwendung

Abb.11-1. Bausteine des Informations- und Kennzahlenmodells

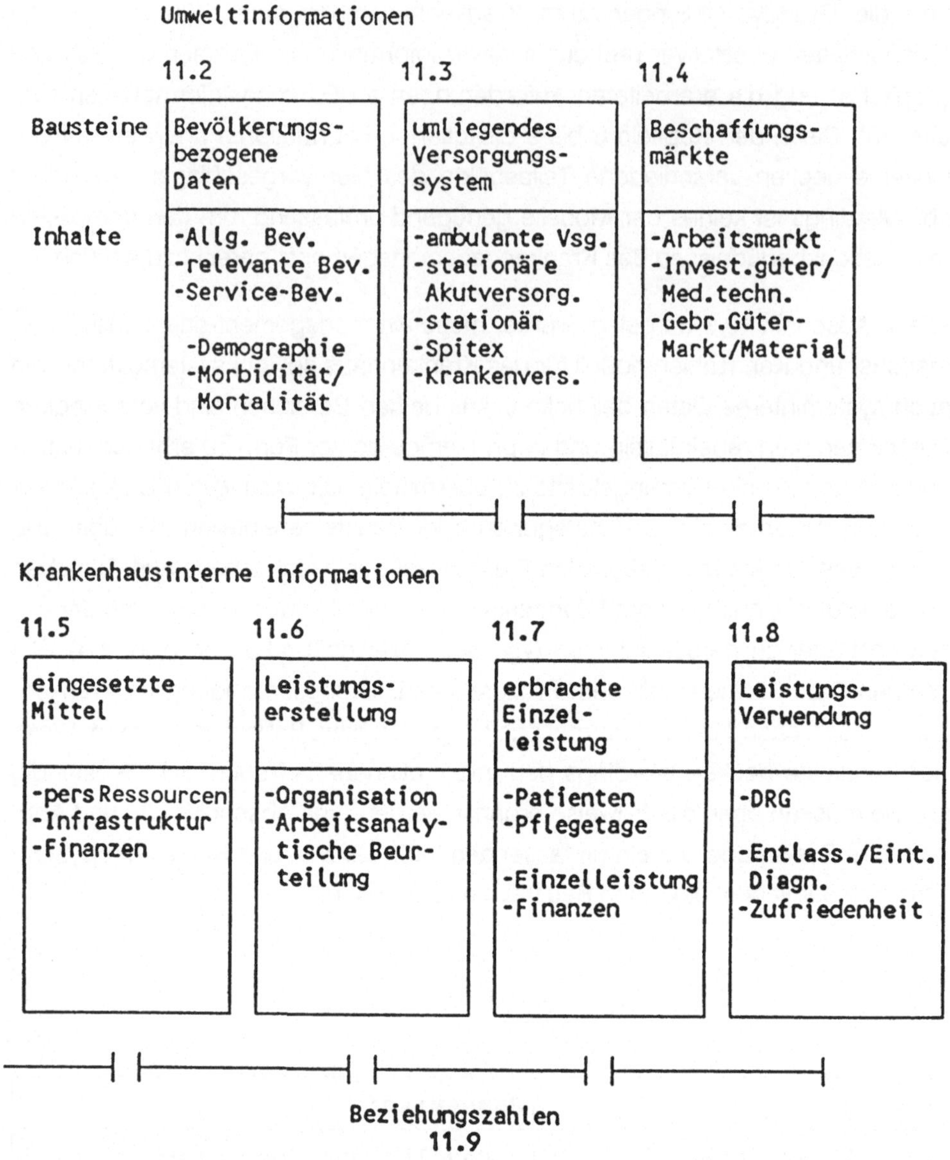

Umweltinformationen

	11.2	11.3	11.4
Bausteine	Bevölkerungs-bezogene Daten	umliegendes Versorgungs-system	Beschaffungs-märkte
Inhalte	-Allg. Bev. -relevante Bev. -Service-Bev. -Demographie -Morbidität/ Mortalität	-ambulante Vsg. -stationäre Akutversorg. -stationär -Spitex -Krankenvers.	-Arbeitsmarkt -Invest.güter/ Med.techn. -Gebr.Güter-Markt/Material

Krankenhausinterne Informationen

11.5	11.6	11.7	11.8
eingesetzte Mittel	Leistungs-erstellung	erbrachte Einzel-leistung	Leistungs-Verwendung
-pers Ressourcen -Infrastruktur -Finanzen	-Organisation -Arbeitsanaly-tische Beur-teilung	-Patienten -Pflegetage -Einzelleistung -Finanzen	-DRG -Entlass./Eint. Diagn. -Zufriedenheit

Beziehungszahlen
11.9

Abb. 11-2. Struktur eines umfassenden Informations- und Kennzahlenmodells für das Krankenhausmanagement

Im folgenden werden die einzelnen Bausteine inhaltlich beschrieben (vgl. die Abschnitte 11.2 bis 11.8). Dabei wird das Schwergewicht auf Inhalte gelegt, die von allgemeinem Interesse, d.h. für alle Krankenhäuser gültig sein dürften. Je nach Problemstellung müssen im konkreten Fall weitere Informationen in den Entscheidungsprozess einbezogen werden.

Für die Umsetzung der Informationen in Entscheidungsgrundlagen wird versucht, soweit möglich und sinnvoll Kennzahlen zu bilden. Die Erhebung der einzelnen Grössen führt zu absoluten Kennzahlen. Um den Informationsgehalt zu vergrössern, werden diese nicht nur im Zeitablauf verglichen, sondern miteinander in Beziehung gesetzt (Verhältniszahlen). Innerhalb der einzelnen Informationsbausteine können so Gliederungszahlen gebildet werden (vgl. Abschnitt 5.32.1, sowie Abb. 10.2). Einige Möglichkeiten dazu werden im folgenden diskutiert. Werden die verschiedenen Bausteine miteinander in Beziehung gesetzt, so entstehen Beziehungszahlen (vgl. Abschnitt 5.32.1). Das System der Beziehungszahlen wird in Abschnitt 11.9 dargestellt.

11.2 Baustein: Bevölkerungsbezogene Informationen

11.2.1 Überblick

Die meisten Krankenhäuser in der Schweiz sind fest in das Gesundheitsversorgungssystem der Kantone eingebettet. In der Regel werden von den Kantonen, bzw. den Krankenhausträgern Vorgaben bezüglich der zu versorgenden Region gemacht. Die Definition der Spitalregion folgt häufig den politischen Gebietskörperschaften, z.T. werden sie jedoch auch nach Gesichtspunkten wie geographischer Lage der Krankenhäuser (Angebotsstruktur), Siedlungsstruktur und Verkehrssituation festgelegt.

Für die Krankenhausführung sind ausreichende Informationen über die zu versorgende Bevölkerung und Bevölkerungsentwicklung in der Region wichtig. Eine prospektive Festlegung des Nachfragepotentials verlangt zudem, dass auch Vorstellungen über Hospitalisationsraten bestehen.

Eine Einschränkung der Datensammlung auf die engere Spitalregion ist aufgrund der freien Arzt- und Krankenhauswahl falsch. Man kann in der Praxis immer häufiger Wanderbewegungen von Patienten beobachten. Vor allem Krankenhäuser einer höheren Versorgungsstufe (Zentrums- oder Maximalversorgung) oder in geographischen Sattelzonen benötigen, da sie Patienten verschiedener Regionen versorgen, breitere bevölkerungsbezogene Informationen.

Neben der Erfassung der potentiellen bevölkerungsbezogenen Leistungsnachfrage der eigenen und der umliegenden Krankenhausregionen, sollten Krankenhäuser regelmässig auch die effektiv versorgte Bevölkerung (Servicebevölkerung) ermitteln. Erst wenn Erfahrungen mit der Entwicklung der Servicebevölkerungen bestehen, lassen sich hinreichende Aussagen über die effektive Leistungsnachfrage an die einzelnen Krankenhäuser machen.

Die Bestimmung des Leistungsbedarfs auf Ebene des Gesamtspitals ist sehr grob. Für die Krankenhausführung müssen Daten detaillierter, d.h. mindestens auf Klinikebene erhoben und ausgewertet werden. Im weiteren ist es notwendig, dass die Daten nicht nur vergangenheits- sondern auch gegenwarts- und zukunftsbezogen erhoben werden.

Bevölkerungskategorien / Erfassungsebenen	Allgemeine Bevölkerung							Service-bevölkerung						
	Grösse: Einwohner	Grösse: saisonale Schwankung	Altersstruktur	Geschlechtsstruktur	Morbidität/Diagnosen	Versicherungsstatus	Anteil Erwerbstätige	Grösse: Einwohner	Grösse: saisonale Schwankung	Altersstruktur	Geschlechtsstruktur	Morbidität/Diagnosen	Versicherungsstatus	Anteil Erwerbstätige
- allgemein (CH)														
- Kanton														
- umliegende Regionen														
- Spitalregion														
- Spital														
- Klinik/Institut														
- Abteilung														

Abb. 11-3. Bezugsrahmen für die Erfassung bevölkerungsbezogener Daten

11.2.2 Allgemeine Bevölkerungsinformationen

Für das Krankenhausmanagement, speziell für die prospektive Festlegung des Leistungsangebotes und der Leistungskapazitäten, werden verschieden aufbereitete Bevölkerungszahlen benötigt. Die folgende Liste zeigt einige unerlässliche Daten.

- Grösse der relevanten Bevölkerung
  - insgesamt
  - gegliedert nach:
    - Altersklassen
    - Geschlecht
    - Morbidität/Diagnosen
    - Versicherungsstatus
    - Anteil Erwerbstätiger

    bzw. nach mehreren dieser Kriterien.

Von Bedeutung für die Nachfrage nach Krankenhausleistungen ist einerseits die feste Wohnbevölkerung, andererseits aber auch die saisonal bedingte Migration. In Tourismusregionen kann sich beispielsweise während einiger Wochen in der Winter- oder Sommersaison die zu versorgende Bevölkerung vervielfachen. Für diese Zeit sind i.d.R. aber ebenfalls entsprechende Kapazitäten aufzubauen.

Zur Lösung vieler Fragestellungen drängt sich eine detailliertere Gliederung der relevanten Bevölkerung auf, z.B. nach:

Altersklassen: Dies ist besonders wichtig, wenn keine Morbiditätsdaten vorliegen. Sie lassen sich relativ einfach mit internen Patientendaten verbinden und ermöglichen so Aussagen über die Nachfrage. Sie sollten wenn immer möglich detailliert (z.B. 5-Jahres-Stufen) erfasst werden. Aggregationen bleiben dann je nach Fragestellung immer noch möglich.

Geschlechtsstruktur: Diese ist je nach Fragestellung und in Verbindung mit Altersdaten und internen Patienteninformationen für die grobe Bestimmung der Morbidität von Bedeutung.

Morbiditäten/Diagnosen: Angaben über die Morbidität bzw. Häufigkeit von Diagnosen in der Bevölkerung sind für Fragen der Kapazitätsplanung und des Leistungsangebotes unerlässlich. Meist beschränken sich epidemiologische Studien jedoch auf die Untersuchung der Häufigkeiten und Entwicklungen weniger Krankheiten, bzw. Krankheitsgruppen. Umfassende Darstellungen fehlen meist. Eine für die Krankenhausführung geeignete Morbiditätsstatistik liegt im Moment noch nicht vor.[4]

Ideal wäre, wenn ganze Krankenhaussysteme die Patientendaten fall- oder diagnosebezogen aufarbeiten und diese mit Bevölkerungsdaten in Verbindung gebracht würden. Damit könnten detaillierte Hospitalisationsraten er-

4 Schäfer T./Wachtel H. (Krankenhausbedarfsplanung) 67 f

rechnet und so wichtige Planungsdaten geschaffen werden. Als mögliche Raster für die Detaillierung der Hospitalisationsraten bieten sich das DRG-Konzept [5] (vgl. Abschnitt 9.4) oder der ICD-Code [6] an.

Versicherungsstatus: Diese Daten betreffen vor allem die Bereitstellung von Arzt- und Bettenkapazitäten für die verschiedenen Versicherungskategorien. Mit dem verstärkten Engagement privater Krankenhäuser gewinnen diese Informationen an Bedeutung.

Anteil Erwerbstätige: Dieses Kriterium kann in zweierlei Hinsicht interessieren, einerseits ist es nachfragebestimmend (z.B. Pflege innerhalb der Familie), andererseits gilt es auch als Indikator für die Möglichkeit der Personalrekrutierung.

11.2.3 Informationen über die Servicebevölkerung

Bevölkerungszahlen können auf verschiedener Basis erhoben werden:

Regions- bzw. nachfragebezogen: Die Erhebung von Bevölkerungsdaten in Bezug auf die umliegende Region, bzw. auf die eigene und die umliegenden Spitalregionen zeigt die Potentialität der Nachfrage. Je nach Detaillierungsgrad kann die Nachfrage bezogen auf Krankenhausleistungen insgesamt oder für bestimmte Teilgebiete dargestellt werden.

Krankenhaus- oder angebotsbezogen: bei der krankenhausbezogenen Ermittlung demographischer Daten geht es nicht mehr um die Potentialität, sondern um die effektive Nachfrage (Realität). Krankenhausbezogene Daten dienen auch zur Schätzung der effektiv versorgten Bevölkerung (Servicebevölkerung).

Spitäler	Subregionen 1	2	3	4	5	6
A	1530	1015	125		5	
B		1119	1686	65	183	
C				2025	1500	50
D					250	2300
E	1650	1350	461	339	228	209

Anzahl Patienten pro Spital nach Region

Abb. 11-4. Beispiel einer Nutzungsmatrix (Fallbeispiel aus Gessner U./Horisberger B. (Indikatoren) 78, mit 6 Regionen und 5 Spitälern)

5 Hospital Council of Southern California (discharge study) Tabellen 4A bis 4G; American Hospital Supply Corporation (Strapcoe)

6 Leidl R. (Krankenhausprodukt); Bertelsmann Stiftung (Budgetierung)

Die Schätzung der Servicebevölkerung eines Krankenhauses verlangt Patientendaten eines ganzen Krankenhaussystems.[7] In einem ersten Schritt wird in der Nutzungsmatrix festgehalten, wieviele Patienten pro Jahr aus den regionalen Einheiten (z.B. Gemeinden, Bezirken) in den verschiedenen Krankenhäusern des Versorgungssystems behandelt wurden (vgl. Abb. 11-4).

Die daran anschliessende Relevanzmatrix besagt, welcher prozentuale Anteil aller Patienten der regionalen Einheiten in den einzelnen Krankenhäusern versorgt wurde (vgl. Abb. 11-5).

Spitäler	**Subregionen** 1	2	3	4	5	6
A	48%	29%	6%			
B		32%	74%	2%	7%	
C				82%	71%	2%
D				4%	10%	2%
E	52%	39%	20%	12%	11%	7%

Patientenherkunft pro Spital in %

Abb. 11-5. Beispiel einer Relevanzmatrix (Fallbeispiel aus Gessner U./Horisberger B. (Indikatoren) 78, mit 6 Regionen und 5 Spitälern)

Die Elemente der Servicebevölkerungs-Matrix geben den Umfang jener Bevölkerungsanteile der regionalen Einheiten an, welche sich im Falle einer Hospitalisation in den betreffenden Krankenhäusern behandeln lassen (prozentualer Anteil an allen Patienten = prozentualer Anteil der Bevölkerung). Die Summe der Zeilenwerte dieser dritten Matrix ergeben die Servicebevölkerung der einzelnen Krankenhäuser des Versorgungssystems (vgl. Abb. 11-6).

Das Vorgehen zur Schätzung der Servicebevölkerung ist an sich einfach. Die Bereitstellung der benötigten Daten hingegen bereitet oft grosse Schwierigkeiten. Schon die Erhebung der Daten ist häufig problematisch. Liegen die Herkunftsdaten der Patienten endlich vor, müssen sie bereinigt (z.B. Subtraktion der Neugeborenen) und ergänzt werden (z.B. Berücksichtigung der Abwanderungen von Patienten in Krankenhäuser benachbarter Versorgungssysteme, bzw. der Zuwanderungen aus andern Regionen, Aufteilung auf die regionalen Einheiten).

7 Gessner U./Horisberger B. (Indikatoren) 76 ff; Bay K./Nestman L. (service population), 681 ff

Spitäler	Subregionen 1	2	3	4	5	6	Total
A	15.1	9.6	1.2				25.9
B		10.6	16.5	0.6	1.8		29.5
C				21.0	17.7	0.5	39.2
D				0.9	2.5	26.9	30.3
E	16.3	12.8	4.5	3.2	2.9	2.0	41.7

effektiv versorgte Bevölkerungsteile in 1000

Abb. 11-6. Beispiel einer Servicebevölkerungs-Matrix (Fallbeispiel aus Gessner U./ Horisberger B. (Indikatoren) 78, mit 6 Regionen und 5 Spitälern)

Für viele Fragestellungen ist die Schätzung der Servicebevölkerung auf Ebene Gesamtspital zu grob. Eine Detaillierung der Daten auf Ebene Klinik ist vielfach angebracht. Häufig ergeben sich nämlich grosse Unterschiede zwischen den Servicebevölkerungen der Kliniken und der des gesamten Krankenhauses. Dies kann als Indikator für die Attraktivität oder das Leistungsangebot einzelner Krankenhausbereiche genutzt werden und kann als Ausgangspunkt für strategische Massnahmen dienen.

11.2.4 Die Aussagekraft der Kennziffern

Allgemeine bevölkerungsbezogene Informationen sind für das Krankenhausmanagement in verschiedener Hinsicht von Bedeutung. Einerseits sind sie Indikatoren für das Nachfragepotential, dies insbesondere wenn sie nach Alter und Morbidität aufbereitet und die entsprechenden Hospitalisationsraten bekannt sind (vgl. Abschnitt 8.3 und 9.41).[8] Andererseits zeigen die Bevölkerungszahlen aber auch das Potential an personellen Ressourcen (vgl. Abschnitt 11.42).

Grösse und Zusammensetzung der Servicebevölkerung können als Indikatoren für die Attraktivität des Krankenhauses herangezogen werden. Eine Analyse der Unterschiede zwischen der allgemeinen Bevölkerungsstruktur und jener der Servicepopulation kann als Grundlage für Chancen-/Gefahren- bzw. Stärken-/ Schwächen-Profile dienen (vgl. Abschnitt 4.27). Zeigt sich beispielsweise, dass

8 Leidl R./John J./Potthoff P. (Indikatorensysteme) 154 ff; Schmid H. et al. (Datenanalyse); American Hospital Supply Corporation (Strapcoe)

der Anteil an weiblichen, jungen oder Privatpatienten bedeutend unter jenem der allgemeinen Bevölkerung liegt, so kann - nach Berücksichtigung der jeweiligen Hospitalisationsrate - auf eine Abwanderung dieser Patientengruppen geschlossen werden. Dies gibt Hinweise für die Beurteilung von Stärken und Schwächen des Krankenhauses, bzw. seiner Chancen und Gefahren in der Umwelt.

11.3 Baustein: Versorgungssystem

11.3.1 Überblick

Für das Management eines Krankenhauses sind gute Kenntnisse über Struktur, Kapazitäten und Entwicklungen des umliegenden Versorgungssystems von grosser Bedeutung. Bevölkerungsbezogene Informationen alleine genügen nicht, um Entscheide über das anzubietende Leistungsangebot und die entsprechenden Kapazitäten zu treffen. Informationen über die Bedarfsdeckung des Versorgungssystems sind für die Koordination der einzelnen Institutionen unabdingbar. Eine Beschränkung auf den stationären Versorgungsbereich ist dabei ungenügend. Der Datenraster zur Ermittlung der Informationen über das umliegende Versorgungssystem muss mindestens folgende Inhalte aufweisen (vgl. Abb. 11-7):

- ambulante Versorgung (praktizierende Aerzte und Ambulatorien, bzw. Polikliniken)
- extramurale Pflege (Spitex) und soziale Netze
- stationäre Akutversorgung
- stationäre Langzeitversorgung

Neben Informationen über Kapazitäten und Nutzung dieser Bereiche müssen auch Daten über die übergeordneten Systeme (Trägerschaft, Staat), sowie über das Finanzierungssystem vorliegen.

Alle diese Informationen sind vergangenheits-, gegenwarts- und zukunftsbezogen, wie auch quantitativ und qualitativ zu erheben und aufzuarbeiten.

Informationsinhalte			- generelle Situation Schweiz	- autonome Versorgungsregion (Vgl. Abs. 2.33.2)	- Kanton	- umliegende Spitalregion	- eigene Spitalregion
ambulante Versorgung	Aerzte	primär					
		sekundär					
		tertiär					
	andere Dienste	Labor					
		Therapien					
		Notfallorg.					
stationäre Akutversorgung	Grund Versorgung	Leistungsangebot					
		Infrastruktur					
		Kapazitäten					
		Nutzung					
	Zentrums Versorgung	Leistungsangebot					
		Infrastruktur					
		Kapazitäten					
		Nutzung					
	Maximal Versorgung	Leistungsangebot					
		Infrastruktur					
		Kapazitäten					
		Nutzung					
Langzeit Versorgung		Leistungsangebot					
		Infrastruktur					
		Kapazitäten					
		Nutzung					
Spitex		Leistungsangebot					
		Kapazitäten					
		Nutzung					
Finanzierungssystem		Leistungsangebot				■	■
		Versichertenstruktur					
		Tarife				■	■

Abb. 11-7. Bezugsrahmen für die Erfassung der Daten aus dem Versorgungssystem

11.3.2 Ambulantes Versorgungssystem

Im Zusammenhang mit dem ambulanten Versorgungssystem interessieren in erster Linie die praktizierenden Aerzte. Diese sind in ihrer Anzahl und geographischen Verteilung nach fachärztlichem Bereich zu erfassen.

Für viele Fragestellungen genügt es, die medizinische Spezialisierung wie folgt zu gliedern:

- primäre Spezialisierung (Allgemeinpraktiker)
- sekundäre Spezialisierung (Fachärzte für Innere Medizin, Chirurgie, Pädiatrie, Gynäkologie und Geburtshilfe)
- tertiäre Spezialisierung (Fachärzte in Subdisziplinen, z.B. Orthopädie, Neurologie etc.).

Werden bei der Erfassung der Patientendaten im Krankenhaus Angaben über die einweisenden Aerzte miterhoben, so kann das Einweisungsverhalten der Aerzte im Einzugsgebiet des Krankenhauses ermittelt werden. Aufgrund dieser Aerztepräferenzen lassen sich Rückschlüsse auf die Leistungsqualität und die Integration des Krankenhauses in das umliegende Versorgungssystem machen und entsprechende Massnahmen ableiten.

Die genaue Beobachtung der Entwicklungen im ambulanten Bereich ist für das Krankenhaus nicht nur zur Beurteilung der Nachfrage nach stationärer Versorgung von grosser Bedeutung. In den meisten Krankenhäusern wurde in den letzten Jahren der Anteil der ambulanten Leistungserbringung stark erhöht und entsprechende Kapazitäten aufgebaut. Die Eröffnung einer Spezialarztpraxis in der Region oder die Oeffnung eines benachbarten Krankenhauses für Belegärzte kann den Patientenstrom sowohl für ambulante wie auch stationäre Patienten rasch verändern.

Neben den üblichen Arztpraxen sind im Zusammenhang mit dem ambulanten Versorgungssystem weitere Institutionen zu beachten. Speziellen Einfluss auf die Leistungsnachfrage im Krankenhaus haben etwa:

- unabhängige Polikliniken
- unabhängige Notfallstationen
- der privatärztliche Notfalldienst
- private radiologische Institute
- private Labors
- verschiedenste Therapien (z.B. Physiotherapie)

usw.

Aus der Sicht der Krankenhausführung gilt es, derartige dynamische Veränderungen, bzw. auftretende Zusatznachfragen nach Leistungen möglichst zu antizipieren. Die Entwicklungen in diesen Bereichen müssen somit permanent überwacht werden, um bei auftretenden Versorgungslücken bzw. Ueberkapazitäten gezielt und rasch reagieren zu können.

11.3.3 Das umliegende stationäre Akutversorgungssystem

Zweck des öffentlichen Krankenhauses ist es, in einem grösseren stationären Versorgungssystem eine vom Kanton, bzw. Spitalträger vorgegebene Rolle zu übernehmen. Um die dazu notwendigen Koordinations- und Integrationsfunktionen wahrnehmen zu können, bedarf das Krankenhausmanagement detaillierter Informationen über:

- Leistungsangebot und -volumen
- Infrastruktur (Betten, Einrichtungen, Bau)
- Kapazitäten (apparativ, personell)
- Nutzung
- personelle Situation bei den Kaderärzten

der umliegenden Institutionen, aufgegliedert nach Versorgungsniveau (vgl. Abschnitt 2.33.2).

Mit Hilfe derartiger Informationen lässt sich der Bedarf bzw. die Nachfrage nach eigenen Kapazitäten abschätzen oder die gegenseitige Koordination bei der Leistungserbringung (z.B. gemeinsame Nutzung spezialisierter Technologien, bzw. Kenntnisse) klären.

Die Frage der Nutzung der umliegenden Institutionen wird grob im Zusammenhang mit der Schätzung der Servicebevölkerung erhoben. Verhältniszahlen mit der Servicebevölkerung ergänzen die Kenntnisse über das umliegende stationäre Versorgungssystem. Die personelle Entwicklung der Kaderstellen ist deshalb wichtig, da eine Umbesetzung (z.B. neuer Chefarzt) die Attraktivität der Institution rasch verändern und die Patientenströme innerhalb kurzer Zeit beeinflussen kann.

11.3.4 Das umliegende Langzeitversorgungssystem

Die stationäre Langzeitversorgung ist für die Krankenhausführung vor allem bezüglich der Verlegungsmöglichkeit von Alters- und Pflegepatienten von Interesse. In den letzten Jahren sind die Aufenthaltsdauern in den Akutkrankenhäusern kaum mehr gesunken, vielerorts sogar gestiegen. Experten haben wiederholt darauf hingewiesen, dass viele Patienten, die heute im Akutspital liegen, eigentlich in Institutionen der Langzeitversorgung verlegt werden müssten.[9]

Die Ueberwachung des Bereiches der stationären Langzeitversorgung darf sich allerdings nicht nur auf die Bettenkapazitäten und die Patientenströme beschränken. Von immer grösser werdender Bedeutung ist die gegenseitige Konkurrenz auf dem Personalmarkt, insbesondere beim Pflegepersonal. Einerseits bieten die Einrichtungen der Langzeitversorgung eine Entlastung auf der Patientenseite, indem sie die chronisch-kranken Patienten abnehmen. Auf der andern Seite aber treten sie auf dem Arbeitsmarkt als Konkurrenten der Akutkrankenhäuser auf.

Auch Schliessungen von Pflegeabteilungen in Pflegeheimen wegen Personalmangels haben unmittelbare und dauerhafte Auswirkungen auf das Patientenmanagement der Akutkrankenhäuser. Die regelmässige Erfassung der räumlichen und personellen Kapazitäten im Langzeitversorgungssystem muss daher ein integraler Bestandteil eines Informations- und Kennzahlensystems für Krankenhäuser sein.

11.3.5 Extramurale Pflege/Spitex

Die Möglichkeit der extramuralen Pflege beeinflusst das Patientenmanagement im Akutkrankenhaus ebenfalls. Fachgerechte Nachsorge durch Spitex-Institutionen erlauben eine Verkürzung der Aufenthaltsdauern. Um dies in der Entlassungspraxis angemessen berücksichtigen zu können, sind Kenntnisse über die

- Kapazitäten (Pflege, Mahlzeitendienst usw.)
- regionale Verteilung
- medizinisch-pflegerische Schwerpunkte

der meist gemeindeeigenen, kirchlichen oder privaten Einrichtungen der Spitex notwendig. Kapazitätsbezogene, regionale und medizinische Aussagen alleine

9 Vgl. u.a. Wälti S. (Patient)

genügen für ein effektives Patientenmanagement jedoch noch nicht. Die Zusammenarbeit und gegenseitige Information dieser Institutionen mit den Aerzten, dem Pflegepersonal und dem Sozialdienst, sowie die Finanzierung der Spitex-Leistungen muss sichergestellt sein.

11.3.6 Finanzierungssystem

Unter dem Versorgungssystem wird auch der Bereich seiner Finanzierung subsumiert (vgl. Abschnitt 2.3). Vom Finanzierungssystem gehen sowohl Auswirkungen auf die Nachfrage wie auch auf das Angebot an Krankenhausleistungen aus.

Nachfragewirksam werden beispielsweise Kostenübernahmen bzw. Ausschlüsse von Einzelleistungen oder der Versicherungsstatus der Bevölkerung. Das Krankenhaus sollte daher den Deckungsumfang der Krankenversicherungsangebote überwachen. Werden vermehrt auch extramurale Pflegeleistungen durch Versicherungen übernommen, so dürfte beispielsweise die Nachfrage nach ambulanten chirurgischen Eingriffen mit anschliessender Hauspflege zunehmen.

Wirksam wird auch der Abschluss von Zusatzversicherungen für Privatbehandlungen durch einen immer grösseren Teil der Bevölkerung. Kann die zusätzliche Nachfrage nach Privatleistungen bzw. Privatbetten nicht befriedigt werden, so kann es zu Abwanderungen dieser Patientenschichten kommen. Derartige Dekkungslücken können erst vermieden werden, wenn zwischen Krankenversicherungen und öffentlichen Krankenhäusern eine Koordination angestrebt wird, bzw. wenn die Krankenhäuser über genügend Flexibilität und Autonomie verfügen, um sich bezüglich ihres Bettenangebotes marktgerecht verhalten zu können.

Heute versuchen übergeordnete Behörden über die Finanzierungsmechanismen, insbesondere mittels Finanzierung der Infrastruktur und Bewilligung von Stellen, das Leistungsangebot zu beeinflussen. Vielfach wird dabei nicht vom effektiven Bedarf ausgegangen. Allgemeine volkswirtschaftliche Grössen wie Wachstum des Sozialproduktes, Lebenskostenindex oder die Quote der Gesundheitskosten an den Staatsausgaben, aber auch politische Interessen stehen als Leitlinie im Vordergrund. Für eine Mehrjahresplanung bzw. ein strategisches Verhalten eines Krankenhauses ist es somit wichtig, auch diese Bezugsgrössen zu kennen.

11.4 Baustein: Beschaffungsmärkte

11.4.1 Überblick

Nachdem mit den demographischen Entwicklungen und Angaben über das umliegende Versorgungssystem ein Ueberblick über den "Absatzmarkt" der Krankenhausleistungen gewonnen werden kann (vgl. Abschnitt 11.2), sind für die Führung auch Informationen über die Beschaffungsmärkte von Bedeutung. Von besonderem Interesse ist der Arbeitsmarkt. Daneben sollten auch Kenntnisse über:

- den Investitionsgütermarkt (Medizinaltechnologie) und
- den Gebrauchsgütermarkt (Material) bestehen.

Informationsinhalte / Erfassungs- bzw. Betrachtungsebenen	Arbeitsmarkt								Investitionsgütermarkt						Verbrauchsgüterm.				
											verwendete Technologien					verwendetes Material			
	demographische Strukturen	Wirtschaftsstrukturen	Lohn- und Gehaltsniveau	Ausbildungsmöglichkeiten	Ausbildungsquote	Stellenantrittsquote	Wiedereinsteigerquote	Berufsverweildauer	emergierende Technologien	diffudierende Technologien	Grundversorgung	Zentrumsversorgung	Maximalversorgung	Lieferantensicherheit	Material in Entwicklung	Grundversorgung	Zentrumsversorgung	Maximalversorgung	Lieferantensicherheit
- generelle Marktübersicht																			
- Situation CH																			
- Situation Wirtschaftsregion																			
- Kanton																			
- Krankenhaus																			

Abb. 11-8. Raster für die Erhebung von Informationen über die Beschaffungsmärkte

11.4.2 Arbeitsmarkt

Die Beschaffung von ausreichendem und qualifiziertem Personal bereitet den Krankenhäusern heute zunehmend Schwierigkeiten. Die Gründe dafür sind vielschichtig. Um geeignete personalpolitische Massnahmen treffen zu können, müssen differenzierte Kenntnisse über die Personalmarktsituation vorliegen.

Das Potential möglicher Mitarbeiter ist von verschiedenen Faktoren abhängig. Eine grundlegende Bedeutung spielt die demografische Struktur, insbesondere die Alters- und Geschlechtsverteilung. Diese Daten wurden bereits im Baustein "Bevölkerungsbezogene Informationen" erhoben. Für die Beantwortung der Fragen im Zusammenhang mit dem Arbeitsmarkt müssen sie jedoch ergänzt werden durch Informationen über:

- die allgemeine wirtschaftliche Situation der Region z.B. (Arbeitsmöglichkeiten für Partner)
- allgemeine Arbeitsmarktsituation (alternative Arbeitsmöglichkeiten)
- allgemeines Lohn- und Gehaltsniveau
- Ausbildungsmöglichkeiten
- Quote derjenigen, die einen Spitalberuf ergreifen (Attraktivität des Krankenhaussektors)
- Quote der Schüler, die im Krankenhaus eine Stelle antreten
- Wiedereinsteiger-Quote
- Berufsverweildauer etc.

Es empfiehlt sich, die Sammlung derartiger Informationen zu institutionalisieren. Dies ist für quantitative Grössen nicht schwierig. Für die Erfassung der eher qualitativen Aspekte müssen indirekte Indikatoren verwendet werden. Nur bei Vorliegen von Erfahrungswerten kann die Wirkung von Veränderungen der Altersstruktur, des Ausbildungssystems oder der wirtschaftlichen Situation auf die Stellenbesetzung beurteilt werden.

11.4.3 Investitionsgütermarkt

Die Verfolgung des Investitionsgütermarktes, insbesondere der medizin-technischen Entwicklungen, ist für die Krankenhausführung von besonderer Bedeutung. Die verwendeten Technologien bestimmen nämlich das Leistungsangebot entscheidend und stellen Anforderungen an die Qualifikation des benötigten Personals.

Die Beurteilung der Entwicklungen in diesem Bereich wird leichter, je tiefer das Versorgungsniveau des jeweiligen Krankenhauses ist. Die Diffusion der Medizintechnik in Spitälern der Grundversorgung dauert i.d.R. mehrere Jahre, so dass auf Ebene der Grund-, Schwerpunkts- und Zentrumsversorgung bereits auf praktische Erfahrungen mit den Methoden und Technologien zurückgegriffen werden kann.[10] Schwieriger ist eine Lagebeurteilung für Universitätskliniken und Krankenhäuser der Maximalversorgung. Diese werden häufig mit innovativen, aber noch wenig ausgereiften Technologien konfrontiert oder arbeiten an deren Verfeinerung und Verbesserung mit. Die Risiken werden grösser und die Effizienz und Effektivität des Krankenhauses kann darunter leiden.

Die Informationsbeschaffung für die Beurteilung der Entwicklung im Bereich der Medizinaltechnologie ist schwierig. Die Daten sind sowohl quantitativer wie auch qualitativer Art und liegen nicht systematisch vor. Als Informationsquellen sind medizinische Kongresse und Publikationen, Ausstellungen, Messen sowie Angebote der Hersteller an die Aerzte denkbar. Um eine Beurteilung zu ermöglichen, sollten die Informationen über emergierende bzw. diffudierende und für das einzelne Krankenhaus in Frage kommende Technologien systematisch gesammelt werden. Dabei ist zu beachten, dass mit dem Informationsmaterial nicht nur medizinische und technologische, sondern auch wirtschaftliche Fragen (Kosten-/ Nutzen-Analysen) beantwortet werden müssen.

11.4.4 Verbrauchsgütermarkt

Aehnlich wie auf dem Investitionsgütermarkt müssen auch die Entwicklungen auf dem Gebrauchsgütermarkt verfolgt werden. Die Informationslage in diesem Bereich ist noch heterogener als beim Investitionsgütermarkt. Die Informationsbeschaffung kann am besten durch die Schaffung einer zentralen Einkaufsstelle im Krankenhaus sichergestellt werden. Diese hat die Angebote zu sichten, über Neuanschaffungen zu informieren und schlussendlich zu entscheiden. Auch können sie als zentrale Stelle wohl am ehesten auf die Preisgestaltung Einfluss nehmen. Um die Mitsprache der Endbenützer dennoch sicherzustellen, sollten grössere Anschaffungsentscheide in Kommissionen (z.B. Medikamenten- und Materialkommissionen) getroffen werden.

---

[10] Banta D.H. et al. (rational technology) 43 ff

soziale Dimension	- Entwicklung der Haushaltsgrössen - Entwicklung des Bildungsstandes - Siedlungs- und Wohngewohnheiten - Verkehrsgewohnheiten - Freizeit- und Ferienverhalten - Anspruchsinflation, Leistungsmotivation - Gesundheitsbegriff und -verhalten - medizinische Erkenntnisse
technologische Dimension	- Diffusion neuerer Technologien im Krankenhausbereich - Innovation bekannter Technologien in der Medizin - Erfindungen die zu neuen Technologien in der Medizin führen - Forschungsvorhaben im Medizinbereich - neue Materialien, Rohstoffe, Energiequellen - zu erwartende Knappheit von Rohstoffen
ökonomische Dimension	- Zusammensetzung und Entwicklung des Bruttosozialproduktes und Volkseinkommens - Entwicklung der verschiedenen Wirtschaftssektoren - Entwicklung der Staatsfinanzen - Entwicklung der Inflationsrate - Versicherungs- und Ausgabenstruktur der Haushalte - Wirtschaftliche Situation und Konjunktur
politische Dimension	- Entwicklung der Gesundheits- und Sozialpolitik - Entwicklungen der Wirtschafts-, Subventions- und Fremdarbeiterpolitik - Einfluss der Standes- und Berufsorganisationen sowie der Gewerkschaften
ökologische Dimension	- Gesundheitsgefährdungen aus der Umwelt - Entwicklung des Umweltbewusstseins - Neue Möglichkeiten zur Vermeidung von Umweltgefährdungen (Strahlenschutz, Chemie usw.)

Abb. 11-9. Mögliche Zusatzinformationen aus den verschiedenen Umweltdimensionen

Die Beobachtung der Märkte und die Schaffung einer zentralen Einkaufsorganisation sind für das Krankenhaus wichtig. Von den Anbietern wird grosser Druck auf Aerzte und Pflegepersonal ausgeübt. Dezentraler Materialeinkauf und -bewirtschaftung haben nicht dieselben Möglichkeiten der Preisgestaltung und Standardisierung des Verbrauchsmaterials und sind daher meist unwirtschaftlich. Das Führen von verschiedenen Produktlinien und der Einkauf kleiner Mengen wirkt sich aber auch indirekt in einem grösseren Aufwand (Lagerhaltung, Distribution, Personalschulung usw.) aus.

11.4.5 Weitere Umweltinformationen

Neben Informationen aus den oben erwähnten drei Umweltbausteinen werden zur Lösung konkreter Managementprobleme häufig weitere, spezifische Umweltdaten benötigt. Diese können einerseits allgemeine Informationen aus der sozialen, der technologischen, der ökonomischen oder der politischen Umweltdimension beinhalten (vgl. Abschnitt 11.1 und Abb. 4-4). Andererseits ist man auch auf detaillierte Informationen weiterer Anspruchsträger angewiesen (vgl. Abb. 11-9).

Während es sinnvoll ist, die Umweltinformationen der Bausteine "Bevölkerungsbezogene Informationen", "Versorgungssystem" und "Beschaffungsmärkte" regelmässig zu erheben, bzw. deren Entwicklungen zu verfolgen, genügt es meist, zusätzliche Umweltinformationen erst im Bedarfsfall zu erheben. Allerdings sollten die Krankenhausmanager gegenüber diesen Informationen und Entwicklungen eine Sensibilität entwickeln, bilden sie doch "schwache Signale", die im Rahmen des prospektiven Managements im "Frühwarnsystem" frühzeitig zu erkennen und in die strategische Planung miteinzubeziehen sind.[11]

11.4.6 Umweltdaten als Qualitätsindikatoren

Zur Beurteilung der Qualität der Krankenhausleistung müssen auch Umweltinformationen beigezogen werden. Donabedian schlägt eine Unterscheidung zwischen Struktur, Prozess- und Ergebnisinformationen vor.[12] Als strukturelle Qualitätsindikatoren sieht er u.a.:

---

[11] Gomez P. (Frühwarnung) 19f; Ansoff H.I. (Managing)

[12] Donabedian A. (Quality) 95

- geografische Lage, Distanzen und Verkehrswege zum Krankenhaus
- Zutrittsmöglichkeiten zu Dienstleistungen des Krankenhauses
- Versorgung von Risikogruppen durch Ambulanz, Notfallstation usw.

Als ergebnisorientierte Indikatoren fallen insbesondere folgende ins Gewicht:

- nicht diagnostizierte Krankheiten und vermeidbare Morbiditäten, Todesfälle oder Behinderungen (bedingt Kontrolluntersuchungen)
- Entwicklung der Servicebevölkerung
- Zufriedenheit der Bevölkerung mit dem Krankenhaus
- Zufriedenheit der zuweisenden Aerzte.

Vielfach handelt es sich dabei um qualitative Informationen die nicht systematisch, oder dann nur mit grossem Aufwand durch empirische Meinungsumfragen erhoben werden können. Dennoch ist es notwendig, Umweltdaten auch unter diesem Gesichtspunkt zu beurteilen und auch Einzel-, bzw. wenig abgestützte Aussagen ernst zu nehmen und im Informations- und Kennzahlensystem zu verarbeiten.

11.5 Baustein: Ressourcen

Inhalt dieses Bausteins ist die Darstellung der Entwicklung (vergangenheits- und zukunftsbezogene) sowie des gegenwärtigen Standes der verfügbaren und eingesetzten personellen, infrastrukturellen und finanziellen Ressourcen. Diese gilt es, bezüglich ihres fachlich-medizinischen Potentials und ihrer Organisation zu erfassen.

Zweck der Ressourcenanalyse ist die Ermittlung der "Realität", "Kapabilität" und der "Potentialität" (vgl. Abschnitt 5.34) des Krankenhauses. Damit werden Informationsgrundlagen für zielgerichtete Massnahmen im Ressourcen- und Leistungsbereich geschaffen.

11.5.1 Personelle Ressourcen

Unter den personellen Ressourcen eines Krankenhauses werden alle Mitarbeiter subsumiert. Diese gilt es einerseits quantitativ (Anzahl Mitarbeiter oder Stellen), andererseits qualitativ (Berufsgruppen, Erfahrung, Motivation) zu erfassen. Für die Beantwortung der meisten Fragestellungen des Krankenhausmanagements genügt das Gesamttotal des Mitarbeiterbestandes, bzw. der Stellen, nicht. Gerade im hochspezialisierten und arbeitsteiligen Krankenhaus mit seinem hohen Anteil an "Professionals" können Mitarbeiter kaum mehr polyvalent eingesetzt werden. Eine nach verschiedenen Kriterien differenzierte Erfassung des Krankenhauspersonals drängt sich daher auf. Eine erste Gliederung erfolgt meist nach Berufsgruppe, eine zweite nach der organisatorischen Zugehörigkeit zu Subsystemen, d.h. nach Kliniken, Abteilungen und Stationen und nach der hierarchischen Stellung.

Je tiefer die Problemebene und die Ebene der Datenerfassung ist, umso wichtiger wird es, auch personenabhängige, qualitative Detailinformationen zu erfassen, wie z.B.:

- persönliche Neigungen, Interessen, Erfahrungen und Spezialkenntnisse,
- Berufserfahrungen,
- Zeitdauer der Anstellung
- Führungserfahrung
- usw.

	Personelle Ressourcen															
	quantitative Aspekte										qualitative Aspekte					
	Aerzte	Pflegepersonal	med.-techn. Personal	Okonomie-Personal	Verwaltungspersonal	Absentismus	Fluktuation	durchschn. Beschäftigungsdauer	Lohn/Gehalt	hierarchische Stellung	Können	Wissen	Motivation	Arbeitszufriedenheit	Bereitschaft zur Weiterbildung	Loyalität
Gesamtspital																
Kliniken																
Abteilungen																
Stationen																

Abb. 11-10. Erfassungsrahmen für die personellen Ressourcen

Da Fragen der Sicherstellung des Personalpotentials zu den vordringlichsten des Krankenhausmanagements der Zukunft werden dürften, wird im folgenden der Informationsbeschaffung in diesem Bereich vertieft Beachtung geschenkt und detailliert auf die Erfassung verschiedener quantitativer und qualitativer Aspekte eingegangen.

11.5.1.1 Quantitative Aspekte

Bei der quantitativen Personalanalyse werden traditionellerweise folgende Personalkategorien unterschieden:

- ärztliches Personal
- Pflegepersonal
- medizinisch-technisches Personal
- Oekonomiepersonal
- Verwaltungspersonal

Verschiedene der vorgestellten Informations- und Kennzahlensysteme sehen denn auch eine Erfassung des Personals und der Besoldungen nach Kategorien vor (vgl. die Abschnitte 6.11, 6.42, 6.43, 7.11, 7.13, 8.21). Andere gehen weiter, indem sie nicht nur die eingesetzten Stellen oder Personen, sondern auch die effektiv eingesetzte Arbeitszeit (vgl. Abschnitt 8.2) erfassen.

Eine derart grobe Gliederung genügt allerdings nur in wenigen Fällen, so etwa für die Ueberprüfung der globalen Stellenpläne. Für innerbetriebliche Entscheidungen im Zusammenhang mit den personellen Ressourcen muss aufgrund der wachsenden Spezialisierung und Technisierung der Medizin und des Krankenhauses meist innerhalb dieser Gruppen in fachlicher Hinsicht feiner differenziert werden. Dabei sind verschiedene Lösungen denkbar, beim ärztlichen Personal etwa eine Gliederung nach FMH-Facharzttiteln oder nach den im Krankenhaus organisatorisch verselbständigten fachlichen Spezialitäten.

Neben der Erfassung der fach- oder berufsspezifischen Spezialisierung ist es notwendig, auch die führungsmässige Ausbildung des Personals zu erfassen. In einigen Berufsgruppen ist die Führungsaus- bzw. -weiterbildung standardisiert und formalisiert, so z.B. im Bereich des Pflegedienstes. Die Erfassung wird dadurch vereinfacht.

Sinnvollerweise wird mit der quantitativen Erfassung die Gliederung nach der organisatorischen Zuordnung und der hierarchischen Stellung verbunden. Für die

Erfassung der organisatorischen Gliederung sollte die tiefstmögliche Systemebene gewählt werden, d.h. wenn möglich Stationen oder Abteilungen. Die Daten lassen sich durch entsprechende Verdichtung mit den übergeordneten organisatorischen Einheiten in Beziehung bringen. Umgekehrt wäre aber eine gewünschte Detaillierung nicht mehr möglich. Diese Ueberlegungen führen zu folgendem detailliertem Datenraster für die Erfassung der personellen Ressourcen (vgl. Abb 11-10). Dabei dürfte es sinnvoll sein, die Anzahl der Stellen der Mitarbeiter und die Lohnsumme zu erfassen.

Aerztliches Personal:

- nach medizinischer Spezialität [13], z.B.:
  - Innere Medizin
    - Kardiologie
    - Pneumologe
    - Onkologie
    - usw.
  - Chirurgie
    - Traumatologie
    - Viszeralchirurgie
    - Orthopädie
    - usw.
  - Gynäkologie + Geburtshilfe
  - Radiologie

  usw.

- nach der organisatorischen Zuteilung, z.B.:
  - Medizinische Klinik
    - Abteilung A: Station 1, Station 2
    - Abteilung B: Station 1, Station 2
  - Chirurgische Klinik
    - Abteilung A: Station 1, Station 2
    - Abteilung B: Station 1, Station 2
  - Frauenklinik
    - Geburtshilfliche Abteilung
    - Gynäkologische Abteilung
  - Radiologie
  - Labor

  usw.

- nach der hierarchischen Stellung, z.B.:
  - Chefarzt
  - Leitender Arzt
  - Oberarzt
  - Assistenzarzt
  - Unterassistent

[13] Vgl. Schwabe (Jahrbuch)

- Konsiliararzt
- Belegarzt

Pflegepersonal:

- nach fachlicher Ausbildung, z.B.:
  - diplomierte Krankenschwester(-pfleger) AKP
  - diplomierte Kinderkrankenschwester KWS
  - Krankenschwester(-pfleger) FA SRK
  - Schwesternhilfe
  - Schüler(in)
  - Lehrpersonal

Beim diplomierten Krankenpflegepersonal ist je nach Fragestellung eine weitere Aufteilung nach Spezialausbildung (z.B. Intensivpflege, Anästhesie) sinnvoll.

- nach organisatorischer Zuordnung, d.h. in der Regel nach Station.
- nach hierarchischer Stellung bzw. Führungsfunktion, z.B.:
  - Leitung Pflegedienst
  - Oberschwester
  - Stationsschwester
  - Gruppenleiterin

Medizinisch-technisches Personal:

- nach fachspezifischer Ausbildung, z.B.:
  - Technische Operations-Assistent(in)/OP-Schwester
  - Radiologieassistent(in) (MTRA)
  - Laborant(in)
  - Physiotherapeut(in)
  - Anästhesie-Schwester

  usw.

- nach organisatorischer Zuordnung, z.B.:
  - Radiodiagnostik
  - Radiotherapie
  - Radioonkologie

  usw.

- nach hierarchischer Stellung, z.B.:
  - Leitende(r) Röntgenassistent(in)

  usw.

Verwaltungs- und Oekonomiepersonal:

Im Verwaltungs- und Oekonomiebereich ist das Personal eher polyvalent einsetzbar (z.B. Handwerker für Transportdienst). Dennoch ist eine Gliederung des Personals nach der Ausbildung sinnvoll. Vor allem muss dabei den Spezialisten Rechnung getragen werden, wie z.B.:

- EDV-Fachkraft
    - Systemanalytiker
    - Programmierer
- Buchhalter
- Organisator
- Telephonistin
- Küchenpersonal
    - Köche
    - Diätassistenten
    - übriges Personal
- Reinigungspersonal
- Wäschereipersonal
- Personal des Transportdienstes
- Techniker
- Werkstattpersonal

usw.

- nach organisatorischer Zuordnung, z.B.:
    - Buchhaltung
    - Patientenadministration
    - Personalabteilung
    - Technischer Dienst und Werkstatt
    - Küche
    - Reinigungsdienst

    usw.

- nach hierarchischer Stellung, z.B.:
    - Verwaltungsdirektor
    - Bereichsleiter
    - Abteilungsleiter
    - Leiter Oekonomie
    - Küchenchef
    - Chef Diätküche

    usw.

11.5.1.2 Qualitative Aspekte

Neben dem quantitativen Potential spielt auch die Qualität der personellen Ressourcen für die Leistungskapazität eine wichtige Rolle. Diese Leistungsbereitschaft kann ausgedrückt werden in:

- Wissen
- Können und
- Wollen

des Personals.[14]

---

[14] Ulrich H. et al. (Management-Ausbildung) 93 ff

Die Anforderungen an das Wissen betreffen die zur Aufgabenerfüllung benötigten Fachkenntnisse. Die Basis dazu liegt in einer entsprechenden fachlichen Berufsausbildung. Mit steigender Hierarchiestufe der Stelleninhaber kommen fundierte Kenntnisse über Führungskonzepte, -instrumente und -methoden zum erforderlichen Wissen hinzu.

Unter dem Können werden die Fähigkeiten verstanden, das theoretische Wissen in praktische Handlungen umzusetzen und etwas zu bewirken. Dieses "gewusst wie" unterscheidet den Theoretiker vom gebildeten Praktiker. Auch das Können bezieht sich auf Fach- und Führungsaufgaben.

Die Anforderungen an "Wissen" und "Können" des Personal lassen sich - wenigstens annäherungsweise - mit Hilfe horizontaler und vertikaler Differenzierung des personellen Potentials ausdrücken. Dabei wird vorausgesetzt, dass die horizontale Differenzierung einen Ueberblick über die absolvierte Aus- und Weiterbildung des Personals ermöglicht (Wissen), und die vertikale Gliederung nicht nur die jeweilige Hierarchiestufe der Stelle, sondern auch ein Mass für die praktische Erfahrung des Stelleninhabers (Können) abgibt. Diese allgemeinen Relationen können auf den unteren Systemebenen, d.h. im personenbezogenen Kontext, nicht immer nachgewiesen werden, bewahrheiten sich jedoch mit steigender Systemebene und bilden dort auch Ausgangspunkt für die Erarbeitung von Stellenplänen.

Für eine erste Beurteilung des Leistungsangebotes und seiner Qualität können die Verhältnisse der Personalzusammensetzung herbeigezogen und verglichen werden.[15] Je nach Problemstellung müssen diese Verhältnisse zwischen und/ oder innerhalb verschiedener Personalkategorien untersucht werden.

Die Analyse des "Aerzte-Mixes" einer chirurgischen Klinik lässt beispielsweise verschiedene Schlussfolgerungen zu. Differenziert man nach Hierarchiestufe, ergeben sich grobe Hinweise über die Leistungsqualitäten und die -kapazitäten des ärztlichen Dienstes. Ein grosser Anteil an Assistenzärzten in Ausbildung deutet etwa darauf hin, dass im ärztlichen Bereich viel Kapazität an die Ausbildungs- und Ueberwachungsfunktion gebunden ist und daher nicht für die eigentliche Patientenversorgung zur Verfügung stehen. Setzt sich der ärztliche Dienst der Klinik aus Leitenden Aerzten und Oberärzten mit verschiedenen medizinischen Schwerpunkten zusammen (z.B. Traumatologe, Viszeralchirurge, Ortho-

[15] Vgl. u.a. Donabedian (Quality) 81 f

päde, Urologe, Neurochirurge, usw.), so deutet dies auf ein grosses Leistungsspektrum hin. Der Mix der drei medizinischen Berufsgruppen (Aerzte, Pflegedienst, medizinisch-technisches Personal, vgl. Abb. 2-2) innerhalb einer Klinik kann ebenfalls als Indikator für das Leistungsangebot benutzt werden. Eine endgültige Beurteilung lässt sich jedoch erst machen, wenn auch infrastrukturelle und sachliche Ressourcen beurteilt sind.

"Wissen" und "Können" alleine geben die Kapabilität und auf einem hohen Abstraktionsniveau auch die Potentialität wieder. Dies ist etwa für die Erarbeitung von Stellenplänen von Bedeutung. Dabei werden personenunabhängig die unter den gegebenen Umständen und Bedingungen benötigte Leistungskapazitäten festgelegt. In den Stellenplänen werden die personellen Ressourcen meist nach Personalkategorie und Ausbildung einerseits, sowie nach Hierarchiestufe andererseits differenziert.

Die tatsächlich realisierte Leistungskapazität und Qualität der personellen Ressourcen ist allerdings auch abhängig vom "Wollen". Anforderungen an das Wollen bedeuten, dass vom Pesonal eine Motivation für die bestmögliche Erfüllung der Aufgaben erwartet wird. Das Wollen kann mit folgenden Punkten ausgedrückt werden:

- Bereitschaft zu überdurchschnittlicher persönlicher Leistung
- Bereitschaft zu ständiger Weiterbildung

Mit steigender Führungsebene wird wichtig:

- Loyalität zur Institution und die Bereitschaft, sich in ihren Dienst zu stellen.
- Bereitschaft, Verantwortung zu übernehmen und verantwortungsbewusst zu handeln.

Das Wollen wurzelt im Akzeptieren übergeordneter Normen - dem "Sollen" (vgl. Abb. 11-11). Infolge der Wirkungen auf Patienten, auf andere Menschen und Bereiche des Krankenhauses bzw. des Gesundheitssystems, die von Entscheidungen und Handlungen ausgehen, sind mit der Uebernahme der Verantwortung stets weitreichende Wirkungen verbunden, die eine human- und gesellschaftsethische Komponente enthalten. Dass dies im Bereich des Krankenhauses in ausgesprochenem Masse gilt, bedarf keiner weiteren Erklärung.

Das Wollen lässt sich nicht direkt aus der Zusammensetzung der personellen Ressourcen ermitteln. Es kann jedoch mit Hilfe mehrerer Indikatoren annäherungsweise bestimmt werden. Bedeutsam für die Feststellung der Leistungsbereitschaft sind u.a.:

- Motivation
- Arbeitszufriedenheit
- Absentismus/Fehlzeiten

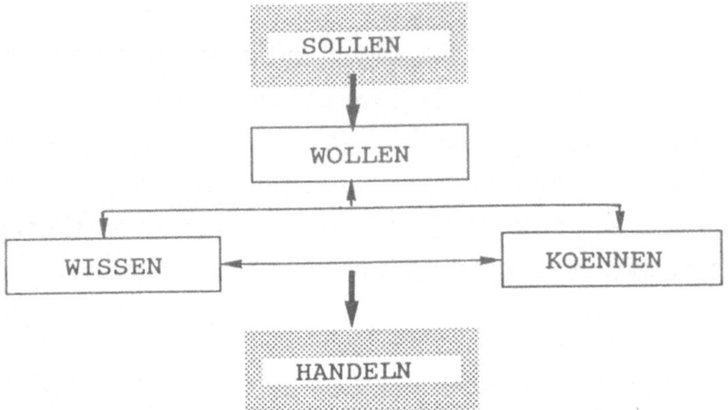

Abb. 11-11. Bestimmungsfaktoren für die Leistungskapazität personeller Ressourcen (Ulrich H. et al. (Management-Ausbildung) 93)

Unter der Motivation versteht man das Ausmass, in welchem ein Mitglied einer Organisation bereit ist, Arbeit zu leisten.[16] Individuen, die gewillt sind hart zu arbeiten, gelten als "motiviert", jene die das nicht wollen, als "schlecht motiviert". Motivation kann nicht mit Produktivität gleichgesetzt oder mittels Produktivitätskennzahlen (vgl. Abschnitt 11.9) gemessen werden, denn selbst bei hoher Leistungsbereitschaft und grossem Einsatz, kann der erzielte Output aufgrund anderer Faktoren (z.B. mangelhafte Infrastruktur) sehr gering bleiben. Allerdings haben verschiedene Untersuchungen positive Relationen zwischen Motivation und Output gezeigt.

Zur Messung der Motivation bieten sich keine objektiven Kriterien an. Es handelt sich um subjektive Einstellungen zur Arbeit. In der Literatur findet man unterschiedliche Ansätze für die Erfassung und Bewertung der Motivation von Mitarbeitern.

[16] Price J./Müller C. (Measurement) 172

Meist werden dazu jedoch Fragebogen oder Interviews verwendet.[17] Die Mitarbeiter werden jeweils gebeten, ihre Zustimmung oder Ablehnung zu Fragen über ihre konkrete Tätigkeit und Arbeitsstelle sowie zur Arbeitswelt im allgemeinen kund zu tun. Um eine statistische Auswertung zu ermöglichen, wird dabei häufig eine Likert-Skala [18] verwendet.

Ein weiterer wichtiger Faktor, welcher die Leistungsbereitschaft beeinflusst, ist die sogenannte Arbeitszufriedenheit. Darunter wird das Mass der positiven, gefühlsmässigen Orientierung der Mitarbeiter zu ihrer Beschäftigung im Krankenhaus verstanden.[19] Die Zufriedenheit kann einerseits in bezug auf die Arbeit als Ganzes, oder aber auf einzelne Dimensionen des Arbeitsverhältnisse, wie z.B. die zu erfüllende Tätigkeiten, die Bezahlung, Kollegialität, Führung usw. ausgedrückt und gemessen werden. Für die Bestimmung der Arbeitszufriedenheit bieten sich in der Literatur ebenfalls verschiedene Vorgehensweisen an.[20]

Ueblicherweise werden auch hier Fragebogen mit konkreten Fragen zu Arbeit, Freizeit, Zufriedenheit und Glück gestellt. Der Grad der Zustimmung kann wiederum auf einer Likert-Skala ausgedrückt werden.[21]

Für die Bewertung der Resultate solcher Umfragen sind Vergleiche notwendig. Dies bedingt, dass die Befragung mit mehreren Mitarbeitergruppen, und wenn möglich in mehreren Institutionen, durchgeführt wird. Nur so wird eine Kontrolle der Validität und der Reliabilität ermöglicht. Bis heute fehlen in der Schweiz empirische Ueberprüfungen mit einfachen und wenig aufwendigen Frageschematas im Krankenhausbereich. Die bekanntgewordenen Untersuchungen gingen z.T. von anderen Fragestellungen aus und bilden nicht unbedingt eine taugliche Vergleichsbasis für institutionsspezifische Analysen.[22]

Als dritter Indikator für die Beurteilung der Leistungsbereitschaft kann die Analyse des Absentismus dienen. Im Gegensatz zu den beiden vorherigen Merkmalen handelt es sich dabei um eine objektiv feststellbare Grösse. Unter Absentismus wird das Fernbleiben eines Mitarbeiters von der vereinbarten und geplanten

---

17 Kanungo R. (Work)

18 Vgl. dazu Friedrichs J. (Sozialforschung) 175 ff

19 Price J./Müller C. (Measurement) 215

20 Vgl. u.a. die bei Price J./Müller C. (Measurement) 215-232 zitierte Literatur

21 Vgl. u.a. Brayfield A./Rothe H. (job satisfaction); Cook J. et al. (Work); diese Studien wurden auch bei Krankenhauspersonal durchgeführt und zeigten klare Zusammenhänge zwischen Unzufriedenheit und Stellenwechsel

22 Güntert B./Orendi B./Weyermann U. (Arbeitssituation); Schiesser A. (Personalprobleme); 65 ff

Arbeit verstanden.[23] Kriterium ist die ungeplante Nichteinhaltung des Arbeitseinsatzplanes. Vorausgeplante Abwesenheiten wie z.B. Ferien, Feier- oder Kompensationstage sind davon strikte zu trennen. Weiter muss unterschieden werden zwischen freiwilligem und unfreiwilligem Absentismus. Familiär- (z.B. Todesfall) oder unfallbedingtes Fernbleiben von der Arbeit liegt weniger im Ermessen des Mitarbeiters und wird als unfreiwillig bezeichnet. Im Hinblick auf die Beurteilung der Leistungsbereitschaft der Mitarbeiter interessiert aber vor allem der freiwillige Absentismus. Aufgrund der subjektiven Definition von Gesundheit und Krankheit - ein ärztliches Zeugnis muss meist erst nach einigen Tagen vorgelegt werden - ist eine exakte Abgrenzung praktisch nicht möglich. Es wird daher vorgeschlagen, verschiedene Masse für den Absentismus zu verwenden und die nicht ärztlich belegten, kurzfristigen Arbeitsabwesenheiten speziell zu berücksichtigen.

Für die Berechnung des Absentismus kann normalerweise auf Personaldaten, die bei Vorgesetzten, dem Lohnbüro oder im Personal-Informationssystem vorliegen sollten, basiert werden. Dabei ist die Verwendung folgender Masse denkbar:[24]

- verlorene Arbeitszeit: Anzahl verlorene Arbeitstage bzw. -stunden pro Zeitperiode, ungeachtet der Ursache oder aufgeschlüsselt nach Ursache.
- Frequenz: Anzahl der Arbeitsabwesenheiten ohne Berücksichtigung ihrer jeweiligen Dauer.
- Kurzabsenzen: Anzahl der ein- bzw. zweitägigen Absenzen, d.h. die spezielle Berücksichtigung der Krankheitsabwesenheiten die im Ermessen der Mitarbeiter liegen.

Eine Möglichkeit zur Ermittlung des Absentismus bietet die Verwendung von Fragebogen, d.h. die Ermittlung von subjektiven Daten zu diesem Problembereich.[25]

In jüngster Zeit wurden verschiedene Untersuchungen zum Absentismus des Krankenhauspersonals durchgeführt.[26] Diese ergaben z.T. Abwesenheitsraten von durchschnittlich 18-20 Prozent aller Beschäftigter. Diese Raten zeigen, dass Fehlzeiten zu einem namhaften Personal- und Kostenproblem werden. Abwesen-

---

[23] Price J./Müller C. (Measurement) 17

[24] Chadwick-Jones J. et al. (absenteeism) 19 ff und 83 ff

[25] Bavendam J. (organizational communication), die dort dargestellte Studie bei 1400 Mitarbeitern eines Krankenhauses im US-Staat Iowa zeigt auf, dass rund die Hälfte der Belegschaft in den drei Monaten vor der Befragung mindestens einmal von der Arbeit fernblieben (1x: 486, 2x: 153, 3x: 39, 4x: 23). Dabei gingen insgesamt über 600 Arbeitstage verloren.

[26] Vgl. u.a. Plücker W. (Fehlzeiten) 271 ff, Naegler H. (Fehlzeiten) 280 ff

heiten von 20 Prozent führen auch zu Planungsproblemen, muss doch vielfach Reservepersonal in die Einsatzplanung aufgenommen werden. Die Analyse der Gründe für die Abwesenheiten zeigt, dass diese einerseits von der Jahreszeit (Urlaub schwankt zwischen 6 und 18 Prozent), andererseits aber auch von der Berufsgruppe abhängig (krankheitsbedingte Fehlzeiten von 2,4% bei ärztlichen Personal und 14,7% beim Hausdienst) sind.[27]

Eine detaillierte Analyse der Fehlzeiten im Zeitablauf (Grund, Berufsgruppe und organisatorische Einheit) ergibt Hinweise auf die Belastung und die Arbeitszufriedenheit und zeigt die Notwendigkeit für Interventionen (Führungsstil, Motivation, Qualifikation, baulich-technische sowie organisatorische Arbeitsbedingungen usw.). Die Bewertung des Absentismus ist jedoch nur möglich, wenn sinnvolle Vergleichsgrössen vorliegen. Diese müssen im Zeitvergleich, Betriebsvergleich (z.B. auch zwischen Kliniken oder Stationen) oder Soll-/Ist-Vergleichen erarbeitet werden. Sinnvoll ist es auch, die Validität dieser Ergebnisse mit Hilfe anderer Indikatoren, wie z.B. Motivation, Arbeitszufriedenheit und Fluktuation zu überprüfen.

Ein weiterer Aspekt des "Wollens" ist die Bereitschaft zur ständigen Weiterbildung. Diese Bereitschaft ist keine objektive und starre Grösse, sondern sehr von der jeweiligen Situation abhängig. Bedeutungsvoll für die Bereitschaft zur Weiterbildung ist etwa die Arbeitsmarktsituation oder das Weiterbildungsangebot in der näheren Umgebung des Krankenhauses. Fehlt ein entsprechendes Angebot, so könnten innerbetriebliche Weiterbildungsveranstaltungen die Lücke schliessen oder das Angebot ergänzen. Ebenfalls von Bedeutung ist die Frage, ob der Besuch von Weiterbildungsveranstaltungen durch die Vorgesetzten oder das Krankenhaus gefördert werden, ob die Mitarbeiter für diese Zeit freigestellt werden und ob sich das Krankenhaus an den Kosten ganz oder teilweise beteiligt. Entsprechende Förderungsmassnahmen können die Bereitschaft der Mitarbeiter steigern.

Die Bereitschaft zur Weiterbildung kann mit Hilfe verschiedener indirekter Kennzahlen ausgedrückt werden. Finden innerbetriebliche Veranstaltungen statt, so kann die Besuchsrate der Zielgruppe als Indikator herangezogen werden.

$$\textbf{Besuchsrate} = \frac{\text{Besucher der Weiterbildungsveranstaltung}}{\text{Anzahl Personen in der anvisierten Zielgruppe}}$$

[27] Naegler H. (Fehlzeiten) 284 ff

Dabei ist jeweils zwischen freiwilligen und obligatorischen, sowie Veranstaltungen während der Arbeits- und der Freizeit zu unterscheiden.

Unterstützt das Krankenhaus den Besuch externer Veranstaltungen finanziell oder durch zeitliche Freistellung, so kann die Anzahl der Begehren für die Kostendeckung bzw. die Freistellung als Indikator benutzt werden. Sinnvoll ist es auch, diese Zahl zum jeweiligen Personalbestand in Beziehung zu setzen.

$$\textbf{Bereitschaft} = \frac{\text{Begehren für Kostenbeteiligung, od. Freitage}}{\text{Personalbestand}}$$

Als Kontrollgrösse für die Ermittlung der Bereitschaft des Krankenhauses, die Weiter- und Fortbildung des Personals zu unterstützen, kann die Anzahl der bewilligten Freitage, bzw. die aufgewendete Summe für Kursgelder usw., verwendet werden.

Diese Grössen müssen im Zeitablauf überwacht werden. Abweichungen gilt es, auf ihre Ursachen zu analysieren. In der Regel können sie nur teilweise auf einen Wandel der Bereitschaft zur Weiterbildung zurückgeführt werden. Häufig sind auch Veränderungen der internen und externen Situation dafür verantwortlich. Quervergleiche mit anderen Krankenhäusern oder zwischen verschiedenen organisatorischen Einheiten oder Berufsgruppen im selben Krankenhaus sind mit grossen Unsicherheiten behaftet, da sich das komplexe Umfeld der Weiterbildung nur schlecht objektivieren und standardisieren lässt.

Als eine weitere Dimension des "Wollens" wurde die Loyalität des Personals, d.h. die Bereitschaft der Mitarbeiter, sich in den Dienst des Krankenhauses zu stellen, bezeichnet. Mowday und Steers definieren Loyalität als Stärke der Identifikation eines Individuums mit der spezifischen Institution und seine Einbettung in dieser Institution.[28] Sie kann durch folgende drei Faktoren charakterisiert werden:[29]

- die Akzeptanz der Werte der betreffenden Institution
- die Bereitwilligkeit, sich zugunsten des Krankenhauses einzusetzen
- den Wunsch, Mitarbeiter des Krankenhauses zu bleiben

In der Literatur werden verschiedene Ansätze zur Messung der Loyalität vorgeschlagen.[30] Die meisten verwenden für die Datenerhebung wiederum die Frage-

28 Mowday R./Steers R. (Commitment)

29 Price J./Müller C. (Measurement) 70

30 Vgl. u.a. Salancik G. (Control); Pfeffer J. (Organizations); Porter L. et al. (commitment); Cook J./Wall T. (attitude measures)

bogentechnik. Dabei werden Aussagen gemacht, welche die drei obigen Faktoren möglichst abdecken. Die Beurteilung erfolgt wie oben durch die Bewertung des Zustimmungsgrades. Zur Ueberprüfung der Validität hat sich der Vergleich mit anderen Grössen, wie z.B. der Arbeitszufriedenheit, Absentismus und Produktivität bewährt. Eine weitere Kontrollgrösse, und damit ebenfalls ein Mass für die Loyalität, ist die Analyse der Personalfluktuationen aufgrund objektiver Daten.

Unter der Fluktuation bzw. dem Turnover versteht man die personellen Zu- und Abwanderungen einer Organisation.[31] Untersuchungsobjekt sind die Mitarbeiter einer Institution. Die meisten Studien zur Fluktuation beschäftigen sich mit der Abwanderung von Mitarbeitern. Sie unterscheiden dabei meist zwischen freiwilligem und unfreiwilligem Austritt, z.B. infolge Pensionierung oder Entlassung. Als Indikatior für die Loyalität sind zwei Grössen der Fluktuation von Bedeutung, nämlich:

- die "Fluktuations- oder Austrittsrate" und
- die "Länge des Arbeitsverhältnisses bei freiwilliger Kündigung".

Die Fluktuationsrate lässt sich anhand folgender Formel berechnen:

$$\textbf{Fluktuationsrate} = \frac{\text{freiwillige Austritte pro Zeiteinheit}}{\text{durchschnittlicher Personalbestand}}$$

Ueblicherweise wird als zeitliche Bezugsgrösse ein Jahr gewählt. Je nach Problemstellung sind jedoch auch andere Zeitperioden denkbar, wie z.B. Monate oder Quartale. Auch ist es sinnvoll, die Erhebung nach organisatorischen Einheiten zu differenzieren. Die Berechnung des Zählers der obigen Formel verursacht keine Schwierigkeiten. Probleme ergeben sich höchstens aus der Definition der "freiwilligen Abgänge", und eine Aufschlüsselung nach Austrittsgründen kann sich häufig als sinnvoll erweisen. Beispielsweise ist ein Austritt infolge Stellenwechsels des Lebenspartners und damit verbundenem Wohnortswechsel oder etwa infolge Schwangerschaft nicht gleich zu bewerten, wie ein Austritt aufgrund eines unbefriedigenden internen Arbeitsverhältnisses. Probleme stellt auch die Berechnung des Nenners. Je nach gewählter Zeitperiode und den Schwankungen des Personalbestandes muss eine andere Berechnungsart zur Festlegung des Durchschnittes gewählt werden. Bei grösseren Bestandesschwankungen genügt die Addition und spätere Zweiteilung von Anfangs- und Schlussbe-

[31] Price J./Müller C. (Measurement) 243

stand nicht. In solchen Fällen sollte der Personalbestand an bestimmten Stichtagen, z.B. dem 15. jedes Monates, als Basis genommen werden.

Für die Verwendung der Fluktuationsrate als Mass für die Loyalität sprechen mehrere Gründe. Erstens ist die Austrittsrate für die Beteiligten leicht verständlich und leicht in ihrer Bedeutung bezüglich der Loyalität der Mitarbeiter zu erfassen. Zweitens sind die benötigten Daten vorhanden und werden überall erhoben. Auch im Krankenhausbereich sind diese Kennzahlen bekannt. Es lassen sich somit leicht sinnvolle Quervergleiche anstellen.

Die Fluktuationsrate besitzt als solche noch keine präzise Bedeutung. Diese erhält sie erst durch eine entsprechende Interpretation. Dazu bedarf es oft vertiefter Kenntnisse über die krankenhausinterne Situation, die Personalzusammensetzung, das umliegende Versorgungssystem, den Arbeitsmarkt usw. Eine Fluktuationsrate von 100% beispielsweise könnte bedeuten, dass in der massgebenden Zeitperiode das gesamte Personal ausgetauscht wurde. Dies müsste bei der Krankenhausleitung zu grösster Besorgnis Anlass geben und würde nach entsprechenden, stabilisierenden Massnahmen verlangen. Eher wahrscheinlich ist allerdings, dass das Kader- und Stammpersonal stabil bleibt, andere Personalgruppen aber einen Turnover in der entsprechenden Zeitperiode von mehr als eins verzeichnen. Andrerseits kann die Austrittsrate - falls keine weitere Aufschlüsselung nach Kündigungsgrund erfolgt - auch leicht zu Fehleinschätzungen der Lage führen. Dies gilt insbesondere bei wachsenden Institutionen. Erfahrungsgemäss weisen Neueintritte höhere durchschnittliche Fluktuationsraten auf als eine Belegschaft mit längerdauernden Arbeitsverhältnissen. In wachsenden Institutionen ist gezwungenermassen der Anteil der Neueintretenden grösserer, so dass diese die Austrittsrate gesamthaft beeinflussen.[32]

Verbunden mit der Analyse der Fluktuationsrate sollte daher immer auch eine Analyse der Austrittsgründe sein. Diese gilt es dann aufzuteilen in arbeitsplatz- und nicht-arbeitsplatzbezogene Gründe. Auch daraus ergeben sich viele Hinweise für Interventionen zur Verbesserung der Arbeitssituation. Ein Ziel des Krankenhausmanagements sollte es nämlich sein, die Fluktuationsrate möglichst tief zu halten. Dadurch können nicht nur zusätzliche Kosten, sondern auch Belastungen und Unruhen in den Arbeitsteams, die sich negativ auf die Leistungserstellung auswirken, vermieden werden.[33]

---

32 Price J./Müller C. (Measurement) 245

33 Prescott P./Bowen S. (Nursing Turnover) 60 ff

Ein weiterer Indikator für die Loyalität ist die durchschnittliche Verweildauer der freiwilligen Abgänger. Da oft grössere Differenzen der zeitlichen Dauer der Arbeitsverhältnisse zu finden sind, kann dieses Mass nur dann sinnvoll interpretiert werden, wenn eine genügende statistische Basis vorliegt, die auch sinnvolle Differenzierungen erlaubt. Es empfiehlt sich auch, den Median, nicht das arithmetische Mittel als Masszahl zu verwenden. Die Verweildauer im Arbeitsverhältnis als Masszahl weist den Vorteil der einfachen Berechenbarkeit, der leichten Datenzugänglichkeit und der guten Verständlichkeit auf. Gegenüber der Fluktuationsrate macht die Verweildauer eine weitergehende qualitative Aussage, indem klar offengelegt wird, ob erfahrene Mitarbeiter oder aber vorwiegend Neueintritte das Arbeitsverhältnis im Krankenhaus freiwillig verlassen.

Im Zusammenhang mit dem "Wollen" muss man sich auch mit der Frage nach der Bereitschaft, Verantwortung zu tragen, auseinandersetzen. Eine Durchsicht der einschlägigen Literatur zeigt, dass zu dieser Fragestellung weder in der Theorie noch in der Praxis operationelle Kennzahlen entwickelt wurden. Ein mögliches Mass wäre etwa die jeweilige Anzahl interner Bewerbungen auf die Ausschreibung von Kaderpositionen. Da diese jedoch sehr von der konkreten Situation abhängig sind, handelt es sich um ein sehr grobes Mass. Bei dessen Interpretation müssen verschiedene Faktoren, wie z.B. Lohndifferenzen, Arbeitsmarktsituation generell, allgemeine Konjunkturlage, aber auch interne Arbeitssituation usw. entsprechend berücksichtigt werden. Quer- und Zeitvergleiche sind deshalb mit grosser Vorsicht zu beurteilen.

11.5.2 Infrastrukturelle Ressourcen

Neben den Informationen über die personellen Ressourcen muss das Krankenhausmanagement auch genaue Kenntnisse bezüglich der zur Verfügung stehenden Infrastruktur haben. Unter die infrastrukturellen Ressourcen fallen in dieser Betrachtung alle baulichen Anlagen, Einrichtungen (Betten und andere Einrichtungen für den dauernden Gebrauch) sowie das Verbrauchsmaterial. Alle diese Faktoren beeinflussen das Leistungsangebot, die Leistungserstellung und natürlich die Kosten des Krankenhauses. Es gilt daher, den aktuellen Stand der infrastrukturellen Ressourcen zu kennen und ihre Entwicklung zu verfolgen.

Eine systematische Erfassung der entsprechenden Informationen ist nicht einfach. Die situativen Verhältnisse, wie Lage des Krankenhauses, angestrebtes

Versorgungsniveau usw. sind sehr unterschiedlich. Ueberinstitutionelle Vergleiche sind daher, besonders, was die apparativen Ressourcen betreffen, nur mit Einschränkungen zulässig. Im Bereich der Medizintechnik und des medizinischen Materials ist zudem die Dynamik des Marktes extrem gross. Dennoch muss versucht werden, auch in diesem Bereich Daten systematisch und permanent zu erfassen und in geeignete Entscheidungsgrundlagen zu verarbeiten.

11.5.2.1 Bauliche Ressourcen

Die bauliche Struktur eines Krankenhauses prägt einerseits die Attraktivität, andererseits die Prozesse der Leistungserbringung und damit den Personalbedarf und die Kosten ganz entscheidend.[34] Von besonderer Bedeutung sind dabei die zur Verfügung stehenden Flächen und die Verkehrswege. Weiter interessieren das jeweilige Bauvolumen und die Erschliessung mit Nasszellen, Energie- und Kommunikationsanschlüssen sowie medizinisch notwendiger Infrastruktur (z.B. Hebevorrichtungen im Pflegebereich, rollstuhlgängige Toiletten usw.). Diese Daten lassen sich objektiv und quantitativ erheben und bilden die Grundlage für die Berechnung verschiedener Standards und Kennzahlen.

Bei der Ermittlung der Flächen im Krankenhaus muss differenziert vorgegangen werden. Kenntnisse über die Bruttofläche alleine helfen wenig. Eine krankenhausspezifische Untergliederung der Flächen ist notwendig. Die DIN-Norm sieht folgende Grobeinteilung vor:[35]

1.00 Untersuchung und Behandlung
2.00 Pflege
3.00 Verwaltung und Information
4.00 Soziale Einrichtungen
5.00 Ver- und Entsorgung
6.00 Forschung und Ausbildung
7.00 Sonstige Einrichtungen
8.00 Betriebstechnische Anlagen
9.00 Verkehrserschliessung und -sicherung

Diese Flächenkategorien sind nach Funktionsbereichen weiter untergliedert, nämlich in:

---

[34] Vgl. u.a. Benzoni E./Gasser W. (Krankenhausgrösse) 90 ff
[35] DIN-Norm 13080, vgl. u.a. Gatermann H. (Grundflächen) 11 ff

- Nutzflächen
- Verkehrsflächen
- Funktionsflächen und
- Konstruktionsflächen.

Basierend auf diesen Daten werden verschiedene Kennzahlen gerechnet. Einerseits werden die internen Verhältnisse ermittelt, z.B. Nutzfläche (Behandlungsfläche) zu Verkehrsfläche. Andererseits werden die Flächen auch zu verschiedenen Grössen - meist den Planbetten - in Beziehung gesetzt, so z.B. Nutzfläche der Intensivpflege zur Planbettenzahl der Intensivpflegestation. In vielen Betriebsbereichen ist allerdings der Bezug zur Planbettenzahl wenig sinnvoll. Hier werden andere Bezugsgrössen gewählt wie z.B. Leistungen, Anzahl Mitarbeiter usw.

Eine Untersuchung über die Entwicklung der Flächenanteile während der letzten 20 Jahre in 52 Krankenhäusern des Landes Nordrhein-Westfalen hat gezeigt, dass der Flächenbedarf pro Planbett in allen Bereichen gestiegen ist.[36] Am stärksten lässt sich der Mehrbedarf in medizinisch-technischen Gebieten, sowie bezüglich Verkehrs- und Abstellflächen nachweisen. Hier verläuft die Entwicklung parallel zu jener der Medizin und der Medizintechnologie. Der Anteil an Nutz- bzw. Pflegefläche an der Bruttogesamtfläche ist hingegen sinkend.[37]

Eine weitere Information, die im Zusammenhang mit der baulichen Struktur und dem Personalbedarf interessiert, sind Angaben über die Distanzen, bzw. Transportwege. Diese gilt es, mit den bei der Leistungserfassung erhobenen, regelmässig anfallenden Transporten (z.B. von den Pflegestationen zu Diagnose- oder Therapiebereichen) in Beziehung zu setzen und in die Quervergleiche von Personalkennzahlen des Pflege- bzw. Transportdienstes miteinzubeziehen (vgl. Abschnitt 11.9).

Neben den reinen Flächen- und Distanzmassen interessieren auch räumliche Gliederungen. Im Pflegebereich drückt sich dies etwa im Verhältnis der Einbett-, Zweibetten- und Mehrbettenzimmer aus. Diese räumliche Gliederung hat einen direkten Einfluss auf den Arbeitsaufwand und damit den Personalbedarf verschiedenster Personalkategorien.

---

[36] Gatermann H. (Grundflächen) 414 ff

[37] Gatermann H. (Grundflächen) 417

Für die Beurteilung der baulichen Ressourcen ist auch die baulich-technische Einrichtung von Bedeutung. Im Pflegebereich sind vor allem die Anzahl der Nasszellen, Energie-, Sauerstoff-, Vakuum-, Pressluft- und Telefonanschlüsse massgebend. Diese werden häufig mit den Planbetten in Bezug gesetzt. Derartige Kennzahlen gelten als grobe Indikatoren für die bauliche Attraktivität und den Luxus des Krankenhauses und interessieren insbesondere im Zusammenhang mit der Frage nach dem Privatbettenangebot.

Die Bewertung der baulichen Ressourcen wird vor allem im überinstitutionellen Quervergleich erfolgen und Hinweise für die Interpretation abweichender Effizienzkennzahlen ergeben. Sie sind aber auch wichtige Grundlage für die Bildung verschiedenster Personal- und Leistungsstandards im Krankenhaus.

Die qualitative Analyse der baulichen Ressourcen kann mittels einer ausgebauten Anlagebuchhaltung unterstützt und erleichtert werden. Der monetäre Wert ist trotz aller Einschränkungen (Abschreibungsmodus) ein recht guter Indikator für den Zustand der Liegenschaften. Die Anlagebuchhaltung ist erst seit 1985 in der VESKA-Kostenrechnung vorgesehen. Sie erfasst neben dem Wert der Anlagen am Bilanzstichtag auch Abschreibungen und grössere werterhaltende oder wertsteigernde Massnahmen. Diese können sich auch positiv auf die Qualität der Leistungserbringung auswirken. Die Anlagebuchhaltung erlaubt wenigstens monetär einen Vergleich zwischen verschiedenen Krankenhäusern.

11.5.2.2 Einrichtungen

Zur Beurteilung von Krankenhäusern wird immer wieder die Bettenzahl herangezogen. Tatsächlich haben mehrere Untersuchungen direkte und indirekte Zusammenhänge zwischen Bettenzahl und Kosten, Leistungshäufigkeit, medizinischem Bedarf usw. ergeben.[38] Die Bettenzahl gilt auch als Ordnungskriterium für die Gruppierung der Krankenhäuser im überinstitutionellen Vergleich.[39] Sie bildet damit die Basis für verschiedenste Kennziffern über die Ressourcenzusammensetzung und -nutzung.

Die Ermittlung der Bettenzahl ist in der Praxis nicht so einfach, wie es auf den ersten Blick scheint. Einerseits gilt es, Säuglings- und Spezialbetten auszuscheiden, andererseits muss zwischen Planbetten und betriebenen Betten sowie zwi-

---

[38] Vgl. u.a. Benzoni E./Gasser W. (Krankenhausgrösse); Gessner U./Horisberger B. (Indikatoren)
[39] z.B. VESKA (Krankenhausstatistik)

schen Allgemein- und Privatbetten unterschieden werden. Im überinstitutionellen Vergleich ist somit die Basis der Betten ganz klar zu definieren.

Neben den Betten müssen bei der Analyse der Einrichtungen auch andere medizin-technische und pflegerische Einrichtungen erfasst werden. Dazu lässt sich allerdings kein allgemeingültiger Raster bilden, sind doch die Einrichtungen je nach Fachbereich und Versorgungsniveau des Krankenhauses stark unterschiedlich und lassen sich nicht vergleichen (z.B. Radiologie, Operationssaal, Labor und Verwaltung). Für jeden Fachbereich müssen daher die wichtigsten funktionsbezogenen Technologien definiert und das Vorhandensein der Geräte bezeichnet werden (vgl. Abb. 11-12). Dies ergibt im überinstitutionellen Vergleich mit Krankenhäusern ähnlicher Versorgungsstufen Hinweise über Stärken bzw. Schwächen der medizin-technischen oder pflegerischen Einrichtungen.

Ausrüstungskatalog	Institutionen			
	A	B	C	D
Ultraschall-Diagnostik Gerät				
Kardiotokograph mit EKG				
mit Druckmessung				
Herztondetektor				
Amnioskopieeinrichtung				
Infusionspumpen				
Blutgas-Meter				
pH-Meter				
"Reanimationstische"				
Inkubatoren				
Transportinkubatoren				
Wärmebettchen				
Fototherapielampe				
Infrarotlampe				
Respirator				
Atemmonitor				
EKG-Monitor				

Abb. 11-12. Ausrüstungskatalog der geburtshilflichen Abteilung (Grundversorgung, Quelle: Gessner U. IFZ)

Für Krankenhäuser der Zentrums- oder Maximalversorgung können die obigen Ausrüstungskataloge nicht massgebend sein. Für diese Institutionen sind spezielle Raster mit einer Konzentration auf Grossgeräte zu entwickeln. Ein Schritt dazu erfolgte 1986 in der Bundesrepublik. Im Rahmen der Reichsversicherungsordnung für den bedarfsgerechten und wirtschaftlichen Einsatz von medizinisch-technischen Grossgeräten wurden entsprechende Richtlinien entwickelt. [40] Im Bereich der Diagnose fallen folgende Geräte unter die bundesdeutschen Richtlinien:

- Computer-Tomographen (Schädel und Ganzkörper)
- Emissions-Computer-Tomographen SPECT (Single-Photon-Emissions-Computer-Tomograph) Szintigraphische Grossfeldkameras (Gamma-Kameras)
- MRI-Geräte (Kernspin-Tomographen)
- Koronarangiographische Arbeitsplätze (Herzkatheter-Messplätze)
- DSA (Digitale Subtraktions-Angiographie)

	Institutionen A	B	C	D
- Magen-Darm-Platz				
Tisch fix				
schwimmend				
Kipptisch				
Wandbucky				
Röhre: Untertisch				
Obertisch: Säule				
Decke				
Bildverstärker				
Monitor				
Belichtungsautomatik				
Generator für 1 Platz				
2 Plätze				
Zusatztisch (Nebenraum)				
- Knochen-Extremitäten-Platz				
Tisch fix				
schwimmend				
Wandbucky				
Röhre: Untertisch				
Obertisch: Säule				
Decke				
Tomographie Zusatz				
Bildverstärker				
Monitor				
Belichtungsautomatik				
Generator für 1 Platz				
2 Plätze				
- Zytoskopie- Platz				

Abb. 11-12a. Beispiele für Ausrüstungskataloge der Röntgenabteilung (Grundversorgung, Quelle: Gessner U. IFZ)

[40] Bundesausschuss der Aerzte und Krankenkassen (Richtlinien)

Im Bereich der Therapie sind es:

- Kreisbeschleuniger
- Tele-Kobalt-Therapiegerät
- Linearbeschleuniger
- Stosswellenlithotripter

Im überinstitutionellen Vergleich kann die regionale Verteilung der Grosstechnologie dargestellt und damit die Standortplanung unterstützt werden. Solche Vergleiche sind für das einzelne Krankenhaus im Rahmen der Analyse des umliegenden Versorgungssystems von Bedeutung. Das eigentliche Ziel aber, die sanktionsfähige Steuerung von Grossgeräten durch Staat und Krankenkassen konnte bis heute auch in der Bundesrepublik nicht verwirklicht werden.[41]

Ein weiteres allgemeines Mass zur Beurteilung der Einrichtungen ist beispielsweise der Automatisierungs-, bzw. Mechanisierungsgrad.[42] Dieses Mass, welches auch in der Industrie verwendet wird, ist allerdings noch wenig entwickelt. Meist wird dabei auf den Energiekonsum pro Mitarbeiter, ausgedrückt etwa in Kilowattstunden [43], abgestellt.

Da selbst mit Hilfe von Ausrüstungskatalogen und dem allgemeinen Automatisierungs- bzw. Mechanisierungsgrad Betriebsvergleiche nur schwer durchführbar sind, wird nach einem generalisierenden Mass für die Erfassung der apparativen Einrichtungen gesucht. Ein mögliches Mass bildet wiederum der Geldwert aus der Anlagebuchhaltung. Werden von den Krankenhäusern vergleichbare Bewertungsverfahren und Abschreibungssätze verwendet, wie dies z.B. in der VESKA-Kostenrechnung vorgeschlagen wird [44], so lassen sich im Zeitablauf und im Quervergleich grobe Schlüsse auf die apparative Ausstattung machen.

Bei der Beurteilung der Einrichtungen und Technologien interessieren jedoch nicht nur die effektive Ausstattung, die Mechanisierung und Automatisierung, sowie der Anlagewert im Krankenhaus. Viel bedeutungsvoller ist die Auswirkung der apparativen Einrichtung auf das Leistungsspektrum, auf die Komplexität und Organisation des Systems und die Standardisierung der Abläufe der Leistungserstellung (vgl. dazu Abschnitt 11.6).

---

[41] Brückenberger E. (Grossgeräte) 166 ff

[42] Price J./Müller Ch. (Measurement) 169 ff

[43] Vgl. u.a. Marsh R./Manuari H. (Modernization) 109

[44] VESKA (Kostenrechnung) 44

11.5.2.3 Sachressourcen

Unter den sachlichen Ressourcen werden die verwendeten Einweg- und Verbrauchsmaterialien, sowie die Sachmittel mit kurzer Lebensdauer subsumiert. Darunter fallen Arzneimittel, Verbandsmaterial, OP-Material, Probenträger für Laborteste, Wäsche usw. Das Verbrauchsmaterial lässt sich noch weniger klassieren, erfassen und vergleichen als die Einrichtungen. Eine detaillierte Erfassung und regelmässige Auflistung der Mengen und Kosten ist bloss bei einigen wichtigen oder teuren Sachmitteln sinnvoll, z.B. Antibiotika, Implantate usw. Für die Erfassung der übrigen Sachressourcen genügt die Erhebung und Kontrolle des Sachmittelaufwandes im Rahmen der Rechnung und der laufenden Budgetüberwachung. Eine detaillierte Erhebung des Aufwandes ist bezüglich Verwendungsort (Kostenstellen), kaum aber detailliert nach Sachmittelart notwendig (vgl. Abschnitt 6.11, und 7.11). Mit Hilfe moderner Materialbewirtschaftungssysteme können jedoch in diesem Bereich sehr detaillierte Daten geliefert werden.

11.5.3 Finanzielle Ressourcen

In den meisten heute üblichen Informations- und Kennzahlensystemen steht die Erfassung von finanzwirtschaftlichen Informationen im Vordergrund. Dabei wird von der Auffassung ausgegangen, dass mit vorhandenen finanziellen Mitteln alle notwendigen Ressourcen (Personal, Infrastruktur und Material) beschafft werden können.[45] Heute zeigt sich aber, dass Engpässe weniger bei finanziellen als vielmehr bei personellen Ressourcen auftreten. Zudem spielen bei Entscheidungen der im medizinisch-pflegerischen Bereich des Krankenhauses Beschäftigten, die finanziellen Ressourcen bloss eine sekundäre Rolle. Von primärem Interesse sind die Patienten und die zur Verfügung stehenden personellen und sachlichen Ressourcen.

Trotz dieser Vorbehalte ist es wichtig, dass auch die finanziellen Mittel detailliert und in ihrer Entwicklung im Zeitablauf erfasst werden. Dabei ist ein differenziertes Vorgehen notwendig, welches je nach Finanzierungsmodell verschieden sein muss. Für die Erfassung der finanziellen Ressourcen muss das Krankenhaus als System verstanden werden, in welchem neben Patienten-, Mitarbeiter- und Sachmittelströmen auch Finanzströme fliessen. Es gilt nun an verschiedenen Orten des Systems mit Hilfe eines ausgebauten Rechnungswesens Messstellen einzu-

[45] Cone P. et al. (Resource)

bauen und die Verwendung, die Bestände und die Herkunft der Finanzmittel zu überwachen.

Für die Erhebung der Mittelverwendung bieten sich Kostenrechnungsmodelle, wie z.B. das VESKA-Modell [46], an. Mit Hilfe dieser Kostenrechnungssysteme lassen sich die Kostenarten (Personal-, Sachmittel- und Investitionsaufwendungen) detailliert erheben. Die Ueberwachung der Entwicklungen der verschiedenen Kostenarten kann wichtige Hinweise für Führungsentscheide geben.

Die Umlage der Kostenarten auf die Kostenstellen [47] ergeben weitere wichtige Führungsinformationen, da Aussagen gemacht werden, an welchen Stellen des Krankenhauses die Mittelverwendung stattfindet.

Eine notwendige Weiterentwicklung der heutigen Kostenrechnung ist die Schaffung einer echten Kostenträgerrechnung, wie sie z.T. mit dem DRG-System (vgl. Kapitel 9) oder der patientenbezogenen Kosten- und Leistungsrechnung [48] verwirklicht wurde. Dies hätte auch den Vorteil, dass die immer wichtiger werdende Aufteilung des Aufwandes zwischen ambulanten und stationären Patienten korrekt erfolgen könnte.

Für operative Managemententscheidungen weniger wichtig sind Kenntnisse über allgemeine Bestandesgrössen der Finanzbuchhaltung. Das Rechnungswesenmodell der VESKA [49] dürfte genügen, um die von dieser Seite her benötigten Informationen zu erarbeiten. Für die strategische Führung von Bedeutung ist aber die in der Erfolgsrechnung ausgewiesene Mittelherkunft. Je nach Ausmass der Krankenhausfinanzierung wird auch Einfluss auf das strategische Krankenhausmanagement ausgeübt. Finanziert beispielsweise der Staat alle Investitionen und einen Grossteil der Betriebskosten, so wird er entsprechend Einfluss nehmen wollen. Trägt hingegen die Standortgemeinde das Defizit, so wird sie Mitsprache ausüben. Es wird daher vorgeschlagen, die Mittelherkunft im Zeitablauf zu verfolgen und in Beziehung zum Finanzhaushalt der jeweiligen Körperschaft bzw. Institution zu bringen (vgl. Abschnitt 11.36), um deren mögliche Interessen und Einflussnahmen antizipieren zu können.

---

46 VESKA (Kostenrechnung); vgl. auch Abschnitt 6.11

47 VESKA (Kostenrechnung) 17 ff; vgl. Abschnitt 6.11.2

48 Bertelsmann Stiftung (Budgetierung)

49 VESKA (Kostenrechnung)

Mit Hilfe der Daten aus dem Rechnungswesen und der Kostenrechnung, lässt sich nun eine Fülle von Kennzahlen bilden [50], die im Zeit- und im Quervergleich beurteilt werden können und wichtige Entscheidungsgrundlagen liefern.

11.5.4 Strukturdaten als Qualitätsindikatoren

Die detaillierte Erfassung der Ressourcen ist auch für die Beurteilung der Qualität des Krankenhauses von Bedeutung. Strukturdaten (Personelle, infrastrukturelle und sachliche Ressourcen, sowie ihre interne Organisation) sind nach Donabedian eines der drei Hauptkriterien für die Bestimmung der Qualität.[51]

Insbesondere geht es ihm dabei um:[52]

- Anzahl, Zusammensetzung und Qualifikation des Personals
- Organisation des Personals
- Vorhandensein und Funktion von Qualitätskontrollmechanismen
- Arbeitzufriedenheit
- Fluktuationsrate und durchschnittlichen Beschäftigungsdauer
- Struktur und Zustand der Infrastruktur
- Verfügbarkeit von Material
- Möglichkeiten der Zusammenarbeit mit anderen Dienstleistungen und Institutionen

Bei der Beurteilung der Strukturen im Hinblick auf die Qualität des Krankenhauses wird von der Annahme ausgegangen, dass das Vorhandensein ausreichender und qualitativ hochstehender Ressourcen wohl nicht zwingend, aber doch mit einer grossen Wahrscheinlichkeit, zu einer qualitativ hochstehenden Leistungserbringung führt.

11.6 Baustein: Leistungserstellung

Bei der Erfassung der Leistungserbringung geht es nicht mehr um die Ressourcen und noch nicht um die erbrachten Leistungen. Im Zentrum des Interesses steht vielmehr die Frage, wie die Ressourcen im Prozess der Leistungserstellung

---

[50] Vgl. u.a. VESKA (Kostenrechnung); Hauke E. (Kennzahlen), Eichhorn S. (Krankenhaus II), Röhrig R. (Controllingsystem), vgl. auch Abschnitt 11.9

[51] Donabedian A. (Quality) 79 ff

[52] Donabedian A. (Quality) 95 ff

eingesetzt werden. Die Informationsgewinnung über die eigentliche Leistungserbringung muss vielschichtig sein.

Ein häufig verwendetes Beurteilungskriterium ist die Produktivität (vgl. Kapitel 11.92), d.h. die Relation zwischen den eingesetzten Mitteln (z.B. Personal) und den erreichten Einzelleistungen (z.B. Röntgenbilder). Diese Beurteilung geht nicht direkt auf die eigentlichen Prozesse der Leistungserstellung ein und kann daher nur als globale Vergleichsgrösse zur Aufdeckung möglicher Schwachstellen dienen.

Bei der Beurteilung der Leistungserbringung geht es mehr um die Aufbau-(Struktur) und Ablauforganisation (Operations Management) des Krankenhauses. Indikatoren für die Struktur sind etwa die Kompliziertheit und die Komplexität des Systems. Unter Kompliziertheit versteht man den Grad der formalen Strukturierung einer Institution.[53] Eine kompliziertes System ist somit charakterisiert durch eine grosse Anzahl von Subsystemen, Verantwortungsbereichen und durch räumliche Gliederung. In der Literatur werden daher häufig zwischen folgenden vier Dimensionen der Kompliziertheit unterschieden:[54]

- Grad der Arbeitsteilung, z.B. ausgedrückt in Anzahl verschiedene Berufsgruppen
- Anzahl selbständige organisatorische Untereinheiten im Krankenhaus, etwa Kliniken und Institute, oder Pflegeabteilungen bzw. -stationen
- Anzahl Hierarchiestufen (aus dem Organigramm)
- Anzahl Lokalitäten

Weitere Masszahlen für die Kompliziertheit wären etwa:

- Anzahl Koordinationsorgane (Komitees, Arbeitsgruppen) oder Koordinationsaufwand (Sitzungsstunden)
- Anzahl Koordinationsinstrumente (Stellenbeschreibungen, Funktionendiagramme, Organigramme)

Neben der formalen Aufbauorganisation interessiert im Baustein "Leistungserstellung" auch die Ablauforganisation. Der Leistungserstellungsprozess im Krankenhaus kann - wie jeder andere Produktionsprozess - unter ökonomischen und zeitlichen Aspekten analysiert und optimiert werden.[55]

---

53 Price J./Müller Ch. (Measurement) 100; vgl. auch Kapitel 4

54 Blau P./Schoenherr R. (Structure) 49 f und 80

55 Hegemann H. (Prozessplanung) 40

Eine Optimierung setzt aber ein operationales Zielsystem voraus. Ein solches lässt sich aufgrund der Messproblematik des Krankenhaus-Outputs - vor allem die Nutzen der Krankenhausleistungen lassen sich kaum ermitteln (vgl. Abschnitt 11.8) - nicht realisieren. Daher muss entweder auf vage oder zeitbezogene Analyse-, bzw. Optimierungskriterien oder sehr aufwendige Kosten-/Nutzen-Analysen [56] ausgewichen werden.

Bei der zeitlichen Optimierung wird das Preisgerüst durch ein Zeitgerüst substituiert, d.h. man unterstellt allen Kosten eine Zeitproportionalität. Aus medizinischer Sicht entspricht eine kurze Diagnosedauer tatsächlich einer hohen Bedienungsqualität des Diagnosesystems und aus politischer Sicht einem guten Systemzutritt für die Bevölkerung. Eine kurze Aufenthaltsdauer spricht aus medizinisch-pflegerischer Sicht für eine effektive Leistungserbringung im Therapie- und Pflegesystem und ergibt, da der Patient das Gesundheitssystem nicht mehr belastet oder rascher in den Arbeitsprozess zurückkehrt, einen gesamtwirtschaftlichen Nutzen. Im Einzelfall kann sich eine kurze Verweildauer aber durchaus auch negativ auswirken (z.B. alleinlebender Pflegefall ohne Hilfe). Auch widerspricht sie den ökonomischen Zielsetzungen des Krankenhauses, dessen Deckungsbeitrag der Tagessätze mit zunehmender Aufenthaltsdauer steigt. Dennoch ist eine Unterstellung der Zeitproportionalität sicher berechtigt. Der Zeitaufwand wird denn auch häufig als einzige Grundlage für eine aussagefähige, individuelle Faktoreinsatzermittlung der menschlichen Arbeit, bzw. der Leistungserstellung am Patienten, gesehen.[57]

Der Prozess der Leistungserstellung am Patienten kann als Netzwerk von Tätigkeiten, bzw. Leistungsstellen dargestellt werden, welches der einzelne Patient auf unterschiedlichen Wegen zu durchlaufen hat.[58] Mit Hilfe verschiedener betriebswirtschaftlicher Analysemethoden - vor allem aus der Netzplantechnik - lassen sich nun diese Prozesse auf ihre zeitkritischen Variablen und die zeitlichen Freiheitsgrade der einzelnen Leistungen unter Berücksichtigung eines Behandlungsendtermins analysieren. Dies bildet die Voraussetzung zur Verkürzung kritischer Diagnose- und Therapieprozesse mit Hilfe organisatorischer Massnahmen.[59] Bedingung dazu ist, dass für die einzelnen Diagnose-, Behandlungs- oder Pflegeleistungen der durchschnittlich benötigte Zeitbedarf und das Patientenaufkom-

---

56 Bapst L. (Kosten-Nutzen-Analyse)

57 Borzutzki R. (Untersuchungsmethoden) 17 f

58 Hegemann H. (Prozessplanung) 43

59 Hegemann H. (Prozessplanung) 45 ff

men für die verschiedenen Leistungen bekannt sind. Dazu ist meist die Durchführung grösserer empirischer Untersuchungen notwendig.[60]

Der Einsatz der Ressourcen wird wirkungsvoller, damit auch wirtschaftlicher, wenn der Arbeitsablauf vorausschauend geplant wird. Dies gilt für das Krankenhaus genauso wie für den Industriebetrieb. Die Analyse der Leistungserstellungs-Prozesse muss daher vor allem folgende Informationen liefern:[61]

- Besteht eine sinnvolle Folge der einzelnen Tätigkeiten eines Arbeitsablaufes?
- Sind die Tätigkeiten aufeinander abgestimmt?
- Wird eine optimale Durchlaufzeit erreicht?
- Wird eine optimale Auslastung des Personals, der Sachmittel und der Infrastruktur erreicht?

Die Abläufe im Krankenhaus werden stark durch die Gebäudeanordnung, die Lage der einzelnen Bereiche zueinander und die bestehenden Informations- und Verbindungswege bestimmt. Dies muss bei der Arbeitsanalyse gebührend berücksichtigt werden. Inhalt gezielter arbeitswissenschaftlicher Untersuchungen kann daher kaum das Krankenhaus als Ganzes sein. Dieses wird zu sehr durch die arbeitsorganisatorischen Massnahmen geprägt. Untersuchungsobjekt der Arbeitswissenschaft sind die verschiedenen Funktionsbereiche, in denen sich die Arbeitsprozesse konkret abspielen. Wichtigste Ansatzpunkte für Rationalisierungs- und Optimierungsmassnahmen sind Verringerung oder Vermeidung unproduktiver Warte- und Wegzeiten.

11.7 Baustein: Einzelleistungen

Der betriebswirtschaftliche Leistungsbegriff beinhaltet die Menge, bzw. den Wert der im betrieblichen Leistungsprozess erbrachten Dienste.[62] Einzelleistungen sind das Ergebnis der Kombination von Ressourcen und Tätigkeiten. Die Menge im Leistungsbegriff beziffert den Output, der in der Leistungsstatistik erfasst wird (vgl. Abschnitt 6.11.3). Der Leistungswert spiegelt sich im Ertrag wider und wird durch das Rechnungswesen festgehalten (vgl. Abschnitt 6.11.2).

---

[60] Vgl. u.a. Hegemann H. (Prozessplanung) für das Diagnostiksystem; Borzutzki R. (Untersuchungsmethoden) für medizinisch-technische, pflegerische und ärztliche Bereiche; Nelson C. (Operations management) für medizinisch-technische und administrative Bereiche

[61] Eichhorn S. (Krankenhaus I) 308

[62] Herrler M. (Leistungserfassung) 503 f

Diese enge, betriebswirtschaftliche Definition wird der komplexen Situation des Krankenhauses nur wenig gerecht. Die eigentliche Krankenhausleistung liegt in der Zustandsveränderung beim Patienten [63], und zwar möglichst in einer Verbesserung seines Gesundheitszustandes. Da diese Leistung jedoch nicht direkt oder dann nur unvollständig gemessen und bewertet werden kann (vgl. Abschnitt 11.8, aber auch 10.34.2), wird Menge, Wert (Ertrag) oder Taxpunktwert der erbrachten Einzelleistungen als eine Annäherung genommen. Diese Grössen bilden die Basis für die Berechnung einer Vielzahl von Kennzahlen zur Beurteilung der Leistungsfähigkeit des Krankenhauses (vgl. Abschnitt 6.2, 6.4, 7.4, 7.5, 8.3).

Problematisch an diesem Ansatz ist, dass sich die eigentliche Leistungsfähigkeit des Krankenhauses nicht durch die Anzahl, bzw. den Wert der erbrachten Einzelleistungen ausdrücken lässt. Massgebend ist vielmehr die Vielfalt der Diagnose- und Therapiemöglichkeiten und der rationelle Einsatz der Mittel im Prozess der Leistungserbringung, bzw. im Heilungsprozess. Dieses Minimalprinzip besagt, dass der Heilungserfolg mit dem geringsten Einsatz von Mitteln und Leistungen anzustreben ist. "Das Krankenhaus, das den grössten Leistungserfolg mit möglichst wenig Einzelleistungen erbringt, ist das wirtschaftlichste".[64]

Die Erfassung erbrachter Einzelleistungen ist im Krankenhausbereich verbreitet. Aufgrund der Pauschalisierung der Krankenhausentschädigung hatte sie jedoch an Bedeutung verloren. Erst in jüngster Zeit - vor allem im Zusammenhang mit der verbesserten Kostenrechnung und dem vermehrten Einsatz von EDV - werden wieder grössere Anstrengungen unternommen (vgl. Abschnitt 3.22 und 3.3). Neuere Tendenzen in der Krankenhausfinanzierung unterstützen diese Anstrengungen, da in immer mehr Kantonen aufwendige Leistungen auch bei Allgemeinpatienten separat verrechnet werden können.

Die Erfassung von Einzelleistungen beschränkt sich in den meisten schweizerischen Krankenhäusern auf die verrechenbaren Leistungen der Privat- und Halbprivat-Patienten. Als Annäherungsgrösse für die Leistungsbeurteilung gelten daher i.d.R. die Anzahl der erbrachten Pflegetage, bzw. die Anzahl der behandelten Patienten (vgl. Abschnitt 6.11, 7.11, 8.11, 8.32). Beide Grössen weisen einige schwerwiegende Nachteile auf. Die Pflegetage bilden bloss ein Näherungsmass für die stationären Leistungen, während die immer bedeutungsvollere ambulante

---

63 Eichhorn S. (Krankenhaus I); vgl. auch Abschnitt 2.21

64 Herrler M. (Leistungserfassung) 504

Tätigkeit nicht mitberücksichtigt wird. Auch sagt sie nichts über die Intensität der ärztlichen Leistungserstellung, bzw. der Pflege aus. Aehnliches gilt für die Grösse "behandelte Patienten".

Zur Beurteilung der Produktivität einzelner Leistungsstellen bedarf es einer detaillierten Erhebung der Einzelleistungen. Dazu sind diese Leistungen nach verschiedenen Kriterien zu gliedern. Im ärztlichen Bereich ist zwischen diagnostischen und therapeutischen und Leistungen, jeweils primärer und sekundärer Art, sowie zwischen ambulanten und stationären Patienten zu unterscheiden. Unter Primärleistungen verstehen wir alle Leistungen, die von der Pflegestation (Haupt-, bzw. Endkostenstelle) oder operativen Einheiten selbst erbracht werden (vgl. Abb. 4-7). Sekundärleistungen hingegen werden durch Anforderungen der Kliniken in zentralen Instituten (Vorkostenstellen wie z.B. Radiologie, Physiotherapie, Labor, bzw. unterstützende Einheiten) ausgelöst und dort erbracht. Im einzelnen können folgende Leistungsgruppen unterschieden werden:[65]

Aerztlicher Bereich:

Diagnostische Leistungen
- primär z.B. Untersuchung, Visite, EKG auf Station
- sekundär z.B. Laboruntersuchungen, nuklearmed. Untersuchungen, strahlendiagnostische Untersuchungen

Therapeutische Leistungen
- primär z.B. Operation, Geburtshilfe
- sekundär z.B. Strahlentherapie, physikalische Therapie

Pflegebereich
- Grundpflege (z.B. betten, waschen der Patienten, Essen austeilen und eingeben)
- Behandlungspflege (z.B. verabreichen von Medikamenten und Injektionen)

Verwaltungsbereich
- Direkt patientenbezogen: Patientenaufnahme, Speisenversorgung, Wäscheversorgung
- Indirekt patientenbezogen: Allgemeine Verwaltungsleistungen, Entsorgungsleistungen, Reinigungsdienst

Die Pflegeleistungen werden in diesem Raster alle als Primärleistungen definiert, d.h. dem ärztlichen Bereich zugeordnet. Im Verwaltungsbereich hingegen werden keine Primärleistungen erbracht. Alle Leistungen im Verwaltungs- und Oekonomiebereich werden durch andere Stellen ausgelöst.

[65] Herrler M. (Leistungserfassung) 504

Die Erfassung der detaillierten Pflegeeinzelleistungen ist sehr aufwendig und kaum operational. Einige Modelle sehen daher eine einfachere Leistungserfassung vor. So wird etwa vorgeschlagen, die Pflegeleistung nicht direkt mittels Einzelleistungen, sondern indirekt durch die Anzahl Patienten in drei, bzw. vier Pflegekategorien (nach Pflegeintensität)[66] zu erheben.

Verschiedene bestehende Informations- und Kennzahlensysteme sehen andere Kriterien für die Erfassung der Einzelleistungen vor. Sowohl der schweizerische Spitaltarif [67], wie auch der bundesdeutsche Bewertungsmassstab für Kassenärztliche Leistungen (BMAE)[68] beschränken sich auf die rein ärztlichen Leistungen, die allerdings sehr detailliert erfasst und mittels Taxpunkten bewertet werden. Die Standardisierung der Einzelleistungen mit Hilfe von Taxpunkten wäre mittels arbeitsanalytischer Verfahren durchaus eine korrekte Möglichkeit. In der Praxis wird jedoch die Bildung der Tarifpunktesysteme stark von gesundheitspolitischen Steuerungsüberlegungen und weniger vom effektiven Aufwand beeinflusst. Die Vergleichbarkeit der Leistungen wird so verfälscht.

Um eine möglichst exakte Leistungserfassung zu erreichen, wird allgemein eine dezentrale Erfassung, möglichst am Ort der Leistungserbringung vorgeschlagen.[69] Neue technische Hilfsmittel ermöglichen dies. Zu nennen sind etwa Strichformulare, welche die ganze Leistungspalette eines Leistungsbereiches umfassen und mit optischen Beleglesern und Datenbankprogrammen weiter verarbeitet werden können.[70] Ferner bieten sich EDV-unterstützte Lösungen an. Hier sind im Prinzip zwei Wege möglich. Der eine sieht auf den Stationen und Leistungsstellen Terminals vor, in die leistungs- und patientenbezogene Daten mittels Tastatur eingegeben werden. Derartige Lösungen sind nicht nur aufwendig (teure Infrastruktur), sie stellen auch hohe Anforderungen an das Personal und bedingen - wegen der hohen Fluktuationsrate - eine permanente Schulung. Die andere Möglichkeit besteht im Einsatz von kleinen Handcomputern [71], die nicht fest mit dem Zentral-Computer vernetzt sind. Die Eingabe der einzelnen Leistungen erfolgt mittels Tastatur und/oder Strichcode-Leser. Dies bedingt natürlich, dass die Leistungen der verschiedenen Bereiche codiert vorliegen. Die Speicher-

66 Tauch J. (Leistungsabrechnung) 65 ff; Exchaquet N./Züblin L. (Wegleitung)

67 SUVA (Spitaltarif)

68 Kassenärztliche Bundesvereinigung (BMAE)

69 Eichhorn S. (Krankenhaus III); Tauch J. (Leistungsrechnung) 47; Rakich J./Longest B./Darr K. (Health services) 299 ff

70 Tauch J. (Leistungsrechnung) 50 ff; Herrler M. (Leistungserfassung) 507 ff

71 Hoffmann H. (Leistungserfassung) 29 ff

inhalte der Handcomputer werden periodisch in die Zentral-EDV eingelesen und dort verarbeitet. Die hohe Bedienungsfreundlichkeit und Akzeptanz dieser Geräte sowie deren Fähigkeit, die eingegebenen Einzelleistungen mittels integriertem Strichcode-Lesestift immer direkt den Patienten zuordnen zu können, machen dieses Erfassungssystem zu einer effizienten Lösung.[72]

Diese Arten der Leistungserfassung eignen sich vor allem für die Leistungsbereiche der Unterstützende Einheiten (techno structure, wie z.B. Labor, Radiologie oder Küche, vgl. Abschnitt 4.31). Bedingt tauglich sind sie für die Leistungserfassung in den operativen Bereichen. Viele Tätigkeiten oder Leistungen - sowohl ärztliche wie auch pflegerische - müssen patientenspezifisch erbracht werden, unterscheiden sich also stark bezüglich aufgewendeter Zeit und lassen sich daher nur schwer in Klassen einteilen. Praktisch nicht erfass- und zordenbar sind Einzelleistungen der Dienstleistungseinheiten (support staff, wie z.B. Personalabteilung, Finanz- und Rechnungswesen (vgl. Abb. 4-7).

11.8 Baustein: Leistungsverwendung

11.8.1 Übersicht

Bei der Beurteilung der Leistungsverwendung geht man folgenden Fragen nach:

- Welche Wirkungen erzielt das Krankenhaus mit seinen Leistungen (Abschnitt 11.82)?
- Wozu werden die Einzelleistungen verwendet (Abschnitt 11.83)?

Diese Fragestellung ist von jener in Abschnitt 11.7 verschieden. Dort wurde nach dem Ergebnis der Prozesse, dem "Output", gefragt. Hier aber steht die Wirkung, d.h. der "Outcome", im Vordergrund. Donabedian versteht unter dem "Outcome" die im Krankenhaus bewirkten Veränderungen des aktuellen und zukünftigen Gesundheitsstatus des Patienten.[73] Diese können - entsprechend Donabedians breiter Gesundheitsdefinition - sowohl physischer, wie auch psychischer und sozialer Art sein (vgl. auch Abschnitt 2.1). Zudem schliesst er das Patientenverhalten (inkl. Patientenzufriedenheit), sowie im Krankenhaus gewonnenes, gesundheitsbezogenes Wissen mit ein.

---

72 Hoffmann H. (Leistungserfassung) 29 f

73 Donabedian A. (Quality) 82 f

"Outcome" ist somit das Resultat der Bemühungen im Krankenhaus aus der Sicht der Patienten. Das Konzept des "Outcomes" geht primär vom Wohlbefinden des Patienten aus, erst sekundär von gesellschaftlichen Fragestellungen [74], wie z.B. dem gesellschaftlichen Gesundheitszustand. Der Krankenhaus-"Outcome" ist ein äusserst komplexes Mass. Es umfasst alle Wirkungen auf den Gesundheitsstatus der Patienten, die vom Krankenhaus ausgelöst wurden. Die Messung des "Outcomes" ist daher sehr schwierig. Er kann nur teilweise direkt gemessen werden. Meist werden indirekte Indikatoren notwendig. Je nach Zeitpunkt der Messung wird das Resultat unterschiedlich sein (Heilungsprozess). Aber auch der Grad der Objektivität, Reliabilität und Validität verändert sich ständig und ist z.T. abhängig von Werthaltungen und Erwartungen der Patienten.[75] Wichtige Charakteristiken für die Messung des "Outcome" sind etwa die berücksichtigten Dimensionen der Gesundheit (physisch, psychisch, sozial), die Bestimmbarkeit, die Zeitfolge und die Direktheit der Beziehung zwischen Prozess (Leistungserbringung und Einzelleistung) und dem "Outcome" (Ergebnis) (vgl. Abb. 10-2). Vielleicht gerade wegen der grossen Komplexität des Begriffs "Outcome" wurde bis heute für die Beurteilung der Leistungsfähigkeit eines Krankenhauses eher auf den Prozess (Leistungserbringung und Einzelleistung) abgestellt.[76] Dies wird auch durch die von den übergeordneten Behörden verlangten Leistungsausweise (Krankenhausstatistik und Kostenstellenrechnung, vgl. u.a. Abschnitt 6.11) verstärkt. Diese Situation führte zu einer Fehlinterpretation des Leistungsbegriffs im Krankenhaus und damit zu einem Defizit an echten leistungsbezogenen Informationen.[77] Die ganze Leistungsbewertung wird somit dem eigentlichen Zweck des Krankenhauses nicht gerecht. Auch setzt sie sich über die Tatsache hinweg, dass die Patienten weniger am Prozess, als vielmehr an dessen Ergebnisse interessiert sind. Für viele Krankenhäuser wurden jedoch die Prozesse wichtiger als die Ergebnisse, und es wurden z.T. grosse Anstrengungen unternommen, die Prozesse zu optimieren, ohne allerdings das eigentliche Ziel, die Heilung der Patienten, zu verbessern.[78]

[74] Lohr K. (Outcome) 37

[75] Lohr K. (Outcome) 38

[76] Rindler (Process) 16 ff

[77] Bertelsmann Stiftung (Budgetierung) 15

[78] Vgl. u.a. Rindler M. (Process) 18 f; Donabedian A. (Quality) 100 ff

11.8.2 Masse für erzielte Wirkungen

Für die Messung des "Outcomes" werden verschiedene Messzahlen vorgeschlagen. Die meisten gehen von einigen wenigen, indirekten Indikatoren aus, die entweder die negativen oder die positiven Dimensionen des Outcomes darstellen.

11.8.2.1 Negativmasse für den "Outcome"

Eine klassische Liste von "Outcome"-Massen sind die folgenden:[79]

- Mortalität (death)
- Morbidität (disease)
- Invalidität (disability)
- Beschwerderate (discomfort)
- Unzufriedenheit (dissatisfaction)

Die Mortalität eines Krankenhauses - aufgeschlüsselt nach unerwartetem, vorzeitigem oder vermeidbarem Tod - wird häufig als Qualitätsindikator verwendet. Dahinter steht die Auffassung, dass bei grösseren Abweichungen die Qualität der ärztlich-pflegerischen Leistungen mangelhaft ist. Obwohl die Mortalitätsrate als Beurteilungskriterium für den "Outcome" akzeptiert ist [80], müssen dazu einige kritische Fragen gestellt werden. So muss man sich bei der Berechnung der Sterberate fragen:[81]

- Ist die Mortalität überhaupt ein geeignetes Mass? (Sie gibt keinerlei direkte Hinweise auf zu treffende Massnahmen.)
- Ist die Sterberate eines Krankenhauses statistisch ausreichend, oder wird sie zu stark durch Zufälle bestimmt?
- Sollen Eintritte oder Austritte als Nenner verwendet werden?
- Sind Todesfälle im Verlaufe der Posthospitalisation einzuschliessen?
- Kann die Sterberate mit dem Fall-Mix standardisiert werden?

Krankenhausspezifische Mortalitätsraten, die mit Hilfe administrativer Daten gewonnen werden, sind in den USA bekannt und Teil des Qualitäts-Kontrollprogramms der MEDICARE (PRO).[82] Es sind auch Indikatoren, die leicht erhebbar sind, ohne dass man auf medizinische Daten angewiesen wäre. Ebenfalls in

---

[79] Vgl. Lohr K. (Outcome) 39 ff; Elinson J. (Health Assessment) 188 f

[80] Vgl. u.a. Blumberg M. (Outcomes) 362 ff; Dubois R. et al. (Death rates) 1162 ff

[81] Lohr K. (Outcome) 39

[82] Ziegenfuss J. (DRG) 44 ff

diese Datenkategorie fallen die im Rahmen der MEDICARE-Qualitätskontrolle erhobenen Indikatoren, wie z.B.:

- Rate der Wiedereintritte
- Rate der operativen Revisionen.

Da die Sterberate, die Wiedereintritte und die operative Revisionen eher schlechte Indikatoren für den Krankenhaus-"Outcome" darstellen, wird versucht, auch Morbiditäts-, Invaliditäts- und Beschwerderaten zu erfassen. Für die konkrete Messung können bei diesen drei Kriterien patho-physiologische Tests und Beobachtungen herangezogen werden. Diese finden sich zu einem grossen Teil in den ärztlichen Krankengeschichten oder im Pflege-Kardex (z.B. Blutzuckerspiegel bei Diabetes, nächtliche Hustenanfälle bei akutem Bronchialasthma). Der Verlauf dieser Werte ist ein indirektes Mass für die Wirksamkeit der erbrachten Leistungen im Krankenhaus.

So attraktiv die Patientenorientierung dieses Konzeptes auch ist, so wenig operational ist sie für die Beurteilung des "Outcomes". Ebensowenig geeignet sind einfache Masszahlen von Behinderungen (z.B. Tage mit Aktivitätsreduktion, Tage im Bett, frühzeitige Pensionierung, Arbeitsunfähigkeit aufgrund chronischer oder akuter Leiden). Physiologische oder Behinderungsmasse haben nur wenig Relevanz für die Beurteilung der Leistung eines Krankenhauses, da sie in erster Linie Angaben über den aktuellen Stand der spezifischen Morbiditäten, Invaliditäten und Beschwerdegrade machen, nicht aber über die Wirkung der erbrachten Leistungen.

Eher geeignet sind Modelle zur Beurteilung des Gesundheitszustandes (health status) der Bevölkerung.[83] Verschiedene dieser Modelle decken mit einfachen, aber validen und reliabilen Kennzahlen die wichtigsten Dimensionen der Gesundheit ab, ohne dass sie sich auf einzelne Krankheiten beziehen (z.B. Morbidität, soziale Interaktion, emotionale Reaktion, Schmerz, Schlaf usw.). Werden über verschiedene Zeiträume derartige Daten für die Servicebevölkerung des Krankenhauses gesammelt, so lassen sich grobe Aussagen über den "Outcome" des Systems machen.[84] Aus der Sicht einzelner Institutionen müssen allerdings die Wirkungen um die Leistungen anderer Anbieter (ambulanter und stationärer Sektor) sowie weitere Massnahmen (z.B. Präventionsprogramme) relativiert werden.

---

[83] Bergner M. (health status) 698 ff; McDowell I./Newell C. (Measuring)

[84] Lohr K. (Outcome) 43

Ein weiteres Mass für den Krankenhaus-"Outcome" ist die Patientenzufriedenheit, bzw. -unzufriedenheit. Um diesen zu klären, wurden verschiedene Messinstrumente (Befragungs- und/oder Beobachtungsraster) entwickelt. Diese gehen meist auf verschiedene Aspekte des Krankenhausaufenthaltes und der dort empfangenen Leistungen ein, wie z.B. Erreichbarkeit, Verfügbarkeit und Finanzierung, sowie Zufriedenheit mit den Leistungen.[85] Obwohl der Zufriedenheits- bzw. Unzufriedenheitsgrad der Patienten stark durch subjektive Empfindungen geprägt ist und nicht mit der objektiven Qualität übereinstimmen muss, wird seine Bedeutung immer wichtiger. Die Tendenz zu Markt- und Konkurrenzverhalten im Bereich der Krankenhausversorgung macht die Patientenorientierung wichtig.[86] Die Erreichung eines hohen Zufriedenheitsgrades wird zu einem eigenständigen Aspekt im Zielsystem des Krankenhauses.

11.8.2.2 Positive Masse für den "Outcome"

Mortalität, Morbidität, Invalidität, Beschwerderate und Unzufriedenheit definieren den Outcome des Krankenhauses negativ. Diese Masse decken einige wichtige Aspekte der Krankenhauswirkung ab, nicht aber alle. Donabedian fasst in seiner Definition den Begriff weiter und schliesst auch positive Aspekte mit ein.[87] Er unterscheidet zwischen patientenbezogenem (Sicht: Patient) und arztbezogenem Outcome (Sicht: praktizierender Arzt) einerseits und Erreichbarkeit, Struktur, Management interpersoneller Prozesse und Kontinuität andererseits:

Erreichbarkeit (örtlich und sozio-organisatorisch)

- patientenbezogen:
    - undiagnostizierte Krankheiten
    - vermeidbare Krankheiten, Morbiditäten, Mortalitäten, Invaliditäten
    - Zufriedenheit mit der Erreichbarkeit

- arztbezogen:
    - Zufriedenheit mit der Erreichbarkeit und den Zutrittsmöglichkeiten
    - Unzufriedenheit mit zu leichten Zutrittsmöglichkeiten (Verlust von Pati enten: Konkurrenz)

---

[85] Ware J. et al. (Measurement) 3 ff

[86] Jenna j. (hospital) 9 ff; Kotler P./Clarke R. (Creating) 27 ff

[87] Donabedian A. (Quality) 95 ff

Struktur (technical management)

- patientenbezogen:
    - Mortalität und Invalidität nach Bevölkerungsgruppen
    - Vorkommen von nicht entdeckten oder vermeidbaren Morbiditäten und Invaliditäten
    - Behandlungsergebnisse ausgedrückt in Komplikationen, bleibender Behinderung oder Wiederherstellung physischer, psychischer und sozialer Funktionen
    - Patientenzufriedenheit mit dem Outcome und den dazugehörenden Prozessen

- arztbezogen:
    - Zufriedenheit mit Ausrüstung, Räumlichkeiten und Personalqualifikation
    - Zufriedenheit mit der aufgewendeten Zeit und der fachlichen Kontrolle
    - Meinung über die Qualität der Behandlung

Management interpersoneller Prozesse

- patientenbezogen:
    - Zufriedenheit mit den Annehmlichkeiten der Behandlung und der persönlichen Beziehung
    - Wissen über Krankheit und Lebensweise
    - Arztwechsel während der Behandlung
    - Anpassung des Verhaltens an Krankheit und Beschwerden

- arztbezogen:
    - Zufriedenheit mit der Beziehung zum Patienten
    - Wissen über das Patientenverhalten und über seine Probleme

Kontinuität

- patientenbezogen:
    - Befolgung der vorgeschriebenen Lebensweise
    - nicht eingehaltene Arztbesuche
    - Patientenzufriedenheit mit der Nachbehandlung und Stabilität der Patient-Arzt-Beziehung
    - Wissen über das medizinische Angebot

- arztbezogen:
    - Zufriedenheit mit den Absprachen für die Nachbehandlung
    - Wissen über den Patienten, seine medizinische und soziale Situation

Auch diese Liste von Massen für den Krankenhaus-Outcome ist nicht vollständig und muss, je nach Fragestellung, ergänzt werden. Was gänzlich fehlt, sind ökonomische Gesichtspunkte, wie sie etwa bei Kosten-Nutzen-Ueberlegungen [88] zur Sprache kommen.

Diese Liste von Donabedian macht deutlich, dass die meisten der heutigen Krankenhausinformationssysteme bezüglich der Outcome-Messung noch ein sehr grosses Defizit aufweisen (vgl. Kapitel 6.7 und 8). Ein erster und wichtiger Schritt in Richtung Outcome-Beurteilung wird mit der Erfassung der behandelten Patienten nach medizinischen und pflegerischen Gesichtspunkten gemacht. Derartige Informationen ermöglichen die Beurteilung des Leistungseinsatzes auf seine Wirksamkeit hin (vgl. Abschnitt 11.83 und Kapitel 9).

11.8.3 Die fallbezogene Messung der Krankenhaustätigkeit

Eine weitere Art zur Beurteilung des Outcomes bildet die detaillierte Analyse der behandelten Patienten nach medizinischen Gesichtspunkten. Dazu bieten sich, wie in Kapitel 9 dargestellt, verschiedene Patientenklassifikationsschemata an. Diese erlauben eine Beurteilung der Leistung bezüglich Schweregrad der der Krankheit der behandelten Patienten.[89] Damit können die erbrachten Einzelleistungen, bzw. die eingesetzten Mittel mit dem Case Mix gewichtet, bzw. standardisiert werden. Im Zeitablauf werden so Vergleiche der erbrachten Krankenhausleistung im Hinblick auf den wirksamen Einsatz möglich. Gegenüber dem Baustein "Einzelleistung" wird so eine wichtige qualitative Komponente eingeführt. Diese erlaubt auch eine bessere Erfassung der Kosten (vgl. Abschnitt 9.1) und eine differenzierte Beurteilung der Wirtschaftlichkeit.

11.9 Bildung von Verhältniszahlen

11.9.1 Überblick

In den vorhergehenden Abschnitten wurden die verschiedenen Bausteine des vorgeschlagenen, umfassenden Informations- und Kennzahlensystems im einzelnen diskutiert. Dabei wurde auf inhaltliche Aspekte, auf Probleme der Informa-

---

[88] Vgl. u.a. Bapst L. (Kosten-/Nutzen-Analyse)

[89] Vgl. u.a. Fedorowicz J. (Case mix) 34 ff; ohne Autor (Case mix)

tionserhebung, auf die Bildung von Gliederungszahlen und auf ihre Aussagekraft für die Führung hingewiesen. Nur am Rande erwähnt wurde die Möglichkeit der Bildung von Beziehungszahlen zwischen den Informationsbausteinen. Für viele Fragestellungen der Führung sind jedoch gerade derartige Informationen von grosser Bedeutung. Erst Verhältniszahlen machen Daten richtig vergleich- und beurteilbar (vgl. Abschnitt 5.32).

Wie in Abbildung 11-13 dargestellt wird, lassen sich zwischen den Informationsbausteinen eine Fülle von Beziehungszahlen bilden. Allerdings sind nicht alle Beziehungen sinnvoll und regelmässig zu erheben. Nach Möglichkeit sollten die Daten jedoch so vorliegen, dass bei Bedarf die verschiedenen Verhältniszahlen ohne grösseren Aufwand gebildet werden können (z.B. in einer relationalen Datenbank). Im folgenden werden einige wichtige Beziehungszahlen kurz erläutert und ihre Bedeutung für das Management diskutiert. Für diese Erläuterungen wird jeweils vom Baustein im Nenner ausgegangen.

11.9.2 Beziehungszahlen des Bausteins "Bevölkerung"

Die Bevölkerung im näheren und weiteren Versorgungsgebiet spielt für die Krankenhausführung eine bedeutende Rolle (vgl. Abschnitt 4.25 und 11.2). Zum einen wird die Nachfrage nach Krankenhausleistungen primär durch die Bevölkerung bestimmt. Hinweise dafür ergeben sich aus den Gliederungszahlen innerhalb des Baustein, wie z.B.:

- Altersstruktur
- Morbiditätsstruktur
- Mortalitätsstruktur.

Zum zweiten bilden sie auch die Grundlage für das Potential des personellen Angebots. Auch dafür bilden Gliederungszahlen wichtige Indikatoren, so z.B.:

- Altersstruktur
- regionale Verteilung der Bevölkerung.

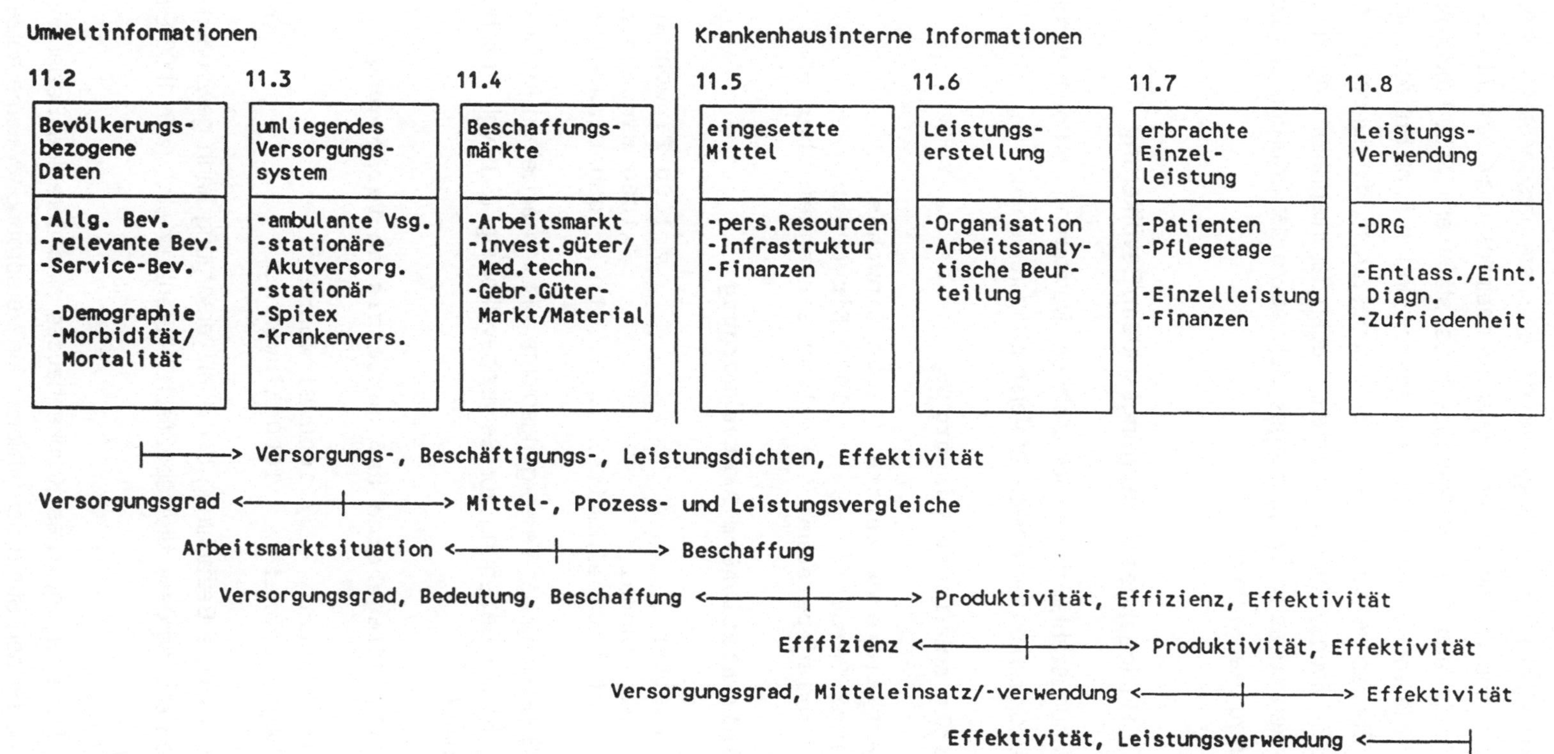

Abb. 11-13. Beziehungszahlen im Informations- und Kennzahlenmodell

Die konkrete Leistungsnachfrage und das konkrete personelle Angebot werden aber durch eine Vielzahl weiterer Faktoren beeinflusst, die sowohl aus der Umwelt, wie auch aus dem Krankenhaus selbst stammen. Diese Faktoren können z.T. mit Hilfe von Beziehungszahlen erkannt und in ihrer Entwicklung verfolgt werden. Ebenso gelingt es, mittels Beziehungszahlen, die auf der Bevölkerung, bzw. der Servicebevölkerung basieren, Fragen der Integration und Koordination des Krankenhauses im Versorgungssystem sowie der Erfüllung des Leistungsauftrages zu beantworten.

11.9.2.1 Umliegendes Versorgungssystem/Bevölkerung

Die Beziehungszahlen dienen vor allem der Darstellung und dem Vergleich der Versorgungsdichten verschiedener Versorgungsregionen.

Beispiel: ambulante Versorgung

- praktizierende Aerzte / 1000 Einwohner
- Spitex-Personal / 1000 Einwohner
- Hauspflegepersonal / 1000 Einwohner über 65-jährig

Beispiel: stationäre Akutversorgung

- Akutbetten / 1000 Einwohner (SB)
- Spitalpersonal / 1000 Einwohner (SB)
- Infrastruktureinheiten (z.B. CT) / 1000 Einwohner (SB)

Für die Beurteilung der Versorgungsdichte, die von einzelnen Krankenhäusern ausgeht, ist die Beziehung zur Servicebevölkerung (SB, vgl. Abschnitt 11.2) massgebend.

Beispiel: Pflegeheime und geriatrische Versorgung

- Pflegebetten / 1000 Einwohner
- Pflegepersonal / 1000 Einwohner

Eine spezifischere Betrachtung der Altersversorgung kann gewonnen werden, wenn die Bezugsgrösse altersspezifisch differenziert wird, (z.B. 1000 Einwohner über 65).

Für das Management eines Krankenhauses sind derartige Beziehungszahlen wichtig, da sie den Stand der umliegenden Versorgungssysteme aufzeigen, somit Indikatoren für die Patientenströme (vgl. Abb. 2-6) aber auch die Personalsituation sind. Bevölkerungs- oder servicebevölkerungsbezogene Personal- und Infrastrukturvergleiche sind zudem häufig Grundlage für Anträge bei übergeordneten Behörden. Problematisch werden solche Vergleiche, wenn sie auf tiefer Systemebene angestellt werden, bspw. auf Ebene Klinik oder Subspezialität. Die Patientenströme sind auf diesen Ebenen noch wenig erforscht, häufig fehlen detaillierte Daten. Zudem ist die statistische Repräsentativität nicht gegeben. Persönliche Präferenzen spielen auf dieser Ebene eine wichtige Rolle. Diese können sich jedoch rasch verändern und sind somit im Rahmen der Planung mit Vorsicht zu verwenden.

11.9.2.2 Beschaffungsmärkte/Bevölkerung

Das Verhältnis zwischen Arbeitsmarktgrössen und Bevölkerung ist für die Krankenhausführung insofern von Bedeutung, als daraus das mögliche Rekrutierungspotential abgeleitet werden kann. Um für das einzelne Krankenhaus nutzbar zu sein, sollten diese Beschäftigungsdichten regional und altersspezifisch aufgearbeitet werden. Beziehungszahlen zum Konsumgüter- und Investitionsgütermarkt sind hingegen kaum von allgemeiner Bedeutung.

Beispiel: Arbeitsmarkt

```
- Beschäftigte           / 1000 Einwohner (20 - 65)
- Teilzeitbeschäftigte / 1000 Einwohner
- Teilzeitbeschäftigte / 1000 Frauen (20 - 65)
- Arbeitslose            / 1000 Einwohner
```

Gerade im Hinblick auf die zu erwartende Pflegepersonalknappheit müssen derartige Daten regelmässig verfolgt werden (vgl. Abschnitt 12.4).

11.9.2.3 Eingesetzte Mittel/Bevölkerung

Die Beziehungszahlen zwischen eingesetzten Mitteln und Bevölkerung dienen vor allem dem Vergleich des Ausrüstungsstandards zwischen verschiedenen Spitalregionen. Werden die Daten regional aufbereitet, sind sie ein wichtiger Indikator für Stärken-/Schwächen- aber auch Chancen-/Gefahren-Analysen, dies vor allem im überregionalen und im Zeitvergleich.

Beispiel: Ressourcendichte

```
- Betten                    / 1000 Einwohner (SB)
- Spitalärzte               / 1000 Einwohner (SB)
- Pflegepersonaleinheiten / 1000 Einwohner (SB)
- Infrastruktureinheiten    / 1000 Einwohner (SB)
```

11.9.2.4 Erbrachte Einzelleistungen/Bevölkerung

Die Beurteilung und Verfolgung von Leistungsdichten ist für die Krankenhausführung von grösster Bedeutung. Einerseits ergibt sich daraus die Hospitalisationsrate, andererseits lässt sich das Krankenhaus im Quervergleich und im Zeitablauf positionieren. Voraussetzung ist, dass klar abgrenzbare und allgemein anerkannte Tracereingriffe verarbeitet und verglichen werden [90] (vgl. Abschnitt 12.4).

Beispiel: Hospitalisationsrate

```
- behandelte Patienten     / 1000 Einwohner
- chirurgische Patienten / 1000 Einwohner
```

Aufgrund der freien Arzt- und Spitalwahl im schweizerischen Gesundheitswesen ist die Bezugsgrösse "Servicebevölkerung" für Analysen der Leistungsdichten vorzuziehen.

Beispiel: Leistungsdichte

```
- Patiententage     / 1000 Servicebevölkerung
- Tracer-Eingriff / 1000 Servicebevölkerung
- med. Prozedur     / 1000 Servicebevölkerung
- Laboranalysen     / 1000 Servicebevölkerung
- X-ray             / 1000 Servicebevölkerung
```

11.9.2.5 Leistungsverwendung/Bevölkerung

Die Beziehung zwischen der Leistungsverwendung, ausgedrückt in behandelten Diagnosegruppen, und der Bevölkerung, bzw. der Servicebevölkerung gibt Hinweise auf die Morbidität im Einzugsgebiet und damit auf das benötigte Leistungsangebot.

---

[90] Vgl. u.a. Wennberg J./Gittelsohn A. (Variations); Krickman R./Foltz A. (Regional differences)

Beispiel: Morbidität

- Diagnosegruppen / 1000 Servicebevölkerung
- Austrittsdiagnose / 1000 Servicebevölkerung

11.9.3 Beziehungszahlen des Bausteins "Versorgungssystem"

Das umliegende Versorgungssystem bestimmt das einzelne Krankenhaus entscheidend. Gliederungszahlen innerhalb des Bausteins "Versorgungssystem" wie Ressourcenstrukturen oder Leistungsstrukturen, aber auch Beziehungszahlen, wie Ressourcen- oder Leistungsdichten, Produktivitäts-, Effizienz- und Effektivitätskennziffern, müssen von der Krankenhausleitung daher regelmässig verfolgt und verglichen werden. Dabei kann teilweise auf Vergleiche übergeordneter Behörden oder der Krankenversicherungen (vgl. Abschnitt 6.4, 7.5, 8.1 und 8.33) abgestellt werden. Dieser Branchenvergleich basiert jedoch weniger auf speziellen Beziehungszahlen, als vielmehr auf Vergleichen institutionsspezifischer Kennzahlen. Dennoch können einige sinnvolle Beziehungszahlen vom Versorgungssystem zu andern Bausteinen gebildet werden. Somit zeigt etwa die Beziehung zur Bevölkerung den erreichten Versorgungsgrad.

Beispiel: Versorgungsgrad

- Bevölkerung / Arzt
- Bevölkerung / Bett
- Bevölkerung / Infrastruktureinheit
- Bevölkerung / finanzielle Mittel
- Bevölkerung / vom Vsg-system erbrachte Leistungseinheit

11.9.4 Beziehungszahlen des Bausteins "Beschaffungsmarkt"

Der Beschaffungsmarkt beeinflusst neben dem Leistungsauftrag und den verfügbaren finanziellen Mitteln die Leistungsfähigkeit des Krankenhauses wesentlich. Strukturelle Entwicklungen auf dem Beschaffungsmarkt sind daher von der Krankenhausleitung sorgfältig zu verfolgen (vgl. Abschnitt 11.4). Dies gilt insbesondere für die Arbeitsmarktsituation, aber auch für Entwicklungen in den Bereichen "medizin-technische Infrastruktur" und "medizinisch-pflegerisches Material".

Beziehungszahlen zwischen den anderen Informationsbausteinen und dem Beschaffungsmarkt sind weniger von allgemeinem Interesse. Für das einzelne Krankenhaus können etwa Verhältniszahlen, die sich auf die regionale oder lokale Arbeitsmarktsituation beziehen, von Bedeutung sein.

Beispiel: Arbeitsmarkt und Personal

- Bevölkerung / Beschäftigte
- Bevölkerung / Auszubildende
- Spitalpersonal / Beschäftigte

11.9.5 Beziehungszahlen des Bausteins "eingesetzte Mittel"

Die eingesetzten Ressourcen bilden die Grundlagen für die Leistungserbringung im Krankenhaus. Im Baustein "eingesetzte Mittel" werden eine ganze Reihe von Informationen und Gliederungszahlen erhoben und in Führungsinformationen umgearbeitet (vgl. Abschnitt 11.5). Diese Strukturdaten sind Indikatoren für die Potentialität des Krankenhauses, bzw. seiner Bereiche und für die Kosten. Sie decken aber auch verschiedene Aspekte der Qualitätsbeurteilung ab (vgl. Abschnitt 10.34.2).

Bei der Bildung von Beziehungszahlen geht es vor allem darum, Indikatoren über den Ausrüstungsgrad, die Produktivität und wirtschaftliche Effizienz, sowie die Effektivität zu erhalten.

11.9.5.1 Bevölkerung/eingesetzte Mittel

Für die Bildung von Beziehungszahlen zwischen den Bausteinen "Bevölkerung" und "Ressourcen" bedarf es einer regionalen Abgrenzung. Die Bevölkerung muss sich dabei auf die Spitalregion beziehen. Noch besser ist auch hier die Verwendung der Servicebevölkerung. Diese Beziehungen bilden Indikatoren des Versorgungs- bzw. Ausrüstungsgrades.

Beispiel: Versorgungs- bzw. Ausrüstungsgrad

- Bevölkerung (SB) / Personaleinheit
- Bevölkerung (SB) / Bett
- Bevölkerung (SB) / Infrastruktureinheit

Je nach Fragestellung muss weiter differenziert werden, z.B. nach Bevölkerungssegment, bzw. nach Personal-, Bett- oder Infrastrukturgruppe.

11.9.5.2 Versorgungssystem/eingesetzte Mittel

Beziehungszahlen zwischen dem umliegenden Versorgungssystem und den eigenen Ressourcen haben im allgemeinen wenig Sinn. Interessant ist höchstens die Fragestellung nach der eigenen Bedeutung im Rahmen der Sicherstellung der Akutversorgung einer Region. Diese kann ausgedrückt werden durch den Anteil der eigenen Ressourcen an jenen aller Versorgungseinrichtungen bzw. aller Krankenhäuser einer Versorgungsregion.

Beispiel: Ressourcenmässige Bedeutung des Krankenhauses

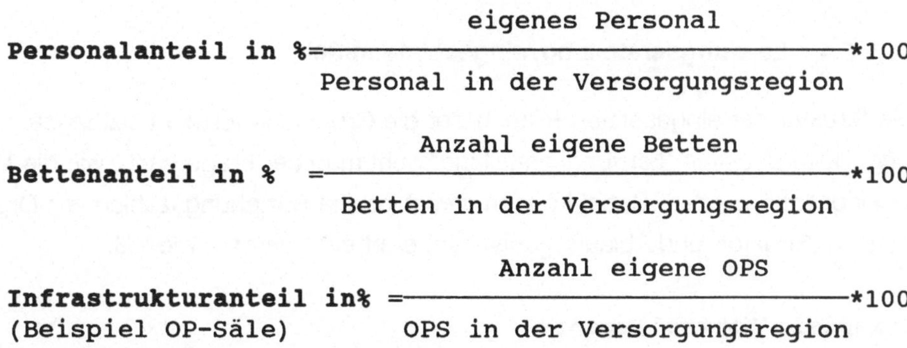

$$\textbf{Personalanteil in \%} = \frac{\text{eigenes Personal}}{\text{Personal in der Versorgungsregion}} * 100$$

$$\textbf{Bettenanteil in \%} = \frac{\text{Anzahl eigene Betten}}{\text{Betten in der Versorgungsregion}} * 100$$

$$\textbf{Infrastrukturanteil in\%} = \frac{\text{Anzahl eigene OPS}}{\text{OPS in der Versorgungsregion}} * 100$$

(Beispiel OP-Säle)

Auch diese Kennzahlen sind je nach Fragestellung zu differenzieren. Entscheidende Aussagekraft erhalten sie jedoch erst, wenn sie über eine längere Zeitdauer verfolgt werden.

11.9.5.3 Beschaffungsmärkte/eingesetzte Mittel

Das Versorgungssystem (vgl. Abb. 10-2) des Krankenhauses beschäftigt sich ausschliesslich mit den Bereichen "Beschaffungsmarkt" und "Ressourcen". Dabei müssen eine Vielzahl von Informationen dieser Bereiche ermittelt und überwacht werden (vgl. Abschnitt 11.4 und 11.5).

Die regelmässige Erhebung von Beziehungskennzahlen kann sich im allgemeinen auf Grössen des Arbeitsmarktes beschränken. Weitere Beziehungszahlen sind je nach Fragestellung zu bilden.

Beispiel: Personalbeschaffung

- Offene Stellen Gesundheitswesen (Region) /offene Stellen im Krankenhaus
- Anfragen / Stelleninserat

Diese Kennzahlen sind berufsspezifisch zu differenzieren und ergeben im Zeitablauf gute Indikatoren über die Beschaffungsproblematik und die Wiederbeschaffungszeit des Personals.

11.9.5.4 Leistungserstellung/eingesetzte Mittel

Die Struktur der eingesetzten Mittel bildet die Grundlage für die Leistungserstellung. Beim Baustein "Leistungserstellung" geht man der Frage nach, wie die Mittel eingesetzt werden. Dabei können verschiedene Beziehungszahlen zur Organisation (Struktur- und Ablauforganisation) erarbeitet werden, wie z.B.

Beispiel: Kontrollspanne
- Anzahl Mitarbeiter/Vorgesetzte

Beispiel: Zeitbedarf
- Schritte der Leistungserstellung/Zeiteinheit

Zeitbedarfskennziffern bilden die Grundlage für arbeitsanalytische Untersuchungen (vgl. Abschnitt 11.5).

11.9.5.5 Erbrachte Einzelleistungen/eingesetzte Mittel

Das Verhältnis zwischen eingesetzten Mitteln und erbrachten Einzelleistungen ist die klassische Beziehung zur Berechnung der Produktivität und der Wirtschaftlichkeit.

Produktivität ist das Verhältnis zwischen Output und Input in einer Organisation.[91] Der Output setzt sich zusammen aus den produzierten Gütern und Dienstleistungen. Je mehr Leistungen mit einem gegebenen Input (Personal, Infrastuktur, Material) produziert werden, umso grösser ist die Produktivität. Beziehungszahlen zur Messung der Produktivität findet man seit langem auch im Bereich der Krankenhausführung (vgl. die Abschnitte 6.11.3, 6.4, 7.11.2., 7.13, 7.4, 7.5, 8.11, 8.2, 8.3).

Beispiel: Produktivität

```
Anzahl Röntgenbilder              / MTRA
Anzahl befundete Röntgenbilder / Radiologen
Anzahl Laborproben                / Labormitarbeiter
Anzahl behandelte Patienten     / Pflegedienstmitarbeiter
Anzahl Pflegetage                 / Pflegedienstmitarbeiter
Patienten (ev. standardisiert) / Arzt
```

Bei der Beurteilung der Wirtschaftlichkeit geht es um eine ähnliche Fragestellung. Allerdings werden nicht die erbrachten Leistungen den Ressourcen gegenübergestellt, sondern die Erträge den Kosten. Diese Beziehung ist im Krankenhausbereich mit seiner stark fremdbestimmten Preisfestsetzung und der Entschädigung nach Tagespauschalen weniger aussagekräftig. Für verschiedene Teilbereiche kann sie aber dennoch wichtig sein, insbesondere wenn Leistungen voll verrechnet werden können, z.B. auf Privatabteilungen oder in Ambulatorien.

Grundlage für die Berechnung der Wirtschaftlichkeit auf der Ebene von Kliniken und Abteilungen ist ein gut ausgebautes Kostenrechnungssystem, welches neben der Kostenarten- und Kostenstellenrechnung auch die Zurechnung der Erträge auf Subeinheiten erlaubt.

Beispiel: Wirtschaftlichkeit

```
Ertrag Labor              / Kosten Labor
Ertrag Privatpatienten / Kosten für Privatpatienten
Ertrag Ambulatorium     / Kosten des Ambulatoriums
```

[91] Price J./Mueller Ch. (Measurement) 205

11.9.5.6 Leistungsverwendung/eingesetzte Mittel

Im Gegensatz zur Produktivität wird bei dieser Beziehung nicht die Leistungsfähigkeit einer organisatorischen Einheit gemessen. Vielmehr geht es um die Beurteilung der Wirkung, die mit den eingesetzten Mitteln erzielt wird, d.h. um die Effektivität. Ein Krankenhaus gilt dann als effektiv, wenn es mit wenig Mitteln möglichst viel Wirkung erzielt, d.h. Patienten heilt.

Für die Beurteilung der Effektivität stellt sich das Problem der "Outcome"-Messung (vgl. Abschnitt 11.8). Die negativen und positiven "Outcome"-Masse (vgl. Abschnitt 11.82, Mortalität, Morbidität, Invalidität, Beschwerderate, Patientenzufriedenheit, Erreichbarkeit, Struktur usw.) sind wenig geeignet, um mit Ressourcen in Beziehung gesetzt zu werden. Brauchbarere Resultate bringen Kennziffern auf der Basis von Ressourcen und standardisierten Patienten (vgl. Abschnitt 9.1, 10.32.2 und 11.83). Derartige Beziehungen erlauben eine Standardisierung des Mitteleinsatzes mit dem medizinisch-pflegerischen Schweregrad der Patienten. Im Quer- und Zeitvergleich lassen sich daraus für das Management wichtige Aussagen über die Krankenhausleistung ableiten.

Beispiel: Effektivität

```
Patienten (nach Case mix) / Personal
Patienten (nach Case mix) / Sachmitteleinheit
Patienten (nach Case mix) / Infrastruktureinheit
```

Aus derartigen Zahlen wird die Angemessenheit der Ressourcennutzung ersichtlich und können Massnahmen abgeleitet werden.

11.9.6 Beziehungszahlen des Bausteins "Leistungserstellung"

Basierend auf dem Baustein "Leistungserstellung" können nur für spezielle Fragestellungen sinnvolle Beziehungszahlen mit den umweltbezogenen Informationsbausteinen gebildet werden. Ein Bezug zur Bevölkerung oder zum Beschaffungsmarkt ist meist nicht aussagekräftig. Anders sieht es aus bezüglich des umliegenden Versorgungssystems. Allerdings geht es dabei weniger um die Bildung von Beziehungszahlen, als vielmehr um überbetriebliche Vergleiche der Leistungsprozesse und ihrer Effektivität, bzw. Kosten.

In Bezug auf die krankenhausinternen Informationsbausteine lassen sich eher sinnvolle Beziehungszahlen bilden. Diese gehen alle in Richtung Vergleich von Produktivität, Wirtschaftlichkeit und Effektivität.

Beispiel: Produktivität

```
Eingesetztes Personal / Verfahren A
                      / Verfahren B
eingesetztes Material / Verfahren A
                      / Verfahren B
erbrachte Leistungen  / Verfahren A
                      / Verfahren B
```

Beispiel: Wirtschaftlichkeit

```
Kosten, bzw. Erträge / Verfahren A
                     / Verfahren B
```

Beispiel: Effektivität

```
Differenz zwischen Austritts-
und Eintrittsdiagnose          / Ø Aufenthaltsdauer
                               / Verfahren A
                               / Verfahren B
```

11.9.7 Beziehungszahlen des Bausteins "erbrachte Einzelleistungen"

Die erbrachten Einzelleistungen werden in Anlehnung an den industriellen Leistungsbegriff oft als eigentliche Krankenhausleistung angesehen. Wie jedoch bereits diskutiert wurde (vgl. Abb. 10-2 und Abschnitt 11.7), handelt es sich dabei jedoch erst um "Zwischenprodukte", welche möglichst wirksam den Patienten zugeordnet werden müssen.

Beziehungszahlen mit den Umweltbausteinen "Bevölkerung" bzw. "Servicebevölkerung" und "Versorgungssystem" können sinnvoll werden. Erstere zeigen den Versorgungsgrad mit Krankenhausleistungen, letztere die Bedeutung der Institution im Rahmen der Leistungserbringung des ganzen Systems.

Beispiel: Versorgungsgrad

```
- Bevölkerung                  / Leistungseinheit
- Leistung Versorgungssystem / Leistung Krankenhaus
```

Da die Gesamtheit der Einzelleistungen operational nicht quantitativ ausgedrückt werden können, wird oft das indirekte Mass der erwirtschafteten Taxpunkte verwendet. Voraussetzung dazu ist, dass die Leistungen vollständig erhoben und in Taxpunkten ausgedrückt werden.

Beziehungszahlen mit den übrigen internen Informationsbausteinen sind nur z.T. sinnvoll. Durch die umgekehrten Verhältnisse werden sie i.d.R. besser abgedeckt (bspw. Produktivität, Wirtschaftlichkeit).

11.9.8 Beziehungszahlen des Bausteins "Leistungsverwendung"

Im Baustein "Leistungsverwendung" geht es um eine direkte oder indirekte Beurteilung des "Outcomes" des Krankenhauses (vgl. Abschnitt 11.8). Dieser kann mit mehreren Informationsbausteinen sinnvoll in Beziehung gesetzt werden. Daraus ergeben sich vor allem ergänzende Masse zur Beurteilung der Effektivität, insbesondere wenn die Daten über eine längere Zeitdauer verfolgt werden können.

11.9.8.1 Bevölkerung/Leistungsverwendung

Werden Bevölkerungsdaten mit dem Outcome in Beziehung gesetzt, so ergeben sich daraus weitere Masse zur Beurteilung der Morbiditäten, bzw. die spezifische Morbidität der Servicebevölkerung. Daraus werden auch die Leistungsschwerpunkte der Krankenhauses ersichtlich (vgl. Abschnitt 8.33).

Beispiel: Morbidität und Wirksamkeit

- Bevölkerung / Patienten
- Bevölkerung / DRG

11.9.8.2 Eingesetzte Mittel/Leistungserstellung

Die Beziehung zwischen eingesetzten Mitteln und der Leistungsverwendung ist eine, vor allem in amerikanischen Krankenhäusern häufig verwendete Grösse zur Beurteilung des Mitteleinsatzes [92], bzw. des Arbeitsverhaltens des Personals.

92 ohne Autor (case mix) 48 ff

Beispiel: Mitteleinsatz

```
- Personalstunden / DRG (oder Case Mix)
- Kosten          / DRG (oder Case Mix)
- OP- Stunden     / DRG (oder Case Mix)
```

Die Berechnung derartiger Kennzahlen bedingt jedoch eine detaillierte und patientenorientierte Erfassung des Ressourceneinsatzes.

11.9.8.3 Erbrachte Einzelleistungen/Leistungsverwendung

Mit Hilfe dieser Beziehungszahlen lässt sich die Leistungsverwendung, bzw. das Verschreibungsverhalten der Aerzte überwachen.[93]

Beispiel: Leistungsverwendung

```
- X-ray           /   DRG (oder Case Mix)
- Laborprobe      /   DRG (oder Case Mix)
```

Auch hier ist eine detaillierte und patientenbezogene Leistungsrechnung Voraussetzung für die Bildung der Kennzahlen (vgl. Abschnitt 11.7).

11.9.9 Zusammenfassung der Möglichkeiten im vorgeschlagenen Informationsraster

In der folgenden Matrixabbildung werden die wichtigsten Gliederungs- und Beziehungskennzahlen kurz dargestellt. Die Abbildung erhebt keinen Anspruch auf Vollständigkeit. vielmehr soll sie - in Zusammenhang mit der in Kapitel 12 vorgeschlagenen Methodik zur Selektion managementorientierter Informationen - als Basis für die Erarbeitung weiterer Indikatoren dienen.

93 Ziegenfuss J. (DRG) 183 ff

Gliederungszahlen — Zaehler / Nenner	Bevoelkerungs- bezogene Daten	Umliegendes Versorgungs- system	Beschaffungs- maerkte
Bevoelkerungs- bezogene Daten	-Bevoelkerungs- struktur z.B. Alter Mortalitaet Versiche- rung	-Versorgungsdichte z.B. Betten /1000 E. Personal/1000 E. CT /1000 E.	-Beschaeftigungs- dichte z.B. Beschaeftigte/1000 E. -Ausbildungsdichte z.B. Auszubildende/1000 E.
Umliegendes Versorgungs- system	-Versorgungsgrad z.B. Bev./Arzt Bev./Bett Bev./CT Bev./finanz. Mittel	-Systemstruktur z.B. Bettenverteilung Aerzte nach Spez. Institutionen nach Spez. Anteil amb./Stat. Anteil priv./ Versicherte	
Beschaffungs- maerkte	-Beschaeftigungs- grad z.B. Bev./Beschaeftigte Bev./Teilzeit- beschlftigte -Ausbildungsneigung Bev./Ausbildende		-Marktstruktur z.B. Potentielles Personal Wirtsch. Lage Invest. Gueter Verbrauchsgueter
eingesetzte Mittel	-regionaler Versorgungsgrad z.B. Bev./Personal Bev./Bett Bev./Infrastruktur Einheit Bev./finanz. Mittel	-Bedeutung des Krankenhauses -Personalanteil in % -Bettenanteil in % -Infrastruktur- anteil in %	-Personal- beschaffung -offene Stellen
Leistungs- erstellung		-Prozessvergleiche	
erbrachte Einzel- leistung			
Leistungs- verwendung	-Morbiditaet und Wirksamkeit z.B. Bev./DRG Bev./Diff. Diag. Bev./zufriedene Patienten	-Outcome- Vergleiche	

Abb. 11-14. Zusammenfassende Darstellung möglicher Beziehungs- und Gliederungszahlen

eingesetzte Mittel	Leistungs- erstellung	erbrachte Einzel- leistung	Leistungs- verwendung
-Ressourcendichte z.B. Personal/1000 E. Betten/1000 E. OP/1000 E. Flaechenanteile		-Leistungsdichten z.B. Laborunters./1000 E. X-ray/1000 E. OP-Eingr./1000 E. -Hospitalisationsr. z.B. Patienten/1000 E.	-Regionale Morbiditaet z.B. DRG/1000 E.
-Ressourcen- vergleiche	-Prozessvergleiche	-Leistungs- vergleiche	-Outcome-Vergleiche
-Beschaffung: Anfragen/Inserat			
-Ressourcen- struktur z.B. Betten nach Art Personal nach Qualifikation Motivation Flaechenvert.	-Kontrollspanne -Mitarbeiter/ Vorgesetzte -Zeitbedarf -Leistungserstel- lung/Zeiteinheit -OP-Zeit/Mit- arbeiter	-Produktivitaet -x-ray/MTRA -Laborproben/Mit- arbeiter -Pflegetage/ schwester -Patienten/Arzt -Wirtschaftlichkeit	-Effektivitaet -Pat.(Stand.)/ Personal -Pat.(Stand.)/ Infrastruktur
-Produktivitaet Personal/ Verfahren A Personal/ Verfahren B Mat./Verfahren A Mat./Verfahren B -Wirtschaftlichkeit	-Prozessstruktur z.B. Grad Arb.teilung Organisation Koordination Prozesszeiten	-Produktivitaet -Leistung/Verf. A -Leistung/Verf. B -Wirtschaftlichkeit -Ertrag/Verf. A -Ertrag/Verf. B	-Effektivitaet -Wirkung/Verf. A -Wirkung/Verf. B
		-Leistungsstruktur z.B. Art mediz. Eingriffe Pflegetage Patienten	
-Mitteleinsatz -Pers. Std./DRG -OP-Std./DRG -Kosten/DRG		-Leistungseinsatz -Laborproben/DRG -x-ray/DRG -Therapie/DRG	-Wirkungsstruktur z.B. Mortalitaet Patientenzu- friedenheit Komplikationsrate Case Mix

Abb. 11-14. Zusammenfassende Darstellung möglicher Beziehungs- und Gliederungszahlen

12 Problemorientierte Auswahl von Informationen und Kennzahlen zur Lösung von Managementaufgaben

12.1 Schwierigkeiten der Informationsbeschaffung

12.1.1 Traditionelle Informationsbeschaffung im Rahmen der Führung

In der Praxis können verschiedene Vorgehensweisen zur Informationsbeschaffung beobachtet werden. Eine erste Möglichkeit für die Beschaffung von Führungsinformationen ist die sogenannte "Neben-Produkt-Methode" (by-product technique)[1]. Diese nimmt wenig Rücksicht auf die effektiven Informationsbedürfnisse der Führung. Informationssysteme sind auf die Erfüllung von operativen Aufgaben, wie z.B. Lohn- und Gehaltsabrechnung, Rechnungsstellung, Lagerkontrolle, Buchhaltung usw. ausgerichtet. Die dabei erarbeiteten Daten sowie spezielle Zusammenfassungen oder zeitbezogene Zwischenberichte werden interessierten Führungskräften zugänglich gemacht und periodisch den Krankenhaus- oder den Bereichsleitungen weitergeleitet. Die Daten basieren meist auf dem Rechnungswesen. Managementorientierte Daten (vgl. Abschnitt 10.3) werden hingegen nur beschränkt und nur wenn ihre Erfassung ohne grossen zusätzlichen Aufwand möglich ist, zur Verfügung gestellt. Diese Art von Informationsgewinnung herrscht heute noch in vielen Krankenhäusern vor.

Beim "Null-Summen-Vorgehen" (null approach) [2] wird von der Ueberzeugung ausgegangen, dass die Aufgaben der obersten Führungskräfte derart dynamisch und innovativ sind, dass die zu ihrer Lösung benötigten Informationen nicht im vornherein bestimmt und erhoben werden können. Die obersten Führungskräfte müssten daher für die Problemlösung vor allem auf qualitative, subjektive und zukunftsgerichtete Informationen von vertrauenswürdigen Beratern abstellen. Diese Vorstellung basiert auf Erfahrungen, die mit periodisch zur Verfügung stehenden Berichten gemacht werden. Viele Kaderpersonen erhalten wohl Führungsberichte, nutzen diese jedoch kaum, es sei denn, sie decken die für sie im Moment gerade kritischen Grössen ab. Dieses Verhalten ist bis zu einem gewissen Grade verständlich, werden doch mit den heutigen Krankenhausinformationssystemen viele nicht direkt führungsrelevante Daten produziert. Kliniks- und

---

1 Rockart J. (data needs) 82; vgl. zum ganzen Bereich der traditionellen Informationsbereitstellung auch Thomas W./Lowery J. (Information Needs) 303 ff

2 Rockart J. (data needs) 82 f

Institutsleiter werden häufig von nicht benötigten Daten überflutet. Eine problemgerechte Selektion fällt schwer.

Allerdings hat die Praxis gezeigt (vgl. Abschnitte 5.4, sowie die Kapitel 6, 7, 8 und 9), dass es in jeder Situation quantitative Bereichsgrössen gibt, die im Interesse einer effektiven und zweckorientierten Führung des Krankenhauses unter Kontrolle gehalten werden müssen. Ebenso existieren generelle qualitative Informationen, um Entscheidungsfindungen zu erleichtern und zu verbessern.

Ein drittes, allerdings im Bereich der Führung öffentlicher Krankenhäuser noch wenig verbreitetes Konzept der Informationsbeschaffung folgt der traditionellen Vorstellung von "Kennzahlensystemen" (key indicator system).[3] Dabei werden Schlüsselkennzahlen über die finanzielle Gesundheit einer Institution gesucht und Daten dazu gesammelt, aufbereitet und ausgewertet. Eine Variante dieses Ansatzes ist die Erstellung von sogenannten Abweichungsrapporten (vgl. z.B. Abschnitt 8.1). Bei diesem Verfahren werden die Führungskräfte erst bei signifikanten Abweichungen von Sollgrössen informiert. Dadurch wird eine nicht ungefährliche Selektion der Daten vorgenommen. Die Entwicklungen von Schlüsselgrössen bzw. die Festlegung von Soll/Ist-Abweichungen bereiten im Krankenhaus mangels operationeller Zielsetzungen vielfach Schwierigkeiten und sind mit ein Grund am bisherigen Scheitern dieses Ansatzes auf Stufe der einzelnen Institution.

Eine vierte Möglichkeit zur Befriedigung von Informationsbedürfnissen ist die "Methode der umfassenden Analyse" (total study approach).[4] Dieser Ansatz wurde von IBM entwickelt, mit der Absicht, der "Neben-Produkt-Methode" zu begegnen. In IBM's Business System Planning Model, welches auch die in den USA gebräuchlichen integrierten Krankenhausinformationssysteme (vgl. Abschnitt 8.4) beinhaltet, werden die Informationsbedürfnisse in einer Institution von oben nach unten analysiert. Dazu wird eine grössere Anzahl der Führungskräfte (meist zwischen 40 und 100) nach ihrer relevanten Umwelt, ihren Zielen, Entscheidungsbefugnissen und Informationsbedürfnissen befragt. Damit soll ein allgemeines Verständnis über das Krankenhaus, die Führungsprobleme und Informationsbedürfnisse gewonnen werden. Mit Hilfe verschiedener Designmethoden und Matrix-Zahlensystemen werden in einem zweiten Schritt, die im Informationssystem bestehenden Module (z.B. Debitorenbuchhaltung, Personaleinsatzpla-

[3] Rockart J. (data needs) 83; sowie als Beispiel Haucke E. (Kennzahlen) im Abschnitt 7 oder die Kennzahlensysteme der übergeordneten Behörden, vgl. Abschnitte 6, 7, 8)

[4] Rockart J. (data needs) 84

nung und Patientenadministration) entsprechend den geäusserten Bedürfnissen verknüpft. Allenfalls verbleibende Informationslücken werden mit Hilfe neuer Systemmodule geschlossen. Diese umfassende Analyse ist äusserst aufwendig. Auch gelingt es nicht immer, den verschiedenen Aggregationsniveaus der Führung und der dynamischen Veränderungen im System und in der Umwelt Rechnung zu tragen.

Jede dieser Methoden hat Vor- und Nachteile. Keine genügt den in Kapitel 10 aufgestellten Anforderungen an ein managementorientiertes Kennzahlensystem für das Krankenhaus. Die Erhebung von Daten als Nebenprodukt einer operationellen Tätigkeit ist kostengünstig, deckt aber die effektiven Informationsbedürfnisse nur schlecht ab. Der "Null-Ansatz" mit der Betonung auf der Veränderlichkeit und Unbestimmtheit von Führungsinformationen stellt das Management einer Institution als Kunst dar und verhindert eine effiziente Entscheidungsfindung. Die Verwendung von Schlüsselkennziffern birgt die Gefahr der Konzentration auf finanzielle Daten in sich und hat sich - im Gegensatz zur Industrie (vgl. Abschnitt 4.33) - im Krankenhausbereich nie richtig durchsetzen können. Die "umfassende Analyse" endlich ist aufwendig und dennoch nicht in der Lage, den situativen Informationsbedürfnissen der Führungskräfte gerecht zu werden. Sie ist wegen der starken formalen Ausrichtung meist zu wenig anpassungsfähig (vgl. auch Abschnitt 12.2). Aus diesen Gründen drängt es sich auf, nach anderen Lösungen zu suchen und den Führungskräften eine Heuristik in die Hand zu geben, die es ihnen ermöglicht, ihre Informationsbedürfnisse situativ zu analysieren und die zur Problemlösung relevanten Informationen auszuwählen.

12.1.2 Notwendigkeit einer Heuristik zur problemorientierten Selektion von Informationen und Kennzahlen

Die Erarbeitung einer umfassenden, konzeptionellen Vorstellung über führungsorientierte Informations- und Kennzahlensysteme für Krankenhäuser darf nicht mit der Darstellung eines Forderungskataloges und einem umfassenden Bezugsrahmen zur Informationserfassung und Kennzahlenbildung abbrechen. Gerade bei diesem umfassenden Informations- und Kennzahlensystem besteht die Gefahr eines "Informations-Overflow". Für Führungsentscheidungen werden nämlich nie alle Informationen benötigt. Inhalt eines Informations- und Kennzahlensystems muss daher auch ein selektiver Filter, d.h. eine Heuristik zur Selektion der problemrelevanten Informationen, sein.

Die bisherigen Ausführungen zu einem managementorientierten Informations- und Kennziffernsystem für Krankenhäuser haben gezeigt, dass es sich dabei nicht um ein formales Rechen- oder Ordnungssystem handeln kann. Der hier vorgeschlagene Erfassungsrahmen für managementorientierte Informationen und Kennzahlen ist weit komplexer (vgl. Abb. 11-2) und der Erhebungsaufwand - wollte man über alle Aspekte regelmässig und detailliert Daten erheben - enorm hoch. Es ist daher einleuchtend, dass Vollerhebungen schon aus Gründen der Wirtschaftlichkeit nicht möglich sind. Dennoch sollte man - gerade auch aus Gründen der Wirtschaftlichkeit und Standardisierung, sowie der Validität und Reliabilität - anstreben, dass möglichst alle ohnehin anfallenden oder leicht erhebbaren Daten entsprechend der vorgeschlagenen Systematik (Informationsbausteine) gesammelt und so abgespeichert werden, dass sie bei Bedarf auch tatsächlich zur Verfügung stehen und leicht ausgewertet werden können.

Um aus den Daten im vorgeschlagenen breiten Erhebungsraster die problemrelevanten Informationen und Kennzahlen auszuwählen, müssen heuristische Selektionsmethoden entwickelt werden. Darunter werden Methoden zur Aufgabenlösung verstanden, die auf der Anwendung von Vorschriften, Techniken und Vereinfachungen aufbaut, welche die bisherigen Erfahrungen des Subjektes, das die Aufgaben löst, verallgemeinern. Heuristische Aussagen und Methoden basieren auf der Anwendung der Analogie und der unvollständigen Induktion. Im Gegensatz zu rein analytischen Vorgehen, bzw. zu Algorithmen - welche bei komplexen, mit viel Unsicherheiten behafteten Fragestellungen, wie sie im Krankenhausmanagement auftreten, nicht empfohlen werden können - führt eine heuristische Methode nicht mit zwingender Sicherheit zu einer Lösung. Mit einiger Erfolgswahrscheinlichkeit kann sie jedoch den Suchprozess zur Lösung des Problems abkürzen, indem sie diesen strukturiert. Inhalt heuristischer Methoden sind Hilfen bei:[5]

- der Abgrenzung des Objektbereiches,
- der Definierung der konkreten Problemstellung bei der Untersuchung des Objektbereiches,
- der Suche nach Grundbegriffen und Variablen, in denen der Objektbereich erfasst wird
- der Aufstellung von Vermutungen über Wirkungszusammenhänge.

---

5 vgl. u.a. Ulrich H. et al. (Management- Ausbildung) 81 ff; Brauchlin E. (Brevier) 23 ff; von Bülow I. (Systemmethodik) 31 ff

Heuristische Methoden können sowohl inhaltliche wie auch methodische Handlungsanweisungen zur Problemlösung geben.[6] Die Stärke inhaltlicher Handlungsanweisungen liegt in ihrer Entlastungsfunktion. Sie erlauben eine direkte Begegnung der Probleme durch konkrete Handlungen. Damit kann Zeit, Geld und Managementkapazität gespart werden. Die Grenze inhaltlicher Handlungsempfehlungen liegt in der Gefahr nicht adäquater Anwendung. Fehleinschätzung, mangelnde Flexibilität oder nicht erkannte, neuartige Probleme können zur falschen Anwendung führen. In der Folge muss häufig zusätzliche Managementkapazität aufgewendet werden, um die Fehler zu korrigieren.

Um diese Nachteile inhaltlicher Handlungsanweisungen zu vermeiden, sollten Problemlösungsheuristiken eher methodische Anleitungen zur Situationsbeurteilung umfassen. Für die Bearbeitung komplexer Probleme ist eine Ausrichtung auf methodische Handlungsanweisungen empfehlenswert. Diese setzen nur minimale Annahmen über die Situation voraus. Damit lassen sie sich auf sehr verschiedenartige Problembereiche anwenden.

Im folgenden sollen nun heuristische Methoden aufgezeigt werden, welche in Ergänzung zum vorgeschlagenen Erhebungsraster die Suche allgemein management-relevanter Daten erleichtern und vor allem die Auswahl problemadäquater Führungskennziffern unterstützen. Die in Abschnitt 12.2 dargestellte, inhaltliche Handlungsanweisung beinhaltet nämlich die latente Gefahr, dass ihre Anwendung statisch bleibt und nicht an neue Entwicklungen angepasst wird. Die anschliessend vorgeschlagene methodische Heuristik (Abschnitt 12.3) ist zweistufig. In einem ersten Schritt geht es um die Systematisierung der Führungsaufgaben. In einem zweiten Schritt wird die konkrete Problemsitutation unter dem Gesichtspunkt der Lenkung analysiert.

12.2 Der "Critical Success Factor"-Ansatz als Beispiel inhaltlicher Handlungsanweisungen

Kritische Erfolgsfaktoren (critical success factors) sind jene Bereiche einer Institution, die erfolgreich geführt werden müssen, da sie kritische Bereiche im Prozess der Zielerreichung darstellen.[7] Obwohl auch im Krankenhaus die Führungstätigkeit von einer Unmenge von Faktoren beeinflusst wird, können diese auf

[6] von Bülow I. (Systemmethodik) 27 ff

[7] Bullen C./Rockart J. (Primer) 12; Kanter M. (Success Factor) 43

einige wenige, wirklich kritische reduziert werden. Auf der Ebene des Krankenhauses als Ganzes können dies u.a. sein:[8]

Ziele	Kritische Erfolgsfaktoren
- Spitzenleistungen im Rahmen der Gesundheitsversorgung	- Regionale Integration des Krankenhauses in das Versorgungssystem
- Befriedigung zukünftiger Gesundheitsbedürfnisse	- Effiziente Nutzung knapper medizinischer Ressourcen - Verbesserte Kostenrechnung

Abb. 12-1. Beispiele für kritische Erfolgsfaktoren auf der Ebene des Krankenhauses als Ganzes

Auf der nächsttieferen Abstraktionsebene, d.h. auf Ebene grösserer Leistungsbereiche, wie Kliniken oder Institute sind funktionale Erfolgsfaktoren vorherrschend, wie z.B.:[9]

Leistungsbereich	Funktion	Kritische Erfolgsfaktoren
Chirurgie	Erstellung qualitativ hochstehender ärztlicher und pflegerischer Leistungen	- angemessener Personalbestand - qualifiziertes Personal - angemessene Ausrüstung - Sterilität der Einrichtungen und der Arbeitsplätze - zeitlich und sachlich richtige Unterstützung durch Radiologie, Labor, Apotheke usw.
	Ausbildung von Assistenzärzten	- Anzahl Assistentenzstellen nach Fachrichtung -
Apotheke	richtige und wirtschaftliche Medikamentenverteilung	- Verteilsystem - - -

8 Rockart J. (data needs) 86

9 Thomas W./Lowery J. (Information Needs) 307

	Ausbildung von Studenten und Assistenten	- fachlich kompetente und didaktisch geschulte Mitarbeiter - entsprechende Vereinbarungen zwischen dem Krankenhaus und medizinischen Fakultäten - entsprechende finanzielle Mittel für die Ausbildung

Abb. 12-2. Beispiele von kritischen Erfolgsfaktoren auf der funktionalen Ebene der Kliniken und Institute

Um entsprechende Aktivitäten auslösen und überwachen zu können, benötigt die Krankenhaus- bzw. die Klinikleitung über diese kritischen Bereiche hinreichende Informationen.

Methodisch wird beim "Critical Success Factor - Approach" in einem ersten Schritt mit Hilfe einer gut ausgebauten Interviewtechnik versucht, die kritischen Erfolgsfaktoren für die einzelnen Bereiche situativ zu identifizieren. Zweck der Interviews ist es, die kritischen Bereiche bei den Führungskräften bewusst zu machen und sie zu zwingen, ihre Zielsetzungen klar zu formulieren. Damit wird auch dem Umstand Rechnung getragen, dass jede Führungskraft andere Informationen benötigt. Im Gegensatz etwa zu Schlüsselkennziffern (vgl. Abschnitt 5.33) werden die kritischen Erfolgsfaktoren nicht branchen- und institutionsneutral festgelegt, sondern zeigen je nach Branche, Institution und Führungskraft ganz spezifische Merkmale auf. Bei der Identifikation der kritischen Erfolgsvariablen werden fünf primäre Quellen unterschieden:[10]

- Struktur der untersuchten Branche: Jede Branche hat eine eigene Kombination kritischer Erfolgsfaktoren, die durch charakteristische Eigenschaften der Branche, wie Tätigkeitsbereich, Marktsituation usw. definiert wird. Für den Krankenhausbereich beispielsweise können dies u.a. die Bettenbelegung, die Qualität der Leistungen, die Kostenkontrolle und das Vergütungssystem sein.

- Marktstrategie und -position: Innerhalb der Branche hält jede einzelne Institution eine Position inne, die z.B. durch die Tradition, die gewählten Strategien, den geographischen Standort usw. bestimmt wird. Aus dieser Position ergeben sich weitere kritische Erfolgsfaktoren. Für ein Krankenhaus etwa sind dies die Servicebevölkerung, das Leistungsangebot und die Kapazitäten der verschiedenen Kliniken.

[10] O Connor Ch. (Data Set) 82 f

- Umweltfaktoren: Hier handelt es sich um externe Einflussfaktoren, über welche die einzelnen Institutionen i.d.R. keine direkten Kontrollmöglichkeiten haben. Bezogen auf ein öffentliches Krankenhaus wären dies etwa der Staatshaushalt, das System der Kranken- und Unfallversicherung, demographische und epidemiologische Trends, sowie Entwicklungen im Bereich der Medizintechnologie, des Arbeitsmarktes usw.

- Zeitlich begrenzte Faktoren: Aktivitäts- oder Umweltbereiche können für ein Krankenhaus auch nur über eine begrenzte Zeit kritisch sein. Beispiele dazu sind etwa Kapazitätsprobleme im Falle von Katastrophen oder Epidemien, Tages- oder Leistungsentgelte im Falle bevorstehender Tarifverhandlungen, ein temporär ausgetrockneter Arbeitsmarkt im Bereich des Pflegepersonals usw.

- Managementfunktion und -position: Jede Führungskraft legt speziellen Wert auf die Beachtung von Erfolgsfaktoren, die eng mit seiner jeweiligen Funktion und Stellung zusammenhängen. Der Einkaufschef beispielsweise wird den Lagerbeständen und der Entwicklung der Marktpreise grosses Gewicht beimessen, während sich die Pflegedienstleitung eher um die Personalrekrutierung, die Personalfluktuation und die Gehaltsentwicklungen kümmern wird.

Das jeweilige Bündel kritischer Erfolgsfaktoren kann in interne und externe Faktoren [11] aufgeteilt werden. Die internen Erfolgsfaktoren beziehen sich auf den eigenen Bereich und das unterstellte Personal, d.h. sie sind zumindest beschränkt beeinflussbar. Externe Faktoren hingegen gehören zur internen (d.h. zum Krankenhaus, aber nicht zum eigenen Bereich) oder externen Umwelt und sind i.d.R. weniger kontrollier- und lenkbar.

Weiter lassen sich die Erfolgsfaktoren unterteilen in solche der Ueberwachung und solche der Konstruktion.[12] Diese Unterscheidung ist ähnlich jener in repetitive und innovative Aufgaben (vgl. Abschnitt 12.31.4). In jedem Führungsbereich gibt es einige Faktoren, die überwacht werden müssen, z.B. die Einhaltung des Budgets oder des Stellenplanes. Daneben ergeben sich jedoch häufig neuartige Aspekte aus den zu erfüllenden Aufgaben. Dies erfordert Informationen über neuartige Erfolgsfaktoren.

Die kritischen Erfolgsfaktoren stehen untereinander in einer hierarchischen Beziehung. Daher ist bei der Erarbeitung der Erfolgsfaktoren darauf zu achten, dass sie von oben nach unten [13] vollständig für die operative Führung definiert werden. Somit dominieren die branchenspezifischen Faktoren die institutionsspezifi-

---

[11] Bullen C./Rockart J. (Primer) 16 ff

[12] Bullen C./Rockart J. (Primer 17 ff

[13] Bullen C./Rockart J. (Primer) 19 ff

schen und diese wiederum die temporären und funktionsspezifischen. Nur so lassen sich einigermassen sinnvolle und allgemeingültige Informationssysteme aufbauen.

Wie mit den temporären Faktoren bereits angedeutet wurde, unterliegen die meisten der kritischen Erfolgsvariablen einem zeitlichen Wandel. Dies wird deutlich, wenn man die Entwicklung der wichtigsten Erfolgsvariablen im Bereich der Krankenhausführung im historischen Zeitablauf analysiert (vgl. Abschnitt 2.21). Zur Zeit der christlich-religiösen Hospitäler bestimmte weniger die Morbidität, als vielmehr die gesellschaftliche Sozialstruktur die Nachfrage nach Hospitalleistungen. Das Angebot richtete sich nach den Ressourcen der Klöster. In der Folge der Reformation ergaben sich Verschiebungen bezüglich der Abhängigkeiten des Angebotes. Die vorhandenen staatlichen Ressourcen entwickelten sich zu einem angebotsbestimmenden kritischen Faktor. Mit der Wandlung der Hospitäler in Krankenhäuser veränderten sich die kritischen Erfolgsfaktoren abermals beträchtlich. Morbidität und Epidemiologie, anfänglich insbesondere die Infektionskrankheiten, wurden nachfragebestimmend. Auf der Angebotsseite wurden die Entwicklungen der medizinischen Wissenschaften und die Verfügbarkeit von qualifiziertem Personal ebenso wichtig, wie die finanzielle Situation der Krankenhausträger. Heute stehen je nach medizinischer Spezialität traumatische Beeinträchtigungen, Zivilisationskrankheiten oder Altersbeschwerden als kritische Faktoren im Vordergrund (vgl. Abschnitt 2.21). Die Angebotsseite wird sachlich vor allem durch die Entwicklungen in der Medizintechnik und der medizinischen Spezialisierung bestimmt. Auf der personellen Seite hat die Rekrutierung des Pflegepersonals jene der Aerzte als kritischen Erfolgsfaktor abgelöst.

Analysiert man den Wandel kritischer Erfolgsfaktoren auf tieferen Abstraktionsebenen, wie z.B. einzelner Krankenhäuser oder Funktionsbereiche, so kann man im Zeitablauf eine noch raschere Veränderung feststellen. Dies zeigt, dass eine ständige Ueberprüfung und Anpassung der Faktoren notwendig, und eine Nutzung entsprechender formaler Informationssysteme nur bedingt sinnvoll ist.

Hat man nun mit Hilfe der Interviews und der Diskussionen um Prioritäten und Zielerreichung endlich die kritischen Erfolgsvariablen eines Krankenhauses, bzw. der verschiedenen Führungs- und Funktionsbereiche definiert, so muss in einem nächsten Schritt geklärt werden, welche Fragen man bezüglich dieser Faktoren eigentlich beantwortet haben möchte, und welche Masse, bzw. Indikatoren oder Kennziffern, dazu zur Verfügung stehen. Dieses Problem lässt sich nicht generalisierend lösen, können doch die konkreten Erfolgsfaktoren einerseits bezüglich ihres Abstraktionsniveaus, andererseits bezüglich der zu erreichenden Zielsetzungen sehr unterschiedlich bewertet werden.

Kennziffern spielen, wie die folgende Abbildung zeigt, im Modell der kritischen Erfolgsfaktoren eine sehr bedeutende Rolle. Denn nur mit Hilfe von Kennziffern können die quantitativen Fragestellungen der verschiedenen Erfolgsfaktoren beantwortet werden. Dabei zeigt sich am Beispiel der in Abb. 12-3 dargestellten funktionsbezogenen Erfolgsfaktoren für den Bereich der Chirurgie (vgl. auch Abb. 12-2), dass meist mehrere Indikatoren notwendig sind, um einen kritischen Erfolgsfaktor einigermassen umfassend abzubilden.[14]

Ohne Kennziffern kann der "Critical Success Factor - Approach" nicht angewendet werden. Sie sind Grundlage für die Messung der verschiedenen Dimensionen und Inhalte der kritischen Erfolgsfaktoren. Die Auswahl dieser Faktoren richtet sich nach den allgemeinen Informationsbedürfnissen der Führungskräfte einer Institution. Die Erarbeitung des Indikatorenmodells mit Hilfe der Interviews, in denen erst die Hauptfunktionen der organisatorischen Einheit, sowie die damit verbundenen kritischen Erfolgsfaktoren definiert und dann die entsprechenden Indikatoren über die Mittelverwendung und die Funktionserfüllung spezifiziert werden, kann zwar gute Resultate erzielen, ist jedoch aufwendig. Ist dieser Prozess erst einmal abgeschlossen, besteht die Gefahr, dass am erarbeiteten Indikatorenmodell festgehalten wird und die dort definierten Kennziffern periodisch ermittelt werden. Mit dem Ansatz der kritischen Erfolgsfaktoren kann somit wohl kurzfristig die Erfassung und Ueberwachung der wichtigsten Führungsgrössen erreicht werden. Es ist jedoch keineswegs sichergestellt, dass auch über eine lange Zeitdauer hin, in einer sich turbulent verändernden Umwelt, die Führungskräfte mit den tatsächlich benötigten Informationen beliefert werden. Dies kann leicht mit dem Wandel der Krankenhäuser und der Krankenhausführung bewiesen werden (vgl. Abb. 3-1). Obwohl Rockart und andere Autoren die regelmässige Wiederholung der Interviews und damit des Suchprozesses fordern, dürfte in der Praxis der grosse zeitliche und finanzielle Aufwand ein solches Vorhaben häufig verhindern. Damit besteht die Gefahr, dass das vorerst bedürfnisgerechte Modell der

[14] Thomas W./Lowery J. (Information Needs) 305

kritische Erfolgsfaktoren	Indikatoren / Kennzahlen
angemessener Personalbestand	- geleistet Ueberzeit - Patienten oder Eingriffe pro Operateur - durchschnittliche Aufenthaltsdauer nach Patientenkategorie (praeoperativ, postoperativ) - durchschnittliche Wartezeit zwischen OP-Entscheid und Eingriffsdurchführung - Anzahl der wegen Personalmangels nicht durchgeführten oder verschobenen Eingriffe - Anzahl der OP-Berichte, die nicht 24 Stunden vor Entlassung der Patienten diktiert waren - Anzahl offener Stellen
angemessene Ausrüstung	- Anzahl anfallender Serviceanrufe pro Apparat oder Einrichtungsgegenstand - durchschnittliche Ausfallzeit pro Apparat oder Einrichtungsgegenstand - aktualisiertes Total der Reparaturkosten pro Apparat oder Einrichtungsgegenstand
Sterilität der Einrichtungen und der Arbeitsplätze	- Wundinfektionsrate pro Eingriff - Bakteriendichte pro m2

Abb. 12-3. Beispiele von Kennzahlen zur Messung der wichtigsten Dimensionen von kritischen Erfolgsvariablen

"Critical Success Factors" zu einem starren Indikatorensystem wird, dessen Inhalte sich immer weniger mit den wechselnden Informationserfordernissen der Führungskräfte decken und kaum mehr zur Lösung innovativer Probleme geeignet sind.

12.3 Heuristik zur Selektion relevanter Führungsinformationen (methodische Handlungsanweisung)

Die hier vorgeschlagene Heuristik zur Auswahl problemrelevanter Managementinformationen ist zweistufig. In der ersten Stufe geht es darum, das Problem aus der Sicht der Führung einzuschränken, dies im Hinblick auf die Rationalisierung der Suche nach zeitlich und artmässig richtiger Information (vgl. Abb. 10-1). Damit soll aber auch die zweite Stufe, d.h. die inhaltliche Bestimmung der Information mit Hilfe von Netzwerken und die Bestimmung der Lenkungsvariablen, vereinfacht werden.

12.3.1 Systematisierung des Führungsproblems und grobe Einschränkung des Informationsbedarfs

12.3.1.1 Überblick

Wie bereits in Abschnitt 5.13 diskutiert wurde, liegen für Problemlösungen in sozialen Systemen praktisch nie vollständige Informationen vor. Je komplexer eine Problemsituation ist, um so grösser wird auch der Informationsbedarf (vgl. Abschnitt 5.2). Es leuchtet daher ein, dass die Selektion von Führungsinformationen vom zu lösenden Problem aus angegangen werden muss. In einem ersten Schritt soll daher eine Taxonomie von Führungsproblemen versucht werden.

In der Management-Literatur findet man verschiedene Problem-, bzw. Systemtaxonomien. Viele gehen direkt vom System aus, indem sie dieses von aussen betrachten und seine Komplexität und Zufallsbestimmtheit beurteilen.[15] Andere legen das Gewicht aber auf die Informationslage.[16] Im folgenden soll jedoch das Problem nicht von aussen, sondern aus der Perspektive der Führung angesehen werden. Massgebend für die Problemtaxonomie ist somit der Führungsprozess (Führungsstufe und Funktion) sowie die Art des Problems und dessen interne und externe Wirkungsbereiche.

Damit man der Komplexität des Managements und der Mehrstufigkeit der Führung in einem Krankenhaus gerecht wird, wurde für die hier angestellten Ueberlegungen von der abstrakten Definition von Ulrich: Management ist die Gestal-

---

[15] Vgl. z.B. Weinberg G. (Systemsthinking) 16 ff

[16] Vgl. Gomez P. (Modelle) 71 ff, speziell 80 f

tung, Lenkung und Entwicklung zweckorientierter sozialer Systeme [17], ausgegangen. Im Hinblick auf die Auswahl von Kennziffern zur Lösung konkreter Führungsprobleme ist diese abstrakte Definition allerdings wenig hilfreich. Im folgenden wird daher eine auf dem Führungskonzept (vgl. Abschnitt 4.2) basierende, mehrdimensionale Problemtaxonomie verwendet.

Zur Illustration des Vorgehens bei der Beurteilung von Führungsproblemen und der Selektion entsprechender Managementinformation wird mit einem praktischen Beispiel gearbeitet.

Fallbeispiel:
In einem mittelgrossen Krankenhaus (180 Betten) der erweiterten Grundversorgung, an einer der wichtigsten Alpentransversale gelegen, ist seit einigen Monaten die Bettenbelegung der chirurgischen Klinik stark gestiegen (über 90 %). Nach Angaben des Pflegedienstes sind auch die Pflegeintensitäten angestiegen. Vor einigen Jahren wurden im Anschluss an eine Renovation acht chirurgische und sechs medizinische Betten geschlossen. Da diese Räumlichkeiten noch nicht anderweitig genutzt werden, wurde von ärztlicher und pflegerischer Seite der Antrag nach einer Wiedereröffnung der chirurgischen Betten gestellt. Von Seiten der Verwaltung und vom Krankenhausträger werden Bedenken geäussert, da verschiedene Investitionen notwendig werden und der Stellenplan aufgestockt werden müsste. Die übergeordnete Behörde ordnet nun eine umfassende Beurteilung des zukünftigen Bettenbedarfs der chirurgischen Klinik an.

12.3.1.2 Problemtaxonomie nach Art der Tätigkeit

Wichtigste Komponente des hier zugrunde liegenden Führungskonzeptes ist das Führungssystem (vgl. Abschnitt 4.34). Die Führungsaufgaben wurden dort unterteilt in:

- ausführende Tätigkeiten, d.h. das konkrete Bearbeiten von Sachaufgaben ohne eigentlichen Bezug zur Führung

- dispositive Tätigkeiten, d.h. Umsetzen der Planungsergebnisse in konkrete Aktivitäten der operativen Systeme, Beschaffung und Einsetzen der benötigten und zur Verfügung stehenden personellen und materiellen Mittel und direkte, lenkende Eingriffe bei Störungen

[17] Ulrich H. (Funktion) 136, vgl. auch Abschnitt 4.13

- planerische Tätigkeiten, d.h. Umsetzung der strategischen Ziele und Absichten durch Vorausbestimmung der zukünftig zu verfolgenden Aktivitäten

- Konzeptionelle Tätigkeiten, bzw. Gesamtführung, d.h. die Erarbeitung des Institutions-/Umwelt- und des Führungskonzeptes, bzw. das Bestimmen der langfristig gültigen Zielsetzungen, der zu verwendenden Mittel und der zu verfolgenden Strategien

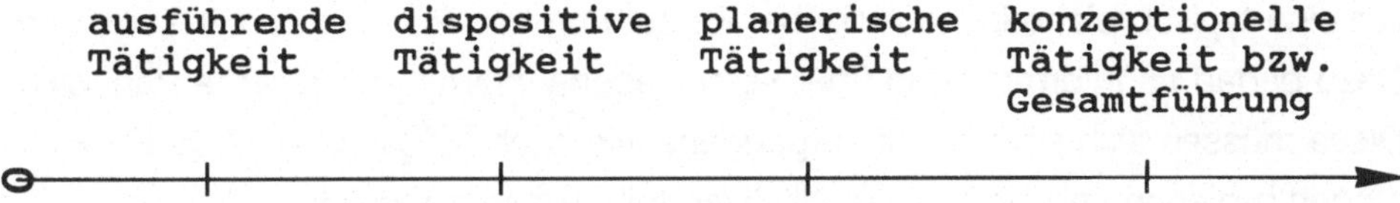

Abb. 12-4. Problemtaxonomie nach Führungsstufen

Die meisten Managementprobleme lassen sich einer dieser vier Stufen zuordnen. Die tägliche Operationssaalbewirtschaftung beispielsweise ist eine dispositive Tätigkeit, die monatliche Personaleinsatzplanung ebenfalls. Die Budgeterstellung ist eher eine planerische, die Entwicklung eines Leitbildes für das Krankenhaus eine konzeptionelle Tätigkeit. Diese Gliederung in Managementtätigkeiten spiegelt sich auch im Informationsbedarf wider (vgl. dazu Abb. 5-7). Für ausführende Tätigkeiten werden klare und aktuelle Vorgaben und Kontrollgrössen benötigt, die sich unmittelbar auf die konkrete Aufgabe beziehen und meist quantitativer Art sind. Für die Disposition hingegen bedarf es bereits umfassenderer Informationen. Insbesondere müssen Kenntnisse bezüglich der zur Verfügung stehenden Kapazitäten, die auf dieser Stufe als relativ fix angesehen werden müssen, (z.B. bei der Operationssaalbewirtschaftung die Anzahl OP- und Anästhesie-Personal, OP-Räume usw.), der auszuführenden Aufgaben (OP-Programm), Alternativen der Leistungserstellung (Ausweichmöglichkeiten), Nachfrageentwicklungen (Notfalleintritte, Warteschlangen) usw. vorliegen. Diese Informationen sind nur noch zum Teil quantitativer Art. Qualitative Aspekte (z.B. Personalqualifikation) müssen ebenfalls berücksichtigt werden. Bei planerischen Aufgaben werden noch umfassendere Informationen vorausgesetzt. Hier darf sich die Information nicht mehr nur auf das konkrete Problem beschränken (z.B. OP-Saal-Neubau), sondern muss sich auch auf das Umsystem beziehen (z.B. Nachfrageentwicklungen, finanzielle Möglichkeiten, Medizintechnologie, Arbeitsmarkt, Baumarkt, Lieferanten, andere ähnliche Vorhaben im Krankenhaus und im umliegenden Krankenhaussystem usw.). Bei konzeptionellen Tätigkeiten endlich geht es z.B. um die Integration und Koordination der neuen Operationssaal-Kapazitäten im

Krankenhaus und im umliegenden Versorgungssystem im Hinblick auf die Erfüllung des Leistungsauftrages. Diese Aufgabe verlangt noch umfassendere und weiter in die Zukunft und in die Umwelt reichende quantitative und qualitative Informationen.

Fallbeispiel:
Bei der Feststellung des zukünftigen Bettenbedarfs einer Klinik handelt es sich um eine typisch planerische Aufgabe. Es geht um die Planung von Ressourcen. Dazu bedarf es Informationen über verschiedene interne und externe Variablen. Diese müssen sich sowohl auf vergangene wie auch mögliche künftige Entwicklungen beziehen und sind teils qualitativer, teils quantitativer Art.

12.3.1.3 Problemtaxonomie nach funktionalem Managementprozess

Eine weitere Systematisierung von Managementaufgaben ergibt sich aus der Betrachtung des Führungsprozesses aus funktionaler Sicht (vgl. Abschnitt 5.11). Bei dieser Gliederung von Managementproblemen muss man sich fragen, ob es sich im konkreten Fall um eine Aufgabe

- des Entscheidens,
- des In-Gang-Setzens oder
- der Kontrolle

handelt.

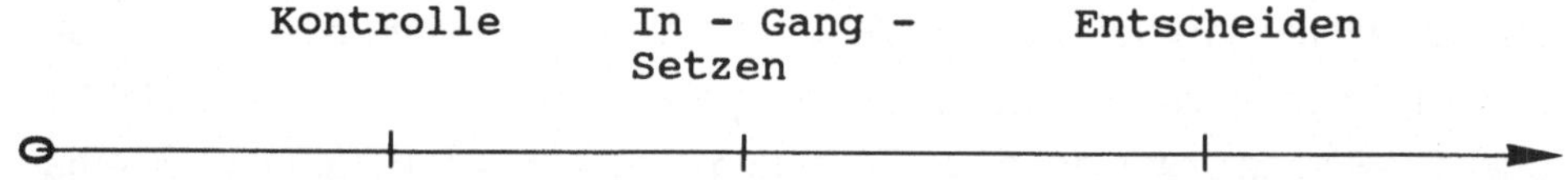

Abb. 12-5. Problemtaxonomie nach funktionalem Managementprozess

Je nachdem, welche Funktion Schwerpunkt des konkreten Managementproblems bildet, werden unterschiedliche Informationen zu seiner Lösung verlangt. Geht es darum, Entscheidungen zu treffen, müssen die Informationen prospektiv und umfassend sein, d.h. sie dürfen sich nicht nur gerade auf den konkreten Objektbereich beschränken, sondern müssen das Umfeld mit abdecken. Bei Problemen der In-Gang-Setzung hingegen werden eher spezielle und aktuelle Informationen benötigt. Zur Lösung von Kontrollaufgaben genügen meist bereichsspezifische und vergangenheitsbezogene Informationen.

Fallbeispiel:
Die Feststellung zukünftiger Bettenkapazitäten ist ein Teil der Entscheidungsvorbereitung. Dazu sind umfassende Informationen notwendig.

12.3.1.4 Problemtaxonomie nach Novationsgrad

Managementaufgaben können weiter systematisiert werden, wenn man sie nach Bekanntheits-, bzw. Novationsgrad unterteilt, nämlich in:

- repetitive und
- innovative Aufgaben.

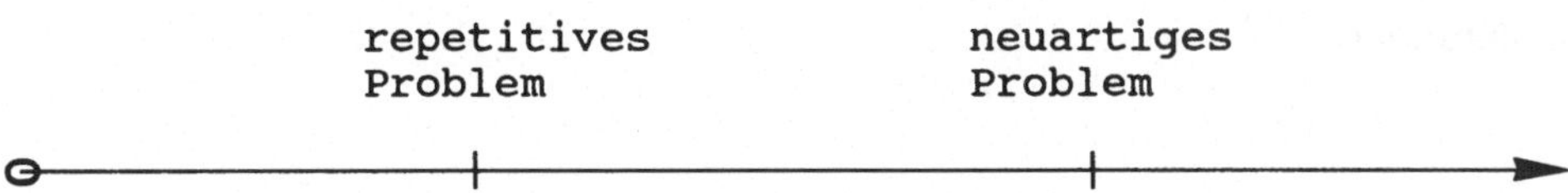

Abb. 12-6. Problemtaxonomie nach Novitätsgrad

Das Management jeder Institution steht im Spannungsfeld zwischen Tradition und Fortschritt, bzw. Bewahrung und Erneuerung. Stabilität ist notwendig, um bewährte Leistungen möglichst produktiv und wirtschaftlich zu erbringen. Andererseits kann auf die Dauer eine Erfüllung des Leistungsauftrages und der Zwecksetzung des Krankenhauses nur gewährleistet werden, wenn es gelingt, den sich ständig verändernden Umweltbedingungen (z.B. Morbiditätsveränderungen, neue Medizintechnologien) zu begegnen. Auch im Krankenhaus finden wir somit beide Arten von Problemen. Repetitive Aufgaben, wie z.B. die Bettenbewirtschaftung in einer Abteilung, sind dadurch charakterisiert, dass sie stark strukturiert sind, immer zu gleichen oder ähnlichen Ergebnissen führen und sich häufig wiederholen. Die dazu benötigten Informationen sollten bekannt sein und werden häufig systematisch erfasst. Innovative Aufgaben hingegen, wie etwa die Entwicklung eines Personaleinsatzsystems für einen bestimmten Bereich, beziehen sich auf neuartige Probleme, sind wenig strukturiert, fallen unregelmässig an und führen zu nicht genau vorausbestimmbaren Ergebnissen.

Diese Typisierung, die nur die Extremfälle eines ganzen Feldes von Mischformen beschreibt, macht deutlich, dass die Informationsbedürfnisse ganz verschieden sind. Zur Lösung repetitiver Aufgaben stehen mit grosser Wahrscheinlichkeit quantitative Daten zur Verfügung, die meist mit Hilfe eines formalen Systems periodisch erhoben und ausgewertet werden. Bei innovativen Problemen hingegen sind die Aufgaben unstrukturiert, und die Daten liegen nur lückenhaft vor. Die Gewinnung adäquater Informationen und Kennziffern ist viel aufwendiger und bedarf stärkerer, methodischer Unterstützung. Auch ist meist die Qualität (Reliabilität und Validität) der Daten geringer.

Fallbeispiel:
Die Bestimmung von Betten-Kapazitäten sind nicht repetitive Aufgaben. Dennoch wird sich die Krankenhausleitung hin und wieder mit ähnlichen Fragestellungen beschäftigen müssen und so einige Erfahrungen aufweisen. Allerdings ist jede Kapazitätsbestimmung wieder einzigartig und bedarf jeweils neuartiger Abklärungen.

12.3.1.5 Problemtaxonomie nach externem Wirkungsbereich

Nicht nur die zeitliche Wirkung von Problemen, sondern auch die internen und externen Wirkungsbereiche sind für die Informationsbereitstellung von grosser Bedeutung. Da die Aktivitäten der Krankenhausleitung immer auch Einfluss auf die Umwelt haben (vgl. Abschnitt 4.1), wird in einer weiteren Taxonomiedimension der "Wirkungsbereich Umwelt" analysiert. Es geht dabei um die Festlegung der Umweltbereiche, welche die Problemlösung beeinflussen, bzw. von entsprechenden Entscheiden betroffen werden. Auch über diese Bereiche sollten Führungsinformationen vorliegen. Die Umweltbereiche lassen sich aus der Sicht des Krankenhauses wie folgt unterteilen:

- Potentielle Einzelpatienten oder Patientengruppen (z.B. durch neues Leistungsangebot)
- lokaler Wirkungsbereich, d.h. z.B. lokale Bevölkerung oder lokales Versorgungssystem (wie z.B. praktizierende Aerzte, Heime usw. bei der Eröffnung von Ambulatorien oder Einrichtung einer Geriatrie-Abteilung)
- regionaler Wirkungsbereich, d.h. Bevölkerung und Anspruchsträger der Region und regionales Versorgungssystem (z.B. Bevölkerungsentwicklung, umliegende Krankenhäuser und Einrichtungen der ambulanten und der Langzeitversorgung).
- kantonaler Wirkungsbereich, d.h. Kantonsbevölkerung, kantonales Versorgungssystem und Krankenversicherungssystem, aber auch ausserkantonale

Krankenhäuser der Maximalversorgung,(z.B. durch Einführung oder Verzicht auf eine hochspezialisierte und technisierte Leistungen, bzw. Klinik, oder Institut, wie z.B. NMR oder eine Verbrennungs-Station).

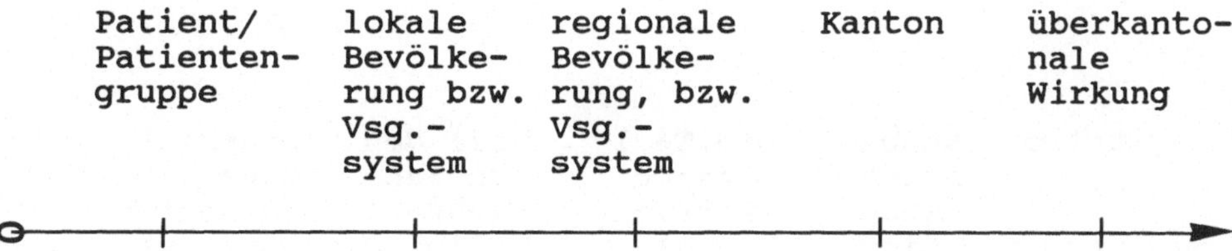

Abb. 12-7. Problemtaxonomie nach externem Wirkungsbereich

Je nach betroffenem Wirkungsbereich müssen entsprechende Informationen gesammelt und aufgearbeitet werden. D.h. mehr oder weniger aggregierte Informationen aus den verschiedenen Umwelt-Bausteinen müssen vorliegen (vgl. Abb. 11-1).

<u>Fallbeispiel:</u>
Die vorhandenen Kapazitäten eines Krankenhauses wirken sich nicht nur intern, z.B. auf die Belegungsrate aus, sondern immer auch auf das umliegende Versorgungssystem. Wird die Bettenzahl der chirurgischen Klinik eines Krankenhauses angehoben, kann sich - je nach Attraktivität - innert Kürze eine Veränderung im Patientenstrom einstellen. Die Wirkung ist somit sicher lokaler, wahrscheinlich aber regionaler Art.

12.3.1.6 Problemtaxonomie nach internem Wirkungsbereich

Auch im Krankenhausbereich selbst weisen Managemententscheidungen unterschiedliche Tragweiten auf und werden von verschiedenen Ebenen und Aspekten beeinflusst. Aus Sicht der Beschaffung von Führungsinformationen muss man sich fragen, welche Systemebenen für die Lösung des konkreten Problems relevant sind. Um diese Frage zu beantworten, kann folgende Gliederung beigezogen werden:

- die eigene <u>Stelle</u>,
- ein ganzer <u>Subbereich</u>, wie z.B. eine Station bzw. eine Mitarbeitergruppe,
- ein grösserer <u>organisatorischer Teilbereich</u>, wie z.B. eine Abteilung, eine ganze Klinik oder ein Institut,

- auf einen Teil des Krankenhauses, d.h. auf organisatorisch zusammengefasste bzw. kombinierte Teilbereiche (Kliniken oder Institute), etwa in Form von Departementen, oder
- das ganze Krankenhaus, bzw. das Gesamtsystem und damit auch auf den ganzen Mitarbeiterstab.

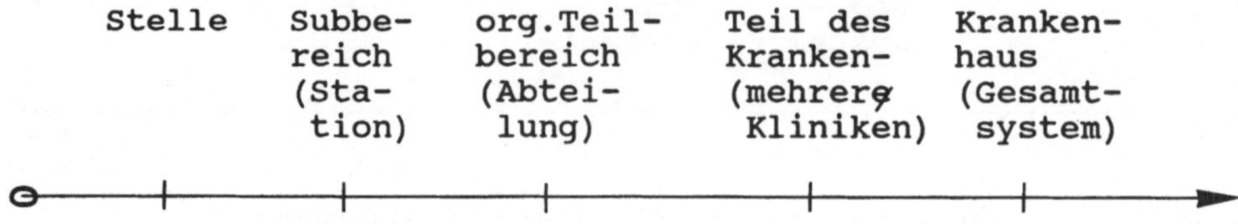

Abb. 12-8. Problemtaxonomie nach internem Wirkungsbereich

Auch dieses Taxonomiekriterium gibt Hinweise inhaltlicher Art. Es legt fest, auf welcher Systemebene krankenhausinterne Informationen erarbeitet (Detaillierungsgrad), welche Subsysteme vom Problem betroffen sind und informiert werden müssen.

Fallbeispiel:
Die mögliche Kapazitätserhöhung in der chirurgischen Bettenabteilung wirkt sich nicht nur in diesem Bereich aus. Es ist anzunehmen, dass dies mehr Eingriffe zur Folge hat und daher auch der Operationsbereich (Instrumentier- und Anästhesiepersonal), die Radiologie, das Labor usw. belasten werden. Die Wirkungen müssen somit für eine seriöse Analyse in verschiedenen Bereichen, ev. sogar im ganzen Krankenhaus untersucht werden.

12.3.1.7 Zusammenfassende Darstelllung der Problemtaxonomie und seiner Wirkung auf die Informationsbearbeitung

Die hier vorgeschlagene Taxonomie für Managementprobleme weist fünf Dimensionen auf. Dieses multidimensionale Klassifikationsschema (vgl. Abb. 12-9) ermöglicht nicht nur die Identifikation der Probleme aus der Sicht der Führung. Es erlaubt gleichzeitig auch erste Schlüsse über den Informationsbedarf der Problemlösung zu ziehen und erleichtert somit den Informationsbeschaffungs- und -bearbeitungs-Prozess (vgl. Abschnitt 12.4).

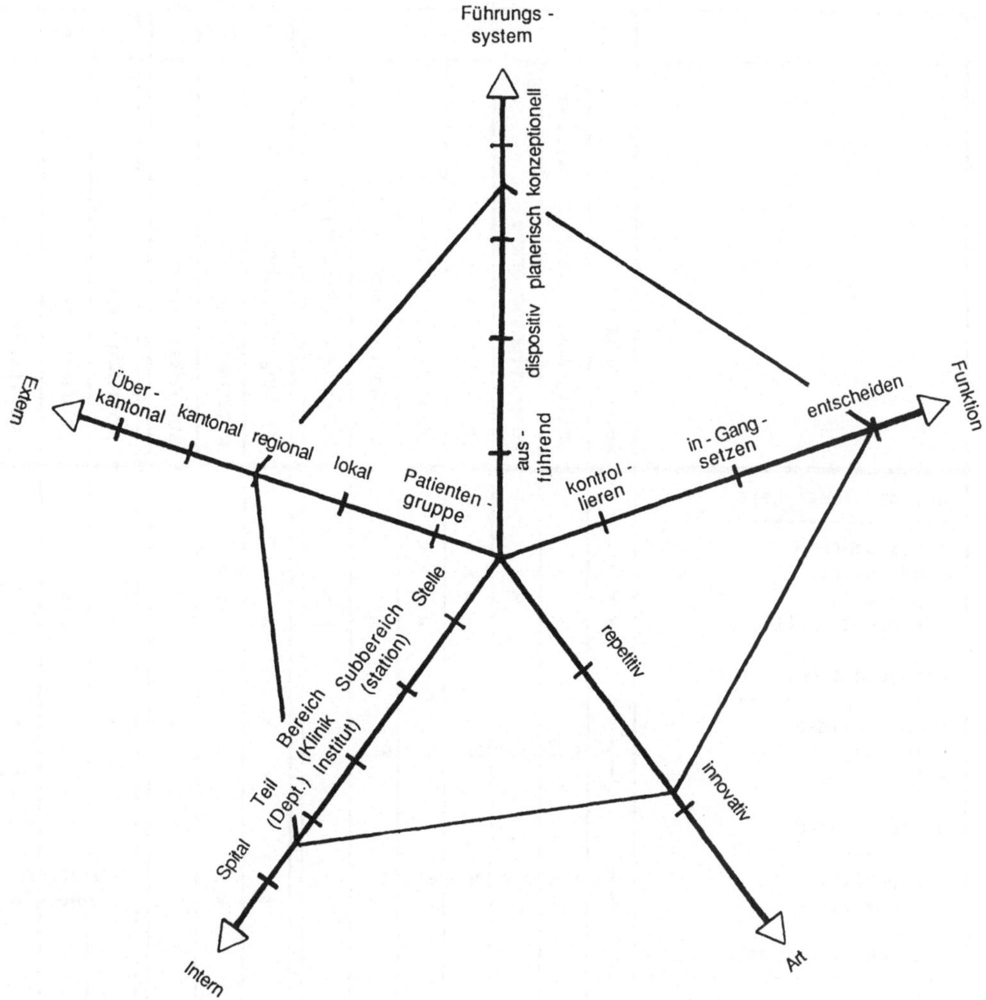

Abb. 12-9. Taxonomiesystem für Managementprobleme (Beispiel: Kapazitätsplanung)

Ein anfallendes Managementproblem ist nun in dieser Grafik (Abb. 12-9) zu positionieren. Die Wirkungen der verschiedenen Analysedimensionen auf den Informationsbedarf werden in Abb. 12-10 dargestellt. Dabei wird der schwerpunktmässige Informationsbedarf für die einzelnen Dimensionen der Problemtaxonomie dargestellt. Diese Abbildung kann als allgemeine Regeltabelle verstanden werden. Dem Anwender muss dabei jedoch bewusst sein, dass sie nicht vollständig sein kann, sondern im konkreten Fall angepasst werden muss.

	Inhalt							Zeit			Art		
	Bevoelkerung	umliegendes Versorgungssystem	Beschaffungsmaerkte	eingesetzte Mittel	Leistungserstellung	erbrachte Einzelleistung	Leistungsverwendung	vergangenheitsbezogen	gegenwartsbezogen	zukunftsbezogen	mengenmaessig	geldwertmaessig	qualitativ
Art der Taetigkeit													
- ausfuehrend				x	x				x		x		x
- dispositiv				x	x				x	x	x		x
- planerisch	x		x	x	x		x		x	x	x	x	x
- konzeptionell	x	x	x	x	x	x	x	x	x	x	x	x	x
Managementfunktion													
- Entscheiden - In-Gang-setzen - Kontrolle	aufgabenabhaengig							x x	x x 	x 	x x	x x	x x
Novationsgrad													
- repetitiv - innovativ	aufgabenabhaengig							 x	x x	x 	Aufgaben abhaengig		
externer Wirkungsbereich													
- Patient/Patientengruppe - lokal - regional - kantonal	je nach Aufgabe							Aufgaben abhaengig			Aufgaben abhaengig		
interner Wirkungsbereich													
- Stelle - Subbereich - Teilbereich - Klinik/Department - Gesamtspital	aufgabenabhaengig							Aufgaben abhaengig			Aufgaben abhaengig		

Abb. 12-10. Informationsbedürfnisse zur Lösung von Führungsproblemen

Fallbeispiel:

Je nachdem, wie ein Managementproblem positioniert ist, können Art und Zeit, sowie bezüglich Wirkungsbereich auch der Inhalt der zur Problemlösung benötigten Informationen bestimmt werden (vgl. Abschnitt 12.4).

In Abb. 12-9 wird das Fallbeispiel bezüglich seiner Ausprägungen auf den verschiedenen Analysedimensionen positioniert. Davon können erste Anforderungen an die Informationen, die zur Problembearbeitung vorliegen müssen, abgeleitet werden.

12.3.2 Systemmethodik zur Identifizierung der inhaltlichen Informations - Dimension

12.3.2.1 Übersicht

Nachdem das Managementproblem mit Hilfe der vorgeschlagenen Taxonomie beurteilt ist, können erste Anforderungen bezüglich Informationsbedarf, vor allem hinsichtlich Art und Zeit, geklärt werden. In einem zweiten Schritt geht es nun darum, die inhaltlichen Aspekte der benötigten Informationen klarer zu definieren. In der Praxis hat sich eine systemische Problemlösungsmethodik [18] als sehr hilfreich erwiesen. Im folgenden sollen die einzelnen Problemlösungsschritte kurz dargestellt werden. Ein Vorgehensbeispiel findet sich in Abschnitt 12.4.

Einleitend muss bemerkt werden, dass es sich dabei um eine heuristische Methodik für die Lösung komplexer Problemstellungen handelt. Sie führt nicht auf exakt-objektivem Weg zu Lösungen, vielmehr zeigt sie einen Prozess der sukzessiven Verdeutlichung einer Problemsituation auf, in den ganz entschieden auch subjektive Wertungen einfliessen. Es empfiehlt sich demzufolge, das Verfahren in einer Gruppe anzuwenden und möglichst viele Betroffene und deren unterschiedliche Sichtweisen miteinzubeziehen.

Für die Identifikation der Informationen, die im konkreten Fall für die Lösung von Führungsproblemen benötigt werden, genügt es, die ersten Schritte der Problemlösungsmethodik durchzuspielen.

[18] Gomez P./Probst G. (Vernetztes Denken)

12.3.2.2 Problemabgrenzung

In einem ersten Schritt geht es darum, sich Klarheit über die zu analysierende Problemstellung zu verschaffen und diese konkret zu formulieren. Dabei muss beachtet werden, dass jede Problemsituation von verschiedenen Beteiligten und Beobachtern unterschiedlich wahrgenommen wird. Komplexe Probleme sind nicht etwas objektiv Gegebenes und können daher verschieden gesehen und interpretiert werden. Um das Problem dennoch richtig erfassen zu können, gilt es:

- die verschiedenen Interessenlagen und Perspektiven zu berücksichtigen
- möglichst verschiedene Standpunkte einzubeziehen
- die Situation mehrmals zu überdenken

Anschliessend sind die damit zusammenhängenden Variablen bzw. Einflussgrössen und Folgewirkungen anhand folgender Grundfragen aufzulisten:

- Was steht im Zusammenhang mit der Problemstellung?
- Was führt zur Entstehung des Problems?
- Welche Folgewirkungen hat das Problem?

Das Erstellen dieser Variablenliste erfolgt am zweckmässigsten in Form eines Brainstormings innerhalb der Gruppe. Wichtig ist dabei, nicht beim Problemsymptom stecken zu bleiben, sondern in einem verhältnismässig weit abgesteckten Feld nach Ursachen und Wirkungen zu suchen. Dabei gilt es auch klar festzulegen, was genau unter einer Variablen bzw. einer Einflussgrösse zu verstehen ist. Besteht darüber innerhalb der Gruppe kein Konsens, so werden in der weiteren Problembearbeitung mit Sicherheit Schwierigkeiten auftreten. Um die Variablenliste festzulegen muss genügend Raum und Zeit eingeräumt werden. Gegensätzliche Standpunkte sind zu klären, wobei darauf zu achten ist, dass die Atmosphäre konstruktiv bleibt.

<u>Fallbeispiel:</u>
Für die Bestimmung des Bettenbedarfes in einer chirurgischen Klinik dürften etwa folgende Grössen eine Rolle spielen:

- Bevölkerung im Einzugsgebiet
- Servicebevölkerung der chirurgischen Klinik
- Patientenstruktur
- Verkehrsaufkommen
- Aufenthaltsdauer
- Anzahl Notfälle

- Anzahl Wahleingriffe
- Attraktivität der chirurgischen Klinik
- Attraktivität und Kapazität des umliegenden Versorgungssystems
- bestehende Bettenkapazität
- Bettenbelegung
- OPS- Kapazitäten
- Nachfrage nach Bettenkapazitäten

12.3.2.3 Ermittlung der Vernetzung

Aufgrund dieser Variablenliste geht es in diesem Schritt darum, die verschiedenen Variablen miteinander zu verknüpfen. Komplexe Probleme sind nicht Konsequenz einer einzigen Ursache. Vielmehr hat man es "mit Netzwerken zu tun, in denen unzählige Beziehungen und Wechselwirkungen zu vielfältigen Beeinflussungen, Nebenwirkungen, Schwellenübergängen, Aufschaukelungen usw."[19] auftreten.

Methodisch wird am besten so vorgegangen, dass in der Blattmitte die eigentliche Problemstellung notiert und mit der Vernetzung durch Hinzuschreiben von damit in Zusammenhang stehenden Variablen gemäss der erstellten Variablenliste begonnen wird (vgl. Abb. 12-11).

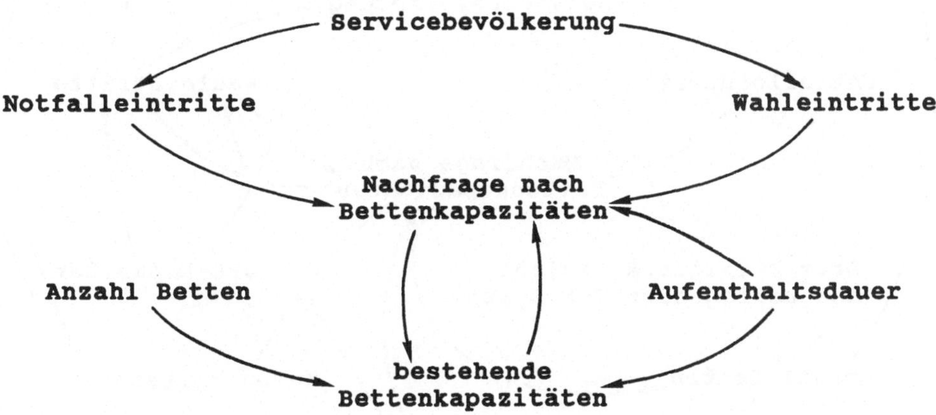

Abb. 12-11. Teilnetzwerk zur Kapazitätsbeurteilung

[19] Gomez P./Probst G. (Vernetztes Denken) 8

Für jede neu eingeführte Variable sollte sogleich die Vernetzung zu den schon bestehenden eingezeichnet werden. Die Richtung der Wirkungsbeziehung ist durch einen Pfeil anzugeben, wobei es gilt, auch allfällige direkte Rückwirkungen von der einen Variablen zur anderen zu beachten und mittels eines zusätzlichen Pfeils einzuzeichnen. Dabei muss man Beziehungen, die nur schwach ausgeprägt sind, aus Gründen der Uebersichtlichkeit ausser acht lassen.

Mit einem derartigen Netzwerk (vgl. Abb. 12-12) wird versucht:

- die Problemsituation zu durchschauen
- Beziehungen und Kreisläufe zu erfassen und zu analysieren
- die Eigenschaften der Problemsituation als Ganzes zu verstehen.

Die Variablen und die Beziehung des Netzwerkes beschreiben das Problemfeld in inhaltlicher Hinsicht. Es gilt nun in einem weiteren Schritt geeignete Indikatoren für die verschiedenen Grössen zu suchen.

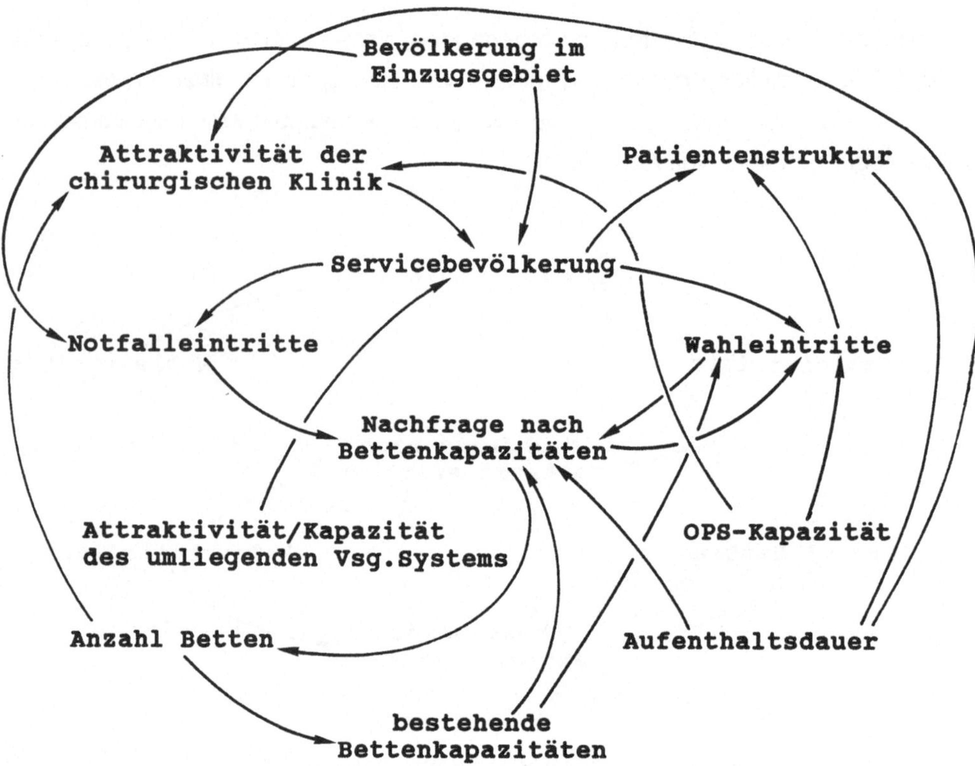

Abb. 12-12. Netzwerk zur Kapazitätsbeurteilung

12.3.2.4 Suche nach Indikatoren

Zur klaren Identifikation der verschiedenen Grössen und Beziehungen im Netzwerk müssen nun geeignete Indikatoren gefunden werden. Einige der Grössen lassen sich leicht und direkt quantifizieren und im Zeitablauf verfolgen. Sie sind selbst Indikatoren (vgl. Abb. 5-5). Andere hingegen können nicht direkt quantifiziert werden. Sie sind nur mittels indirekter Kennzahlen (Indikatorenbündel, vgl. 12.2) abzubilden. Allerdings gelingt auch dies nicht immer. Viele qualitative Grössen lassen sich nicht oder nur teilweise quantitativ erfassen.

Die Suche nach Indikatoren sollte sich an folgenden Vorgehen orientieren:

- Zuordnen der Variablen zu einem der vorgeschlagenen Informationsbausteine
- Suche nach möglichst direkten Zahlenwerten für die einzelnen Variablen (z.B. Bevölkerungszahl, Mitarbeiterzahl)
- Suche nach indirekten Indikatoren, die zusätzliche wichtige Eigenschaften abdecken (z.B. Altersstruktur der Bevölkerung, berufliche Qualifikation der Mitarbeiter)
- Suche nach direkten Verhältniszahlen für die Beziehung zwischen zwei Variablen (z.B. Bevölkerung/Patienten = Hospitalisationsrate)
- Suche nach indirekten Verhältniszahlen für die Beziehungen (z.B. Aufenthaltsdauer/Bettenangebot = Bettenbelegung)

Fallbeispiel: Indikatoren

Für unser Fallbeispiel ergeben sich u.a. folgende Indikatoren

Variable	Baustein	Indikatoren	
- Bevölkerung im Einzugsgebiet	Bevölkerung	- Anzahl - Geschlechtsstruktur - Altersstruktur	Entwicklung/ Prognosen
- Servicebevölkerung der chirurgischen Kliniken	Bevölkerung	- Anzahl - Geschlechtsstruktur - Altersstruktur - detailliertere geographische Verteilung - ev.Diagnosen	Entwicklung/ Prognosen

- Attraktivität und Kapazität im umliegenden Versorgungssystem	Versorgungssystem	- Servicebevölkerung anderer chir. Kliniken - Betten, - Bettenbelegung } anderer Kliniken - Beurteilung der Qualität des ärztlichen Kaders
- bestehende Bettenkapazität	eingesetzte Mittel	- Anzahl Betten
- OPS-Kapazitäten	eingesetzte Mittel	- Anzahl OPS - Anzahl Personal - Anzahl potentielle OP-Stunden
- Aufenthaltsdauer	Leistungserbringung	- Ø Bettenbelegung Chirurgie - altersspezifische, - diagnosespezifische } Aufenthaltsdauer
- Bettenbelegung	Leistungserbringung	- Ø Bettenbelegung Chirurgie - Schwankungsbreite der Bettenbelegung
- Anzahl Wahleingriffe	erbrachte Leistung	- Warteliste - Anzahl Eingriffe - Eingriffe differenziert nach Diagnose/Art - Hospitalisationsrate der Servicebevölkerung für Wahleingriffe
- Anzahl Notfälle	erbrachte Leistung	- Anzahl Notfälle - Anzahl, differenziert nach Notfallursache, Notfallart, erbrachter Aufwand - Notfallhäufigkeit der Servicebevölkerung - Notfallhäufigkeit der Passanten/Touristen (z.B. Uebernachtungen, Verkehr)
- Attraktivität der chirurgischen Klinik	Leistungsverwendung	- Servicebevölkerung - Beanstandungen - Umfrage bei Aerzte

Da bereits für dieses einfache Netzwerk nicht alle benötigten Indikatoren verfügbar sein dürften, wird klar, dass bei der Informationsbeschaffung Prioritäten gesetzt werden müssen. Dazu ist es notwendig, mehr über die Dynamik der Problemsituation zu wissen.

12.3.2.5 Erfassung der Dynamik

Selbst wenn man die aktuellen Beziehungen und Interaktionen der Problemsituation kennt, genügt dies zur Problemlösung nicht unbedingt. Man ist zwar versucht, den gegenwärtigen Zustand des Systems als Ausgangspunkt zu nehmen und vergisst die Dynamik der verschiedenen Variablen. Gerade aufgrund der Art der Wechselwirkungen kann sich aber ein System unverständlich, ungeplant oder gegen die Intuition verhalten. Für viele Problemlösungen ist es daher notwendig, dass genauere Informationen über einige Variablen und Beziehungen vorliegen. Dazu wird es unumgänglich:[20]

- den Charakter der Wechselbeziehung (positiv = verstärkend/gleichgerichtet/aufschaukelnd, negativ = abschwächend/gegenläufig/stabilisierend)
- ihre Stärke, Bedeutung und qualitativen Eigenschaften (aktive, kritische, reaktive oder träge Variable), sowie
- die Zeitaspekte der Wechselwirkung

zu erfassen.

Um den Charakter der Wechselbeziehung zu ermitteln, wird bei jeder eingezeichneten Beziehung ein "+" oder ein "-" Zeichen gesetzt. Ein "+" Zeichen ist dann zu notieren, wenn die Beziehung gleichgerichtet ist, d.h. wenn die Erhöhung/Verbesserung der einen Variablen auch zu einer Erhöhung/Verbesserung der anderen, bzw. die Verminderung/Verschlechterung der einen zu einer Verminderung/Verschlechterung der anderen führt und umgekehrt. "Kippt" eine Beziehung bei einem bestimmten Punkt, wenn also die anfängliche Verbesserung/Verbesserung zu Verbesserung/Verschlechterung wird, muss der Wirkungspfeil mit einem "+/-" Zeichen versehen werden. Ist die Art der Beziehung gänzlich unklar, ist ein "?" zu setzen oder aber die entsprechende Variable feiner auszudifferenzieren (vgl. Abb. 12-14).

Um die Stärke der Wirkungen und Bedeutung der Variablen zu erfassen, kann das Hilfsmittel "Papiercomputer" (Wirkungsmatrix) verwendet werden.[21] Dabei

---

[20] Gomez P./Probst G. (Vernetztes Denken) 10 ff

[21] Gomez P./Probst G. (Vernetztes Denken) 24 ff; Vester F./Hesler A. (Sensitivitätsmodell) 167 ff

werden die Variablen des Netzwerks in der Waagrechten und Senkrechten einer Matrix aufnotiert. Im Gruppen-Entscheidungsprozess wird nun die Stärke der einzelnen Wirkungsbeziehung anhand einer Skala von 0 bis 3 bestimmt, wobei ein Gruppenmitglied die Rolle übernehmen sollte, einerseits stets den gewählten Wert zu hinterfragen und andererseits darauf zu achten, dass die betreffenden Variablen von der Gruppe jeweils richtig definiert, d.h. im ursprünglich gemeinten Sinne verstanden werden.

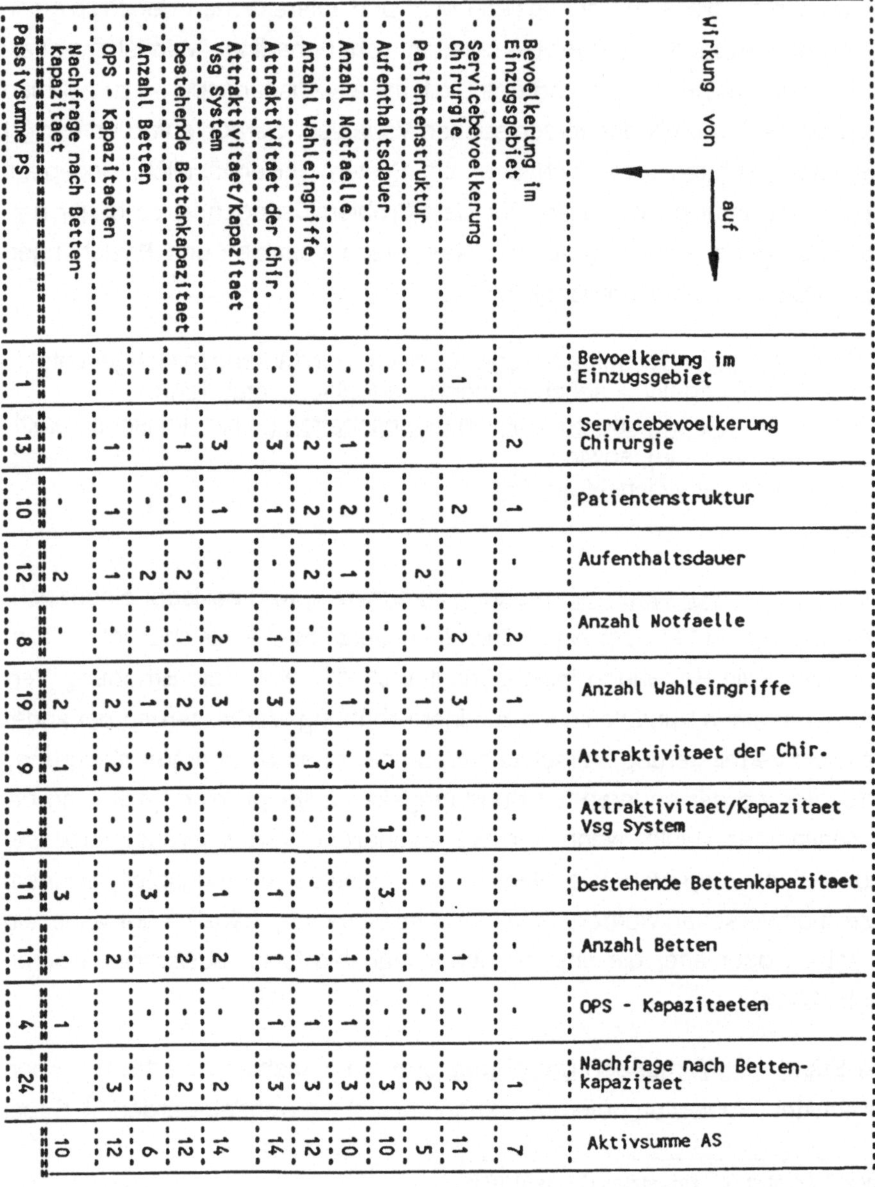

Wirkung von / auf	- Bevoelkerung im Einzugsgebiet	- Servicebevoelkerung Chirurgie	- Patientenstruktur	- Aufenthaltsdauer	- Anzahl Notfaelle	- Anzahl Wahleingriffe	- Attraktivitaet der Chir.	- Attraktivitaet/Kapazitaet Vsg System	- bestehende Bettenkapazitaet	- Anzahl Betten	- OPS - Kapazitaeten	- Nachfrage nach Betten-kapazitaet	Passivsumme PS
Bevoelkerung im Einzugsgebiet		1	.	.	.	.	.	.	.	.	.	.	1
Servicebevoelkerung Chirurgie	2		.	.	1	2	3	3	1	.	1	.	13
Patientenstruktur	1	2		.	2	2	1	1	.	.	1	.	10
Aufenthaltsdauer	.	.	2		1	2	.	.	2	2	1	2	12
Anzahl Notfaelle	2	2	.	.		.	1	2	1	.	.	.	8
Anzahl Wahleingriffe	1	3	1	.	1		3	3	2	1	2	2	19
Attraktivitaet der Chir.	.	.	.	3	.	1		.	2	.	2	1	9
Attraktivitaet/Kapazitaet Vsg System	.	.	.	1	.	.	.		.	.	.	.	1
bestehende Bettenkapazitaet	.	.	.	3	.	.	1	1		3	.	3	11
Anzahl Betten	.	1	.	.	1	1	1	2	2		2	1	11
OPS - Kapazitaeten	.	.	.	.	1	1	1	.	.	.		1	4
Nachfrage nach Betten-kapazitaet	1	2	2	3	3	3	3	2	2	.	3		24
Aktivsumme AS	7	11	5	10	10	12	14	14	12	6	12	10	

Abb. 12-13. Einfacher Papiercomputer zur Kapazitätsbeurteilung

Sofern die Stärke einer Beziehung zwischen zwei Variablen mit 2 oder 3 bewertet wird, im Netzwerk der betreffende Wirkungspfeil jedoch fehlt, so ist er nachträglich noch einzuzeichnen. Sobald alle Ausprägungen in der Wirkungsmatrix erfasst sind - was u.U recht zeitaufwendig ist und von der Gruppe eine gewisse Selbstdisziplin verlangt - müssen die Werte aller Variablen horizontal (Aktivsumme) und vertikal (Passivsumme) aufsummiert werden. Aufgrund dieser Zahlen lassen sich nun die Variablen beurteilen:[22]

Aktive Grösse:	beeinflusst stark, wird nur schwach beeinflusst
Kritische Grösse:	beeinflusst stark und wird stark beeinflusst
Reaktive Grösse:	schwacher Einfluss, wird stark beeinflusst
Träge Grösse:	beeinflusst schwach und wird schwach beeinflusst.

Im hier behandelten Fallbeispiel ergibt sich somit bezüglich der Variabeln folgendes Bild:

- aktive Variablen:
  - Nachfrage nach Bettenkapazitäten
  - Anzahl Betten
  - Patientenstruktur

- kritische Variablen:
  - Anzahl Wahleingriffe
  - Servicebevölkerung Chirurgie
  - Aufenthaltsdauer

- reaktive Variablen:
  - Attraktivität/Kapazität des umliegenden Versorgungssystems
  - OPS-Kapazitäten
  - Attraktivität der Chirurgie

- träge Variablen:
  - Bevölkerung im Einzugsgebiet
  - Patientenstruktur

Diese Zusammenstellung macht nun deutlich, wo die Schwerpunkte der Informationssammlung und -bearbeitung gesetzt werden müssen. Um eine optimale Integration des Krankenhauses in das Versorgungssystem zu erreichen (vgl. Abschnitt 2.4) ist es notwendig, sich genaue Kenntnisse bezüglich der Nachfrage nach Bettenkapazitäten, der Patientenstruktur und der eigenen Bettenkapazitäten (aktive Elemente) zu verschaffen. Ebenso sind die Wahleingriffe und die Servicebevölkerung der Chirurgie sehr genau und permanent zu erfassen (kritische

22 Ulrich H./Probst G. (Ganzheitliches Denken) 144 ff

Elemente). Die Bevölkerung im Einzugsgebiet und die Patientenstruktur hingegen müssen nicht gleich intensiv erfasst werden (träge Elemente).

Bei der Festlegung von Massnahmen und Eingriffen wird man nun nach Möglichkeit bei den aktiven Variablen einsetzen wollen. Kritische Variablen wären ebenfalls geeignet, haben aber den Nachteil, dass sie leicht wieder auf sich selbst zurückwirken können. Für die Informationsbeschaffung wird aus dem Papiercomputer deutlich, dass prioritär Indikatoren für die kritischen und aktiven Variablen gesucht werden müssen. Reaktive und träge Grössen interessieren zwar auch, können aber mit weniger dichten Informationen genügend überwacht werden.

Eine weitere Frage, die im Zusammenhang mit der Problemlösung gestellt werden muss, ist jene nach der Lenkbarkeit der Variablen (vgl. Abb. 5-5). In jeder Problemsituation gibt es Variablen, die vom System nicht oder nur indirekt beeinflusst werden können. Andere hingegen liegen ganz oder doch teilweise im Verantwortungsbereich des Systems. In unserem Fallbeispiel sind auf Ebene des Krankenhauses vor allem folgende Variablen beeinflussbar:

- Anzahl Wahleingriffe
- Aufenthaltsdauer
- bestehende Bettenkapazität, (bis zum Maximum)
- OPS - Kapazitäten (bis zum Maximum)

Die Frage der Lenkbarkeit ist stark von der jeweiligen Systemebene abhängig. Um wirkungsvolle Massnahmen ableiten zu können, ist es daher wichtig, dass die jeweils über- und untergeordnete Systemebene in die Betrachtung miteinbezogen wird.[23] Auf der übergeordneten Ebene sind auch im Fallbeispiel weitere Grössen denkbar, so zum Beispiel:

- Attraktivität und Kapazität im umliegenden Versorgungssystem
- Anzahl Notfälle (durch Rettungsorganisation)

Lenkungseingriffe müssen bei lenkbaren aktiven Grössen einsetzen. Wirkungsvoll, aber mit der Gefahr von schwierig vorhersehbaren Rückkoppelungen verbunden sind Massnahmen bei lenkbaren kritischen Variablen. Der Aufwand für Eingriffe bei reaktiven oder trägen Variablen, bzw. bei nicht oder nur bedingt lenkbaren Grössen wird sehr hoch sein und nur geringen Erfolg zeigen. Bezüg-

[23] Ackoff R. (Corporate future) 43 ff

lich der konkreten Ausgestaltung der vereinbarten Lenkungseingriffe sind schliesslich die von Gomez/Probst/Ulrich erarbeiteten Regeln zu beachten:[24]

- die Lenkungseingriffe müssen der Komplexität der Problemsituation gerecht werden
- die Massnahmen sind nach Möglichkeit auf die aktiven und kritischen Variablen auszurichten
- unkontrollierte Entwicklungen sind mit Hilfe stabilisierender Rückkkoppelungen zu vermeiden
- Eigendynamik und Synergien sind zu nutzen
- zwischen Wandel und Bewahrung ist ein harmonisches Gleichgewicht zu finden
- die Autonomie der kleinsten Einheiten ist zu fördern
- die Lern- und Entwicklungsfähigkeit des Systems ist durch die Problemlösung zu erhöhen.

Eine letzte Frage, die im Zusammenhang mit der Informationsbeschaffung geklärt werden muss, ist jene nach der zeitlichen Sensitivität. Nicht alle Variablen verändern sich im selben Zeithorizont gleich schnell. Für die Ableitung von Massnahmen und die Ueberwachung oder Analyse von Veränderungen sind Kenntnisse über die zeitlichen Verzögerungen wichtig. Dazu genügt es in einer ersten Annäherung, die verschiedenen Beziehungen in

- kurzfristig: bis 1/2 Jahr
- mittelfristig: 1/2 bis 2 Jahre
- langfristig: über 2 Jahre

zu gliedern (vgl. Abb. 12-14).

In der Praxis wird es kaum möglich sein, Indikatoren für alle Variablen zu erarbeiten. Mit Hilfe der Kenntnisse über die Dynamik des Systems, bzw. der Problemsituation lassen sich aber Prioritäten bei der Informationsbeschaffung bilden. Papiercomputer und zeitliche Betrachtung machen deutlich, dass nicht über alle Variablen detaillierte Informationen für die Managemententscheidung notwendig werden. Vom Standpunkt der Führung her, aber auch aus wirtschaftlichen Ueberlegungen, ist es nicht sinnvoll mehr Daten zu erfassen und zu verarbeiten, als für die Entscheidungsfindung effektiv notwendig sind. Ueber reaktive und träge Faktoren dürften meist einige wenige Indikatoren genügen. Es wird zudem deutlich, dass die Entwicklung der verschiedenen Variablen im Zeitablauf in unterschiedlichen Zeiträumen überwacht werden muss. Träge oder sich nur

[24] Gomez P./Probst G. (Vernetztes Denken) 30 ff, Ulrich H./Probst G. (Ganzheitliches Denken) 203 ff, vgl. auch Vester F./Hesler A. (Sensitivitätsmodelle) 167

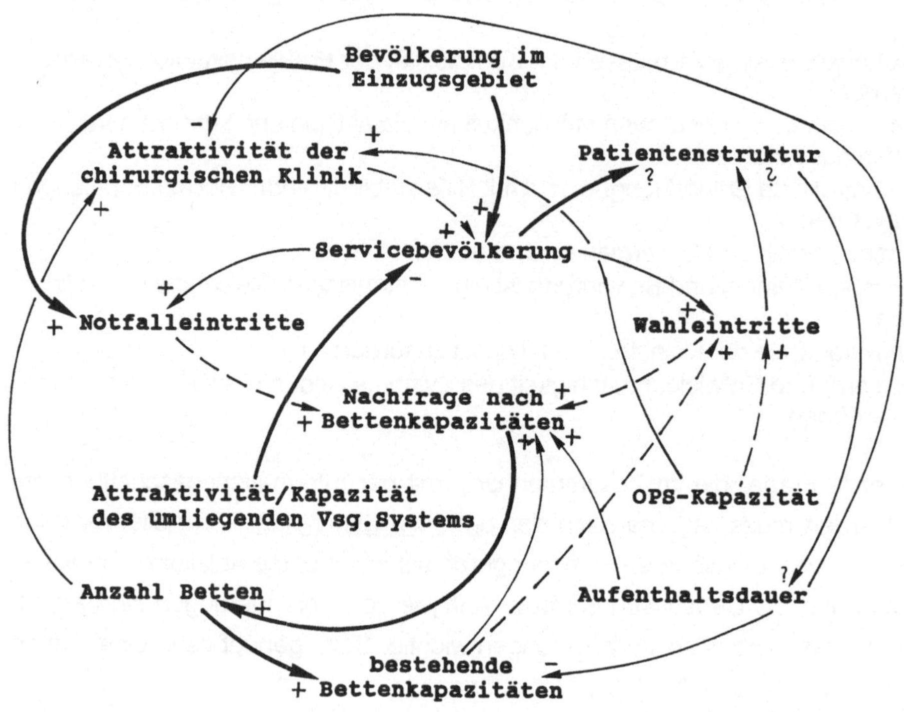

Abb. 12-14. Ausgebautes Netzwerk zur Kapazitätsbeurteilung
- - -► kurzfristig ——► mittelfristig ━━► langfristig

langsam verändernde Variablen (z.B. Bevölkerung, Infrastruktur) bedürfen nicht einer täglichen Erfassung. Informationen in grösseren Zeitabständen genügen. Die Identifikation des konkreten Informationsbedarfs mit Hilfe dieses Ansatzes wird demnach eine Hilfe gegen den bereits erwähnten "Information-Overflow" sein.

12.4 Fallbeispiel: Pflegepersonalknappheit im Krankenhaus

Die Methodik zur Erarbeitung problemorientierter Indikatorensysteme für das Krankenhausmanagement soll an einem weiteren, aktuellen Beispiel illustriert werden.

Aufgrund verschiedener Entwicklungen des Gesundheitswesens und seiner Umwelt ist es in den letzten Jahren zu einer spürbaren Verknappung des Pflegepersonals gekommen. Einerseits ist die Nachfrage nach Krankenhausleistungen permanent gestiegen (vgl. Abschnitt 2.22). Diese Entwicklung dürfte, trotz Ausbau des ambulanten Sektors, auch in Zukunft noch fortdauern.[25] Bis zum Jahre 2010 ist bei einem langsamen Bevölkerungswachstum mit einer Zunahme der Betagten um rund einen Viertel zu rechnen. Damit dürfte die Hospitalisationsrate und die durchschnittliche Aufenthaltsdauer in Zukunft wieder ansteigen (vgl. Abschnitt 1.11). Die Zahl der Jugendlichen wird sich dagegen um rund einen Viertel verringern. Dies hat eine Reduktion des Rekrutierungs- und Ausbildungspotentials zur Folge und der Personalmarkt wird noch angespannter. Zudem werden alternative Berufsmöglichkeiten für weibliche Arbeitnehmer aufgrund der neuen Technologien noch weiter zunehmen. D. h. dass die Konkurrenz des Arbeitsplatzes Krankenhaus grösser werden wird. Die Rekrutierungsproblematik wird sich dadurch noch stärker akzentuieren. Viele Akutkrankenhäuser, mehr noch aber Pflegeheime und geriatrische Kliniken sind bereits heute von dieser Entwicklung betroffen. Für die nähere Zukunft muss mit einer weiteren Abnahme der Stellenbesetzung gerechnet werden.[26]

Im folgenden soll nun mit Hilfe der vorgeschlagenen Methodik das Problem der Pflegepersonalknappheit und der zu seiner Beherrschung relevante Informationsbedarf identifiziert werden.

12.4.1 Klassifikation des Managementproblems

Das Problem der Pflegepersonalknappheit kann aus führungsmässiger Sicht wie in Abb. 12 - 15 definiert werden.

Für die Krankenhausleitung handelt es sich um eine planerische, z.T. konzeptionelle Aufgabe, gilt es doch, weitgreifende und langfristige Massnahmen zu treffen. Da das Problem in vielen Krankenhäusern erst akut werden wird, bestehen noch wenig Problemlösungserfahrungen. Für die Krankenhausleitung stellt es somit eine innovative Problemstellung dar, in der vor allem Entscheidungen getroffen werden müssen. Der Pflegepersonalmangel ist ein strukturelles Problem

---

[25] Vgl. u.a. Direktion des Gesundheitsdepartementes des Kantons Zürich (Krankenpflege 2000); Häfeli M. (Personal)

[26] Direktion des Gesundheitsdepartementes des Kantons Zürich (Krankenpflege 2000) 12 ff

des heutigen Gesundheitswesens. Müssen beispielsweise Abteilungen geschlossen werden, so wirkt sich dies wiederum im regionalen Versorgungssystem aus und erfordert Verhaltensänderungen bei Aerzten und Patienten. Die interne Wirkung dürfte das ganze Krankenhaus direkt oder indirekt treffen. Obwohl sich der Personalmangel z.T. erst in Spezialgebieten, wie bspw. beim Instrumentierpersonal im OP bemerkbar macht, werden aufgrund der engen Vernetzungen der Leistungsprozesse aber immer auch die umliegenden Bereiche mitbetroffen.

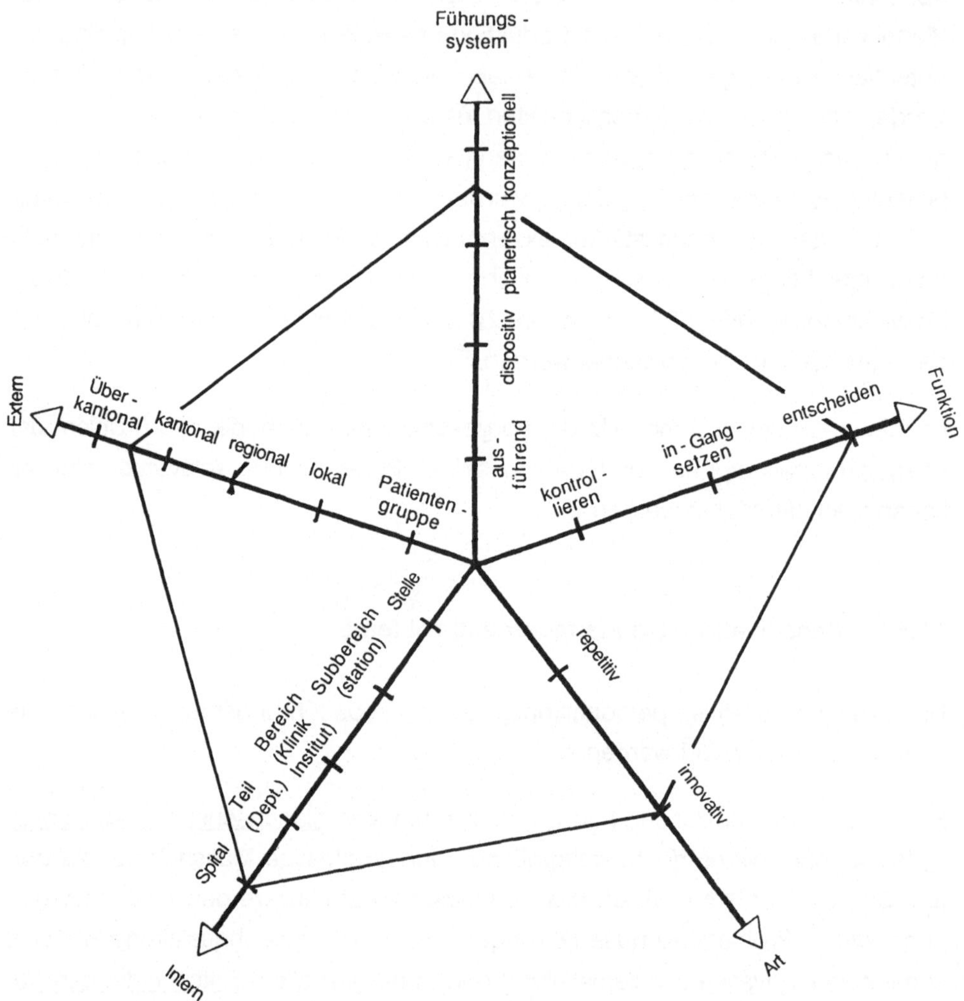

Abb. 12-15. Problemklassifikation aus führungsmässiger Sicht (Beispiel: Pflegepersonalknappheit)

Diese Problemklassifikation zeigt, dass zur Beantwortung der Frage recht vielfältige Informationen aus dem System und seiner Umwelt bekannt sein müssen. Da es sich um eine konzeptionell-planerische Aufgabe auf Stufe der Krankenhausleitung handelt, müssen die Informationen die verschiedene Entwicklungen über einen längeren Zeitraum darstellen. Zudem sollten nach Möglichkeit auch Szenarien über mögliche, künftige Zustände vorliegen (vgl. Abschnitt 5.2 und 10.33). Die Daten müssen - um gute Entscheidungen zu ermöglichen - sowohl quantitative wie auch qualitative Aspekte beinhalten.

12.4.2 Grobanalyse der Problemsituation

Ziel dieses Schrittes ist es, mit Hilfe von allgemeinen und groben Variablen die Problemsituation einzugrenzen und eine erste Vernetzung zu zeigen. Die einzelnen Variablen werden jedoch im folgenden weiter aufgelöst, da die Indikatoren für die Stufe Krankenhausleitung zu grob sind und die Interventionsmöglichkeiten zu allgemein bleiben würden.

Grobe Variablenliste
- Stellenbesetzung
- Potential an Pflegepersonal
- Attraktivität des Arbeitsplatzes
- Arbeitszufriedenheit
- Stellenplan
- Nachfrage nach Pflegeleistungen
- Personalkosten des Krankenhauses
- Haushaltsbudget des Krankenhausträgers

Auf der Basis dieser Variablenliste kann ein erstes grobes Netzwerk entwickelt werden. (Abb. 12-16)

Ein derart grobes Netzwerk ist jedoch noch nicht geeignet, um auf Stufe Krankenhaus Führungsentscheidungen zu unterstützen. Die meisten Variablen sind in dieser Abstraktion nicht lenkbar. Eine weitere Auflösung ist daher notwendig. Die Grobanalyse hat jedoch den Vorteil, dass das Problem übersichtlich dargestellt und annäherungsweise umschrieben werden kann. Dies erlaubt eine erste Interpretation und eine gezielte Suche nach weiteren Zusammenhängen, Indikatoren und Interventionsmöglichkeiten.

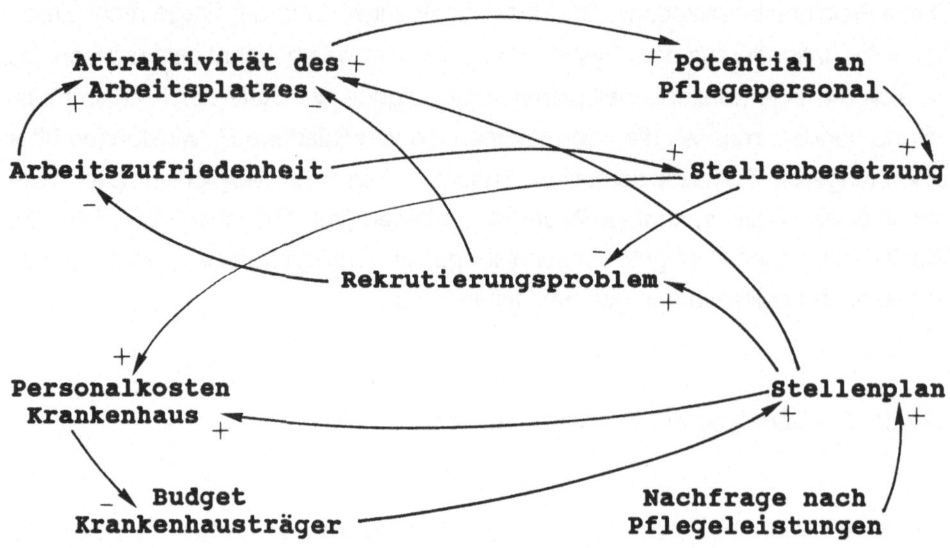

Abb. 12-16. Grobes Netzwerk zur Pflegepersonalknappheit

Für die gezielte Suche nach Indikatoren und Interventionsmöglichkeiten spielt natürlich die Dynamik des Netzwerkes eine wichtige Rolle. Die Wirkungsmatrix (Abb. 12-17) zeigt bezüglich des obigen Beispiels folgendes Bild:

Wirkung von ↓ auf →	Attraktivitaet Arbeitsplatz	Arbeitsplatzzufriedenheit	Personalkosten KH	Budget KH-Traeger	Potential Pflegepersonal	Stellenbesetzung	Rekrutierungsproblem	Stellenplan	Nachfrage	Aktivsumme
Attraktivitaet Arbeitsplatz		2	-	-	3	2	1	-	-	8
Arbeitsplatzzufriedenheit	2		1	-	3	3	2	-	-	11
Personalkosten KH	-	-		3	-	-	-	-	-	3
Budget KH-Traeger	-	-	1		-	-	1	3	-	5
Potential Pflegepersonal	1	1	-	-		3	1	1	-	7
Stellenbesetzung	1	2	2	1	-		3	2	-	11
Rekrutierungsproblem	2	2	1	-	-	1		1	1	8
Stellenplan	2	2	1	1	-	1	2		-	9
Nachfrage	1	2	1	-	-	-	2	2		8
Passivsumme PS	9	11	7	5	6	10	12	9	1	

Abb. 12-17. Papiercomputer zur Grobanalyse der Pflegepersonalknappheit

aktive Variablen	- Rekrutierungsproblem - Personalkosten
kritische Variablen	- Stellenbesetzung - Arbeitszufriedenheit
reaktive Variablen:	- Nachfrage nach Pflegeleistungen - Potential an Pflegepersonal
träge Variablen	- Haushaltsbudget des Krankenhausträgers - Personalkosten

12.4.3 Feinanalyse

In diesem Schritt geht es darum, die einzelnen allgemein formulierten Variablen zu detaillieren und operationalisieren. Die Variablenliste präsentiert sich wie folgt:

<u>Detaillierte Variablenliste</u>

- Stellenbesetzung

- Potential an Pflegepersonal
    - ausgebildetes Pflegepersonal
    - Ausbildungspotential
    - Berufsalternativen
    - verfügbares ausländisches Pflegepersonal
    - Anzahl Jugendliche
    - Konjunkturrückgang

- Attraktivität des Arbeitsplatzes
    - Arbeitszeiten
    - Lohneinstufung
    - Zulagen
    - Anerkennung in der Oeffentlichkeit
    - Weiterbildungsmöglichkeiten

- Arbeitszufriedenheit
    - Arbeitsbelastung
    - Stress und Hektik
    - Mitsprachemöglichkeit
    - Infrastruktur
    - Selbständigkeit
    - Fluktuationen
    - Dispositionssysteme/Arbeitsplanung

- Stellenplan

- Nachfrage nach Pflegeleistungen
  - Bevölkerungswachstum
  - Ueberalterung
  - Anzahl Patienten
  - Anzahl betagte Patienten
  - Pflegeintensität
  - Kapazitäten ambulantes Versorgungssystem
  - Kapazitäten übriges stationäres Versorgungssystem
  - Aufenthaltsdauer
  - Fortschritt der Medizin
  - Aerzte im Krankenhaus

- Personalkosten des Krankenhauses

- Haushaltsbudget des Krankenhausträgers
  - Druck auf Politiker

Aufgrund dieser Variablenliste lassen sich nun weitere Teilnetzwerke zeichnen, die alle Hinweise auf benötigte Informationen machen.

12.4.3.1 Teilnetzwerk: Potential an Pflegepersonal

In diesem Teilnetzwerk geht es um die detaillierte Analyse des zur Verfügung stehenden Potentials an Pflegedienstmitarbeitern. Darunter wird nicht das beschäftigte Pflegepersonal verstanden, sondern das mögliche Rekrutierungspotential. Zur Bestimmung dieses Potentials muss das Verhalten verschiedener Umweltvariablen bekannt sein. Ihre Zusammenhänge und Wirkungen können folgendem Netzwerk entnommen werden. (Abb. 12-18)

Um das Netzwerk und seine Wirkungsweisen beurteilen und überwachen zu können, werden verschiedene Indikatoren benötigt. Einige wichtige sind in der folgenden Tabelle zusammengefasst.

Variable	Baustein	Indikatoren
- Potential an Pflegepersonal	- Beschaffungsmarkt	- Volkszähl.daten - Abgänger Pflegeschulen - Anzahl arbeitswillige Frauen

- verfügbares ausländisches Pflegepersonal	- Beschaffungsmarkt	- Kontingent Gesundheitswesen - Kontingentsausschöpfung
- Berufsalternativen	- Beschaffungsmarkt	- Stellenangebot - Lehrstellenangebot - Ausbildungsstellenangebot
- Anzahl Jugendliche	- Bevölkerung	- Altersstruktur der Bevölkerung
- Ueberalterung der Gesellschaft	- Bevölkerung	- Altersstruktur
- Konjunkturrückgang		- Wachstum BSP - Anzahl Konkurse - Arbeitslosenraten
- Ausbildungspotential	- Versorgungssystem	- Ausbildungsplätze - Abgänger Pflegeschulen

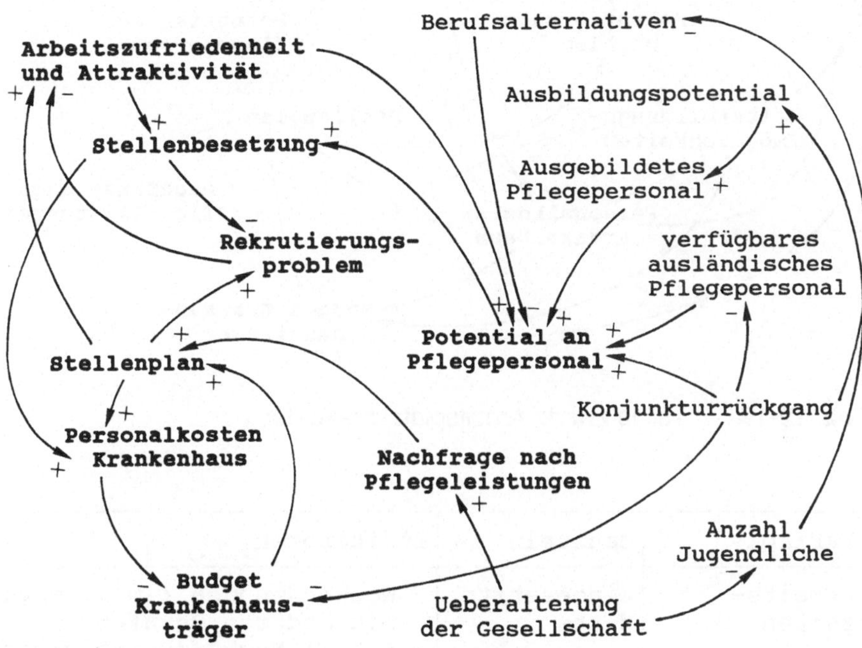

Abb. 12 - 18. Teilnetzwerk Potential an Pflegepersonal

12.4.3.2 Teilnetzwerk: Attraktivität des Arbeitsplatzes

Von Bedeutung für das Potential an Pflegepersonal ist sicher die Arbeitsplatzattraktivität. Diese beeinflusst die Berufswahl der Jugendlichen, aber auch die Verweildauer im Beruf und stellt somit eine wichtige Schlüsselgrösse dar. Berufsattraktivität ist ein abstrakter Begriff, den es näher zu umschreiben gilt. Hier wird darunter die gesellschaftliche Beurteilung des Pflegepersonals verstanden, die sich z.T. nach klar quantifizierbaren Kriterien richtet, z.T. aber auch qualitative Aspekte umfasst. Davon klar zu trennen ist die subjektive Arbeitszufriedenheit (vgl. Abschnitt 12.43.3). Das folgende Netzwerk (Abb. 12-19) zeigt die Zusammenhänge.

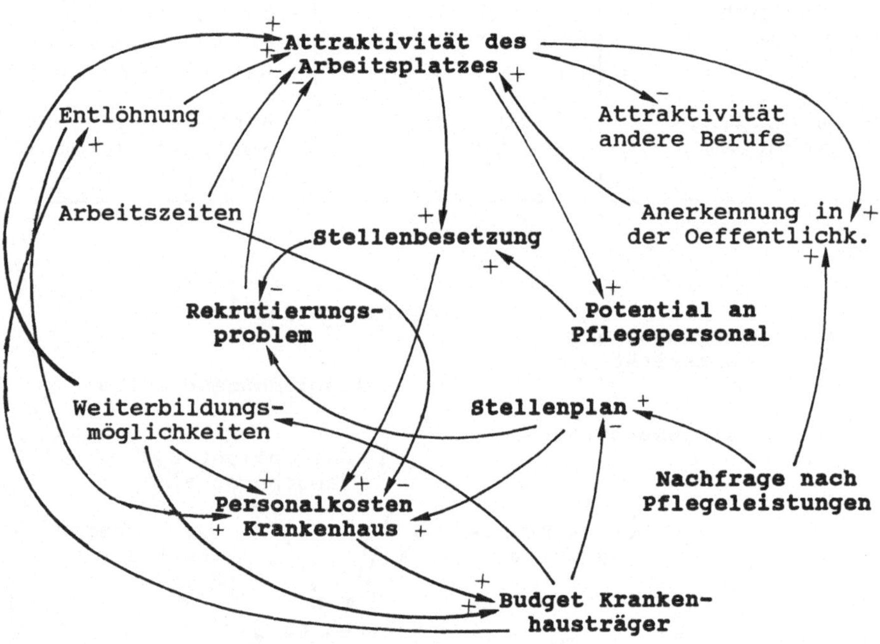

Abb. 12-19. Teilnetzwerk: Arbeitsplatzattraktivität

Variable	Baustein	Indikatoren
Arbeits-zeiten	eingesetzte Mittel	- Wochenstunden (im Vergleich mit anderen Berufen) - Anteil Nacht-/Sonntagsarbeit - Teilzeitbeschäftigung - Mitsprache bei Einsatzplanung

Entlöhnung	eingesetzte Mittel	- Lohn (im Vergleich mit anderen Berufen) - Zulagen (Inkonvenienz) - Gesamtlohn - Lohnentwicklung (Dienstalter, Führungsstufen, Zusatzausbildung)
Anerkennung in der Oeffentlichkeit		- Medienberichterstattung - Reklamationen/Lob - Umfragen, Meinungsforschung
Weiterbildungsmöglichkeiten	eingesetzte Mittel	- Weiterbildungsbudget/ Mitarbeiter - Weiterbildungsangebot - Genehmigung von Freitagen für Weiterbildung
Attraktivität	Leistungsverwendung	- Anfragen nach Ausbildungsplätzen

12.4.3.3 Teilnetzwerk: Arbeitszufriedenheit

Im Gegensatz zur Arbeitsplatzattraktivität, welche die Einstellung der Gesellschaft wiedergibt, geht es bei der Arbeitszufriedenheit um die subjektiven Empfindungen der Mitarbeiter zur eigenen Arbeit. Die Arbeitszufriedenheit hat somit eine ausgeprägte qualitative Dimension und kann nicht direkt gemessen werden. Dazu sind vielmehr indirekte Indikatoren notwendig, die z.T. nur empirisch gewonnen werden können (vgl. dazu ausführlich Abschnitt 11.5) [27]. Das Teilnetzwerk (Abb. 12-20) zeigt einige der wichtigsten Faktoren, welche die Arbeitszufriedenheit bestimmen.

Variable	Baustein	Indikatoren
Infrastruktur	eingesetzte Mittel	- Flächenverhältnisse - Ausrüstungsstandarts - Nasszellen/Bett - Betten/Zimmer - Baujahr
Dispositionssysteme/ Arbeitsplanung	Leistungserstellung	- Führungsinstrumente - formale Planungssysteme - Zeit-/Arbeits-

27 Güntert B. et al (Arbeitssituation)

Mitsprache-möglichkeiten	Leistungserstellung	- Führungsstil - Vorschlagswesen - Qualifikations-system
Arbeits-belastung	erbrachte Einzel-Leistung	- Anzahl Patienten - Pflegeintensität der Patienten - Anzahl Verordnungen - angestrebter Pflegestandard
Stress und Hektik		- Planungssysteme - Störungen (Notfälle Telefonate)
Fluktuations-rate	Leistungs-erstellung	- Fluktuationsrate nach Austritts-gründen

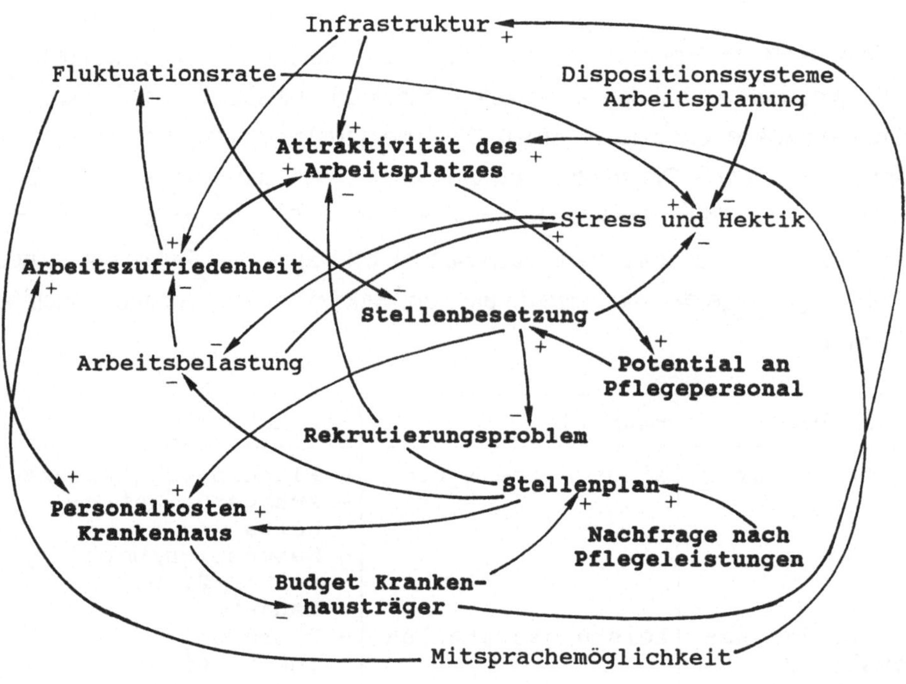

Abb. 12 - 20. Teilnetzwerk: Arbeitszufriedenheit

12.4.3.4 Teilnetzwerk: Nachfrage nach Pflegeleistungen

Das Rekrutierungsproblem wird ganz entscheidend von der Nachfrage nach Pflegeleistungen beeinflusst. Auch diese Nachfrage lässt sich nicht mit Hilfe eines einzigen Indikatores bestimmen. Dazu bedarf es vielmehr eines Indikatorenbündels über verschiedene externe und interne Einflussgrössen (vgl. Abb. 12-21, sowie 2.33, 11.2, 11.3 und 11.9)

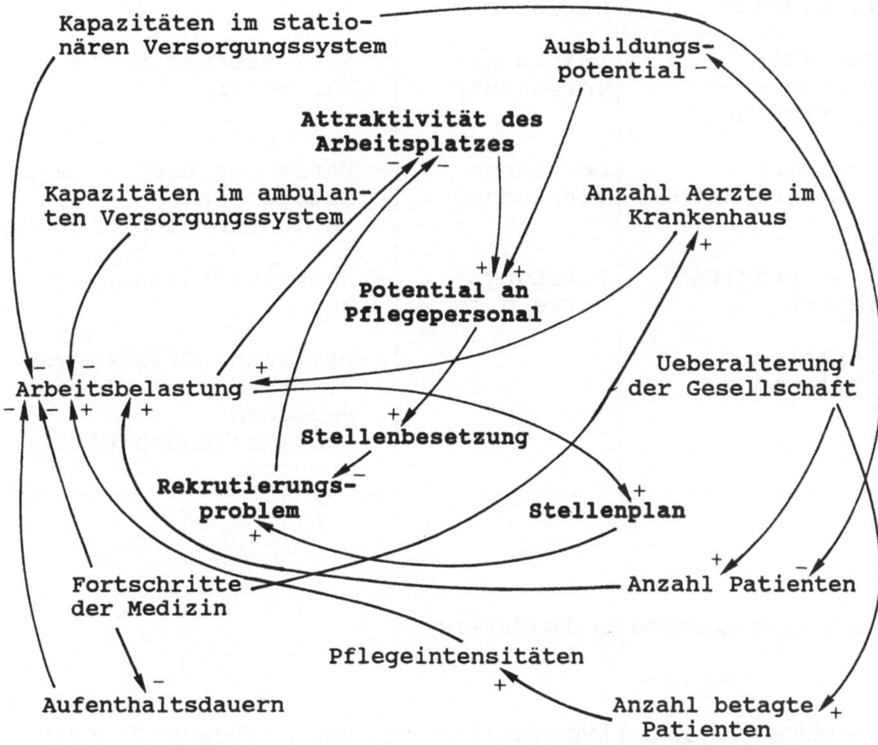

Abb. 12 - 21. Teilnetzwerk: Nachfrage nach Pflegeleistungen

Variable	Baustein	Indikatoren
Ueberalterung der Gesellschaft	Bevölkerung	- Altersstruktur
Kapazitäten im ambulanten Bereich	Versorgungssystem	- Aerztedichte - Spitex-Dichte

Kapazitäten im stationären Versorgungs-system	Versorgungs-system	- Anzahl Akutbetten - Akutbettendichte - Anzahl Pflegebetten - Pflegebettendichte - Bettenbelegung - Warteschlangen - Personaldichten - Infrastruktur
Anzahl Aerzte	eingesetzte Mittel	- Aerzte/Pflegepersonal - Aerzte/Bett
Anzahl Patienten	Leistungs-verwendung	- Patienten pro Bett
Anzahl Betagte Patienten	Leistungs-verwendung	- Altersstruktur der Patienten
Pflege-intensitäten	Leistungs-verwendung	- Patienten nach Pflege-kategorien - Patienten nach Diagnosen
Aufenthalts-dauer	Leistungs-verwendung	- Aufenthaltsdauer pro Bereich
Arbeits-belastung		- Patienten/Pflegepersonen - Verordnungen/Pflege-personen - Arbeitsstunden/Pflege-personen

12.5 Konsequenzen für die Führung

Die obige Analyse des Informationsbedarfes aus der Sicht der Führung (vgl. Abschnitt 5.1, 5.2 und 10.3) zeigt, dass die meisten heutigen Informations- und Kennzahlensysteme im Krankenhaus (vgl. Kapitel 6, 7, 8 und 9) den Bedarf nicht oder nur teilweise zu decken vermögen. Die weitgehende Beschränkung auf krankenhausinterne Daten und die meist mehr oder weniger zufällige Beachtung externer Informationen genügt - wie die Fallbeispiele gezeigt haben - den Anforderungen der Führung selten. Die Ausweitung des Bezugs- und Informationserfassungsrahmens, wie in Abschnitt 10.1 vorgeschlagen, wird zu einer dringenden Notwendigkeit. Um dies aber realisieren zu können, werden künftige Informationssysteme der Krankenhäuser miteinander und mit dem Informationssystem der übergeordneten Behörde (Kanton) vernetzt werden müssen.

Diese Ausweitung (vgl. Abb. 12-22) sieht einerseits den regelmässigen und formalisierten Einbezug der wichtigsten Umweltgrössen vor (Bevölkerung, Versorgungssystem, Beschaffungsmarkt). Andererseits wird postuliert, die heute noch weit verbreitete Trennung zwischen administrativen und medizinisch-pflegerischen Informationssystemen fallenzulassen (vgl. Abschnitt 3.22, 6.2 und 10.32). Um führungsrelevante interne Informationen zu erhalten, müssen administrative und medizinisch-pflegerische Informationen miteinander verknüpft und in verschiedenen Informationsbausteinen (Ressourcen, Leistungserstellung, Einzelleistungen, Leistungsverwendung) erfasst werden. Dass dies nicht nur wünschbar, sondern auch technisch machbar ist, zeigen einige Beispiele in der Praxis wenigstens ansatzweise (vgl. Abschnitte 7.12, 8.4 und 9.4).

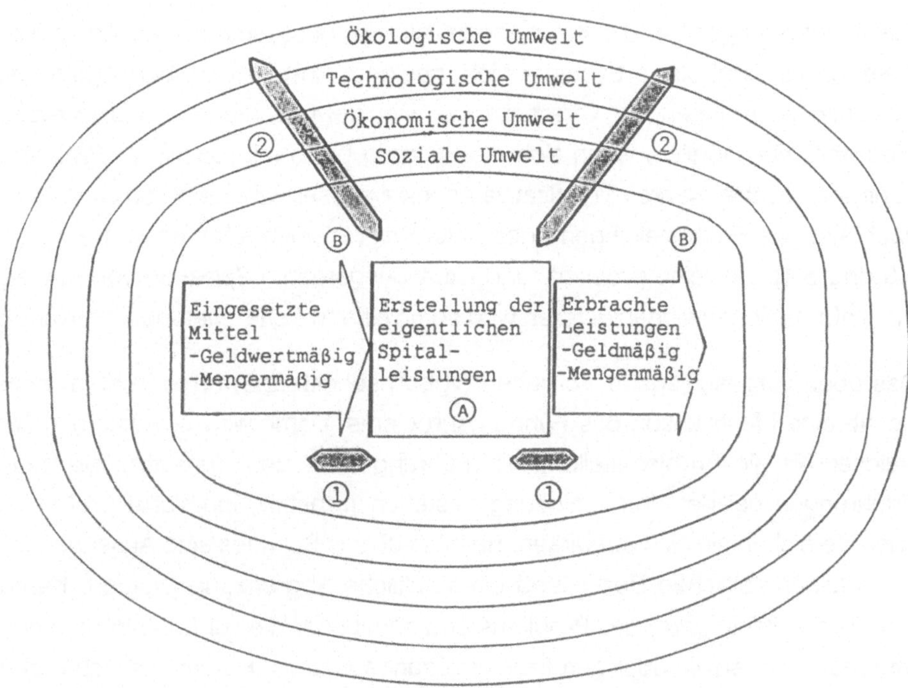

A: medizinisches Informationssystem
B: administratives Informationssystem (Input/Output-Erfassung)
1: 1. Ausweitung: Verbindung beider Informationssysteme
2: 2. Ausweitung: Einbezug der Umwelt

Abb: 12-22. Ausweitung der bestehenden Informationssysteme im Krankenhaus (Quelle: Güntert B./Probst G. (Informationssystem) 20)

Diese geforderte Systemausweitung macht auch deutlich, dass eine Beschränkung auf quantitative und geldwertmässige Daten den Erfordernissen des Managements nicht gerecht werden kann. Sobald medizinisch-pflegerische und Umweltdaten miteinbezogen werden, muss die Krankenhausleistung auch qualitativ beurteilt werden.

Im weiteren hat die Auseinandersetzung mit dem Problem der Führungsinformationen bestätigt, dass sich ein prospektives Management nicht nur auf vergangenheitsorientierte Informationen abstützen kann. Kenntnisse über gegenwärtige Situationen und zu erwartende künftige Entwicklungen sind für viele Führungsentscheidungen unabdingbar. Allerdings bilden beispielsweise Szenarien oder Prognosen heute noch kaum Bestandteile der Informations- und Kennzahlensysteme in der Praxis (Ausnahme: vgl. Abschnitt 9.42). Um die Qualität des Krankenhausmanagements zu erhöhen ist es ausserordentlich wichtig, Informationen vermehrt auch prospektiv aufzuarbeiten.

Diese Forderungen an die Krankenhausinformationssysteme machen deutlich, dass formale und starre Systeme nicht geeignet sind, um die benötigten Informationen zu erheben, zu verarbeiten und in gewünschter Form darzustellen. Dies wäre nur möglich, wenn sich die Führung bloss mit repetitiven Problemen konfrontiert sähe, während qualitative Aspekte ausser acht gelassen werden und auch situative Fragestellungen unberücksichtigt bleiben könnten (vgl. Abschnitt 5.3 und 5.4). Um eine problem- und situationsgerechte Selektion von Managementinformationen sicherzustellen wird somit eine "weiche" Methodik notwendig.

Das oben vorgeschlagene Vorgehen (vgl. Abschnitt 12.3) ermöglicht im ersten Schritt eine Identifikation des Führungsproblems. Damit wird bewusst gemacht, welcher Art die Problemstellung ist (Führungsstufe und -funktion), ob bereits Erfahrungen bei der Problemlösung bestehen (repetitiv, innovativ) und in welchen Bereichen sie sich auswirken. Resultat dieses Schrittes sind Aussagen über die Art, den zeitlichen Bezug und die inhaltliche Abgrenzung (Region, Kanton, bzw. Stelle, Klinik usw.) des Problems und damit über die zur Lösung benötigten Informationen, sowie über den Problemlösungsprozess. Handelt es sich nun um eine mehrmals wiederkehrende oder regelmässig anfallende Problemstellung, so lohnt es sich, die Informationsbeschaffung und -aufbereitung zu formalisieren, und es kann ein entsprechendes Informationssystem aufgebaut werden. Handelt es sich hingegen um neuartige Problemstellungen so kann mit Hilfe der geschilderten Problemlösungsmethodik der Prozess der Informationssuche und -selektion umfassend und kritisch angegangen werden.

Mit dem zweiten Schritt, d.h. der Erstellung des Netzwerkes und der Suche nach geeigneten Indikatoren sollen drei Dinge sichergestellt werden. Erstens soll durch die Netzwerkbildung sichergestellt werden, dass keine wesentlichen Informationen vergessen und Entscheidungen auf einer mangelhaften Informationsbasis getroffen werden. Wichtig dabei ist, dass das in Abschnitt 12.32 erläuterte Vorgehen eingehalten wird. Zweitens sensibilisiert diese Heuristik die Führungskräfte der Krankenhäuser für die vielfältigen Vernetzungen und Zusammenhänge der Problemstellungen und Managemententscheide. Aufgrund der so gewonnenen Kenntnisse über das Systemverhalten wird das Krankenhauskader befähigt, für verschiedene Fragestellungen Frühwarnindikatoren zu finden und Szenarien zu entwickeln. Dies geschieht, indem im Netzwerk die Problemstellungen auf ihre Ursachen zurückverfolgt werden und geeignete Indikatoren für bedeutsame Entwicklungen gesucht werden.[28] Nur so wird es gelingen, die hohe Komplexität der heutigen und künftigen Krankenhäuser zu beherrschen, d.h. die Informationsverarbeitungskapazitäten der Führung den Systemkomplexitäten anzugleichen (vgl. Abschnitt 3.1 und Abb. 3-1).

Die Schliessung der heute exisitierenden Lücke zwischen der Managementkapazität und der Komplexität der Krankenhäuser und ihrer Umwelt ist eine Voraussetzung zur Lösung der zukünftigen Probleme des Gesundheitswesens,um eine patientengerechte und wirtschaftliche Versorgung sicherzustellen und eine gesellschaftlich optimale Integration des Krankenhauses im Versorgungssystem und in der Umwelt erreichen zu können.

---

28 Vgl. Gomez P. (Frühwarnung)

13 Literatur

Aargauisches Gesundheitsdepartement (Hrsg.), Das Gesundheitswesen als umfassendes System, Thesen zum Aargauischen Gesundheitswesen, Aarau: Schriftenreihe des Aargauischen Gesundheitswesens, Band 5, 1981 (Gesundheitswesen)

Abel-Smith B./Maynard A., Die Organisation, Finanzierung und Kosten des Gesundheitswesens in der Europäischen Gemeinschaft, Brüssel, EWG 1979 (Gesundheitswesen)

Ackoff, R., Creating the Corporate Future, New York - Toronto: John Wiley & Sons 1981 (Corporate future)

Adam, D., Krankenhausmanagement im Konfliktfeld zwischen medizinischen und wirtschaftlichen Zielen, Wiesbaden: Betriebswirtschaftlicher Verlag Dr. Th. Gabler 1972 (Krankenhausmanagement)

Alter, S., Systems, Reading (Mass.) Addison Wesley, 1980 (Decision Support)

Altmann, S.H./Blendom R., Medical technology: The cultprint behind health care costs? Proceedings of the 1977 Sun Valley Forum on National Health, Washinton DC: US Departement of Health, Education, and Welfare 1979 (Medical technology)

American Hospital Association (ed.), HAS/MONITREND for hospitals - Administrator's Guide for report interpretation, Chicago: American Hospital Association 1982 (Administrator's guide)

American Hospital Association (ed.), HAS/MONITREND - monthly com parative data services for improved operational performance, Chicago: American Hospital Association 1985 (data services)

American Hospital Association (ed.), HAS/MONITREND for hospitals, Chicago: American Hospital Association 1985 (MONITREND)

American Hospital Association (ed.), HAS/MONITREND - Discharge based graphs, Chicago: American Hospital Association 1985 (Graphs)

American Hospital Association (ed.), Executive abstracts - user's information, Chicago: American Hospital Association 1985 (Abstracts)

American Hospital Supply Corporation, Strapcoe II - A planning tool, unveröffentlicht, McGraw Park II 1985 (strapcoe)

Ansoff, H.I., Managing surprise and discontinuity, strategic response to weak signals, in: Zeitschrift für betriebswirtschaftliche Forschung, 28/1976, 129 ff (Managing)

Aram J./Salipante P./Knauf J., Human resource indicators for hospital managers, in: Health Care Management Review, No. 2/1987, S. 15 - 22 (human resource)

Arrow, J.K., The Welfare Economics of Medical Care, in: M.H. Cooper/A.J. Culyer, Health Economics, Harmondworth-Baltimore-Ringwood: Penguin Books 1973, 13-47 (Economics)

Ashby, W.R., Requisite variety and its implications for the control of complex systems, in: Cybernetica, Vol. 1, 1958, 83ff (Variety)

Austin, Ch./Greene B.R., Hospital information systems: A current perspective, in: Inquiry, No. 2.1, June 1978, 95-112 (Hospital)

Axtner, W., Krankenhausmanagement, Baden-Baden: Nomos Verlagsgesellschaft 1978 (Krankenhausmanagement)

Banta, D.H./Behney, C.J./Willems, J.S., Toward rational technology in medecine, New York: Springer Series on Health Care and Society, Vol. 5, 1981 (rational technology)

Bapst, L.R., Möglichkeiten und Grenzen von Gesundheitsindikatoren, Aarau: Schriftenreihe SKI, Band 23, 1984 (Gesundheitsindikatoren)

Bapst, L.R., Die mehrdimensionale Kosten-Nutzen-Analyse als Evaluationsinstrument im Gesundheitswesen, in: Die Kosten-Nutzen-Analyse (Hrsg.: B. Horisberger und W. von Eimeren), Springer-Verlag, Berlin-Heidelberg, 1986, S. 1 - 50 (Kosten-/Nutzen-Analyse)

Bardsley, M., Concepts of Case Mix; in: Bardsley M./Coles J./Jenkins L. (eds.), DRG's and Health Care, London: King's Fund Publishing Office/Oxford University Press 1987, S. 13 - 28 (Case mix)

Basler Versicherungsgruppe (Hrsg.), Interview mit der Menschheit, Basel: Basler Versicherungsgruppe 1978 (Interview)

Baugut, G., Eine Methode der Qualitätssicherung und -kontrolle pflegerischer Arbeit im Krankenhaus, in: Schweizer Berufsverband der Krankenschwestern und Krankenpfleger (Hrsg), Beurteilung der Pflegequalität, Bern 1987

Bavendam, J.M., The influence of organizational communication on intention to quit, unpublished Ph.D. dissertation, University of Iowa 1985 (organizational communication)

Bay, K./Nestman, L., A Hospital service population model and its application; in: International Journal of Health Services, Vol. 10, No. 4, 1980, S. 677 - 695 (service population)

Bayr. Staatsminister für Arbeit und Sozialordnung (Hrsg.), Krankenhausbedarfsplan des Freistaates Bayern, München 1974 (Krankenhausbedarfsplan)

Beer, S., Brain of the Firm, Second Edition, Chichester - New York - Brisbane - Toronto: John Wiley & Sons 1981 (Brain)

Bennet, J.C., Building decision support systems, Reading: Addison Wesley Publishing Co 1983 (Decision Support)

Benzoni, E.M./Gasser, W., Optimale Krankenhausgrösse, Schriftenreihe des SKI, Band 13, Aarau: Schweizerisches Krankenhausinstitut 1978 (Krankenhausgrösse)

Bergner, M., Measurment of Health Status, in: Medical Care, No 23, 1985, S. 696 - 704 (health status)

Berman, H./Weeks, L./Kukla, S., The financial management of hospitals, sixth edition, Ann Arbor (Michigan): Health Administration Press, 1986 (financial management)

Berschin, H.H., Kennzahlen für die betriebliche Praxis, Wiesbaden: Betriebswirtschaftlicher Verlag Dr. Th. Gabler GmbH 1980 (Kennzahlen)

Bertelsmann Stiftung (Hrsg.), Aufbau eines entscheidungsorientierten Informations- und Berichtswesen im Krankenhaus, Gütersloh: Bertelsmann Stiftung 1985 (Informationswesen)

Bertelsmann Stiftung (Hrsg.), Patientenbezogene Leistungs- und Kostenbudgetierung, Verlag Bertelsmann Stiftung Gütersloh 1987 (Budgetierung)

Berthel, J., Betriebliche Informationssysteme, Stuttgart: Poeschel Verlag 1975 (Informationssysteme)

Berthel, J., Zielorientierte Unternehmungssteuerung, Stuttgart 1973 (Unternehmenssteuerung)

Bex, M., Management Information Systems: Definition und Status, in: Computers in Healthcom, Februar 1985, S. 26 - 30 (Definition)

Bisig, R., Spital - Leitungsorganisation, Ein Modell für mittelgrosse Spitäler in der Schweiz, Aarau: Schriftenreihe SKI, Band 18, 1984 (Leitungsorganisation)

Blake, R./Mouton, J./Lux, E., Von der Organisationsentwicklung zum Wechsel der Organisationskultur, in: Management-Zeitschrift i.O., No 7./8., 1984 , 317 - 319 (Wechsel)

Blanchard, K./Zigarmi, P./Zigarmi, D., Der Minuten Manager: Führungsstile, Zürich: Buchclub Ex Libris 1988 (Führungsstile)

Blohmke, M., Der Panoramawandel ausgewählter Krankheiten aus epidemiologesch-medizinischer Sicht und in soziologisch-sozialer Betrachtung, in: Bundesvereinigung für Gesundheitserziehung e.V., Gesundheit für alle bis zum Jahre 2000, Mannheim: Galenus Mannheim GmbH 1981, 13 - 17 (Krankheiten)

Borzutzki, R., Die Anwendung arbeitswissenschaftlicher Untersuchungsmethoden bei der Kapazitätsermittlung der menschlichen Arbeit im Krankenhausbetrieb, Diss. Universität Hamburg, Hamburg 1979 (Untersuchungsmethoden)

Brauchlin, E., Brevier der betriebswirtschaftlichen Entscheidungslehre, Bern - Stuttgart: Verlag Paul Haupt 1977 (Brevier)

Brayfield, A.H./Rothe, H.F., An index of job satisfaction, in: Journal of Applied Psychology, Nr. 35, 1951, 307 - 311 (job satisfaction)

Brück, G.W., Allgemeine Sozialpolitik, Grundlagen-Zusammenhänge Leistungen, Köln: Bund Verlag 1976 (Sozialpolitik)

Brückenberger, E., Grossgeräte-Richtlinien als Stein der Weisen; in: Gutzwiller, F./Kocher, G. (Hrsg.): Probleme der apparativen Medizin; Schriftenreihe SGGP No. 10; Schweiz. Gesellschaft für Gesundheitspolitik, Horgen 1986, S. 165 - 173 (Grossgeräte)

Bucher, P., Krankenversicherung, Leitfäden für das Versicherungswesen Neue Folge, Band 6, Bern - Zürich: Peter Lang AG / SKV 1980 (Krankenversicherung)

Budnick, F./Mojena, R./Vollmann, T., Principles of operations Research for Management, Homewood Ill: Richard D. Irwin, Inc. 1977 (Operations Research)

Bühlmann, J./Herrmann, B., Ein neuer Weg in der Personaleinsatzplanung, in: FIDES - Mitteilungen Nr. 47, Zürich 1985 (Personaleinsatzplanung)

Bullen, C./Rockart, J., A primer on critical succes factors, Sloan Workingpaper No 1220-81, Sloan School of Management, Massachusets Institute of Technology, Boston 1981 (Primer)

von Bülow, I., Systemgrenzen als Problem der Systemmethodik im Management von Institutionen, St. Galler Diss., Frankfurt: Prisma Druck und Verlag 1988 (Systemmethodik)

Bundesamt für Gesundheit und Umweltschutz (Hrsg.), Oesterreichischer Krankenanstaltenplan, Teil A: Akutversorgung, 1. revidierte Fassung, Wien: Bundesamt für Gesundheit um Umweltschutz, Mai 1974 (Krankenanstaltenplan)

Bundesamt für Sozialversicherung (Hrsg.), Statistik über die Krankenversicherung 1981, Bern: Bundesamt für Sozialversicherung, April 1983 (Statistik)

Bundesamt für Statistik (Hrsg.), Betriebsstatistik und Rechnungsstatistik der Krankenhäuser, Berichtsjahr 1980 und 1981, Statistisches Quellenwerk der Schweiz, Heft 755, Bern: Bundesamt für Statistik 1983 (Krankenhäuser)

Bundesausschuss der Aerzte und Krankenkassen (Hrsg.), Richtlinien für den bedarfsgerechten und wirtschaftlichen Einsatz von medizinisch-technischen Grossgeräten, Z-Rundschreiben Nr. 41/86 vom 8.4.1986 (Richtlinien)

Bundesminister für Arbeit und Sozialordnung (Hrsg.), Kriterienmodell zur Einordnung von Krankenhäusern in ein abgestuftes Versorgungssystem, Bonn: Bundesministerium für Arbeit und Sozialordnung 1985 (Versorgungssystem)

Bürgi, A., Führen mit Kennziffern, Bern: Schweizerischer Kaufmännischer Verein 1978 (Kennziffern)

Burik, D., Cost accounting's useful, but don't expect too much from it, in: Modern Healthcare, July 1984, 168 - 174 (Cost accounting)

Buser, M., Humanität und Technik im Krankenhaus, in: P. Sporken/C.M. Genewein, Mensch sein - Mensch bleiben im Krankenhaus, Düsseldorf: Patmos Verlag 1979, 51 - 66 (Humanität)

Caduff, T., Zielerreichungsorientierte Kennzahlennetze industrieller Unternehmungen, Thun, Frankfurt a.M., Harry Deutsch Verlag 1981 (Kennzahlennetze)

Cannoodt, L./Knickman, J., The effect of hospital characteristics an organizational factors on pre- and postoperative lengths of hospital stay, in: Health Services Research, Vol. 19, No 5, December 1984, 561 - 585 (hospital characteristics)

Capra, F., Wendezeit, Bausteine für ein neues Weltbild, Wien: Scherz Verlag, Berlin - München 1983 (Wendezeit)

Carper, W.B., Longitudinal Analysis of the Problems of Hospital Administrators, in: Hospital & Health Services Administration, May/June 1982, 82 - 95 (Problems)

Casarreal, K.M./Mills, J.I./Plant, M.A., Improving service through patient surveys in a multihospital organization, in: Hospital & Health Services Administration, March/April 1986, 41 - 52 (Improving Services)

Centonze-Kraut, E., Stationäre Krankenversorgung und Bevölkerung, Kriterien zur empirischen Bedarfsermittlung im Gesundheitswesen, St. Gallen: Dissertation der Hochschule St. Gallen 1976 (Bedarfsermittlung)

Chadwick-Jones, J.K./Nicholson, N./Brown, C., The social psychology of absenteeism, New York: Praeger 1982 (absenteeism)

Churchman, W.C., Why Measure?, Mason, R./Swanson, B. (eds.), Measurement for Management Decisions, Reading - Menlo Park - London: Addison-Wesley Publishing Company 1981, S. 40 - 49 (Measure)

Churchman, W.C.,in: Churchman, W./Ratoosh, P. (eds.), Measurement: Definition and Theories, Englewood Cliffs, N.J.: Prentice Hall 1967, S. 83 - 94 (Inquiring Systems)

Clade, H., Das kranke Krankenhaus, Reform der inneren Struktur, Köln: Deutsche Industrieverlags GmbH 1972 (Krankenhaus)

Clark, Ch.T./Schkade, L., Statistical analysis for administrative decisions, Cincinnati: South Western Publishing Co 1979 (Statistical Analysis)

Clifford, L./Plomann, M., Cost and Quality: Two Sices of The Coin in Cost Containment, in: Healthcare Financial Management, September 1985, 30 - 33 (cost and quality)

Cone, P./Phillips, H./Saliba, S., Strategic resource management, Loma Linda: Loma Linda University Press 1985 (Resource)

Cook, J./Wall, T., New work attitude measures of trust, organizational commitment and personal need nonfulfillment, in: Journal of Occupational Psychology, No 53/1980, 39 - 52 (attitude measures)

Cook, J./Hepworth, S./Wall, T./Warr, P., The experience of work, London: Academic Press 1981 (work)

Dahmer, J., Ausbildungsziel: Arzt, Stuttgart: Georg Thieme Verlag 1973 (Arzt)

Darr, K., Ethics for health services managers, Chicago: American College of Hospital Administrators 1985 (Ethics)

Deegan, A., Management by objectives for hospitals, Germantown, 2nd edition 1983 (Objectives)

Departement de l'intérieur et de la santé publique, Annuaire de statistiques sanitaires du Canton du Vaud, Lausanne, September 1986 (statistiques)

Deutsches Krankenhausinstitut, Fallpauschalen, in: Krankenhaus Umschau, Heft 6, 1986, S. 466 - 468 (Fallpauschalen)

Dezsy, J., Gesundheits - Report, Kritischer Situationsbericht über unser Gesundheitswesen, Wien - München - Bern: Verlag Wilhelm Mandrich 1985 (Report)

Direktion des Gesundheitswesens des Kantons Zürich (Hrsg.), Kenndaten 1985 der Zürcher Spitäler, Zürich, Juli 1986 (Kenndaten)

Direktion des Gesundheitswesens des Kantons Zürich (Hrsg.), "Krankenpflege 2000", Studie zur Situation der Krankenpflege in den nächsten 25 Jahren, Zürich 1987

Donabedian, A., The Definition of Quality and Approaches to its Assessment, Vol. 1, Ann Arbor: Health Administration Press 1980 (Quality)

Dörpinghaus, G.E., Die Entwicklung des Krankenhauswesens in der Geschichte, 2. Auflage, Frankfurt - Niederrad: Deutscher Berufsverband für Krankenpflege e.V. 1976 (Entwicklung)

Drucker, P., Neue Management-Praxis, 1. Band, Econ-Verlag, Düsseldorf-Wien, 1974 (Management-Praxis)

Drucker, P., Management: Tasks, Responsibilities, Practices, New York - Hagerstown - San Francisco - London 1974 (Management)

Drucker, P., The changing world of the executive, New York: Times Book 1982(Changing World)

Henry-Dunant-Institut (Hrsg.), Humanisierung der Spitäler, Genf: Henry-Dunant-Institut 1982

McDowell, I./Newell, C., Measuring Health: A Guide to Rating Scales and Questionnaires, New York: Oxford University Press, 1987 (Measuring)

Dubois R./Brook R./Rodgers W., Adjusted Hospital Death Rate: A Potential Screen for Quality of Medical Care, in : American journal of Public Health, No 77, 1987, S. 1162 - 1167 (Death Rate)

Dyllick, T., Gesellschaftliche Instabilität und Unternehmungsführung , Ansätze zu einer gesellschaftsbezogenen Managementlehre, Schriftenreihe Betriebswirtschaft, Band 11, Bern und Stuttgart: Paul Haupt Verlag 1982 (Instabilität)

Dyllick, T., Ein Makro-Ansatz für die Managementlehre, Diskussionsbeiträge des Instituts für Betriebswirtschaft an der Hochschule St. Gallen, No. 2/1983, St. Gallen 1983 (Makro-Ansatz)

Eichhorn, S., Krankenhausbetriebslehre, Theorie und Praxis des Krankenhausbetriebes, Band 1, 3. überarbeitete und erweiterte Auflage, Stuttgart-Berlin-Köln-Mainz: Verlag W. Kohlhammer 1975 (Krankenhaus I)

Eichhorn, S., Krankenhausbetriebslehre, Theorie und Praxis der Krankenhausbetriebslehre, Band 2, Stuttgart-Berlin-Köln-Mainz: Verlag W. Kohlhammer 1976, 3. Auflage (Krankenhaus II)

Eichhorn, S., Krankenhausbetriebslehre, Theorie und Praxis der Krankenhaus-Leistungsrechnung, Band 3, Verlag W. Kohlhammer, Köln-Stuttgart-Berlin-Mainz, 1987 (Krankenhaus III)

Eichhorn, S., Zielvorstellungen und Ansprüche im Gesundheitswesen, Berichte in zwangloser Folge Nr. 79, Deutsches Krankenhaus-Institut, Düsseldurf, 1980 (Ansprüche)

Eichhorn, S., Systemplanung im Krankenhaus- und Gesundheitswesen, in: Beiträge zur Gesundheitsökonomie, Band 2: Wege zur Gesundheitsökonomie II, Robert Bosch Stiftung GmbH, Stuttgart: Bleicher Verlag 1982 (Systemplanung)

Eichhorn, S., Zur Finanzierbarkeit der Krankenhauswirtschaft, in: Krankenhaus-Umschau, 7/1983, 531 - 539 (Krankenhauswirtschaft)

Eichhorn, S., Einordnung des Projektes in die Diskussion zur Gesundheitsökonomie und Krankenhausfinanzierung, in: Bertelsmann Stiftung (Hrsg.), Aufbau eines entscheidungsorientierten Informations- und Berichtswesen im Krankenhaus, Gütersloh: Verlag Bertelsmann Stiftung 1985, 8 - 12 (Krankenhausfinanzierung)

Eichhorn, S./Hartwig, R./Schmidt-Rettig, B., Darstellung des Projekts im Städtischen Krankenhaus Gütersloh - Konzeption, Realisierung, Ergebnisse, in: Bertelsmann Stiftung (Hrsg.), Aufau eines entscheidungsorientierten Informations- und Berichtswesen im Krankenhaus, Gütersloh: Verlag Bertelsmann Stiftung 1985, 23 - 44 (Konzeption)

Elinson, J., Advances in Health Assessment Conference Discussion Panel, in: Journal of Chronic Diseases, No 40, Supplement 1, 1987, S. 183 - 191 (Health assessment)

Engelbrecht, R./Schlaefer, K., Methoden und Techniken der Systemanalyse zur Gestaltung von Krankenhaus-Informations-Systemen, in: von Eiff (Hrsg.), Krankenhaus-Management, 12. Erg.Lfg., Landsberg/Lech: Ecomed Verlagsgesellschaft mbH, Dezember 1986, 164 Seiten (Krankenhaus-Informations-System)

von Engelhardt, D., Normalität und Krankheit, in: Hans Schaefer (Hrsg), Umwelt und Gesundheit - Aspekte einer sozialen Medizin, Band 1, Funk-Kolleg, Frankfurt a.M.: Fischer Verlag 1982, 39 - 63 (Normalität)

Erni, T., Die Entwicklung des schweizerischen Kranken- und Unfallversicherungswesen, dargestellt anhand der Schaffung und Entwicklung des KUVG, Universitätsverlag Freiburg i. Ue. 1980 (Entwicklung)

Ernst & Whinney (Hrsg.), The Medicare Prospective Payment System, Implementing Regulations - Their Implications for Hospitals, Ernst & Whinney (USA) 1983 (Medicare)

Ernst & Whinney (Hrsg.), Medicare Prospective Payments for Capital, The Issues and the Alternatives, Ernst & Whinney (USA) 1984 (Capital)

Ernst & Whinney (Hrsg.), Accounting for Medicare Prospective Payments, Ernst & Whinney (USA) 1984 (Accounting)

Escher, M./Beyerle, F., Morbiditäts- und Mortalitäts-Statistiken der Schweiz, Schriftenreihe des SKI, Band 2, Aarau 1975 (Statistiken)

Fedorovicz, J., Hospital information systems: are we ready for case mix applications?, in: HCM Review, No. 3, 1983, S. 33 - 41

Fetter, R., Diagnosis Related Groups: A product oriented approach to hospital management, In: Diagnosis Related Groups: The Effect in New Jersey, The Potential for the Nation, Conference Proceedings, Atlantic City, N.J., Nov 30 - Dec 2, 1983, 7 - 14 (DRGs)

Fetter, R./Mills, R./Riedel, D./Thompson, J., The application of diagnostic specific cost profiles to cost and reimbursement control in hospitals, in: Journal of Medical Systems, Vol. 1, No. 2., 1977, 137 - 149 (Diagnostic specific cost)

Fetter, R./Shin, Y./Freeman, J./Averill, R./Thompson, J., Case mix definition by diagnosis-related groups, in: Medical Care, No. 2, February 1980, S. 1 - 53 (Case mix definition)

Finanzverwaltung des Kantons St. Gallen (Hrsg.), Betriebsergebnisse und Statistik 1987 der Kantonalen Spitäler und Psychiatrischen Kliniken sowie der st. gallischen Gemeindespitäler, St. Gallen, April 1988 (Betriebsergebnisse)

Fischer-Homberger, E., Geschichte der Medizin, Berlin - Heidelberg - New York: Springer - Verlag 1977 (Geschichte)

Flechtner, H.J., Grundbegriffe der Kybernetik, Stuttgart: wissenschaftliche Verlagsgesellschaft m.b.H. 1966 (Kybernetik)

Fleming, G., Hospital structure and consumer satisfaction, in: Health Services Research, Vol 16, No 1, Spring 1981, 43 - 63 (Hospital)

FMH (Hrsg.), Weiterbildungsordnung der Verbindung der Schweizer Aerzte, in Kraft gesetzt am 1. Juli 1983 (Weiterbildung)

Forrester, J. W., Das intuitionswidrige Verhalten sozialer Systeme, in: Meadows D.C. /Meadows D.H. (Hrsg.), Das globale Gleichgewicht, Stuttgart 1974 (Verhalten)

Foucault, M., Die Geburt der Klinik, Eine Archäologie des ärztlichen Blicks, Frankfurt a.M.-Berlin-Wien: Ullstein-Buch 1976 (Klinik)

Friedrichs, J., Methoden der empirischen Sozialforschung, Reinbek bei Hamburg: Rowohlt Taschenbuch Verlag 1973 (Sozialforschung)

Gall, J., List und Tücke der Systeme, Düsseldorf Wien: Econ Verlag 1979 (List)

Gante-Raedler, K./Raedler, J., Humanität im Krankenhaus, Situation der Beschäftigten und Patienten verbessern, in: Humanisierung des Gesundheitswesens (Hrsg. E. Göpel), Arbeitsfeldmaterialien zum Sozial- und Gesundheitsbereich, Heft 9, Offenbach: Verlag 2000 GmbH 1979, 51 - 56 (Krankenhaus)

Gatermann, H.E., Grundflächen in Akutkrankenhäusern, Schriftenreihe des Instituts für Krankenhausbau an der RU Berlin, Berlin 1986 (Grundflächen)

Gebert, D., Organisationsentwicklung, Urban Taschenbücher, Stuttgart-Berlin: Verlag Kohlhammer 1974 (Organisationsentwicklung)

Gehmacher, E., Methoden der Prognostik, Freiburg: Verlag Rombach 1971 (Prognostik)

Geiser, M., Ist die Schulmedizin in einer Sachgasse?, in: Schweizerische Aerztezeitung, Band 64, Heft 46, 16.11.83, 1901 - 1906 (Sackgasse)

Gessner, U., Optimierung und Management der Medizintechnik: Probleme, Ziele und Grenzen, in: Anna, O./Hartung, C./Klie, H. (Hrsg.), Medizintechnische Geräte im Krankenhaus (Tagungsbericht), Medizinische Hochschule Hannover 1980 (Medizintechnik)

Gessner, U., Information on Health System Performance in Switzerland, Arbeitspapier anlässlich: Survey of Economic Information on Health System Performance, WHO Informal Meeting, München Dezember 1985, 13 Seiten (Information)

Gessner, U./Horisberger, B., Gesundheitsversorgungs - Indikatoren, St. Gallen: Interdisziplinäres Forschungszentrum für die Gesundheit 1982 (Indikatoren)

Gessner, U./Huwiler, B./Horisberger, B., Entwicklung und Wandlung der Schweizerischen Akutspitäler, Einflüsse der Spezialisierung und Technisierung der Medizin, St. Gallen: Interdisziplinäres Forschungszentrum für die Gesundheit, No. 5A, 1982 (Wandlung)

Gibbs, R., Performance indicators in the National Health Services of England, Vortrag anlässlich des WHO Informal Workshop: Information on Health System Performance, München, Dezember 1985 (Performance indicators)

Gilland, P., Demographie medicale en Suisse, Sante publique et prospective 1900 - 1974 - 2000, Lausanne: Canton de Vaud 1976 (Demographie)

Gomez, P., Die Kybernetische Gestaltung des Operations Managements, Eine Systemmethodik zur Entwicklung anpassungsfähiger Organisationsstrukturen, Bern - Stuttgart: Verlag Paul Haupt 1978 (Operations Management)

Gomez, P., Modelle und Methoden des systemorientierten Managements, Bern - Stuttgart: Verlag Paul Haupt 1981 (Modelle)

Gomez, P., Frühwarnung in der Unternehmung, Bern: Verlag Paul Haupt 1983 (Frühwarnung)

Gomez, P./Malik, F./Oeller, K.-H., Systemmethodik - Grundlagen einer Methodik zur Erforschung und Gestaltung komplexer sozio-technischer Systeme, Bern und Stuttgart: Verlag Paul Haupt 1975 (Systemmethodik)

Gomez, P./Probst, G., Vernetztes Denken im Management, Die Orientierung, Nr. 89, Schweizerische Volksbank, Bern, 1987 (Vernetztes Denken)

Göpel, E., Gesundheitszentrum Riedstadt, in: Humanisierung des Gesundheitswesens, Göpel, E. (Hrsg.), Offenbach: Verlag 2000 GmbH 1979, 127 - 136 (Gesundheitszentrum)

Göpel, E., "Humanisierung des Gesundheitswesens" - Eine Skizze von Interessen und Trends im Gesundheitswesen, in: Humanisierung des Gesundheitswesens, E. Göpel (Hrsg), Offenbach: Verlag 2000 1979, 19 - 24 (Humanisierung)

Grams, R.R., Best overall performance - the HIS awards, in: Computers in Health Care, March 1985, p. 27 - 28 (HIS awards)

von Grebmer, K., Auf Heller und Pfennig, Die Tagamet-Kosten-Nutzen-Analyse macht die Revolutionierung der Ulkustherapie zählbar, in: Der Kassenarzt 23 / 1983, 9 - 15 (Kosten-/Nutzen-Analyse)

Griffith, J.R., Measuring Hospital Performance, Chicago: INQUIRY Book 1978 (Measuring)

Gutzwiller, F./Bachmann, L./Müller, R., Gesundheitslehren, Manual für Aktionen und Programme auf der Grundlage des Nationalen Forschungsprogramms 1, Basel: Sandoz AG 1982 (Gesundheit)

Güntert, B., Mitbeteiligung im Gesundheitswesen, in: Medita, Heft 6, 1982, 17 - 22 (Gesundheitswesen)

Güntert, B., Mitbeteiligung der Versicherten statt Selbstbeteiligung der Patienten, in: SKZ, Heft 12., 16. 6. 1982, 185 - 187

Güntert, B., Das Spital als Unternehmung?, in: Medita, Heft 1 - 2, 1983, 13 - 17 (Spital)

Güntert, B., Gesundheitswesen zwischen Plan und Markt, in: gdi impuls, Heft 1, Rüschlikon, 1986, S. 53 - 71 (Markt)

Güntert, B., Oekonomie und Gesundheitswesen, in: Dokumentation zur Wirtschaftskunde Nr. 112, Gesellschaft zur Förderung der Schweizerischen Wirtschaft (Hrsg.), Zürich 1987, 18 Seiten (Gesundheitsökonomie)

Güntert, B./Hofer, M., Die Institutionen des schweizerischen Gesundheitswesens, Schriftenreihe des SKI, Band 20, Aarau: Schweizerisches Krankenhausinstitut 1983 (Institutionen)

Güntert, B./Hofer, M., Ein Rahmenkonzept für die Spitalleitung, in: Medita 12/1983, 19 - 24 (Rahmenkonzept)

Güntert, B./Probst, G., Informationssysteme unter der Lupe, in: Schweizer Spital, No. 2./1984, 27 - 30 (Lupe)

Güntert, B./Probst, G., Das integrierte Informationssystem, in: Schweizer Spital, No. 3./1984, 19 - 24 (Informationssystem)

Güntert, B./Orendi, B./Weyermann, U., Untersuchung über die Arbeitssituation des Pflegepersonals in den stationären Einrichtungen des Kantons Bern, Dokumentation der Gesundheits- und Fürsorgedirektion des Kantons Bern, 1988 (Arbeitssituation)

Gygi, P./Frei, A., Das Schweizerische Gesundheitswesen 1986, Zahlenspiegel, Anbieter von Gesundheitsgütern, Preisbildung, Organisationsstrukturen Ausgabe 1986, Basel: Verlag G. Krebs AG 1987 (Gesundheitswesen 1986)

Haarmann, M., Steuerungsprobleme in der medizinischen Versorgung, Königsstein/Ts.: Verlag Anton Hain 1978 (Steuerungsprobleme)

Hackethal, J., Sprechstunde, München: Wilhlelm Heyne Verlag 1978 (Sprechstunde)

Häfeli, M., Medizinaltechnik und Spitalführung, drei aktuelle Probleme des Schweizerischen Gesundheitswesens, dargestellt anhand einer neuen Problemlösungstechnik, in VSV - Bulletin, Nr. 1, März 1988, S. 3 - 11 (Personal)

Häfeli, M./Kaufmann, R., Das Funktionendiagramm, Ein Organisations- und Führungsinstrument für Spitäler, Schriftenreihe des SKI, Band 6, Aarau: Schweizerisches Krankenhausinstitut 1976 (Funktionendiagramm)

Hartfelder, D., Management als Sinnvermittlung, in: Die Unternehmung, Heft 4/84, 373 - 395 (Sinnvermittlung)

Hauke, E., Betriebswirtschaftliche Kennzahlen für das Krankenhaus, Wien - München: Jugend und Volk Verlagsgesellschaft mbH 1978 (Kennzahlen)

Hauser, H., Kostenentwicklung im Gesundheitswesen und Finanzierungsmechanismen - Versuch einer Integrierung verschiedener Ansätze, in: Beiträge zur Gesundheitsökonomie, Band 2, 211 -

276, Stuttgart: B. Herder-Dorneich, G. Sieben und T. Thiemeyer (Hrsg.), Robert Bosch Stiftung GmbH 1982 (Kostenentwicklung)

HCP (Hrsg.), Aufgabenkatalog und Ausbildungsanforderungen für administrative Funktionen, Bericht eines NFP-8-Projektes, Basel: HCP Planen und Beraten für das Gesundheitswesen AG 1982 (Aufgabenkatalog)

Hegemann, H., Kapazitäts- und Prozessplanung in der klinischen Diagnostik, Springer Verlag, Berlin - Heidelberg - New York - Tokyo 1986 (Prozessplanung)

Heinen, E., Grundfragen der entscheidungsorientierten Betriebswirtschaftslehre, München: Wilhelm Goldmann Verlag 1976 (Grundfragen)

Herder-Dorneich, P., Wachstum und Gleichgewicht im Gesundheitswesen, Einführung in die Gesundheitsökonomie, Opladen: Westdeutscher Verlag GmbH 1976 (Wachstum)

Herrler, M., Leistungserfassung, -bewertung und -analyse in Krankenhäusern aus der Sicht der Verwaltungsleitung; in: Krankenhaus-Umschau, Heft 6, 1987, S. 503 - 512

Hershey, P., Situatives Führen, Landsberg/Lech: Verlag Moderne Industrie 1986, S. 82 (Führen)

Heusser, R., Das Waadtländer Modell der kantonalen Spitalplanung, in: Neue Zürcher Zeitung, 10. Juni 1982 (Waadtländer Modell)

Hildebrand, R., Einführung - Gegenstand und Aufgaben des Krankenhaus-Management, in: R. Hildebrand (Hrsg.), Handbuch: Krankenhaus-Management, Landsberg: ecomed Verlagsgesellschaft mbH 1978 (Einführung)

Hildebrand, R., Management by Objectives im Krankenhaus, Anregungen zu einem neuen Leistungskonzept einer zielorientierten Krankenhausführung, in: Rolf Hildebrand (Hrsg.), Handbuch: Krankenhausmanagement, Kapitel 8.5., Landsberg/Lech: ecomed Verlagsgesellschaft mbH 1979 (Management)

Hildebrand, R., Praxisorientierte Krankenhaus-Kennzahlen I, in: Handbuch Krankenhaus-Management, Hildebrand R. (Hrsg.), 4. Nachlieferung, Ecomed: 1981 (Krankenhaus-Kennzahlen)

Hochuli, E., Qualitätssicherung in der Geburtshilfe, in: NZZ, Mittwoch 5. Februar 1986, S. 69 (Qualitätssicherung)

Hofer, M., Patientenbezogene Organisation der Krankenbehandlung und -pflege im Akutspital, St. Galler Dissertation, St.Gallen 1985 (patientenbezogene Organisation)

Hoffmann, H., Leistungserfassung, -bewertung und -analyse im Krankenhaus; in: Krankenhaus-TECHNIK, Mai 1987, S. 28 - 35 (Leistungserfassung)

Hospital Council of Southern California, Ventura-Santa Barbara Hospitals Patient Discharge Study 1983, Patient Data Systems PDS, San Bruno, CA, 1984 (discharge study)

Hoye, R./Bryant, D., Current Status of Hospital Management Information Systems, in: Systems Research, Vol. 1, No. 1, 1984, p. 55 - 62 (Hospital Management)

Hunziker, A./Scheerer, F., Statistik - Instrument der Betriebsführung, Zürich: Verlag des Schweizerischen Kaufmännischen Vereins 1975, 5. Auflage (Statistik)

Hüssy, P., Das Krankenhaus und seine Funktionäre, Bern: Verlag Hans Huber 1943 (Krankenhaus)

Illich, I., Ueber die Grenzen der Medizin, in: Technologie und Politik, Albrecht, U. (Hrsg.), Reinbek: Rowohlt Taschenbuch Verlag 1975, 55 - 62 (Grenzen)

Illich, I., Medical Nemesis, Hamburg: Rowolt Verlag 1981 (Nemesis)

Jaggi, B., Informationssysteme für das Management, in: Handbuch der betrieblichen Informationssysteme, Jaggi, B./Goritz, R. (Hrsg.), München: Vahlen Verlag 1975, 166 - 194 (Informationssysteme)

Janson, R., Ein Frühwarnsystem für das Management, in: Harvard Manager, Heft 3, 1982, 58 - 65 (Frühwarnsystem)

Jenna, J., Towards the patient-driven hospital, in: Healthcare Forum, No. 3, 1983, S. 8 - 18 (hospital)

Jennings, A., Equality where it matters most, in: Health & Social Service Journal, June 20 - July 4, 1985 (Equality)

Jetter, D., Grundzüge der Hospital-Geschichte, Darmstadt: Wissenschaftliche Buchgesellschaft 1973 (Hospital-Geschichte)

Jetter, D., Grundzüge der Krankenhaus-Geschichte (1800-1900), Darmstadt: Wissenschaftliche Buchgesellschaft 1977 (Krankenhaus-Geschichte)

Johnson, E./Johnson R., Hospitals in transition, Rockville - London: Aspen Systems Corporation 1982 (Hospitals)

Jöhr, W.A. (Hrsg.), Kleines Wörterbuch der Wissenschaftstheorie, St. Gallen: Hochschule St. Gallen 1984 (Wörterbuch)

Käfer, K., Kontenrahmen für Gewerbe-, Industrie- und Handelsbetriebe, Bern: Haupt, 9. Aufl. 1985 (Kontenrahmen)

Kanter, M., Use critical succes factor approach, in: Healthcae Financial management, February 1983, 43 - 44 (success factor)

Kantonsspital Baden (Hrsg.), Organisations-Handbuch, Baden 1978 (Organisations-Handbuch)

Kantonsspital Baden (Hrsg.), Kostenbrevier für den Arzt, Baden 1983 (Kostenbrevier)

Kanungo, R., Work alienation, New York: Praeger 1982 (Work)

Karasek, J.-P./Küchler H., Informatik in den Schweizer Krankenhäuser, in: Schweizer Spital, Nr. 2, 1987, 9 - 11 (Informatik)

McKeown, T., Die Bedeutung der Medizin, Frankfurt a.M.: Suhrkamp Verlag 1982 (Medizin)

Klaus, G./Liebscher, H. (Hrsg.), Wörterbuch der Kybernetik, Frankfurt a.M.: Fischer Taschenbuch Verlag 1979 (Kybernetik)

Kleiber, Ch., Le nouveau systeme de planification et de financement des etablissements sanitaires d'interet public du Canton de Vaud, in: Maitrise des couts dans l'economie hospitaliere, Martin, J. et al.(Hrsg.), Zürich: Schriftenreihe der SGGP No 6, 1983, 44 - 61 (Canton de Vaud)

Kleiber, Ch., Le model vaudoise, in: Schweizer Spital, Heft 6, 1984, 32 - 36 (Model)

Koch, G., Entwicklungsanalyse und Entwicklungsperspektive von Angebot und Nachfrage im Gesundheitswesen der Schweiz, Diessenhofen: Verlag Rüegger 1984 (Entwicklungsanalyse)

Kocher, G., Der abnehmende Grenznutzen im Gesundheitswesen, in: Patient: Gesundheitswesen, 51. Jahrbuch der Neuen Helvetischen Gesellschaft, Bern 1981, 37 - 45 (Grenznutzen)

Kocher, G., Revolution in der Spitalentschädigung - die amerikanische Fallkosten-Pauschalen (DRG), in: GDI (Hrsg. "Kostenexplosion" im Gesundheitswesen, Rüschlikon: Gottlieb Duttweiler Institut 1985 (Fallkosten-Pauschalen)

Kocher, G./Rentchnik, P., Teure Medizin - Für gezielte Reformen in unserem Gesundheitswesen, Bern: Verlag Hans Huber 1980 (Medizin)

Köhler, C., Medizinische Informatik und Statistik, Berlin-Heidelberg-New York: Springer Verlag 1983 (Informatik)

Kotler, P./Clarke, R., Creating the responsive organization, in: Healthcare Forum, No 3, 1986, S. 26 - 35 (Creating)

Krickman, R./Foltz, A., Regional differences in hospital utilizations - how much can be traced to population differences?, in: Medical Carea, No 22, 1984, S. 971 - 986 (regional differences)

Krieg, W., Kybernetische Grundlagen der Unternehmungsgestaltung, Bern-Stuttgart: Verlag Paul Haupt 1971 (Kybernetische Grundlagen)

Kuhn, T., Die Struktur wissenschaftlicher Revolutionen, Frankfurt a.M.: Suhrkamp Verlag 1977, 2. Auflage (Paradigma)

Kuster, A., Erweiterung der VESKA-Kostenrechnung, in: Schweizer Spital, Heft 3, 1984, 27 - 29 (VESKA-Kostenrechnung)

Küting, K., Grundsatzfragen von Kennzahlen als Instrument der Unternehmungsführung, in: WiSt, Heft 5, 1983, 236 - 241 (Kennzahlen)

Lachnit, L., Zur Weiterentwicklung betriebswirtschaftlicher Kennzahlensysteme, in: Zeitschrift für betriebswirtschaftliche Führung 28(1976), 216 - 230 (Kennzahlensysteme)

Lanz, R., Ueber die Rolle des Arztes in der Spitalführung, in: Schweizer Spital, Heft 9, 1980, 37 - 39 (Spitalführung)

Lattmann, Ch., Die verhaltenswissenschaftlichen Grundlagen der Führung des Mitarbeiters, Bern-Stuttgart, Verlag Paul Haupt 1982 (Grundlagen)

McLaughlin, C.P., The Management of nonprofit organizations, John Wiley & Sons, New York-Toronto-Singapore 1986 (non profit)

Lawrence, P./Dyer, D., Renewing American industry, New York-London: The Free Press 1982 (Industry)

LeFort, P.F., Health Care information systems: Creating the competitive edge, in: Healthcare Financial Management, June 1985, S. 33 - 40 (Healthcare information system)

Leidl, R., Die fallbezogene Spezifikation des Krankenhausprodukts, Gesundheitssystemforschung, Springer Verlag, Berlin-Heidelberg 1987 (Krankenhausprodukt)

Leidl, R./John, J./Pottheff, P., Indikatorensysteme zur versorgungsgerechten Krankenhausplanung; in: Behrends B. et al. (Hrsg.), Morbiditätsorientierte Krankenhausbedarfsplanung, Scharbentz: Mildner Verlag 1986, S. 147 - 184 (Indikatorensysteme)

Lenzen, H., Kriterien für die Beurteilung der Wirtschaftlichkeit von Krankenhäusern, Verlag Harri Deutsch, Thun-Frankfurt a.M. 1984 (Wirtschaftlichkeit)

Leu, R./Lutz, P., Oekonomische Aspekte des Alkoholkonsums in der Schweiz, Schulthess Polygraphischer Verlag, Zürich 1977 (Alkoholkonsum)

Leuzinger, A., Ein Dezennium VESKA-Schulung, in: Schweizer Spital, Heft 8, 1984, 9 - 15 (VESKA-Schulung)

Litschgi, M., Künstliche Intelligenz in der klinischen Medizin, in: Schweizer Spital, Heft 2, 1987, 13 - 16 (Intelligenz)

Locher, H., Planification et gestion dans le secteur hospitalier, in: Maitrise des couts dans l'economie hospitaliere, Martin, J. et al. (Hrsg.), Zürich: Schriftenreihe der SGGP No 6, 1983, 119 - 127 (Planification)

Locher, H., Erfahrungen im Kanton Bern, in: Schweizer Spital, Heft 7, 1984, 31 - 33 (Erfahrungen)

Lohr, Kathleen, Outcome Measurment: Concepts and Questions, in: Inquiry, No 25, Spring 1988, S. 37 - 50 (Outcome)

Luft, H., Health Maintenance Organizations: Dimensions of Performance, New York-Chichester-Brisbane-Toronto: John Wiley & Sons 1981 (HMO)

Lüth, P., Kritische Medizin - Zur Theorie-Praxis-Problematik der Medizin und der Gesundheitssysteme, Reinbeck: Rowohlt Taschenbuch Verlag 1972 (Medizin)

Mak, O., Kennzahlensysteme als Hilfsmittel zur Erfolgskontrolle, Wien: Institut für höhere Studien, Forschungsbericht 183, 1983 (Erfolgskontrolle)

Malik, F., Management-Systeme, in: Die Orientierung Nr. 78, Bern: Schweizerische Volksbank 1981 (Management)

Malik, F., Strategie des Managements komplexer Systeme, Bern-Stuttgart: Verlag Paul Haupt 1984 (Strategie)

Malik, F./Probst, G., Evolutionäres Management, in: Die Unternehmung, Nr. 2, 1981, 121ff (Evolution)

Manning, M.F., Product line management: Will it work in health care?, in: Healthcare Financial Management, January 87, p. 23 - 32 (product line)

Marsh, R./Mannari, H., Modernization and the japanese factory, Princeton: Princeton University Press 1976

März, T., Interdependenzen in einem Kennzahlensystem, München: Verlag V. Florentz 1983 (Kennzahlensystem)

Mason, R./Swanson, B., Measurement for management decision: a perspective, in: Measurement for management decision, Mason,R./Swanson B. (eds.), Reading (MA)-Menlo Park-London-Amsterdam: Addison-Wesley Publishing Company 1981, 10 - 26 (Measurement)

Merkle, E., Betriebswirtschaftliche Formeln und Kennzahlen und deren betriebswirtschaftliche Relevanz, in: WiSt, Heft 7, 1982, 325 - 330 (Kennzahlen)

Meyer, C., Kennzahlen und Kennzahlen-Systeme, Stuttgart: C.E. Poeschel Verlag 1976 (Kennzahlen)

Meyer, C., Normung und zentrale Ermittlung betriebswirtschaftlicher Kennzahlen und Kennzahlen-Systeme, in: Der Betrieb, Heft 33, 1987, 1553 - 1557 (Ermittlung)

Ministerium für Arbeit, Gesundheit und Sozialordnung (Hrsg.), Krankenhaus-Bedarfsplan II des Landes Baden-Würtemberg, Sonderdruck zum Staatsanzeiger Nr. 28, 9. April 1983 (Krankenhaus-Bedarfsplan II)

Mintzberg, H., The structuring of organization, Englewood Cliffs: Prentice hall Inc. 1979 (Structuring)

Mintzberg, H., The nature of managerial work, New York/Evanston: Harper & Row 1973 (Work)

Morecroft, J., Strategy support models, in: Strategic management Journal, Vol. 5, 1984, 215 - 229 (Strategy support)

Mowday, R./Steers, R., The measurement of organizational commitment, in: Journal of Vocational Behavior, No 14, 1979, 224 - 247 (Commitment)

Müer, B./Tauch, J., Diagnosebezogene Leistungserfassung im Pflegedienst, Verlag Gütersloher Krankenhaus-Schriften, Band III, Gütersloh 1987 (Leistungserfassung)

Müller, E., Budgetierung im Spital, in: Medita, Nr 9, 1983, 15 - 17 (Budgetierung)

Murken, A., Grundzüge des deutschen Krankenhauswesen von 1780 bis 1930 unter Berücksichtigung von Schweizer Vorbildern, in: GESNERUS, Vierteljahresschrift der Schweizerischen Gesellschaft für Geschichte der Medizin und Naturwissenschaften, Heft 1, 1982, 7 - 45 (Krankenhauswesen)

Naegler, H., Fehlzeiten - Ursachen und Möglichkeiten ihrer Reduzierung, in: Das Krankenhaus, Nr. 7, 1987, S. 280 - 288 (Fehlzeiten)

Navarro, V., Industrialismus als Ideologie - eine Kritik an Ivan Illichs "Medical Nemesis", in: Technologie und Politik, Nr. 2, rororo aktuell, Reinbek bei Hamburg 1975, S. 75 - 107 (Industrialismus)

Nelson, C., Operations Management in the Health Services, Elsevier Science Publishing, New York - Amsterdam 1982 (Operations Management)

Neubauer, G./Unterhuber, H., Flexible Budgetierung auf dem Prüfstand - eine ökonomische Wirkungsanalyse, in: Krankenhaus-Umschau, Heft 11, 1986, 837 - 841 (Flexible Budgetierung)

Neuhauser, D./Anderson, R., Strutural comparitive studies of hospitals, in Organizational research on health institutions, Georgopoulos, B. (ed.), Ann Arbor: University of Michigan Press 1972 (comparative studies)

Neuhauser, D., The hospital as a matrix organization, in: Spirn St./Beufer D.W. (ed.), Issues in Healthcare management, Rockville-London 1982, S. 107 - 123 (Hospital)

Neumann, B./Suver, J./Zelman, W., Financial management: Concepts and applications for health care providers, Denver: National Health Publishing 1984 (Financial management)

Nord, D., Modell Schweiz ? - Arzneimittelmarkt und Arzneimittelversorgung in der Schweiz, Mainz: Med. Pharmazeut. Studiengesellschaft e.V. 1980 (Modell Schweiz)

O'Connor, C., A data set for hospital planning, in: Healthcare Management Review, Fall 1979, 81 - 84 (data set)

Oeller, K.-H., Systemorientierte Unternehmungsführung mit Hilfe kybernetischer Kennzahlensysteme, in: Praxis des systemorientierten Management, Malik, F. (Hrsg.), Bern-Stuttgart: Verlag Paul Haupt 1979, 111 - 152 (Unternehmungsführung)

Packer, C.L., Changing environment spurs new HIS demand, in: Hospitals, July 16th, 1985, p. 99 - 101 (HIS demand)

Parsons, T., Illness and the role of the physician, in: Personality in nature, society and culture, Kluckhohn, C./Murray, H. (eds.), London: 1953, 452 - 460 (Illness)

Pauli, H., Begriffe von Gesundheit und Krankheit als Grundlage der ärzlichen Versorgung und Ausbildung sowie der medizinischen Wissenschaft und Forschung, in: MMG, Stuttgart: Ferdinand Enke Verlag, 1983, Heft 8, 223 - 233 (Begriffe)

Pauly, M., Doctors and their workplaces: economic models of physician behavior, Chicago: University of Chicago Press 1980 (Doctors)

Payne, B., The quality of medical care: evaluation and improvement, Chicago: Hospital Research and Educational Trust 1976 (Quality)

Payne, B./Lyons, T./Neuhaus, E., Relationships of physician characteristics to performance quality and improvement, in: health Services Research, Vol 19, No 3, 1984, 307 - 332 (physician characteristics)

Peters, H., Die Geschichte der sozialen Versicherung, St. Augustin - Bonn: Asgard-Verlag 1978 (3. Aufl.) (Geschichte)

Peters, T./Waterman, R., In search of excellence, New York: Warner Books 1984 (Excellence)

Pfeffer, J., Organizations, Marsfield: Pitman Publishing Inc. 1982 (Organizations)

Pflanz, M., Medizinsoziologie, in: Handbuch der empirischen Sozialforschung, Band 14, König, R. (Hrsg.), Stuttgart: Ferdinand Enke Verlag 1979, 236 - 342 (Medizinsoziologie)

Pickup, D., Sorting out the NHS estate, In: Health & Social Service Journal, June 20 - July 4, 1985 (NHS)

Ploman, M., Case mix classification systems: development, description and testing, Chicago: The Hospital Research and Educational Trust 1982 (classification systems)

Ploman, M., Choosing a patient classification system to describe the hospital product, in: Hospital and Health Services Administration, May - June 1985, 106 - 117 (patient classification)

Ploman, M./Shaffer, F., DRG's as one of one approaches to case mix in transitions, in: DRG's changes and challenges, Shaffer, A. (ed.), New York: National League for Nursing 1984, 35 - 50 (case mix)

Plücker, W., Fehlzeiten - Ursachen und Einflussnahme, in: Das Krankenhaus, Nr. 6, 1983, S. 271 - 278 (Fehlzeiten)

Pointer, D./Ross, M., DRG's kick off a whole new game; hospitals need new tactics to win, in: Modern Healthcare, February 15, 1984, p. 109 - 112 (DRG's)

Porter, L./Steers, R./Mowday, R./Boulian, P., Organizational commitment, job satisfaction and turnover among psychiatric technicians, in: Journal for Applied Psychology, No 59, 1974, 603 - 609 (commitment)

Preller, L., Sozialpolitik - Theoretische Ortung, Tübingen-Zürich: Mohr/Polygraphischer Verlag 1962 (Ortung)

Prescott, P./Bowen, S., Controlling Nursing Turnover, in: Nursing Management, Nr. 6, 1987, S. 60 - 66 (Nursing Turnover)

Price, J./Mueller, Ch., Handbook of organizational measurement, Marshfield: Pitman Publishing Inc. 1986 (Measurement)

Probst, G., Kybernetische Gesetzeshypothesen als basis für Gestaltungs- und Lenkungsregeln im Management, Bern und Stuttgart: Verlag Paul Haupt 1981 (Gesetzeshypothesen)

Probst, G. (Hrsg.), Qualitätsmanagement - ein Erfolgspotential, Bern: Verlag Paul Haupt 1983 (Qualitätsmanagement)

Probst, G., Selbstorganisation, Verlag Paul Parey, Berlin-Hamburg 1987 (Selbstorganisation)

Probst, G./Dyllick, T., Kybernetische Führungstheorien, in: Handwörterbuch der Führung, Kieser, A./Reber, G./Wunderer R. (Hrsg.), Stuttgart: Poeschel Verlag 1986, (Führungstheorien)

Probst, G./Güntert, B., Die Erfassung und Beurteilung der Sensitivität von Systemen im Gesundheitswesen, in: Systemtheorie und Kybernetik in Wirtschaft und Verwaltung, Pfeiffer, R./Lindner, H. (Hrsg.), Berlin: Duncker & Humblot 1982, 165 - 204 (Sensitivität)

Probst, G./Güntert B., Unterschiedliche Werte - Spitalführung im Interessenkonflikt, in: Schweizer Spital, Nr. 10, 1987, S. 19 - 23 (Werte)

Pümpin, C., Strategische Führung in der Unternehmungspraxis, in: Die Orientierung, Nr. 76, Schweizerische Volksbank, Bern, 1980 (Strategische Führung)

Rakich, J./ Longest, B./Darr, K., Managing Health Services Organizations, Philadelphia-London-Toronto: W.B. Saunders Company 1985, 2nd edition (Health services)

von Reibnitz, U., Szenarien: Optionen für die Zukunft, Hamburg: McGraw-Hill Book Company GmbH 1987 (Szenarien)

Reichmann, T./Laurenz, L., Planung, Steuerung und Kontrolle mit Hilfe von Kennzahlen; in: zfbf, Heft 28, 1976, S. 705 - 723

Reiser, S., Medicine and the reign of technology, Cambridge-London-New York-Melbourne: Cambridge University Press 1978 (reign of technology)

Rice, J.A./ Creel, G.H., Market-based demand forecasting for hospital inpatient services, Chicago: American Hospital Publishing Inc. 1985 (demand forecasting)

Rindler, M.E., Back to the patients: process vs. outcome for hospital managers, in: Hospital & Health Services Administration, January-February 1984, 15 - 22 (process)

Ringeling, H., Der Gesundheitsbegriff in ethischer Sicht, in: Schweizerische Aerztezeitung, Heft 38, 1979, 1866 - 1873 (Gesundheitsbegriff)

Ringeling, H., Ganzheit und Gesundheit - Biblisches Menschenbild und medizinische Ethik, in: Schweizerische Aerztezeitung, Heft 51, 1982, 2321 - 2328 (Gesundheit)

Roberts E.B., System dynamics - basic concepts, in: Managerial applications of systems dynamics, Roberts, E.B. (ed.), Cambridge-London: The MIT Press 1981, 3 - 36 (system dynamics)

Rockart, J.F., Chief executives define their own data needs, in Harvard Business Review, March - April 1979, 81 - 93 (data needs)

Rohde, J.J., Krankenhausumbau - Ein Blick auf die Wandlungen im Klinikbetrieb, in: Medizin morgen, Hausmann, W. (Hrsg.), Frankfurt a.M.: Fischer Taschenbuch Verlag 1980, 203 - 221 (Krankenhausumbau)

Röhrig, R., Der Aufbau eines Kennzahlensystems als Koordinationsinstrument für das Krankenhausmanagement, Controlling-Forschungsbericht 79/1, TH Darmstadt, Darmstadt 1979, 19 S. (Koordinationsinstrument)

Röhrig, R., Die Entwicklung eines Controllingsystems für Krankenhäuser, Controller-Praxis Band 6, Darmstadt: S. Toeche-Mittler Verlag 1983 (Controllingsystem)

Rossels, H./ Schmidt, B., Betriebssteuerung im Krankenhausergebnisse einer Befragung, in: Krankenhaus-Umschau, Heft 11, 1982, 763 - 766 (Betriebssteuerung)

Rowland, H./ Rowland, B., Hospital administration handbook, Rockville: Aspen System Corporation 1984 (Handbook)

Rühli, E., Inwieweit sind Management-Modelle von Industrie und Dienstleistungsbetrieben auf das Gesundheitswesen übertragbar?, in: Wirtschaftliches Denken und Planen im Gesundheitswesen, Pharma Information (Hrsg.), Basel 1977, 19 - 25 (Management-Methoden)

Russel, L.B., Technology in hospitals - medical advances and their diffusion, Washington D.C.: The Brookings Institution 1979 (technology)

Rüther, B., Krankenhaus und Politik, Stuttgart-Berlin-Köln-Mainz: Verlag W. Kohlhammer 1973 (Krankenhaus)

Salancik, G., Control and the control of corganizational behavior, Chicago: St. Clair Press 1977 (Control)

Saxer, A., Die Soziale Sicherheit in der Schweiz, Bern: Verlag Paul Haupt 1977, 4. Aufl., (Soziale Sicherheit)

Schaefer, H., Plädoyer für eine neue Medizin, München: R. Piper & Co. Verlag 1981, 2. Aufl., (Plädoyer)

Schäfer, T./Wachtel, H.W., Die Ermittlung von Bedarfsdeterminanten für die Krankenhausbedarfsplanung in Baden-Württemberg, in: Morbiditätsorientierte Krankenhausbedarfsplanung (B. Behrends et. al. Hrsg.) Mildner Verlag, Scharbentz 1986, S. 62 - 95 (Krankenhausbedarfsplanung)

Schären, R., Einstellung der Bevölkerung zur Ernährungsgesundheit, in: Hotel Revue, Nr. 18, 1982, 37 - 39, und Nr. 19, 1982, 35 - 37 (Ernährungsgesundheit)

Schiemenz, B., Betriebskybernetik, Stuttgart: C.E. Poeschel Verlag 1982 (Betriebskybernetik)

Schiesser, A., Personalprobleme in Spitälern, Bern: Verlag Paul Haupt 1984 (Personalprobleme)

Schipperges, H., Medizinische Dienste im Wandel, Baden-Baden - Brüssel: Verlag Gerhard Witzstrock GmbH 1975 (Wandel)

Schipperges, H., Der Arzt von Morgen - von der Heiltechnik zur Heilkunde, Heidelberg: Severin und Sidler 1981 (Arzt)

Schipperges, H., Gesundheit - Krankheit - Heilung, in: Christlicher Glaube in moderner Gesellschaft, Band 10, Böcke, F. (Hrsg.), Freiburg 1981, 55 - 74 (Gesundheit)

Schipperges, H., Gesundheit als Begriff - Geschichte und Gegenwart eines schwer fassbaren Phänomens, in: Gesundheit für alle - Utopie oder realistische Chance für die Industriegesellschaft, Verlag der CIBA-Zeitschriften (Hrsg.), Wehr/Baden: CIBA-GEIGY GmbH 1983, 14 - 36 (Begriff)

Schmid, H., Der Einfluss zunehmender Aerztedichte auf die Kosten der Krankenversicherung, in: Schweizerische Aerztezeitung, Heft 11, 1984, 497 - 521 (Einfluss)

Schmid, H./Haller, M./Zweifel, P./Volkmer, M., Datenanalyse in der Krankenversicherung, Nationales Forschungsprogramm Nr. 8, Schlussbericht Projekt Nr. 4.349-79.08, Schriftenreihe des SKI, Band 29, Aarau 1985 (Datenanalyse)

Schwabe & Co AG (Hrsg.), Schweizerisches Medizinisches Jahrbuch, Basel: Verlag Schwabe & Co AG 1983 (Jahrbuch)

Schweizerisches Krankenhausinstitut SKI (Hrsg.), Terminologie, Aarau: Schweizerisches Krankenhausinsitut SKI 1979 (Terminologie)

Selby, Ph., Health in 1980 - 1990, Basel-München-London: Krager 1974 (Health)

Semmel, M., Die Unternehmung aus evolutionstheoretischer Sicht, Bern-Stuttgart: Verlag Paul Haupt 1984 (Unternehmung)

Siegrist, J., Lehrbuch der Medizinischen Soziologie, 3. überarbeitete Auflage, München-Wien-Baltimore 1977 (Lehrbuch)

Siegwart, H., Kennzahlen für die Unternehmungsführung, Verlag Paul Haupt, Bern und Stuttgart, 1987 (Kennzahlen)

Sievers, B. (Hrsg.), Organisationsentwicklung als Problem, Stuttgart: Klett - Verlag 1977 (Problem)

Sitharama, S./Wagnespack, L., Developing and evaluating hospital information Systems based on a firm understanding of data-base systems, in: Med Inform, Vol. 6, Nr. 4 1981, p. 251 - 263 (Hospital information systems)

Smith H./Fottler, M., Prospective payment - Managing for operational effectiveness, Rockville (Maryland): Aspen Systems Corporation 1985 (payment)

Sommer, J., Das Ringen um soziale Sicherheit in der Schweiz, Diessenhofen: Verlag Rüegger 1978 (Ringen)

Sommer, J., Kostenkontrolle im Gesundheitswesen, Diessenhofen: Verlag Rüegger 1983 (Kostenkontrolle)

Sommers, F., Dualism and Descartes: the logical ground, in: Descartes, Hooker, M. (ed.), Baltimore: 1978 (Dualism)

Sporken, P., Die Sorge um den kranken Menschen - Grundlagen einer neuen medizinischen Ethik, Düsseldorf: Patmos Verlag 1977 (Sorge)

Staatskanzlei St. Gallen (Hrsg.), Spitalplanung 1986, Schriftenreihe der Staatskanzlei St. Gallen, Band 51, St. Gallen 1986 (Spitalplanung 1986)

Staehle, W., Management - eine verhaltenswissenschaftliche Einführung, München: Verlag Franz Vahlen 1980 (Management)

Staudt, E./Groetes, U./Hafkesbrink, J./Treichel, H.R., Kennzahlen und Kennzahlensysteme, Hamburg: Erich Schmidt Verlag 1986 (Kennzahlen)

Steven, A., Decision support systems: current practice and continuing challenges, Reading: Addison Wesley Publishing 1980 (Decision support)

Stevens, S.S., Measurement, psychophysics and utility, in: Measurement: definition and theories, Churchman, W./Ratoosh, P. (eds.), Englewood Cliffs: Prentice Hall 1967, 18 - 63, (Measurement)

St. Galler Zentrum für Zukunftsforschung (Hrsg.), Entwicklungsperspektiven der Schweizerischen Volkswirtschaft, Teil I: Demographische Perspektiven, Band II: Simulationsrechnungen, St. Gallen: St. Galler Zentrum für Zukunftsforschung 1978 (Entwicklungsperspektiven)

SUVA/FMH/MV/IV (Hrsg.), Verträge und Tarif über die Honorierung ärztlicher Leistungen, Luzern: Schweizerische Unfallversicherungsanstalt 1969 (Arzttarif)

SUVA (Hrsg.), Spitaltarif, Luzern: Schweizerische Unfallversicherungsanstalt 1983 (Spitaltarif)

Suver, J./Neumann, B., Management Accounting for Healthcare Organizations, second revised edition, Oak Brook Ill.: Healthcare Financial Management Association, 1985 (Accounting)

Tauch, J., Budgetierung im Krankenhaus, Gütersloh: Gütersloher Krankenhausschriften Band 1, 1987 (Budgetierung)

Tauch, J., Kosten - und Leistungsrechnung im Krankenhaus, Verlag Gütersloher Krankenhaus-Schriften, Band II, Gütersloh 1987 (Leistungsrechnung)

Thiemeyer, T., Wirtschaftslehre öffentlicher Betriebe, Reinbek: Rowohlt Taschenbuch Verlag GmbH 1975 (Betriebe)

Thomas, W./Lowery, J., Determining informations needs of hospital managers: the critical success-factor approach, in: Inquiry, Winter 1981, 300 - 310 (information needs)

Toffler, A., Future Shock, Wien - München: Scherz Verlag 1975

Trent, W., Some Unique Aspects of Healthcare Management, in: Hospital & Health Services Administration, No. 1, Jan/Feb 1986, S. 122 - 132 (Unique Aspects)

Tschan, W., Investitonspolitik - ein Weg zur Kostendämpfung im Gesundheitswesen, in: Schweizer Spital, Heft 10, 1982, 29 - 33 (Investitionspolitik)

Ulrich, H., Die Unternehmung als produktives soziales System, 2. Aufl., Bern-Stuttgart: Verlag Paul Haupt 1970 (Unternehmung)

Ulrich, H., Unternehmungspolitik, Bern-Stuttgart: Verlag Paul Haupt 1978 (Unternehmungspolitik)

Ulrich, H., Perspektiven zukünftiger Organisationsentwicklung, in: ZfbF, Sonderheft Nr 13, 1981, S. 67 - 80 (Organisationsentwicklung)

Ulrich, H., Anwendungsorienterte Wissenschaft, in : Die Unternehmung, Heft 1, 1982 (Wissenschaft)

Ulrich, H., Einführung in das Management, Unterlagen zu den IfB-Kursen für Spitalmanagement, St. Gallen: Institut für Betriebswirtschaft 1983 (unveröffentlicht) (Einführung)

Ulrich, H., Management - eine unverstandene gesellschaftliche Funktion, in: Mitarbeiterführung und gesellschaftlicher Wandel, Siegwart, H./Probst, G. (Hrsg.), Bern - Stuttgart: Verlag Paul Haupt 1983, S. 33 - 151 (Funktion)

Ulrich, H., Management, Bern-Stuttgart: Verlag Paul Haupt 1984 (Management)

Ulrich, H., Ganzheitsdenken im Klinikmanagement, in: Schweizerische Aerztezeitung, Heft 39, 1985, S. 1745 - 1751 (Klinikmanagement)

Ulrich, H./Krieg, W., Das St. Galler Management-Modell, 2. Aufl.,Bern: Verlag Paul Hapt 1973 (Management-Modell)

Ulrich, H./Sidler, F., Ein Management-Modell für die öffentliche Hand, Bern-Stuttgart: Verlag Paul Haupt 1977 (öffentliche Hand)

Ulrich, H./Güntert, B./Hofer, M., Unterlagen zu IfB-Management-Kurse für Spitalleitungen, St. Gallen: Institut für Betriebswirtschaftslehre 1983, (unveröffentlicht) (Management-Kurs)

Ulrich, H./Güntert, B./Hofer, M., Entwicklung eines umfassenden Konzeptes für die Management-Ausbildung im Gesundheitswesen, Schlussbericht des NFP-8-Projektes Nr. 4.352.079.08, St. Gallen: Institut für Betriebswirtschaft 1984 (Management-Ausbildung)

Ulrich H./Probst G., Anleitung zum ganzheitlichen Denken und Handeln, Bern, Verlag Paul Haupt 1988

Ulrich, P./Hill, W., Wissenschaftstheoretische Aspekte ausgewählter betriebswirtschaftlicher Konzeptionen, in: Wissenschaftstheoretische Grundfragen der Wirtschaftswissenschaften, Raffee, H./Abel, B. (Hrsg.), München: Verlag Vahlen 1979, S. 161 - 190 (Aspekte)

Ulrich, W., Neue Möglichkeiten der Standardisierung von Leistungskennzahlen, Bern: Abteilung für wissenschaftliche Auswertung der Gesundheits- und Fürsorgedirektion des Kantons Bern 1987 (Standardisierung)

Ulrich, W., Neue Möglichkeiten der Standardisierung von Spitalkennzahlen, Arbeitspapier Nr. 4, Abteilung für wissenschaftliche Auswertung der Gesundheits- und Fürsorgedirektion des Kanton Bern, Bern 1987 (Spitalkennzahlen)

Vaux, K. (ed.), Who shall live?, Philadelphia: Fortress Press 1970 (live)

Verbrugh, H., Medizin auf totem Geleise - das Menschenbild der Medizin als vorwissenschaftliche Ideologie, Stuttgart: Verlag Freies Geistesleben 1975 (Medizin)

VESKA, Diagnoseschlüssel ICD, Aarau: VESKA Verlag 1979 (Diagnosestatistik)

VESKA (Hrsg.), Taxpunkt-Tabelle für die Bewertung der medizinischen Leistungen in den Krankenhäusern, Aarau: VESKA-Verlag 1976 (Taxpunkt-Tabelle)

VESKA (Hrsg.), Das schweizerische Krankenhauswesen im Spiegel der Statistik, in: Schweizer Spital, Heft 11, 1983, Sonderteil (Statistik)

VESKA-Schulungszentrum (Hrsg.), Führungsbreviere für das Krankenhauskader, 15 Bände, Aarau: VESKA-Schulungszentrum, diverse Jahrgänge (Führungsbreviere)

VESKA (Hrsg.), Kostenrechnung der schweizerischen Krankenhäuser, 2. Auflage, Aarau: VESKA-Verlag 1985 (Kostenrechnung)

VESKA (Hrsg.), Kontenrahmen und Statistik der schweizerischen Krankenhäuser, 2. Auflage, Aarau: VESKA-Verlag 1985 (Kontenrahmen)

VESKA (Hrsg.), Schweizerische Krankenhausstatistik 1986 auf einen Blick, Aarau: VESKA-Verlag 1987 (Krankenhausstatistik)

Vester, F., Neuland des Denkens, Stuttgart: Deutsche Verlags-Anstalt GmbH 1980 (Neuland)

Vester, F./von Hesler, A., Sensitivitätsmodell, Frankfurt a.M.: Regionale Planungsgemeinschaft Untermain 1980 (Sensitivitätsmodell)

Vogel, H.R. (Hrsg.), Effizienz und Effektivität medizinischer Diagnostik, Stuttgart: Gustaf Fischer Verlag 1985 (Effizienz und Effektivität)

Wälti, S., Patient im falschen Bett, in: Schweizerische Handelszeitung (SHZ), Nr. 2, 11.8.1983, S. 3 - 4 (Patient)

Wanner, J., Aufgabenverlagerung der medizinischen Abteilung am Regionalspital, in: SAEZ, Bd. 65, 1984, Heft 19, 9.5.1984, S. 902 - 906 (Aufgabenverlagerung)

Ware, J./Davis-Avery, A./Stewart, A., The Measurement and Meaning of Patient Satisfaction: A Review of the Literature, in: Health and Medical Services Review, No 1, 1978, S. 1 - 15 (Measurment)

von Wartburg, W.P., Gesundheitsrecht im Spannungsfeld von Gesundheitspolitik und -ökonomie, Vorlesungsunterlagen, Hochschule St. Gallen, Wintersemester 1980/81, St. Gallen 1980 (Gesundheitsrecht)

von Wartburg, W.P., Gleichheit und Gerechtigkeit im Gesundheitswesen, Beihefte zur Zeitschrift für Schweizerisches Recht, Heft 2, Helbling & Lichtenhahn Verlag AG, Basel 1983 (Gleichheit)

Weber, H., Konzept eines integrierten Management-Systems für die Krankenhausverwaltung dargestellt am Beispiel der Städtischen Krankenanstalten Ulm - Kliniken der Universität Ulm, Verlag Wolfgang Hartung-Gorre, Konstanz 1983 (Management-System)

Weinberg, G., An Introduction to General Systems Thinking, John Wiley, New York 1975 (Introduction)

Wennberg, J./Gittelsohn, A., Variations in Medical Care among small areas, in: Scientific American, Nr. 246, 1982, S. 120 - 133 (Variations)

Wienke, U. (Hrsg.), Gesundheits- und Krankenhausplanung in der Schweiz Stand 1980, Schriftenreihe des SKI, Band 28, Aarau 1985 (Krankenhausplanung)

Wild, J., Grundlage der Unternehmensplanung, Rowohlt Taschenbuch Verlag, Reinbek bei Hamburg, 1974 (Unternehmensplanung)

Wille, E., Rationalität, Effizienz und Effektivität aus der Sicht des Oekonomen, in: H.R. Vogel (Hrsg.), Effizienz und Effektivität medizinischer Diagnostik, Gustaf Fischer Verlag 1985, S. 15 - 38 (Effizienz)

Wissenbach, H., Betriebliche Kennzahlen und ihre Bedeutung im Rahmen der Unternehmerentscheidung, Grundlage und Praxis der Betriebswissenschaft, Bd. 8; Erich Schmidt Verlag, Berlin 1967 (Kennzahlen)

World Health Organization (ed.), The first ten years of the World Health Organization, Geneva 1958 (First Ten Years)

Ziegenfuss, J., DRG's and Hospital Impact, New York: Mc Graw-Hill Book Company 1985 (DRG's)

Zweifel, P./Pedroni, G., Die Spitalfinanzierung in der Schweiz, Studien zur Gesundheitsökonomie 10, Pharma Information Basel 1987 (Spitalfinanzierung)

ohne Autor: Data processing budgets jump during 1987, in: Hospitals, 20.12.87, S. 60 (Data processing)

ohne Autor: Diagnosis - Eine Faktendatenbank zur Diagnosehilfe, Georg Thieme Verlag, Stuttgart 1987

ohne Autor: Die Lebensqualität in der Schweiz, in: Journal, Kundenzeitschrift der Schweizerischen Volksbank, Heft 4, August 1982, S. 12 - 18 (Lebensqualität)

ohne Autor: Hospital Information Systems, in: Levinsion D. (ed.), Computer Applications in Clinical Practic, Macmillan Publishing Company, New York 1985, S. 196 - 201 (Hospital Information System)

ohne Autor: Using Case Mix Information, The Hospital Research and Educational Trust, Chicago 1985 (Case Mix)